高职高专教改系列教材

钢结构安装

主 编 刘雯

副主编 李有香 邹 康 祝冰青 夏 璐

主 审 胡慨

中国水利水电出版社
www.waterpub.com.cn

内 容 提 要

  本教材为中央财政支持提升专业服务产业发展能力建设专业"建筑钢结构工程技术专业"系列教材之一。作者本着高职高专教育特色，依据提升专业服务能力的专业人才培养方案和课程建设的目标及要求，按照校企专家多次研究讨论后制定的课程标准进行编写。

  本教材共5个学习项目，内容包括：钢结构施工详图设计，钢结构的连接，钢结构安装，钢结构施工验收，钢结构施工安全。

  本书可作为建筑钢结构工程技术专业的教学用书，也可作为土建类相关专业和工程技术人员的参考用书。

图书在版编目（CIP）数据

钢结构安装 / 刘雯主编. -- 北京 ： 中国水利水电
出版社，2013.8
 高职高专教改系列教材
 ISBN 978-7-5170-1203-0

 Ⅰ．①钢… Ⅱ．①刘… Ⅲ．①钢结构－建筑安装工程
－高等职业教育－教材 Ⅳ．①TU758.11

中国版本图书馆CIP数据核字(2013)第200536号

书　　名	高职高专教改系列教材 **钢结构安装**
作　　者	主　编　刘雯 副主编　李有香　邹康　祝冰青　夏璐 主　审　胡慨
出版发行	中国水利水电出版社 （北京市海淀区玉渊潭南路1号D座　100038） 网址：www.waterpub.com.cn E-mail：sales@waterpub.com.cn 电话：(010) 68367658（发行部）
经　　售	北京科水图书销售中心（零售） 电话：(010) 88383994、63202643、68545874 全国各地新华书店和相关出版物销售网点
排　　版	中国水利水电出版社微机排版中心
印　　刷	北京市北中印刷厂
规　　格	184mm×260mm　16开本　19.75印张　493千字
版　　次	2013年8月第1版　2013年8月第1次印刷
印　　数	0001—3000册
定　　价	**43.00元**

前　言

本教材是依据中央财政支持提升专业服务产业发展能力建设专业"建筑钢结构工程技术"的人才培养方案和课程建设目标进行编写的。

本专业的课程改革是以工作过程为导向，以项目为载体进行的。人才培养方案和课程重构建设方案由校、企等多方面的专家经过多次研讨论证形成。根据课程教学基本要求，按照以学习情境代替学科为框架体系的编排结构，在教材风格上形成理论与实践相结合的鲜明特色。与以往教材相比，本教材将建筑钢结构工程中的基本原理与工程实践中不断涌现的新材料、新技术、新工艺、新设备融为一体，是一本参照性和可操作性很强的施工用书。并且，全书依据钢结构工程最新版的标准、规程和规范进行编写，及时地体现了我国钢结构的发展现状和相应的要求，具有很强的时效性。本教材共有 5 个项目，内容包括：钢结构施工详图设计、钢结构的连接、钢结构安装、钢结构施工验收、钢结构施工安全。每个项目内按照工作任务分为若干个工作情境。本教材的例题、思考题和习题的安排注意引导学生采用理论联系实际的学习方法，以利于培养其分析问题、解决问题的能力。

本教材由安徽水利水电职业技术学院刘雯任主编并负责编写项目 3；邹康编写项目 1；李有香编写项目 2；祝冰清编写项目 4；夏璐编写项目 5。本教材由胡慨任主审。

本教材在编写过程中，得到了安徽省水利水电技术学院建筑工程系领导的大力帮助和支持，在此一并表示感谢。限于作者水平，书中难免存在欠妥之处，敬请广大读者批评指正。

编　者
2013 年 4 月

目　　录

学习项目 1 钢结构施工详图设计

学习目标：通过本项目的学习，掌握钢结构施工详图的内容和钢结构典型节点形式，掌握钢结构施工详图的绘制方法与绘制，掌握 CAD 辅助设计绘制方法。

学习情境 1.1 施工详图的内容

我国钢结构设计图纸分设计图和施工详图两阶段出图。第一阶段由设计单位出技术设计施工图，第二阶段通常由钢结构制造工厂根据设计图编制，其原因主要是绘图工作量大，又必须结合工厂的具体加工条件和操作惯例进行，从而达到较好的工艺可行性，便于采用先进技术，提高经济效益，但当工程建设进度要求或制造厂限于人力不能承接编制工作时，也会由设计单位编制。

设计图是编制施工详图的依据。在设计图中，对于设计依据、荷载资料（包括地震作用）、技术数据、材料选用及材质要求、设计要求（包括制造和安装、焊缝质量检验的等级、涂装及运输等）、结构布置、构件截面选用以及结构的主要节点构造等均应表示清楚，以利于施工详图顺利编制，并能正确体现设计的意图。

施工详图又称加工图或放样图等。钢结构构件制作、加工必须以施工详图为依据，施工详图则应根据设计图编制。编制钢结构施工详图时，必须遵照设计图的技术条件和内容要求进行，深度须能满足工厂直接制造加工要求。

1.1.1 设计图与施工详图区别

1.1.1.1 设计图的特征

（1）施工设计图应根据工艺、建筑要求及初步设计等，并经施工设计方案与计算等工作而编制。

（2）目的、深度及内容仅为编制详图提供依据。

（3）由设计单位编制。

（4）图纸表示简明，数量少。

（5）图纸内容一般包括设计总说明与布置图、构件图、节点图、钢材订货表。

1.1.1.2 施工详图的特征

（1）直接根据设计图编制的工厂施工及安装详图，只对设计图进行深化。

（2）施工用图直接为制造、加工及安装服务。

（3）一般应由制造厂或施工单位编制。

（4）图纸表示详细，数量多。

（5）图纸内容包括构件安装布置图及构件详图。

1.1.2 施工详图内容

施工详图内容包括设计内容和绘制内容两部分。

1.1.2.1 施工详图的设计内容

详图的构造设计应按设计图给出的节点图或连接条件，根据设计规范的要求进行。它是对设计图的深化和补充，一般包括以下内容：

（1）桁架、支撑等节点板构造、放样与计算。

（2）连接板与托板的构造与计算。

（3）柱、梁支座加劲肋或纵横加劲肋的构造与设计。

（4）焊接、螺栓连接的构造与计算，选定螺栓数量、焊脚厚度及焊缝长度，螺栓群与焊缝群的布置与构造。

（5）钢架或大跨度实腹梁起拱构造与设计。

（6）现场组装的定位、细部构造等。

（7）组合截面构件缀板、填板布置与构造，缀板的截面与间距。

1.1.2.2 施工详图的绘制内容

（1）图纸目录：视工程规模的大小，可以按子项工程或结构系统为单位编制。

（2）钢结构设计总说明：应根据设计图总说明编写，内容一般应有设计依据（如工程设计合同书、有关工程设计的文件、设计基础资料及规范、规程等）、设计荷载、工程概况、对钢材的钢号及性能要求、焊条型号和焊接方法、质量要求等，以及图中未能表达清楚的一些内容，都应在总说明中加以详述。

（3）供现场安装用结构布置图：主要供现场安装用。一般应按同一类构件系统（如屋盖系统、刚架系统、吊车梁系统、平台等）为绘制对象，分别绘制平面和剖面布置图，并对所有的构件编号；布置图尺寸应注明各构件的定位尺寸、轴线关系、标高等，布置图中一般附有构件表、设计总说明等。

（4）构件详图：依据设计图及布置图中的构件编号编制，编制各构件的材料表和本图构件的加工说明等；绘制桁架式构件时，应放大样确定杆件端部尺寸和节点板尺寸。

（5）安装节点详图：施工详图中一般不再绘制安装节点详图，仅当构件详图无法清楚表示构件相互连接处的构造关系时，可绘制相关的节点详图。

学习情境 1.2 施工详图的绘制方法

钢结构施工详图的图面图形所用的图线、字体、比例、符号、定位轴线、图样画法、尺寸标注及常用建筑材料图例等均按照《房屋建筑制图统一标准》（GB/T 50001—2010）、《建筑结构制图标准》（GB/T 50105—2010）、《焊缝符号表示方法》（GB/T 324—2008）等有关规定采用。图面表示应做到层次分明，图形之间关系明确，使整套图纸清晰、简明和完整，同时又尽可能减少图纸的绘制工作，以提高施工图纸的编制效率。

1.2.1 施工详图绘制的基本知识

1.2.1.1 图幅

钢结构施工详图常用的图纸幅面以 A1、A2 为主，必要时可采用 1.5A1，在一套图纸中应尽量采用一种规格的幅面，不宜多于两种幅面（图纸目录用 A4 除外）。

1.2.1.2 图线

常用图线有粗实线、粗虚线、粗点划线、中实线、中虚线、细点划线、折断线、波浪线等。根据不同用途，按照表 1.1 选用各种线型，且图形中保持相对的粗细关系。

表 1.1　　　　　　　　　　　　　　　常 用 线 型 表

类别	名称	线型	线宽（mm）	一 般 用 途
粗	实线	——————	0.7	单线构件线、钢支撑线
	虚线	- - - - - - -	0.7	布置图中不可见的单线构件线
	点画线	—— · ——	0.7	垂直支撑线、柱间支撑线
中	实线	——————	0.5	构件轮廓线
	虚线	- - - - - - -	0.5	不可见的构件轮廓线
细	点画线	—— · ——	0.3	定位轴线、结构中心线、对称轴线
	折断线	——／——	0.3	断开界线
	波浪线	〰〰〰	0.2	圈示局部范围

1.2.1.3　比例

所有图形应按比例绘制，根据图形用途和复杂程度按常用比例选用。一般情况下，图形宜选用同一种比例；格构式结构的构件，同一图形可用两种比例；几何中心线用较小的比例；截面用较大的比例。当构件纵横向截面尺寸相差悬殊时，亦可在同一图中的纵横向选用不同的比例。

1.2.1.4　字体

图纸上书写的文字、数字和符号等，均应清晰、端正、排列整齐。钢结构详图中使用的文字均采用仿宋体，汉字采用国家公布实施的简化汉字。

1.2.1.5　尺寸线

一个构件的尺寸线一般为三道，由内向外依次为：加工尺寸线、装配尺寸线、安装尺寸线。图中标注的尺寸，除标高以"m"为单位外，其余均以"mm"为单位。

1.2.1.6　符号

详图中常用符号有剖切符号、对称符号、折断省略符号、连接符号、索引符号等。

1. 剖切符号

施工图中剖视的剖切符号用粗实线表示，它由剖切位置线和投射方向线组成。剖视剖切符号的编号为阿拉伯数字，顺序由左至右、由上至下连续编排，并注写在剖视方向线的端部，如图 1.1 所示。需转折的剖切位置线，在转角的外侧加注与该符号相同的编号如图 1.1 中剖切线 3。构件剖面图的剖切符号通常标注在构件的平面图或立面图上。

断面的剖切符号用粗实线表示，且仅用剖切位置线而不用投射方向线。断面的剖切符号编号所在的一侧为该断面的剖视方向，如图 1.2 所示。

剖面图或断面图与被剖切图样不在同一张图纸内时，在剖切位置线的另一侧标注其所在图纸的编号，或在图纸上集中说明。

2. 索引符号、详图符号

布置图或构件图中某一局部或构件间的连接构造，需放大绘制详图或其详图需见另外的图纸时，可用索引符号、详图符号。

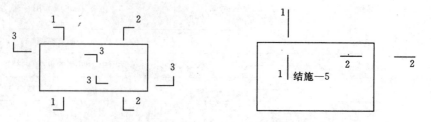

图 1.1　剖视的剖切符号　　　　　　图 1.2　断面的剖切符号

索引符号由直径为 10mm 的圆和水平直径组成，圆和水平直径用细实线表示。索引出的详图与被索引出的详图同在一张图纸时，在索引符号的上半圆中用阿拉伯数字注明该详图的编号，在下半圆中间画一段水平细实线如图 1.3（a）所示。索引出的详图与被索引出的详图不在同一张图纸时，在符号索引的上半圆中用阿拉伯数字注明该详图的编号，在下半圆中用阿拉伯数字注明该详图所在图纸的编号如图 1.3（b）所示，数字较多时，也可加文字标注。

（a）本图索引　　（b）索引 2 号图 3 号节点　　（c）J108 图集中 2 号图 3 号节点

图 1.3　详图中索引符号

索引符号用于索引剖视详图时，在被剖切的部位绘制剖切位置线，并用引出线引出索引符号，引出线所在的一侧即为投射方向，如图 1.4 所示。索引符号的编号同上。

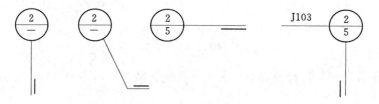

图 1.4　用于索引剖面详图的索引符号

详图符号的圆用直径为 14mm 的粗线表示，当详图与被索引出的图样在同一张纸内时，在详图符号内用阿拉伯数字注明该详图编号，如图 1.5 所示。

图 1.5　与被索引出的图样在同一张图纸的详图符号

当详图与被索引出的图样不在同一张图纸时，用细实线在详图符号内画一水平直线，上半圆中注明详图的编号，下半圆注明被索引图纸的编号，如图 1.6 所示。

3. 对称符号

施工图中的对称符号由对称线和两端的两对平行线组成。对称线用细点划线表示。对称符号应跨越整个图形，如图 1.7 所示。

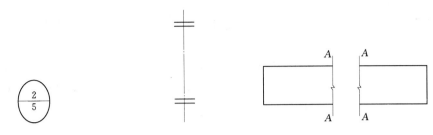

图 1.6 与被索引出的图样不在同   图 1.7 对称符号   图 1.8 连接符号
　　　一张图纸的详图符号

4. 连接符号

当所绘制的构件图与另一构件图形仅一部分不相同时，可只绘制不同的部分，省略重复部分，而以连接符号表示与另一构件相同部分连接。连接符号用折断线表示所需连接的部位，当两部位相距过远时，折断线两端靠图样一侧要标注大写拉丁字母表示连接编号。两个被连接的图样要用相同的字母编号，如图 1.8 所示。

1.2.2 钢结构详图的标注方法

1.2.2.1 型钢标注方法

详图中型钢的标注方法见表 1.2。

表 1.2　　　　　　　　　　　　钢结构详图型钢标注方法

名　称	截　面	标　注	说　明
等边角钢	∟	∟$b \times d$	b 为肢宽 d 为肢厚
不等边角钢	∟	∟$B \times b \times d$	B 为长肢宽
H 型钢		H$h \times b \times t_1 \times t_2$	焊接 H 型
		HW（或 M、N） $h \times b \times t_1 \times t_2$	热轧 H 型钢按 HW、HM、HN 不同系列标准
工字钢	I	IN	N 为工字钢高度 规格号码
槽钢	[	[N	—
方钢		□b	—
钢板	—	—$L \times B \times t$	L、B、t 分别为 钢板长、宽、厚度
圆钢		ϕd	d 为圆钢直径
钢管		$\phi d \times t$	d、t 分别为圆管 直径、壁厚

续表

名　称	截　面	标　注	说　明
薄壁卷边槽钢	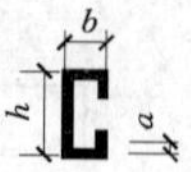	$B\ [h \times b \times a \times t$	冷弯薄壁型钢加注 B 字首
薄壁卷边 Z 型钢	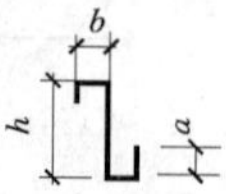	$BZh \times b \times a \times t$	—
薄壁方钢管	□	$B\square h \times t$	—
薄壁槽钢	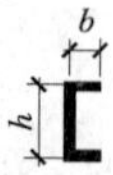	$BLh \times b \times t$	—
薄壁等肢角钢	L	$BLb \times t$	—
起重机钢轨	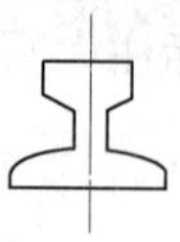	$QU \times \times$	××为起重机轨道型号
铁路钢轨	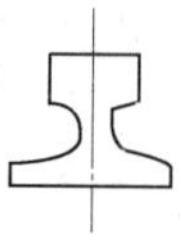	××kg/m 钢轨	××为轻轨或钢型轨型号

1.2.2.2　螺栓及螺栓孔的表示方法

螺栓规格一律以公称直径标注，如以直径 20mm 为例，图面标注为 M20，其孔径应标为 $d = 21.5$mm。详图中螺栓及栓孔表示方法见表 1.3。

表 1.3　　　　　　　　　　　　　　螺栓及栓孔表示方法

名　称	图　例	说　明
永久螺栓	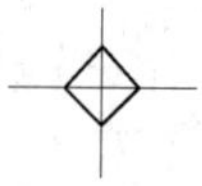	
高强螺栓	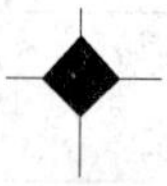	
安装螺栓	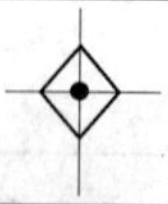	(1) 细"+"线表示定位线；(2) 必须标注螺栓孔、电焊铆钉的直径
圆形螺栓孔		
长圆形螺栓孔	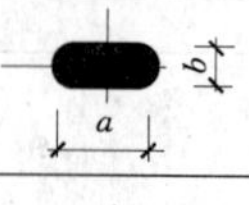	
电焊铆钉	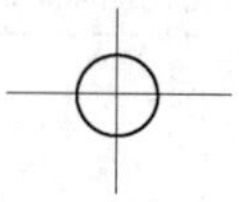	

1.2.2.3　焊缝符号表示方法

（1）焊缝指引线一般由带有箭头的指引线和两条基准线（一条为实线，另一条为虚线）组成，如图 1.9 所示。标注箭头线时，可指向接头焊缝或不指向焊缝。基准线的虚线可以画在基准线的实线上侧或下侧。若焊缝在接头的箭头侧，则基本符号标注在基准线的实线侧；若焊缝在接头的非箭头侧，则基本符号标注在基准线的虚线侧，如图 1.10 所示。当为双面对称焊缝时，基准线可不加虚线，如图 1.11 所示。

图 1.9　焊缝指引线

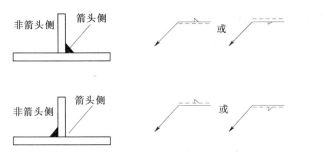

图 1.10　基本符号的表示位置　　　图 1.11　双面对称焊缝的引出线和符号

（2）在同一图形上，当焊缝形式、剖面尺寸和辅助尺寸均相同时，可只选择一处标注代号，并加注"相同焊缝符号"，符号必须画在钝角外突一侧。在同一图形中，当有数种相同焊缝时，可将焊缝分类编号，标注在尾部符号内、编号采用 A、B、C、…表示，如图 1.12 所示。

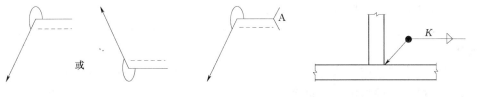

图 1.12　相同焊缝的引出线和符号　　　图 1.13　熔透角焊缝的标注方法

（3）熔透角焊缝的符号如图 1.13 所示。熔透角焊缝的符号为涂黑的圆圈，画在引出线的转折处。

（4）图形中较长的角焊缝（如焊接实腹钢梁的翼缘焊缝），可不用引出线标注，而直接在角焊缝旁标注焊缝尺寸值 K，如图 1.14 所示。

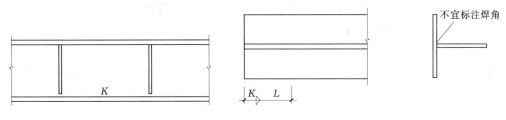

图 1.14　较长焊缝的标注方法　　　图 1.15　局部焊缝的标注方法

（5）在连接长度内仅局部区段有焊缝时，按图 1.15 标注。K 为角焊缝焊脚尺寸。

（6）焊缝一般应按《焊缝符号表示法》（GB/T 324—2008）和《建筑结构制图标准》（GB/T 50105—2010）的规定，采用焊缝符号在钢结构施工图中标注。表 1.4 列出了部分常用焊缝符号。

表 1.4　部分常用焊缝符号

	角焊缝				对接焊缝	塞焊缝	三面围焊
	单面焊缝	双面焊缝	安装焊缝	相同焊缝			
形式							
标注方法							E50 为对焊条的辅助说明

1.2.3　钢结构施工详图的绘制方法

1.2.3.1　布置图的绘制方法

（1）绘制结构的平面、立面布置图，构件以粗实线或简单外形图表示，并在其旁侧注明标号，对规律布置的较多同号构件，也可以指引线统一注明标号。

（2）构件编号一般应标注在平面图和剖面图上，在一张图上同一构件编号不宜在不同图形中重复表示。

（3）同一张布置图中，只有当构件截面、构造样式和施工要求完全一样时才能编同一个号，只要尺寸略有差异或制造上要求不同（例如有支撑屋架需要多开几个支撑孔）的构件均应单独编号，对安装关系相反的构件，一般可将标号加注角标来区别，杆件编号均应有字首代号，一般可采用同音的拼音字母。

（4）每一构件均应与轴线有定位的关系尺寸，对槽钢、C 形钢截面应标示肢背方向。

（5）平面布置图一般可用 1∶100 或 1∶200 的比例；图中剖面宜利用对称关系、参照关系或转折剖面简化图形。

（6）一般在布置图中，根据施工的需要，对于安装时有附加要求的地方、不同材料构件连接的地方及主要的安装拼接接头的地方宜选取节点进行绘制。

1.2.3.2　构件图的绘制方法

（1）构件图以粗实线绘制，构件详图应按布置图上的构件编号按类别依次绘制成，不应前后颠倒随意顺手拈来。所绘构件主要投影面的位置应与布置图一致。构件编号用粗线标注在图形下方。图纸内容及深度应能满足制造加工要求。

绘制内容包括：构件本身的定形尺寸、几何尺寸；标注所有组成构件的零件间的相互定位尺寸，连接关系；标注所有零件间的连接焊缝符号及零件上的孔、洞及其相互关系尺寸；

标注零件的切口、切槽、裁切的大样尺寸；构件上零件编号及材料表；有关本图构件制作的说明（如相关布置图号、制孔要求、焊缝要求等）。

（2）构件图形一般应选用合适的比例绘制，常采用的比例有 1：20、1：15、1：50 等。对于较长、较高的构件，其长度、高度与截面尺寸可以用不同的比例表示。

（3）构件中每一零件均应编零件号，编号应尽量先编主要零件（如弦材、翼缘板、腹板等），再编次要、较小构件，相反零件可用相同编号，但在材料表内的正反栏内注明。材料表中应注明零件规格、数量、重量及制作要求等，对焊接构件宜在材料表中附加构件重量1.5%的焊缝重量。

（4）图中尺寸以"mm"为单位，一般尺寸注法宜分别标注构件控制尺寸、各零件相关尺寸，对斜尺寸应注明其斜度；当构件为多弧形构件时，应分别标明每一弧形尺寸的相对应的曲率半径。

（5）构件详图中，对较复杂的零件，在各个投影面上均不能表示其细部尺寸时，应绘制该零件的大样图，或绘制展开图来标明细部的加工尺寸及符号。

（6）构件间以节点板相连时，应在节点板连接孔中心线上注明斜度及相连的构件号。

（7）一般情况下，一个构件应单独画在一张图纸上，只在特殊情况下才允许画在两张或两张以上的图纸上，此时每张图纸应在所绘该构件一段的两端，画出相互联系尺寸的移植线，并在其侧注明相接的图号。

1.2.3.3 施工详图实例

本教材给出了一套完整的单层门式钢结构厂房的结构施工设计图，使读者对钢结构工程施工设计图的组成有一个整体的概念，便于读者理解和识读钢结构构件间相互关系的表达方式，建立起钢结构工程施工设计图的全局观念。详见书后附图。

学 习 情 境 1.3 钢 结 构 的 节 点 设 计

1.3.1 节点设计的特点

1. 节点的作用

在钢结构中，节点起着连接汇交杆件、传递荷载的作用，所以节点的设计是钢结构设计中的重要环节之一，合理的节点设计对钢结构的安全度、制作安装、工程进度、用钢量指标以及工程造价都有直接的影响。

2. 节点的设计要求

（1）受力合理、传力明确。务必使节点构造与所采用的计算假定尽量符合，使节点安全可靠。

（2）保证汇交杆件交于一点，不产生附加弯矩。

（3）构造简单，制作简便，安装方便。

（4）耗钢量少，造价低廉，造型美观。

1.3.2 节点设计的基本知识

钢结构是由若干构件连接而成，钢构件又是由若干型钢或零件连接而成。钢结构的连接有焊缝连接、铆钉连接、普通螺栓连接和高强度螺栓连接，连接部位统称为节点。连接设计是否合理，直接影响到结构的使用安全、施工工艺和工程造价，所以钢结构节点设计同构件或结构本身的设计一样重要。

1.3.2.1 节点的分类

按传力特性不同,节点分刚接、铰接和半刚接。连接的不同对结构影响甚大。例如,有的刚接节点虽然承受弯矩没有问题,但会产生较大转动,不符合结构分析中的假定,会导致实际工程变形大于计算数据等的不利结果。

1.3.2.2 节点设计的具体内容

连接节点有等强设计和实际受力设计两种常用的方法,可根据一般钢结构设计手册中的焊缝及螺栓连接的表格等查用计算,也可以使用结构软件的后处理部分来自动完成。节点的具体设计包括以下内容。

1. 焊接

焊接连接分为对接焊缝连接和角焊缝连接。焊条的选用应与被连接金属材质适应。E43 对应 Q235 钢,E50 对应 Q345 钢,E55 对应 Q390 钢和 Q420 钢。当不同的两种钢材进行连接时,宜采用与低强度钢材相适应的焊条。

焊接连接的施工及质量分级应遵照《钢结构工程质量验收规范》(GB 50205—2001)及《建筑钢结构焊接技术规范》(JGJ 81—2002)的规定。

2. 螺栓连接

螺栓连接分为普通螺栓连接与高强度螺栓连接。

普通螺栓抗剪性能差,不宜用于重要的抗剪连接结构中。普通螺栓连接一般采用 C 级螺栓,其螺栓连接的制孔应采用钻孔。对有防松要求的普通螺栓连接,应采用弹簧垫圈或双螺帽以防止松动。

高强度螺栓的使用日益广泛,常用 8.8S 和 10.9S 两个强度等级。高强度螺栓最小规格为 M12,常用的高强度螺栓为 M16~M30。超大规格的螺栓性能不稳定,设计中应慎重使用。在栓焊共用的节点中,对高强度螺栓临近焊缝的节点连接,应当用先拧后焊的工序,并且高强度螺栓的承载力应考虑降低 10%。

钢结构节点的连接中还有铆接和自攻螺钉的连接方式,而铆接在建筑工程中的应用已很少。自攻螺钉用于板材与薄壁型钢间的次要连接,国外在低层墙板式住宅中,也常用于主结构的连接。

3. 连接板

连接板起着杆件或构件间保证可靠传力的重要作用。其构造应符合以下原则:传力直接,中心交汇,外形应力求简单;不应有凹角,以免产生应力集中;连接布置不应或尽量少产生附加偏心或焊接应力等要求。

4. 梁腹板

梁腹板应验算栓孔处腹板的净截面抗剪。承压型高强度螺栓连接还须验算孔壁局部承压。

5. 节点设计

节点设计必须考虑安装螺栓、现场焊接等的施工空间及构件吊装顺序等。此外,还应尽可能使工人能方便地进行现场定位与临时固定。

节点设计还应考虑制造厂的工艺水平,比如钢管连接节点的相贯线的切口需要数控机床等设备才能完成等。

1.3.3 节点的设计方法

钢结构的节点随结构形式的不同而不同。本节仅对普通钢屋架和网架结构的节点计算方法及构造作一些简单的介绍。

1.3.3.1 钢屋架节点的设计

1. 钢屋架节点的设计步骤

(1) 根据腹杆截面和内力确定连接焊缝的焊脚尺寸和长度。

(2) 根据焊缝的长度和施工的误差确定节点板的形状和尺寸。

(3) 结合屋架施工图绘制进行。

下面以双角钢杆件的焊接屋架为例进行说明。

2. 无节点荷载的下弦节点

(1) 各腹杆与节点板的连接角焊缝计算长度按各腹杆的内力计算，如图 1.16 所示。

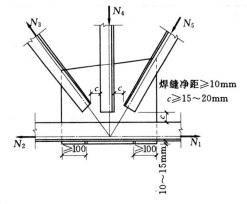

图 1.16　下弦节点

$$\sum l_w = \frac{N_3 (N_4 \text{ 或 } N_5)}{2 \times 0.7 h_f f_f^w} \tag{1.1}$$

式中　N_3、N_4、N_5——腹杆轴心力；

　　　　f_f^w——角焊缝强度设计值；

　　　　$\sum l_w$——一个角钢与节点板之间的焊缝总长度按比例分配于肢背和肢尖；

　　　　h_f——焊缝高度（肢背与肢尖 h_f 可以不相等），一般取不大于角钢肢厚。

(2) 弦杆与节点板的连接焊缝，由于弦杆在节点板处是连续的，故当节点上无外荷载时，它仅承受下弦相邻间的内力差 $\Delta N = N_1 - N_2$。通常 ΔN 很小，所需要的焊缝很短，一般都按节点板的大小予以满焊，而焊脚尺寸可由构造要求确定。

(3) 节点板的外形轮廓和尺寸可按下列步骤确定：

1) 画出节点处屋架的几何轴线。

2) 按杆件形心线与屋架几何轴线重合的原则确定杆件的轮廓线位置。

3) 按各杆件边缘之间的距离不小于 20mm 的要求确定各杆端位置。

4) 按计算结果定出合理的节点板轮廓，并按绘图比例量出它的尺寸。

(4) 节点板的厚度可根据经验由杆件内力按表 1.5 选用，支座节点板的厚度宜较中间节点板增加 2mm。

3. 上弦一般节点

(1) 上弦节点因需搁置屋面板或檩条，故常将节点板缩进角钢肢背而采用塞焊缝，如图 1.17 所示。塞焊缝可近似地按两条焊脚尺寸为 $h_f = t/2$（t 为节点板厚度）的角焊缝计算。节点板缩进角钢肢背的距离不少于 $(t/2 + 2)$mm，但不大于 t。

(2) 屋架上弦节点受由屋面传来的集中荷载 P 的作用，所以在计算上弦与节点板的连接焊缝时，应考虑节点荷载 P 与上弦杆相邻间的内力差 $\Delta N = N_1 - N_2$ 的共同作用。当采用图 1.17 所示构造时，对焊缝的计算常作下列近似假设：

表 1.5				节点板厚度选用表				
梯形屋架腹杆最大内力 或三角形屋架弦杆最大 内力（kN）	≤170	171～290	291～510	511～680	681～910	911～1290	1291～1770	1771～3090
中间节点板 厚度（mm）	6	8	10	12	14	16	18	20

注 本表的适用范围为：

（1）适用于焊接桁架的节点板强度验算，节点板钢材为 Q235，焊条为 E43。

（2）节点板边缘与腹杆轴线之间的夹角应不小于 30°。

（3）节点板与腹杆用侧焊缝连接，当采用围焊时，节点板的厚度应通过计算确定。

（4）对有竖腹杆的节点板，当 $c/t \leqslant 15\sqrt{235/f_y}$ 时（c 为受压腹杆连接肢端面中点沿腹杆轴线方向至弦杆的净距离），可不验算节点板的稳定；对无竖腹杆的节点板，当 $c/t \leqslant 10\sqrt{235/f_y}$ 时，可将受压腹杆的内力乘以增大系数 1.25 后再查表求节点板厚度，此时亦可不验算节点板的稳定。

1）弦杆角钢肢背的槽焊缝承受节点荷载 P，焊缝强度按下式验算：

$$\sqrt{\left(\frac{\sigma_f}{\beta_f}\right)^2 + \tau_f^2} \leqslant 0.8 f_f^w \tag{1.2}$$

其中　　　　　　$\tau_f = \dfrac{P\sin\alpha}{2\times0.7h_f l_w}$，$\sigma_f = \dfrac{P\cos\alpha}{2\times0.7h_f l_w} + \dfrac{6M}{2\times0.7h_f l_w^2}$

以上式中　α——屋面倾角；

M——竖向节点荷载 P 对槽焊缝长度中点的偏心距所引起的力矩，当荷载 P 对槽焊缝长度中点的偏心距较小时，可取 $M=0$；

β_f——正面角焊缝的强度设计值增大系数，承受静力荷载时，$\beta_f=1.22$，直接承受动力荷载时，$\beta_f=1.0$；

$0.8f_f^w$——考虑到槽焊缝质量不易保证而将角焊缝的强度设计值降低 20%。

若为梯形屋架，屋面坡度较小时，$\cos\alpha\approx1.0$，$\sin\alpha\approx0$，则可按下式验算肢背槽焊缝强度：

$$\frac{P}{2\times0.7h_f l_w} \leqslant 0.8\beta_f f_f^w \tag{1.3}$$

由于荷载 P 一般不大，通常槽焊缝可按构造满焊考虑而不必计算。

2）上弦杆角钢肢尖与节点板的连接焊缝承受 ΔN 及其产生的偏心力矩 $M = \Delta N \cdot e$（e 为角钢肢尖至弦杆轴线的距离），焊缝强度按下式验算：

$$\sqrt{\left(\frac{\sigma_f}{\beta_f}\right)^2 + \tau_f^2} \leqslant f_f^w \tag{1.4}$$

其中　　　　　　$\tau_f = \dfrac{\Delta N}{2\times0.7h_f l_w}$，$\sigma_f = \dfrac{6M}{2\times0.7h_f l_w^2}$

以上各式中的 l_w 均指每条焊缝的计算长度。

4. 弦杆拼接节点

屋架弦杆的拼接通常有工厂拼接和工地拼接两种。

（1）工厂拼接。为了型钢接长而设的杆件接头，拼接点常设于内力较小的节间内。

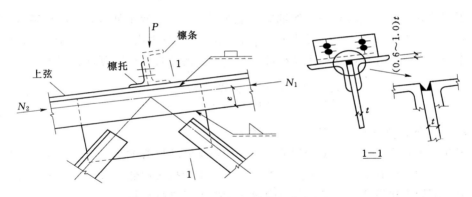

图 1.17 屋架上弦一般节点

（2）工地拼接。由于运输条件限制而设的安装接头，拼接点通常设在屋脊节点和下弦跨中节点处，如图 1.18 所示。

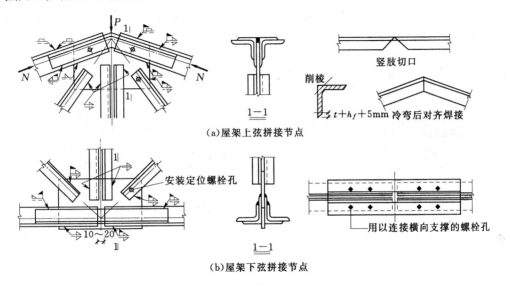

（a）屋架上弦拼接节点

（b）屋架下弦拼接节点

图 1.18 屋架拼接节点

弦杆采用拼接角钢拼接。拼接角钢采用的规格一般与弦杆相同（当弦杆截面改变时，与较小截面弦杆相同）。在施工中，为了使拼接角钢能贴紧被连接的弦杆和便于施焊，需要截去拼接角钢的外棱角，并把竖向肢切去 $\Delta = t + h_f + 5\text{mm}$（$t$ 是拼接角钢肢厚，h_f 是角焊缝焊脚尺寸，5mm 是为避开弦杆角钢肢尖的圆角而考虑的切割余量）。拼接时为正确定位和便于施焊，须设置临时性的安装螺栓。

拼接角钢与弦杆连接焊缝通常按连接弦杆的最大内力计算，并平均分配给两个拼接角钢的四条焊缝，每条焊缝长度应为：

$$l_w = \frac{N_{\max}}{4 \times 0.7 h_f f_f^w} \tag{1.5}$$

则拼接角钢总长为 $l = 2(l_w + 10)\text{mm} + b$，这里 b 为两弦杆杆端空隙，一般取 10～20mm，若屋面坡度较大，可取 50mm。

下弦杆与节点板的连接焊缝，除按拼接节点两侧弦杆的内力差计算外，还应考虑到拼接角钢由于削棱和切肢，截面有一定的削弱，削弱部分由节点板来补偿，一般拼接角钢削弱的面积不超过15%。所以下弦与节点板的连接焊缝按下弦较大内力的15%和两侧下弦的内力差两者中较大者进行计算，这样下弦杆肢背与节点板的连接焊缝长度计算如下：

$$l_w = \frac{K_1(0.15N_{max} \text{ 或 } \Delta N)}{2 \times 0.7h_f f_f^w} + 10\text{mm} \tag{1.6}$$

式中　K_1——下弦角钢肢背上的内力分配系数。

对于受压上弦杆，连接角钢面积的削弱一般不会降低接头的承载力。因为上弦截面是由稳定计算确定的，屋脊处弦杆与节点板的连接焊缝承受接头两侧弦杆的竖向分力与节点荷载 P 的合力，两侧连接焊缝共8条，每条焊缝长度按下式进行计算：

$$l_w = \frac{2N\sin\alpha - P}{8 \times 0.7h_f f_f^w} + 10\text{mm} \tag{1.7}$$

5. 支座节点

支座节点由节点板、加劲肋、支座底板和锚栓等部分组成，图1.19为支承于钢筋混凝土或砖柱上的简支屋架支座节点。

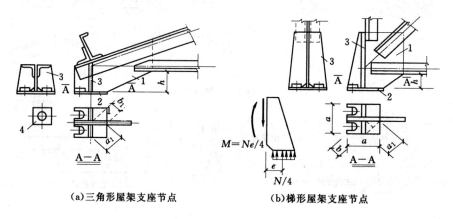

(a)三角形屋架支座节点　　　　(b)梯形屋架支座节点

图1.19　屋架支座节点

1—节点板；2—底板；3—加劲肋；4—垫板

（1）加劲肋。加劲肋的作用是加强底板的刚度，以便较为均匀地传递支座反力并提高节点板的侧向刚度。加劲肋应设在支座节点的中心处，加劲肋高度由节点板尺寸确定，三角形屋架支座节点的加劲肋应紧靠上弦杆水平肢并焊牢，加劲肋厚度取与节点板相同。肋板底端应切角以避免3条互相垂直的角焊缝交于一点。为了便于施焊，下弦角钢底面和支座板之间的距离 h 不应小于下弦角钢水平肢的宽度，也不小于130mm。

加劲肋与节点板间的连接焊缝可近似地按传递支座反力1/4计算，并考虑焊缝偏心受力，每块肋板两条垂直焊缝承受荷载为：

$$V = N/4, M = Ve \tag{1.8}$$

同时按悬臂板验算加劲肋的强度。

（2）锚栓。锚栓预埋于柱中，其直径一般取20~25mm。为了便于安装屋架时能够调整位置，底板上的锚栓孔直径应为锚栓直径的2~2.5倍。屋架安装完毕后，在锚栓上套上垫圈，并与底板焊牢以固定屋架，垫圈的孔径比锚栓直径大1~2mm。

（3）支座节点的计算。支座节点的传力路径是：屋架杆件的内力通过连接焊缝传给节点板，然后经节点板和加劲肋把力传给底板，最后传给柱子。

1.3.3.2 网架节点的设计

目前，国内对于钢管网架一般采用焊接空心球节点和螺栓球节点，对于型钢网架，一般采用焊接钢板节点。下面分别对这几种节点设计、计算以及支座节点的常用形式和构造作简单介绍。

1.螺栓球节点

（1）螺栓球节点的组成。螺栓球节点是通过螺栓把钢管杆件和钢球连接起来的一种节点形式。它主要由高强度螺栓、钢球、销子（或螺钉）、套筒、锥头或封板等零件组成，如图1.20所示。

螺栓球节点许多零件要求用高强度钢材制作，加工工艺要求高，制造费用较高。其优点是安装、拆卸较方便，球体与杆件便于工厂化生产，对保证网架几何尺寸和提高网架的安装质量十分有利。

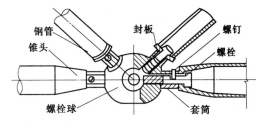

图1.20 螺栓球节点

高强度螺栓在整个节点中是最关键的传力部件。合理的设计，对保证节点的安全和减轻节点重量都有密切关系。螺栓应达到8.8级或10.9级的要求，螺栓头部为圆柱形，便于在锥头或封板内转动。为提高节点强度，螺栓常采用高强度钢材制作，并要求热处理。

钢球按其加工成型方法，可分为锻压球和铸钢球两种。铸造钢球质量不易保证，故多用锻制的钢球，其受力状态属多向复杂受力。

套筒是六角形的无纹螺母，主要用以拧紧螺栓和传递杆件轴向压力。设计时，其外形尺寸应符合扳手开口尺寸系列，端部应保持平整。套筒内孔径一般比螺栓直径大1mm。

销钉或螺钉是套筒和螺栓连系的媒介，通过它在旋转套筒时推动螺栓伸入钢球内。在旋转套筒过程中，销钉或螺钉承受剪力，剪力大小与螺栓伸入钢球的摩阻力有关。为减少销孔对螺栓有效截面的削弱，销钉或螺钉直径应尽可能小些，并宜采用高强度钢制作。

锥头和封板主要起连接钢管和螺栓的作用，承受杆件传来的拉力或压力。它既是螺栓球节点的组成部分，又是网架杆件的组成部分。

（2）螺栓球节点连接的构造原理。每根钢管杆件的两端都焊有一个锥头，锥头上带有一个可转动的螺栓，螺栓上套有一个两侧开有长槽孔的套筒。用一个销钉穿入长槽孔和螺栓上的小孔中，把螺栓和套筒连在一起。将杆端螺栓插入预先制有螺栓孔的球体中，用扳手拧动六角形套筒，套筒转动时带动螺栓转动，从而使螺栓旋入球体，直至杆件与螺栓贴紧为止。

2.焊接空心球节点

焊接空心球节点是国内应用较多的一种节点形式，这种节点传力明确、构造简单，但焊接工作量大，对焊接质量和杆件尺寸的准确度要求较高。

由两个半球焊接而成的空心球，可分为不加肋和加肋两种，如图1.21所示，适用于连接钢管杆件。

空心球外径与壁厚的比值可按设计要求在25～45内选用，空心球壁厚与钢管最大壁厚的比值宜选用1.2～2.0，空心球壁厚不宜小于4mm。

当空心球外径不小于 300mm 且杆件内力较大需要提高承载力时，球内可设加劲肋，加劲肋的厚度不应小于球壁厚度，如图 1.21（b）所示。内力较大的杆件应位于肋板平面内。

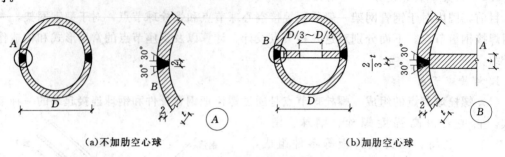

(a)不加肋空心球　　　　　　　　　　　　　(b)加肋空心球

图 1.21　焊接空心球节点

3. 焊接钢板节点

焊接钢板节点可由十字节点板和盖板组成，适用于连接型钢构件。

十字节点板由两个带企口的钢板对插焊成，也可由三块钢板焊成，如图 1.22 所示。小跨度网架的受拉节点，可不设置盖板。

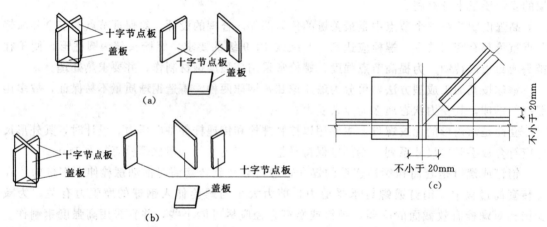

图 1.22　焊接钢板节点

十字节点板与盖板所用钢材应与网架杆件钢材一致。十字节点板的竖向焊缝应有足够的承载力，并宜采用 V 形或 K 形坡口的对接焊缝。

焊接钢板节点上，弦杆与腹杆、腹杆与腹杆之间以及弦杆端部与节点板中心线之间的间隙均不宜小于 20mm，如图 1.22（c）所示。

节点板厚度应根据网架最大杆件内力确定，并应比连接杆件的厚度大 2mm，但不得小于 6mm，节点板的平面尺寸应适当考虑制作和装配的误差。

4. 支座节点

支座节点一般采用铰节点，应尽量采用传力可靠、连接简单的构造形式。

根据受力状态，支座节点可分为压力支座节点和拉力支座节点。网架的支座节点一般传递压力，但周边简支的正交斜放类网架，在角隅处通常会产生拉力，因此设计时应按拉力支座节点设计。

常用的压力支座节点可按下列几种构造形式选用：

（1）平板支座节点。这种支座节点主要是通过十字节点板和底板将支座反力传给下部结构，节点构造简单、加工方便。节点处不能转动，受力后会产生一定的弯矩，可用于较小跨度的网架中。节点构造如图 1.23 所示。此时，柱头上的预埋螺栓仅起定位作用，安装就位后应将底板与下部支承面板焊牢。

（2）单面弧形压力支座节点。此节点是在平板压力支座的基础上，在节点底板和下部支承面板间设一弧形垫块而成。压力作用下，支座弧形面可以转动，支座的构造与简支条件比较接近，适用于中、小跨度网架。节点构造如图 1.24 所示。

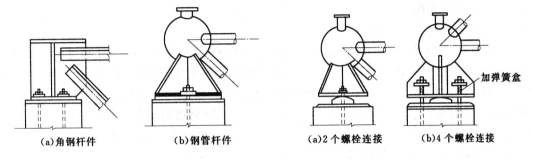

图 1.23　平板压力或拉力支座　　　　图 1.24　单面弧形压力支座

（3）双面弧形压力支座节点。当网架的跨度较大、温度应力影响显著、周边约束较强时，需要选择一种既能自由伸缩又能自由转动的支座节点形式。双面弧形压力支座基本上能满足这些要求，但这种节点构造复杂、施工麻烦、造价较高。节点构造如图 1.25 所示。

（4）球铰压力支座节点。对于多支点大跨度网架，为了能使支座节点适应各个方向的自由转动，需使支座与柱顶铰接而不产生弯矩，常做成球铰压力支座。节点构造如图 1.26 所示。

（5）板式橡胶支座节点。板式橡胶支座如图 1.27 所示，它是在柱顶面板与节点板间设置一块橡胶垫板组成。板式橡胶支座节点主要适用于大、中跨度网架，具有构造简单、安装方便、节省钢材、造价较低等特点。

（6）单面弧形拉力支座节点。这种支座节点的构造与单面弧形压力支座节点相似，它

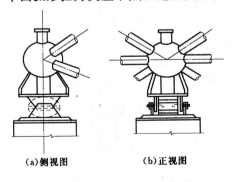

图 1.25　双面弧形压力支座

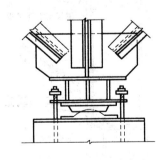

图 1.26　球铰压力支座

把支承平面做成弧形，主要是为了便于支座转动。节点构造如图 1.28 所示，它主要适用于中小跨度网架。

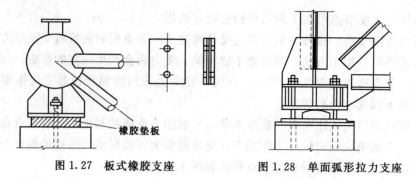

图 1.27　板式橡胶支座　　　　　　　图 1.28　单面弧形拉力支座

1.3.4　节点详图实例

1.3.4.1　梯形屋架节点详图实例

图 1.29 为一梯形屋架支座节点详图。在此详图中,将屋架上、下弦杆和斜腹杆与边柱螺栓连接,边柱为 HW400×300,表示柱为热轧宽翼缘 H 型钢,截面高、翼缘宽分别为 400mm 和 300mm。在与屋架上、下弦节点处,柱腹板成对设置构造加劲肋,长与柱腹板相等,宽为 100mm,厚为 12mm。在上节点,上弦杆采用两不等边角钢 2∟110×70×8 组成,通过长为 220mm、宽为 240mm、厚为 14mm 的节点板与柱连接,上弦杆与节点板用两条侧角焊缝连接,焊脚尺寸 8mm,焊缝长度 150mm,节点板与长为 220mm、宽为 180mm、厚为 20mm 的端板用双面角焊缝连接,焊脚尺寸 8mm,焊缝长度为满焊,端板与柱翼缘用 4 个直径 20mm 的普通螺栓连接。在下节点,腹杆采用两不等边角钢 2∟90×56×8 组成,与长为 360mm、宽为 240mm、厚为 14mm 的节点板用两条侧角焊缝连接,焊脚尺寸为 8mm,焊缝长度 180mm;下弦杆采用两等边角钢 2∟100×8 组成,与节点板用侧角焊缝连接,焊脚尺寸 8mm,焊缝长度 160mm;节点板与长为 360mm,宽为 240mm、厚为 20mm 的端板用双面角焊缝连接,焊脚尺寸 8mm,焊缝长度为满焊,端板与柱翼缘用 8 个直径 20mm 的普通螺栓连接。柱底板长为 500mm、宽为 400mm、厚为 20mm,通过 4 个直径 30mm 的锚栓与基础连接;下节点端板刨平顶紧置于支托上,支托

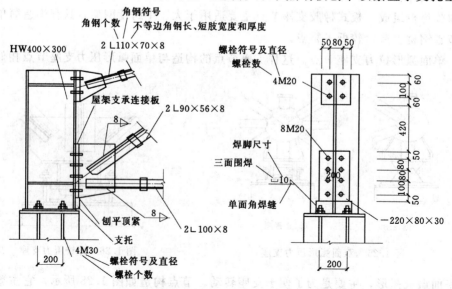

图 1.29　梯形屋架节点详图

长为 220mm、宽为 80mm、厚为 30mm，用焊脚尺寸为 10mm 的角焊缝三面围焊。

1.3.4.2 三角形屋架节点详图实例

图 1.30 为一三角形屋架支座节点详图。图中上弦杆采用两不等边角钢 2∟125×80×10 组成，下弦杆采用两不等边角钢 2∟110×70×10 组成，均与厚为 12mm 的节点板用两条角焊缝连接，上弦杆肢背与节点板塞焊连接，肢尖与节点板用角焊缝连接，焊脚尺寸为 10mm，焊缝长度为满焊，下弦杆用两条角焊缝与节点板连接，焊脚尺寸 10mm，焊缝长度为 180mm，节点板在两侧设置加劲肋，底板长为 250mm、宽为 250mm、厚为 160mm，锚栓安装后再加垫片用焊脚 8mm 的角焊缝四面围焊。

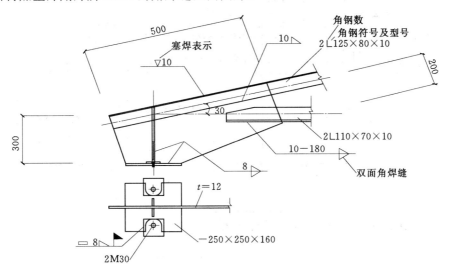

图 1.30 三角形屋架节点详图

1.3.4.3 柱脚节点详图实例

柱脚根据其构造分为包脚式、埋入式和外露式，根据传递上部结构的弯矩要求又分为铰支和刚性柱脚。图 1.31 为一铰接柱脚详图。在此详图中，钢柱为 HW400×300，表示柱为热轧宽翼缘 H 型钢，截面高、宽为 400mm 和 300mm，截面特性可查型钢表。设钢柱底板以保证混凝土的抗压承载力，底板长为 500mm、宽为 400mm、厚为 26mm，采用 2 根直径为 30mm 的锚栓，其位置从平面图中可确定。安装螺母前加垫厚为 10mm 的垫片，柱与底板用焊脚尺寸 8mm 的角焊缝四面围焊连接。此柱脚连接几乎不能传递弯矩，为铰接柱脚。

图 1.32 为一包脚式柱脚详图。在此详图中，钢柱为 HW452×417，表示柱为热轧宽翼 H 型钢，截面高、宽为 452mm 和 417mm，柱底进入深度为 1000mm，在柱翼缘上设置间距为 100mm、直径为

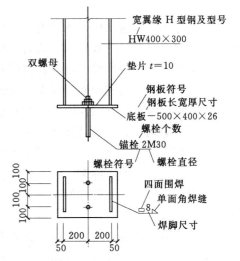

图 1.31 铰接柱脚详图

19

22mm 圆柱头焊钉，柱底板长为500mm、宽为450mm、厚为30mm，锚栓埋入深为1000mm 厚的基础内，混凝土柱台截面为917mm×900mm，设置4根直径25mm的纵向主筋（二级）和4根直径14mm（二级）的纵向构造筋，箍筋（一级）间距为100mm，直径为8mm，在柱台顶部加密区间距为50mm，混凝土基础箍筋（一级）间距100mm，直径8mm。

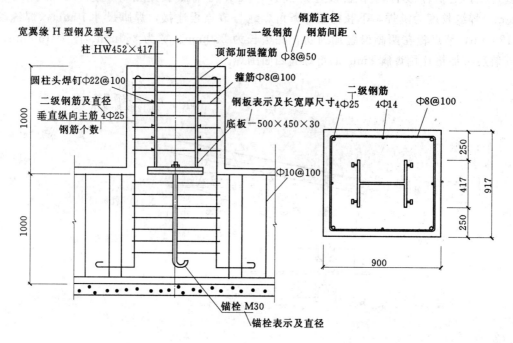

图 1.32 包脚式柱脚详图

学习情境 1.4 CAD 辅助设计

在实际的工程应用中，钢结构施工详图的设计与绘制工作量大而繁琐，随着计算机技术的发展，国内外都对计算机辅助设计（CAD）进行了软件的开发。国外的 CAD 开发很早，在国内，早期是一些网架的计算软件开发，后来慢慢研制出带有网架详图绘制功能的软件。近年来，在网架、门式刚架、屋架、支撑等构件范围内，施工详图的 CAD 辅助设计相对比较成熟。目前常用的钢结构施工详图 CAD 设计软件主要有：

（1）上海同济大学的设计软件 3D3S，其中的轻钢结构模块（包含门架）包括轻钢结构门架主刚架施工图绘制、次结构施工图绘制、建筑布置图生成、结构布置图生成等；普通钢结构模块（包含框架、屋架、桁架）包括主构件节点设计、主结构节点施工图绘制、结构布置图绘制、材料表绘制等；网架网壳模块包括球节点及支座设计、球节点及支座施工图绘制、结构布置图绘制、材料表绘制等。

（2）中冶集团建筑研究总院研制的 PS2000，主要用于门式刚架轻型房屋设计，其系统中的施工图设计内容包括设计总说明、基础平面及施工详图、地脚螺栓布置图、结构平面及立面图、刚架图、柱详图、屋面结构施工图、柱间支承布置及详图、墙梁施工图、吊车梁及节点详图、檩条加工图等。SS2000 主要用于多层、高层钢结构建筑物或构筑物设计，集建模、计算分析、设计图、加工详图设计于一体。

（3）中国建筑研究院开发的 PKPM 系列 CAD 的 STS 模块，包括钢结构的模型输入、结构计算与钢结构施工图辅助设计，可进行门式刚架、钢桁架的设计和施工图绘制，包括刚架整体立面图、连接节点剖面图、材料表等；可进行桁架的节点板连接设计和焊缝设计，画桁架的正立面、俯视图、节点大样图、现场拼接节点图和材料表。图面上详细标注支座构造、节点板尺寸、焊缝长度和高度、填板数量等。施工图设计的特点是给出可以直接施工、加工的施工详图，画图深度以国家标准图为准。同时还有绘制节点大样图的功能，包括必要的图例和附注。

另外如广厦钢结构 CAD 是马鞍山钢铁设计研究院开发研制的，分门式刚架、平面桁架和吊车梁钢结构 CAD 及网架网壳钢结构 CAD 两大部分。也有从计算到施工图、加工图和材料表的整个设计过程。

随着 CAD 软件开发的不断发展和应用，钢结构的设计与施工技术也将不断地发展，必将促进钢结构在更多工程领域的应用。

项 目 小 结

（1）钢结构设计出图分设计图和施工详图两个阶段，设计图为设计单位编制，是制造厂编制施工详图的依据。因此，设计图首先在其深度及内容方面应以满足编制施工详图的要求为原则，完整但不冗余；施工详图通常由钢结构制造公司根据设计图编制，深度须能满足车间直接制造加工，施工详图内容包括设计内容与绘制内容两部分。

（2）在钢结构中，节点起着连接汇交杆件、传递荷载的作用，所以节点的设计是钢结构设计中的重要环节之一，合理的节点设计对钢结构的安全度、制作安装、工程进度、用钢量指标以及工程造价都有直接的影响。

（3）屋架节点设计步骤：①根据杆件内力计算各腹杆与节点板间所需连接焊缝的长度；②根据焊缝的长度和施工的误差确定节点板的形状和尺寸；③验算弦杆与节点板间连接焊缝的强度。

（4）网架节点的形式很多，按连接方式可分为焊接连接和螺栓连接两大类，按节点构造形式可分为焊接钢板节点、焊接空心球节点、螺栓球节点等。

（5）结构施工图是工程师的语言，体现了设计者的设计意图，施工图的绘制要求图面清楚整洁、标注齐全、构造合理，符合国家制图标准及行业规范，能很好地表达设计意图，并与设计计算书一致。图面表示应做到层次分明，图形之间关系明确，使整套图纸清晰、简明和完整，同时又尽可能减少图纸的绘制工作，以提高施工图纸的编制效率。

（6）在实际的工程应用中，钢结构施工详图的设计与绘制工作量大而繁琐，随着计算机技术的发展，国内外都对计算机辅助设计（CAD）进行了软件的开发。近年来，在网架、门式刚架、屋架、支撑等构件范围内，施工详图的 CAD 辅助设计相对比较成熟。目前常用的钢结构施工详图 CAD 设计软件主要有：上海同济大学的设计软件 3D3S，中冶集团建筑研究总院研制的 PS2000、SS2000，中国建筑研究院开发的 PKPM 系列 CAD 的 STS 模块等。

习　题

1. 钢结构的设计图和施工详图有何区别？
2. 屋架节点板的尺寸如何确定？
3. 屋架节点的构造应符合哪些要求？试述各节点计算的要点。
4. 网架结构的节点类型主要有哪几种？简述螺栓球节点连接的构造原理。
5. 施工图的绘制有何要求？
6. 查阅相关资料，简述国内外钢结构施工详图的 CAD 辅助设计现状。

学习项目2 钢结构的连接

学习目标：通过本项目的学习，了解在钢结构施工过程中连接方法的分类，了解铆钉的分类和连接形式，掌握普通螺栓和高强度螺栓的连接；了解焊条、焊丝的性质；掌握焊接的接头形式、坡口加工、焊缝级别与焊缝强度；了解焊缝质量检验方法。

学习情境2.1 概　　述

2.1.1 连接方法的分类

钢结构是由几种基本构件（如梁、柱、桁架等）通过连接而组成的整体结构。设计时所采用的连接方法是否合理，施工时所完成的连接质量的好坏，都直接影响钢结构的工程造价、工作性能及使用寿命。由此可见，连接在钢结构工程中占有很重要的地位。

钢结构的连接方法有三种，如图2.1所示，即焊接连接、铆钉连接和螺栓连接。在同一个钢结构的设计方案中，所采用的连接方法可能有一种或几种，好的连接方案应当符合安全可靠、节约钢材、施工方便、构造简单、造价低廉的原则。下面分别介绍以下三种钢结构连接方法的特点及合理应用范围。

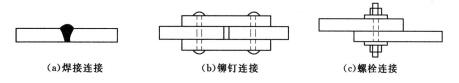

(a)焊接连接　　　　　　(b)铆钉连接　　　　　　(c)螺栓连接

图2.1　钢结构连接方法

2.1.2 焊缝连接

焊接连接是目前钢结构最主要的连接方法，其工作原理是利用电弧产生的热量使焊条（或焊丝）和构件的施焊部位熔化，再经过冷却凝结成焊缝，使焊件相连成为一体。它的优点是：施工方便、构造简单、节约钢材、连接的密封性能好、刚度大、构件间可实现直接焊接，通过采用自动化作业，还可提高焊接质量和施工效率。它的缺点是：由于施焊时的高温作用，形成焊缝附近的热影响区，使钢材的金相组织和力学性能发生变化，材质变脆；另外，由于构件受到的高温和冷却作用是不均匀的，使其产生焊接残余变形，使钢结构的抗疲劳强度降低，发生脆性破坏的可能性增大。

除少数直接承受动力荷载的结构连接（如重级工作制的起重机梁和柱的连接、桁架式起重机梁的节点连接等）不宜采用焊接连接外，焊接连接可普遍用于工业与民用建筑的钢结构中。

2.1.2.1 焊接方法

随着材料科学的发展，为了适应各种金属、合金的焊接而出现了各种不同的焊接方法，常用焊接方法的特点及应用见表 2.1。其中，焊条电弧焊在钢结构构件的焊接中采用得最为普遍。

表 2.1　　　　　　　　　　　　常用焊接方法的特点及应用

焊接方法	金属材料								接头形式			板厚（mm）			焊接位置	焊接质量		生产率
特点和应用范围	低碳钢	低合金钢	不锈钢	耐热钢	铸铁	铜及其合金	铝及其合金	钛及其合金	对接	T形接	搭接	薄板（<3）	中板（3~20）	厚板（>20）		热影响区变形	焊缝外观	
焊条电弧焊	A	A	A	A	B	B	B	D	A	A	A	B	A	B	全	大	较平滑	低
半自动 CO_2 焊	A	A	B	B	A	C	B	D	A	A	A	A	A	B	全	小	较平滑，飞溅多	中
钨极氩弧焊	B	A	A	A	A	B	A	A	A	A	A	A	B	C	全	小	平滑，无飞溅	中
熔化极氩弧焊	B	A	A	A	A	B	A	A	A	A	A	C	A	C	全	小	平滑，无飞溅	中
自动埋弧焊	A	A	A	B	D	C	D	D	A	A	A		C	A	平	较小	无滑，无飞溅	高
氧-乙炔焊	A	B	A	A	B	A	B	A	A	A	A	A	B	D	全	大	较平滑	低
等离子弧焊	A	A	A	A	B	A	B	A	A	A	C	B	A		全	小	平滑	高
电渣焊	A	A	B	D	B	D	D	D	A	A	D	D	D	A	立	大	平滑	高
点焊	A	A	A	A	D	C	A	D	C	A	D	C	A	D	全	小	平滑	高
缝焊	A	A	A	A	D	C	A	D	C	A	D	C	A	D	全	小	平滑	高
闪光对焊	A	A	A	A	D	C	A	D	A	C	D	C	A	C	平	小	有毛刺	高
电阻对焊	A	A	A	A	D	C	A	D	A	C	C	C	A	C	平	小	局部镦粗	高
钎焊	A	A	A	A	B	B	B	B	B	C	B	A	A	B	全	很小	平滑	低～中

注　A—最好；B—良好；C—不好；D—最差。

1. 焊条电弧焊

焊条电弧焊的工作原理如图 2.2 所示。它是由电焊机、导线、焊钳、焊条及焊件组成的电路。打火引弧后，在涂有焊药的焊条端与焊件间产生电弧使焊条熔化，滴落在被电弧形成的焊件熔池中，并与焊件熔化部分结成焊缝。焊药形成的熔渣和气体覆盖在焊缝上面，防止空气中的氧、氮等气体与高温的液体金属接触形成脆性易裂的化合物。焊缝金属冷却后就与焊件熔成一体。

焊条电弧焊常用的焊条按焊条芯金属成分的不同分为碳素钢焊条和低合金钢焊条两种，常用牌号有 E43 型、E50 型和 E55 型。焊条型号的选择应与焊件的金属材质相适应。

焊条电弧焊的优点是：设备简单，适应性强，操作灵活等。在对短焊缝及曲折焊缝进行焊接时，或在施工现场进行

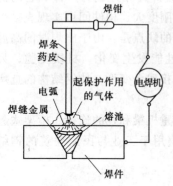

图 2.2　焊条电弧焊工作原理图

焊接时，常采用焊条焊，所以它是钢结构中最常用的焊接方法，广泛地应用于工厂及工地中。

焊条电弧焊的缺点是：生产效率低、劳动条件差、对操作者的技术水平要求高、所完成的焊缝质量变异性大等，如果不经过特殊的检查和处理，焊缝质量将得不到保证。

2. 自动埋弧焊

自动或半自动埋弧焊的工作原理，如图 2.3 所示。

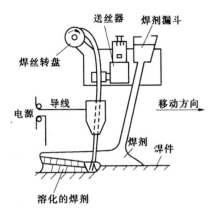

图 2.3　自动或半自动埋弧焊工作原理

自动或半自动埋弧焊的主要设备是自动电焊机，它可以沿轨道按预选速度移动。通电后，在电弧的作用下使埋于焊剂下的焊丝及焊剂熔化。熔化后的焊剂浮在熔化的金属表面上形成保护层使熔化金属不与外界空气接触，有时还可通过焊剂向焊缝提供必要的合金元素，以改善焊缝质量。自动埋弧焊的焊机是自行的，半自动埋弧焊的焊机是人工移动，但他们的工作原理相同，都是随着焊机移动，颗粒状的焊剂不断地由漏斗流下埋住电弧，同时焊丝也自动地边熔化边下降，所以称为埋弧焊。

自动埋弧焊的焊缝质量均匀、塑性好、冲击韧度高，焊缝缺陷较易控制。由于焊接质量好，特别适用于焊大而直的焊缝。半自动埋弧焊的焊缝质量介于自动埋弧焊和焊条电弧焊之间，由于是人工移动焊机，因而可焊曲线或不规则焊缝。同焊条电弧焊相比，自动或半自动埋弧焊还具有劳动条件好、生产效率高、生产成本低等优点。

3. CO_2 气体保护焊

该焊接是以 CO_2 气体作为保护气体的焊接方法。CO_2 气体保护焊的优点是：电弧热集中，焊接变形小，可采用较大的电流，生产效率高，焊接成本较低，焊缝质量较好。适合于自动化、半自动化施焊，主要用于低碳钢、低合金钢构件的焊接。

在进行焊接连接时，无论采用何种电弧焊方式，其所用焊条、焊丝及焊剂均应与焊件金属材质相适应，并且还应符合国家标准中的有关规定，必要时可查阅有关资料。

2.1.2.2　焊缝的焊接形式

焊缝的连接形式按连接构件间的相对位置分为对接、搭接、T 形连接和角接 4 种。在这些连接中，所采用的焊缝有对接焊缝和角焊缝两种，基本形式如图 2.4 所示。在实际应用中，采用何种焊接连接形式和焊缝形式，应根据受力情况、制造成本、加工能力及材料情况进行合理选择。

2.1.2.3　焊缝的强度设计

钢结构构件焊缝的强度设计值，见表 2.2。

2.1.3　铆钉连接

铆钉连接是用一端有半圆形铆头的铆钉，加热到 $900 \sim 1000℃$ 后，迅速插入到需连接构件的预制铆孔中，用铆钉枪或压铆机将钉端打成或压成铆钉头。要求铆合后的钉杆应充满钉

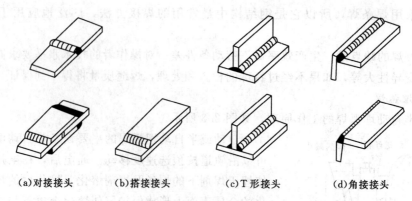

| (a)对接接头 | (b)搭接接头 | (c)T形接头 | (d)角接接头 |

图 2.4　焊缝连接的形式

表 2.2　　　　　　　　　　　　　　　焊 缝 的 强 度 设 计 值

焊接方法和焊条型号	构件钢材		对 接 焊 缝				角焊缝
	牌号	厚度或直径（mm）	抗压 f_c^w（N/mm²）	焊缝质量为下列等级时，抗拉 f_t^w（N/mm²）		抗剪 f_v^w（N/mm²）	抗拉、抗压和抗剪 f_f^w（N/mm²）
				一级、二级	三级		
自动埋弧焊、半自动埋弧焊和 E43 型焊条的电弧焊	Q235	≤16	215	215	185	125	160
		>16～40	205	205	175	120	
		>40～60	200	200	170	115	
		>60～100	190	190	160	110	
自动埋弧焊、半自动埋弧焊和 E50 型焊条的电弧焊	Q345	≤16	310	310	265	180	200
		>16～35	295	295	250	170	
		>35～50	265	265	225	155	
		>50～100	250	250	210	145	
自动埋弧焊、半自动埋弧焊和 E55 型焊条的电弧焊	Q390	≤16	350	350	300	205	220
		>16～35	335	335	285	190	
		>35～50	315	315	270	180	
		>50～100	295	295	250	170	
	Q420	≤16	380	380	320	220	
		>16～35	360	360	305	210	
		>35～50	340	340	290	195	
		>50～100	325	325	275	185	

孔，当钉杆冷缩后，连接件被铆钉压紧形成牢固的连接。它的优点是：连接质量易于直观检查，传力可靠，连接部位的塑性、韧性较好，对构件的金属材质的要求低。它的缺点是：制造费时费工、浪费钢材、铆合时噪声大、劳动条件差、对技工的技术水平要求高。目前，除了在一些重型和直接承受动力荷载的结构中偶有应用外，铆钉连接已经被焊接连接和螺栓连接所取代。

2.1.3.1　铆钉连接的分类

铆接有强固铆接、密固铆接和紧固铆接三种。

（1）强固铆接。这种铆接要求能承受足够的压力和剪力，但对铆接处的密封性能要求较差，如桥梁、起重机吊臂、汽车底盘等，均属于强固铆接。

（2）密固铆接。这种铆接除要求具有承受足够的压力和剪力外，还要求在铆接处密封性能好，在一定压力作用下，液体或气体均不能渗漏。如锅沪、压缩空气罐等高压容器的铆接，都属于密固铆接。目前，这种铆接已几乎被焊接所代替。

（3）紧固铆接。这种铆接的金属构件，不能承受大的压力和剪力，但对铆接处要求具有高度的密封性，以防泄漏。如水箱、气罐、油罐等容器，即属于紧固铆接。目前，这种铆接更为少用，同样被焊接代替。

2.1.3.2　铆钉连接的形式

铆接连接的基本形式有三种：搭接、对接和角接。

（1）搭接。将板件边缘对搭在一起，用铆钉加以固定连接的结构形式，如图 2.5 所示。

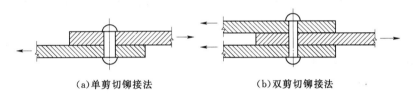

(a)单剪切铆接法　　　　　　　(b)双剪切铆接法

图 2.5　搭接形式

（2）对接。将两条要连接的板条置于同一平面，利用盖板把板件铆接在一起。这种连接可分为单盖板式和双盖板式两种对接形式，如图 2.6 所示。

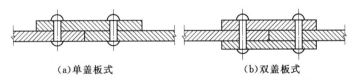

(a)单盖板式　　　　　　　(b)双盖板式

图 2.6　对接形式

（3）角接。将两块板件互相垂直或按一定角度用铆钉固定连接，这种连接时要在角接外利用搭接件——角钢。角接时，板件上的角钢接头有一侧或两侧两种形式，如图 2.7 所示。

2.1.3.3　铆钉连接的强度设计值

铆钉连接的强度设计值，见表 2.3。

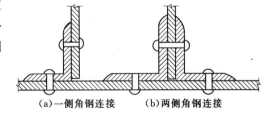

(a)一侧角钢连接　　　(b)两侧角钢连接

图 2.7　角接形式

2.1.4　螺栓连接

螺栓连接是应用很广泛的一种连接方法。它分为普通螺栓连接和高强度螺栓连接两种。普通螺栓是用 Q235 钢制成，用普通扳手拧紧；高强度螺栓是用高强度钢材经热处理后制成，安装时用指针式扭力扳手，将螺栓拧紧到使其内部产生规定的预拉力值，把被连接构件强力夹紧。

表 2.3 焊缝的强度设计值 单位：N/mm²

铆钉钢号和构件钢材牌号		抗拉（钉头拉脱）f_t^r	抗剪 f_v^r		承压 f_c^r	
			Ⅰ类孔	Ⅱ类孔	Ⅰ类孔	Ⅱ类孔
铆钉	BL2 或 BL3	120	185	155	—	—
构件	Q235	—	—	—	450	365
	Q345	—	—	—	565	460
	Q390	—	—	—	590	480

注 1. 孔壁质量属于下列情况的为Ⅰ类孔：
(1) 在装配好的构件下按设计孔径钻成的孔。
(2) 在单个零件或构件上按设计孔径分别用钻模钻成的孔。
(3) 在单个零件上先钻成或冲成较小的孔，然后在装配好的构件上再扩钻至设计孔径的孔。
2. 在单个零件上一次冲成或不用钻模钻成设计孔径的孔属于Ⅱ类孔。

螺栓连接的优点是安装方便、工艺简单、所需设备简单易得，施工效率和质量容易得到保证，并可方便拆装。螺栓连接的缺点是：由于需要在构件上制孔，所以对构件截面有削弱；在实现连接时一般需要配有连接件，使得钢材用量增加，构造较繁杂，工作量也有增加。

螺栓连接的应用范围是：普通螺栓连接一般用于需要拆装的连接中，在承受拉力的连接和不太重要的连接中也有广泛的应用。高强度螺栓由于具有连接紧密、受力良好、耐疲劳、便于养护及在动力荷载作用下不易松动等优点，因而被广泛地应用在桥梁、大跨度的工业厂房及民用建筑中。

2.1.4.1 普通螺栓连接

1. 普通螺栓的等级

钢结构中所用的普通螺栓按其加工精度可分为 A、B、C 三个等级。

A、B 级螺栓又叫精制普通螺栓，其表面光滑，尺寸准确，与之配合的螺栓孔为Ⅰ类孔。制作Ⅰ类孔时一般要用钻模定位钻孔，并保证构件组装时对孔精确、内壁光滑。Ⅰ类孔的孔径与安装螺栓的直径相等，允许有较小的误差，安装时需将螺栓轻击入孔。A、B 级螺栓直径与孔径相差 0.3～0.5mm，由于加工和安装精度都很高，连接整体性好，可用于承受较大的剪力和拉力的安装中；但由于其制作成本高，安装困难，在钢结构中应用较少。

C 级普通螺栓杆身表面粗糙，尺寸不准确，与之配合的螺栓孔为Ⅱ类孔。制作Ⅱ类孔时，要求的精度不高，孔径比螺栓直径大 1.0～2.0mm。C 级普通螺栓连接由于制作成本低，安装及拆卸方便，在钢结构中应用广泛。但 C 级普通螺栓在制作和安装时精度都不高，连接整体性不好，在传递剪切力时变形较大，所以 C 级螺栓连接一般常用在承受拉力的次要结构和安装时的临时连接中。

C 级普通螺栓一般用 Q235BF 钢制成。螺栓的性能等级为 4.6 级、4.8 级、5.6 级和 8.8 级。小数点前的"4"、"5"、"8"表示螺栓材质的最低抗拉强度分别为 400N/mm²、500N/mm²、800N/mm²，小数点后面的"6"、"8"表示螺栓材质的屈服强度与抗拉强度的比值为 0.6、0.8。A、B 级普通螺栓材料性能属于 8.8 级，一般用 4、5 号钢和 35 号钢制成。8.8 级的含义同上述。

普通螺栓的代号用大写字母 M 和螺栓的公称直径毫米数来表示。常用的型号一般有 M16、M20、M24 等。为了制造方便，避免误用，同一钢结构中的同类型螺栓应尽量采用同一型号的螺栓和孔径，必要时可增到 2～3 种。

2. 受力性能与破坏形式

普通螺栓连接按螺栓的传力方式可分为抗剪螺栓连接、抗拉螺栓连接及同时抗剪和抗拉螺栓连接。抗剪螺栓是通过螺栓杆的抗剪和螺栓杆对孔前壁的承压来传递垂直于螺栓杆方向的剪力，如图 2.8 所示。

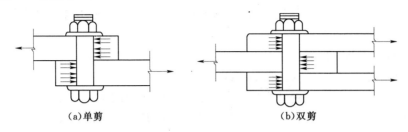

（a）单剪　　　　　　　　　　　　　　　　　（b）双剪

图 2.8　抗剪螺栓

3. 普通螺栓的强度设计值

普通螺栓的强度设计值见表 2.4。

表 2.4　　　　　　　　　　　　　　普通螺栓的强度设计值　　　　　　　　　　　　单位：N/mm²

螺栓的性能等级、锚栓和构件钢材的牌号		普 通 螺 栓						锚栓	承压型连接高强度螺栓		
		C 级螺栓			A 级、B 级螺栓						
		抗拉 f_t^b	抗剪 f_v^b	承压 f_c^b	抗拉 f_t^b	抗剪 f_v^b	承压 f_c^b	抗拉 f_t^a	抗拉 f_t^b	抗剪 f_v^b	承压 f_c^b
普通螺栓	4.6 级、4.8 级	170	140	—	—	—	—	—	—	—	—
	5.6 级	—	—	—	210	190	—	—	—	—	—
	8.8 级	—	—	—	400	320	—	—	—	—	—
锚　栓	Q235 钢	—	—	—	—	—	—	140	—	—	—
	Q345 钢	—	—	—	—	—	—	180	—	—	—
承压型连接高强度螺栓	8.8 级	—	—	—	—	—	—	—	400	250	—
	10.9 级	—	—	—	—	—	—	—	500	310	—
构　件	Q235	—	—	305	—	—	405	—	—	—	470
	Q345	—	—	385	—	—	510	—	—	—	590
	Q390	—	—	400	—	—	530	—	—	—	615
	Q420	—	—	425	—	—	560	—	—	—	655

2.1.4.2　高强度螺栓连接

高强度螺栓连接是在 20 世纪 60 年代迅速发展和应用的螺栓连接形式。它的特点是依靠螺栓杆内很大的拧紧预拉力将连接构件夹紧，使其板层间产生强大的摩擦力，并传递荷载，所以，高强度螺栓连接的整体性和刚度均较好。

1. 高强度螺栓连接的特点

高强度螺栓连接的优点是：施工简便，可拆换，受力性能好，工作安全可靠，变形小，耐疲劳和计算简单，对制孔要求也较低，一般采用 Ⅱ 类孔。孔径比螺栓直径大 1.5～2mm（摩擦型）或 1～1.5mm（承压型），构造要求与普通螺栓连接基本相同。

高强度螺栓连接的缺点是：工程造价较高，对其制造材料及安装工具有特殊要求；有时为增加板间摩擦力，需对连接的各接触面进行特殊处理；在保管和运输高强度螺栓时，为避免划伤螺栓，需采用特殊包装，费用较高。

2. 高强度螺栓连接的分类

高强度螺栓连接按其设计和传力要求的不同可分为摩擦型和承压型两种。

（1）摩擦型。这种连接只靠连接板件间的强大摩擦力来传递剪力，并以摩擦力将被克服、板件间有相对滑动趋势来作为连接的承载力极限状态。

（2）承压型。这种连接靠连接板件间的强大摩擦力和螺栓杆抗剪来共同传递剪力，以螺栓杆被剪断或栓孔被压坏来作为连接的承载力极限状态。

目前，在工业和民用建筑钢结构中，高强度螺栓连接应用十分广泛。由于摩擦型高强度螺栓连接的变形小，强度储备大，主要应用于直接承受动力荷载的重要钢结构连接中；而承压型高强度螺栓连接所需螺栓数目少，但变形大，强度储备小，万一被破坏后果严重。所以，它主要用于承受静力荷载或间接承受动力荷载的钢结构连接中。

3. 高强度螺栓的等级

由于高强度螺栓在工作时其内部有很大的预拉力，所以，高强度螺栓采用高强度的钢材经热处理后制成。目前，我国使用的高强度螺栓的性能等级为8.8级和10.9级。8.8级的高强度螺栓杆、螺母及垫圈均是由优质碳素结构钢制成；10.9级的高强度螺栓杆和螺母由合金结构钢制成，垫圈由优质碳素结构钢制成。

4. 高强度螺栓的预拉力

为增大高强度螺栓连接中的板间摩擦力，提高连接质量，在保证螺栓在拧紧的过程中不会屈服或断裂的前提下，高强度螺栓中的预拉力值应尽量大些，因此，《钢结构设计规范》（GB 50017—2003）中规定预拉力设计值按下式确定

$$P=\frac{0.9\times0.9\times0.9f_yA_e}{1.2}=0.675f_yA_e，取\ P=f_yA_e \tag{2.1}$$

式中 f_y——高强度螺栓经热处理后的假定屈服点强度；

A_e——螺栓在螺纹处的有效截面面积。

式（2.1）中的前两个0.9是分别考虑到材料的不均匀性和为补偿螺栓紧固后有一定松弛引起的预拉力损失；第3个0.9是由于抗拉强度以螺栓为准会偏小，为安全起见引入的附加安全系数；系数1.2是考虑到螺栓在拧紧时扭矩切应力造成的不利影响。由式（2.1）计算得出的高强度螺栓常用型号的预拉力设计值见表2.5。表2.5中的数据是按5kN为模数取整数得到的。

表2.5　　　　　　　　　　　　预拉力 P 值　　　　　　　　　　单位：kN

螺栓的性能等级	螺栓常用型号					
	M16	M20	M22	M24	M27	M30
8.8级	80	125	150	170	230	280
10.9级	100	155	190	225	290	355

在高强度螺栓中建立预拉力的方法一般有扭矩法、转角法和扭剪法三种。

（1）扭矩法。利用可直接显示或控制扭矩的特制扭矩扳手，根据事先测定的扭矩和螺栓

预拉力的相应关系来对螺栓施加扭矩，直到规定值为止。这种方法在螺栓中建立的预拉力相对准确。扭矩 $\tau = KdP$，K 为系数，由试验测定，d 为螺栓直径，P 为预拉力。

高强度螺栓的拧紧应分为初拧、终拧。对于大型节点，应分为初拧、复拧、终拧。初拧扭矩为施工扭矩的 50% 左右，复拧扭矩等于初拧扭矩。

（2）转角法。螺栓的内力与其弹性伸长量成正比，螺母旋转的角度决定了螺杆弹性伸长量，控制螺母旋转角度就可以获得规定的螺栓预拉力。先用普通扳手将螺母初拧到拧不动为止，再用电动扳手终拧螺母 1/2～2/3 圈，使螺栓杆产生适当的变形，并在内部形成预定的预拉力值。该方法不需要专用扳手，故简单有效，但不精确。

（3）扭剪法也称扭断扭剪型高强度螺栓尾部法。当连接采用扭剪型高强度螺栓（图 2.9）时，利用特制机动扳手的内外套，将螺栓尾部的梅花卡头和螺母套住并相对旋转，当梅花卡头在沟槽处被扭断时，螺栓内部即产生了规定的预拉力值。

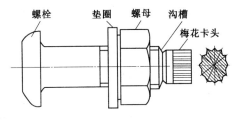

图 2.9 抗剪螺栓

扭剪型高强度螺栓的拧紧，对于大型节点，应分为初拧、复拧、终拧。初拧扭矩值为 $0.13Rd$ 的 50% 左右，可参照表 2.6 选用。初拧用定扭矩扳手进行，使接头各层钢板达到充分密贴，用转角法初拧，初拧转角控制在 45°～75°，一般以 60° 为宜。终拧使用电动扭剪型扳手，把梅花头拧掉就标志着螺栓杆已经达到设计要求的紧固预拉力。

表 2.6   初 拧 扭 矩 值

螺栓直径（mm）	16	20	(22)	24
初拧扭矩（N·m）	115	220	300	390

5．螺栓连接的强度设计值

普通螺栓和承压型高强度螺栓连接的强度设计值，见表 2.4。

学习情境 2.2 焊 接 连 接

2.2.1 常用焊接材料

自从焊接方法产生以来，要求用焊接方法连接的材料越来越多，随之应运而生的是多种多样的焊接材料，以适应不同场合的需要。现在，生产中经常使用的焊接材料有焊条、焊剂、焊丝和电极。

2.2.1.1 焊条

1．焊条的组成

焊条是涂有药皮的供焊条电弧焊用的熔化电极。焊条的组成如图 2.10 所示，压涂在焊芯表面上的涂料层即药皮，焊条中被药皮包覆的金属芯称为焊芯，焊条端部未涂药皮的焊芯部分可供焊钳夹持用，是焊条夹持端。焊条药皮与焊芯的质量比常称为药皮的质量系数，焊条电弧焊焊条的药皮质量系数一般为 25%～40%。

（1）焊芯。

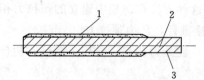

图 2.10　焊条的组成

1—药皮；2—焊芯；3—夹持端

1) 牌号与规格。

焊芯一般是一根具有一定长度及直径的金属丝。焊接时焊芯有两个作用：一是传导焊接电流，产生电弧，把电能转换为热能；二是焊芯本身熔化，作为填充金属与液体母材金属熔合形成焊缝，同时起调整焊缝中合金元素成分的作用。这种金属丝在被用于埋弧焊、气体保护焊、气焊等焊接方法中的填充金属时常称为焊丝。按照国家标准，用来制造焊芯的钢丝分为碳素结构钢、合金结构钢、不锈钢三类。在焊条生产中，根据被焊材料，按照《熔化焊用钢丝》（GB/T 14957—1994），可选择相应牌号的钢丝作为焊芯。

焊芯的牌号用字母 H 打头，后面的数字表示碳的质量分数，其他合金元素含量的表示方法与钢号大致相同。质量不同的焊芯在最后标以一定符号以示区别：A 表示高级优质钢，其 S 和 P 的质量分数不超过 0.03%；E 表示特级优质钢，其 S 和 P 的质量分数不超过 0.02%。焊条的规格都以焊芯的直径来表示。焊芯直径越大，其基本长度也相应长些。

2) 焊芯中的主要合金元素。

a) 碳（C）：碳是钢中的主要化学元素。当含碳量增加时，钢的强度和硬度也明显地增加，而塑性降低。随着含碳量的增加，钢的焊接性很快恶化，会引起较大的飞溅和气孔，而且对焊接裂纹的敏感性明显增加，因此，低碳钢用焊芯中碳的质量分数应小于 0.1%。

b) 锰（Mn）：锰是一种很好的合金元素。随着含锰量的增加，钢的强度提高，韧性也相应提高。锰与硫化合生成 Mn_2S，生成的 Mn_2S 作为熔渣覆盖在金属表面，从而抑制硫的有害作用。同时，锰还有很好的脱氧作用，其含量一般以 0.3%～0.5% 为宜。

c) 硅（Si）：硅在焊接过程中极易氧化成 SiO_2，从而使焊缝中含有很多的夹杂，严重时会引起热裂纹，因此，焊芯中的含硅量越少越好。

d) 硫和磷（S，P）：硫、磷是对钢材有害的化学元素，会引起裂纹和气孔，故对于他们的含量应严格控制。在焊芯的牌号中，以字母"A"结尾的焊芯对 S 和 P 的含量限制更加严格，例如 H08A。

（2）焊条药皮。

1) 焊条药皮的作用。

a) 保证电弧稳定燃烧，使焊接过程正常进行。

b) 保护电弧和熔池。空气中的氮、氧等气体对焊接熔池的化学反应有不良影响。焊条药皮熔化后产生的气体能够防止空气中的氮、氧进入熔池。药皮熔化后形成熔渣，覆盖在焊缝表面，隔绝了有害气体的影响，使焊缝金属冷却速度降低，有助于气体逸出，防止气孔的产生，改善焊缝的组织和性能。

c) 焊条药皮参与了复杂的化学反应。通过药皮将所需要的合金元素渗入到焊缝金属中，可以控制焊缝的化学成分，以获得希望的焊缝金属性能。在焊条药皮中添入 Mn、Si 等化学元素可以进行脱氧、脱硫、脱磷等反应，从而改善焊缝质量。

2) 药皮的组成及类型。

焊条药皮为了达到诸多要求，一般由多种原材料按一定的配比组成。药皮中原材料的作用是稳弧、造气、造渣、脱氧、合金化、黏结、成型。

药皮中的一种材料在药皮中同时会有几种作用，其中有些是主要的，有些是次要的。这些材料按其所起的作用不同，分别称为稳弧剂、造渣剂、造气剂等；常用的稳弧剂有碳酸钾、水玻璃等；常用的造渣剂有钛铁矿、金红石、大理石等，他们是药皮中最基本的组成物；常用的脱氧剂有锰铁、硅铁、铁、钛铁等。

2. 焊条的型号分类

焊条型号一般都由焊条类型的代号，加上其他表示焊条熔敷金属力学性能、药皮类型、焊接位置和焊接电流的分类代号组成。各种焊条的分类及代号见表 2.7。

表 2.7　　　　　　　　　　　　　焊条的分类及代号

类　别	代　号	类　别	代　号
碳钢焊条	E	铜及铜合金焊条	ECu
低合金钢焊条	E	铸铁焊条	EZ
不锈钢焊条	E	铝及铝合金焊条	TAl
堆焊焊条	ED	特殊用途焊条	TS

3. 焊条的选择与保管

（1）焊条的选择。选择焊条时应遵循以下原则：

1）母材的力学性能和化学成分：低碳钢和低合金高强度结构钢的焊接，一般情况下应根据设计要求，按强度等级来选用焊条。选用焊条的抗拉强度与母材相同或稍高于母材。但对于某些裂纹敏感性较高的钢种，或刚度较大的焊接结构，为了提高焊接接头在消除应力时的抗裂能力，焊条的抗拉强度以稍低于母材为宜。

焊接低温钢时，应根据设计要求，选用低温冲击韧度等于或高于母材的焊条，同时，强度不应低于母材的强度。

耐热钢和不锈钢的焊接，为保证焊接接头的高温冲击性能和耐腐蚀性，应选用熔敷金属化学成分与母材相同或相近的焊条。当母材中碳、硫、磷等元素的含量较高时，应选用抗裂性好的低氢型焊条。

低碳钢和低合金高强度结构钢的焊接，应选用与强度等级低的钢材相适应的焊条。

2）焊件的工作条件。根据焊件的工作条件，包括载荷、介质和温度等，选择满足使用要求的焊条。比如在高温条件下工作的焊件，应选择耐热钢焊条；在低温条件下工作的焊件，应选择低温钢焊条；接触腐蚀介质的焊件应选择不锈钢焊条；承受动载荷或冲击载荷的焊件应选择强度足够、塑性和韧性较好的低氢型焊条。

3）焊接的结构复杂程度和刚度。对于同一强度等级的酸性焊条和碱性焊条，应根据焊件的结构形状和钢材厚度加以选用，形状复杂、结构刚度大及厚度大的焊件，由于焊接过程中产生较大的焊接应力，因此必须采用抗裂性能好的低氢型焊条。

4）劳动条件、生产率和经济性。在满足使用性能和操作性能的基础上，尽量选用效率高、成本低的焊条。焊接空间位置变化大时，尽量选用工艺性能适应范围较大的酸性焊条，在密闭容器内焊接时，应采用低尘、低毒焊条。

5）焊条直径的选择。应按板厚来选择焊条的直径。

板厚不大于 4mm 时，焊条直径不超过焊件厚度；板厚为 4～12mm 时，焊条直径可选 3.2～4mm；板厚大于 12mm 时，焊条直径可大于 4mm。

（2）焊条的保管。

1）焊条的储存与保管。

a）焊条必须在干燥、通风良好的室内仓库中存放。焊条储存库内不允许放置有害气体和腐蚀性介质。焊条应离地存放在架子上，离地面距离不小于 300mm，离墙壁距离不小于 300mm，严防焊条受潮。

b）焊条堆放时应按种类、牌号、批次、规格、入库时间分类堆放，并应有明确标志，避免混乱。

c）特种焊条储存与保管条件应高于一般性焊条。特种焊条应堆放在专用仓库或指定区域。受潮或包装损坏的焊条未经处理不许入库及使用。

d）一般焊条一次出库量不能超过两天的用量，对于已经出库的焊条，焊工必须保管好。

e）低氢型焊条储存库的室内温度不低于 5℃，相对空气湿度低于 60%。

2）焊条使用前的烘干与保管。由于焊条药皮成分及其他因素的影响，焊条往往会因吸潮而使工艺性能变坏，造成电弧不稳，飞溅增大，并且容易产生气孔、裂纹等缺陷，因此，焊条使用前必须烘干。焊条的烘干和保管应注意以下几点：

a）焊条在使用前，酸性焊条视受潮情况在 75～150℃烘干 1～2h；碱性低氢型结构钢焊条应在 350～400℃烘干 1～2h，烘干的焊条应放在 100～150℃保温箱（筒）内，随用随取。

b）低氢型焊条一般在常温下超过 4h 后应重新烘干。重复烘干次数不宜超过 3 次。

c）烘干焊条时，取出和放进焊条时应防止焊条因骤冷骤热而产生药皮开裂、脱皮现象。

d）焊条烘干时应做记录，记录上应有牌号、批号、温度、时间等内容。

e）在焊条烘干期间，应有专门负责的技术人员对操作过程进行检查和核对，每批焊条不得少于一次，并在操作记录上签字。

f）烘干焊条时，焊条不应成垛或成捆地堆放，应铺放成层状，焊条堆放不能太厚（一般为 1～3 层），避免焊条烘干时受热不均匀和潮气不易排除。

g）露天操作隔夜时，必须将焊条妥善保管，不允许露天存放，应在低温烘箱中恒温保存，否则次日使用前还要重新烘干。

2.2.1.2　焊剂

焊剂是主要作为埋弧焊和电渣焊使用的焊接材料，焊接过程中，焊剂起着与焊条药皮类似的作用。

焊剂是埋弧焊和电渣焊焊接过程中保证焊缝质量的重要材料，在焊接时焊剂能够熔化成熔渣（有的也有气体），防止了空气中氧、氮的侵入，并且向熔池过渡有益的合金元素，对熔池金属起保护和冶金作用。另外，熔渣覆盖在熔池上面，熔池在熔渣的内表面进行凝固，从而可以获得光滑美观的焊缝表面成型。

1. 焊剂的分类

焊剂按制造方法分类可分为熔炼焊剂和非熔炼焊剂。

（1）碳素钢埋弧焊用焊剂。碳素钢埋弧焊用焊剂型号的表示方法如下：

$$HJ\,X_1X_2X_3 - HXXX$$

"HJ"表示埋弧焊用焊剂。

第一位数字"X_1"为 3、4 或 5，表示焊缝金属的抗拉强度等力学性能；第二位数字"X_2"为 0 或 1，表示拉伸试样和冲击试样的状态；第三位数字"X_3"表示焊缝金属冲击韧度不小于 34.3J/cm^2 时的最低试验温度。

尾部"HXXX"表示焊接试板用焊丝牌号。

（2）低合金钢埋弧焊用焊剂。低合金钢埋弧焊用焊剂型号的表示方法如下：

$FX_1X_2X_3X_4 - HXXX$

"F"表示埋弧焊用焊剂。

数字 X_1、X_2、X_3 及尾部"HXXX"的意义同碳素钢埋弧焊用焊剂的规定。

数字 X_4 为焊剂渣系代号。

2. 焊剂的选择与保管

高硅高锰焊剂属酸性焊剂，配合低碳钢焊丝或含锰焊丝，是国内目前应用最广泛的配合方式，多用于焊接低碳钢和某些低合金钢。但不宜用于焊接低温韧性较好的结构。

中硅焊剂碱性较高，所以能获得韧性较好的焊缝金属。这类焊剂配合适当的焊丝可用于焊接合金结构钢。

低硅焊剂对金属基本上没有氧化作用，它配合相应的焊丝可用于焊接高合金钢。

为保证焊接质量，在保存焊剂时应注意防止受潮。使用焊剂前应按规定烘干，烘干后立即使用。酸性焊剂（如 HJ431）的烘干温度为 250℃，保温 1～2h；碱性焊剂的烘干温度要高一些，如 HJ250 的烘干温度为 300～400℃，保温 2h。回收的焊剂要去渣壳。

2.2.1.3 焊丝

焊接生产中大量采用焊条电弧焊。在工业发达的国家，焊条的产量仍占焊材总产量的 30%左右。在我国，这一比例为 80%～90%。但从世界焊材发展的总趋势看，随着气体保护焊工艺的广泛应用和药芯焊丝的不断崛起，焊条电弧焊焊条总的需求量会逐年减少，今后的主要应用对象是修配及某些特殊场合。在焊丝的生产上，埋弧焊焊丝在我国已经应用得非常广泛，埋弧焊用薄钢带也有应用。近年来气体保护焊和药芯焊丝的应用得到很大发展，使焊丝在消耗焊材中所占的比例逐渐增加，成为一种重要的焊接材料。

1. 焊丝的分类

焊丝按其结构可分为实心焊丝和药芯焊丝。

实心焊丝多为冷拔钢丝，而药芯焊丝则是由薄钢带纵向折叠并加入药粉后再行拉拔而成。实心焊丝使用的历史比较长，为目前主要使用的焊丝；药芯焊丝的使用比起实心焊丝来晚了许多，但由于其具有一系列的优点，在生产中应用得越来越多。

焊接用的焊丝按其保护方式又可分为两大类：一类焊丝是焊接时只起填充金属和导电的作用，施焊过程中要依靠焊剂保护或气体保护，如埋弧焊、CO_2 气体保护焊中使用的实心焊丝和 CO_2 气体保护焊中使用的部分药芯焊丝；另一类焊丝在焊接过程中不需要外加气体或焊剂的保护，仅仅依靠焊丝自身的合金元素及高温时的反应来防止空气中氧、氮等气体的侵入，并用于调整焊缝金属成分，这类焊丝称为自保护药芯焊丝，是一种很有发展前途的新型焊丝。国内已开始生产，但目前使用尚不广泛。

（1）实心焊丝。实心焊丝分气体保护焊用碳素钢、低合金钢焊丝（钢丝）、熔化焊用钢丝、铜及铜合金焊丝、铝及铝合金焊丝、镍及镍合金焊丝等。气体保护焊用焊丝（钢丝）主要包括 CO_2 气体保护焊、钨极气体保护焊和等离子弧焊的焊丝。熔化焊用钢丝主要包括适用于埋弧焊和电渣焊、气焊等用途的冷拉钢丝。

为了防止焊丝生锈，保持焊丝的光洁，焊丝表面一般都镀有一层铜，这也是为什么焊丝表面颜色为黄红色的原因。镀铜焊丝不影响焊丝的使用性能。

（2）药芯焊丝。药芯焊丝外观虽如同普通焊丝，却内装焊剂，可分为加气体保护的气保护型药芯焊丝和不加气体保护的自保护药芯焊丝以及埋弧焊药芯焊丝等。药芯焊丝内的焊剂可以起到与焊条药皮类似的保护熔滴、熔池免受氧化、氮化，辅助焊缝成型，稳定电弧，脱氧，脱硫，渗合金等一系列有益的作用。它兼具了焊条和 CO_2 实心焊丝的优点。制造规格有 $\phi1.2mm$、$\phi1.4mm$、$\phi1.6mm$、$\phi2.0mm$、$\phi2.4mm$、$\phi2.8mm$、$\phi3.2mm$、$\phi4.0mm$。一般把直径小于 2mm 的焊丝称为细径焊丝。

药芯焊丝的优点如下：

1）生产效率高。药芯焊丝可进行连续的自动化和半自动化生产，与焊条相比，大大节约了更换焊条、引弧和收弧等辅助工序的时间。同时，它的焊接飞溅小，不易堵塞焊嘴，所以比 CO_2 实心焊丝更适于机器人焊接。

2）熔敷速度快，飞溅小。熔敷速度是指熔焊过程中单位时间内熔敷在焊件上的金属量。药芯焊丝之所以比焊条熔敷速度快，主要是因为它可以使用更大的焊接电流；同时，药芯焊丝中只含质量分数为 $15\%\sim20\%$ 的药粉，而焊条的药皮质量分数占 25% 以上，因此电能可以更有效地用来熔化焊丝的金属部分。与 CO_2 实心焊丝相比，由于其电流集中于外表钢皮，电流密度大，所产生的电阻热更大；此外，飞溅小，所熔化金属可以更有效地送入熔池，因而药芯焊丝甚至比 CO_2 实心焊丝的熔敷速度还要快。药芯焊丝焊接时比 CO_2 实心焊丝的飞溅要小得多。

3）焊接质量好。一般 CO_2 实心焊丝只适用于低碳钢或强度级别较低的低合金钢的焊接，而药芯焊丝则适用于各种材料的焊接，不仅包括各种结构钢，也包括不锈钢等特殊材料。药芯焊丝焊缝的低温冲击韧度比实心焊丝有了很大的提高，可适用于各种重要结构的焊接，而 CO_2 实心焊丝一般只用于 $0℃$ 以上温度的一般钢结构的焊接。

4）综合焊接成本低。药芯焊丝相对价格较高，但其综合生产成本比焊条电弧焊要低许多，与 CO_2 实心焊丝大体相当。

2. 焊丝的选择与保管

（1）焊丝一般以焊丝盘、焊丝卷及焊丝筒的形式供货。焊丝表面必须光滑平整，如果焊丝生锈，必须用焊丝除锈机除去表面的氧化皮才能使用。

（2）对同一型号的焊丝，当使用 $Ar-O_2$ 为保护气体焊接时，熔敷金属的化学成分与焊丝的化学成分差别不大，但当使用 CO_2 为保护气体焊接时，熔敷金属中的 Mn、Si 和其他脱氧元素的含量会大大减少，在选择焊丝和保护气体时应予以注意。

（3）一般情况下，实心焊丝和药芯焊丝对水分的影响不敏感，不需进行烘干处理。

（4）施焊前，焊件应做除油、除锈处理。

（5）焊丝购货后应存放于专用焊材库（库中相对湿度应低于 60%），对于已经打开包装的未镀铜焊丝或药芯焊丝，如无专用焊材库，应在半年内使用完。

（6）采用焊剂保护进行焊接，使用前应对焊剂做烘干处理；采用气体保护进行焊接，应控制气体中的含水量，焊接过程中风速大于 $2m/s$ 时应停止焊接。

2.2.2 焊接基本知识

2.2.2.1 焊接接头的形式

用焊接方法连接的接头叫做焊接接头，一个焊接结构总是由若干个焊接接头所组成。焊接接头可分为对接接头、T 形接头、十字接头、搭接接头、角接接头、端接接头、套管接头、斜对接接头、卷边接头和锁底对接接头共 10 种，其中以对接、T 形、搭接、角接 4 种接头用得较多。

1. 对接接头

两焊件表面构成不小于 135°、不大于 180°夹角的接头，即由两焊件（板、棒、管）相对端面焊接而成的接头，称为对接接头，如图 2.11 所示，它是各种焊接结构中采用最多的一种接头形式。

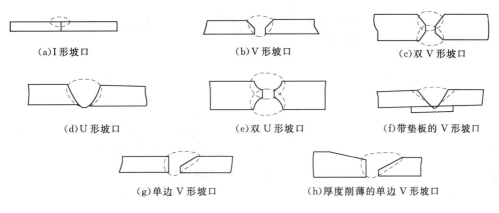

图 2.11　对接接头

2. T 形接头

一焊件的端面与另一焊件表面构成直角或近似直角的接头称为 T 形接头，如图 2.12 所示。这是一种用途仅次于对接接头的焊接接头，特别是船体结构中约 70%的接头都采用这种形式。根据垂直板厚度的不同，T 形接头的垂直板可开 I 形坡口或开成单边 V 形、K 形、J 形或双 J 形坡口等。

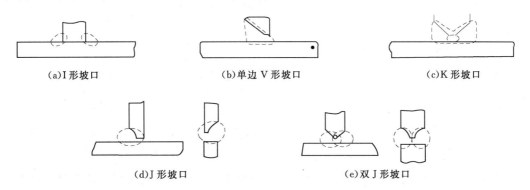

图 2.12　T 形接头

3. 十字接头

3 个焊件装配成"十"字形的接头称为十字接头，如图 2.13 所示。这种接头实际上是两个 T 形接头的组合，根据焊透程度的要求，可开 I 形坡口或在两块板中开 K 形坡口。

4. 搭接接头

两焊件部分重叠构成的接头称为搭接接头，如图 2.14 所示。根据结构形式和对强度的

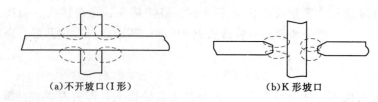

（a）不开坡口（I形）　　　　　　　（b）K形坡口

图 2.13　十字接头

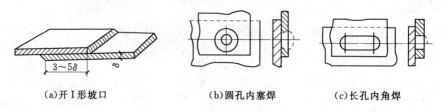

（a）开Ⅰ形坡口　　　　　　（b）圆孔内塞焊　　　　　　（c）长孔内角焊

图 2.14　搭接接头

要求不同，搭接接头可分为开Ⅰ形坡口、圆孔内塞焊以及长孔内角焊3种形式。开Ⅰ形坡口的搭接接头采用双面焊接，这种接头强度较差，很少采用。当重叠钢板的面积较大时，为保证结构强度，根据需要可分别选用圆孔内塞焊和长孔内角焊的形式，这种接头形式特别适用于被焊结构狭小处以及密闭的焊接结构。

5. 角接接头

两板件端面间构成不小于30°、小于135°夹角的接头称为角接接头，如图2.15所示。这种接头受力状况不太好，常用于不重要的结构中。根据焊件厚度不同，接头形式也可分为开Ⅰ形坡口和单边V形坡口两种。

6. 端接接头

两板（棒）件重叠放置或两焊件表面之间的夹角不大于30°而构成的端部接头称为端接接头，如图2.16所示。端接接头实际上是一种小角度的角接接头，用在不重要的结构中。

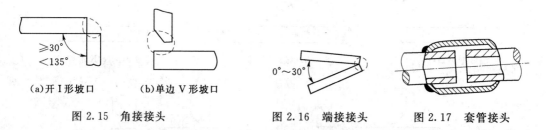

（a）开Ⅰ形坡口　　　（b）单边V形坡口

图 2.15　角接接头　　　　　图 2.16　端接接头　　　　图 2.17　套管接头

7. 套管接头

将一根直径稍大的短管套于需要被连接的两根管子的端部构成的接头称为套管接头，如图2.17所示。这种接头常用于锅炉制造中，当连接锅炉锅筒的管子通入冷水时，管子遇到锅筒内的高温常会发生爆裂，加上套管后，就能避免通冷水的管子直接和高温接触。

8. 斜对接接头

接缝在焊件平面上倾斜布置的对接接头称为斜对接接头，如图2.18所示。通常的倾斜角度为45°。斜对接可以提高接头的连接强度，但浪费材料，目前已较少采用。

9. 卷边接头

薄板焊件端部预先卷边，将卷边部分熔化的焊接接头称为卷边接头，如图2.19所示。

这种接头主要用于薄板和有色金属的焊接，为防止焊接时焊件被烧穿，卷边后可以增加连接接头的厚度。

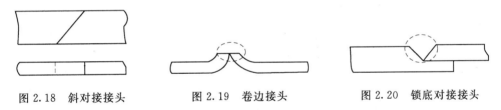

图 2.18　斜对接接头　　　图 2.19　卷边接头　　　图 2.20　锁底对接接头

10. 锁底对接接头

一个焊件端部放在另一板件预制底边上所构成的对接接头，称为锁底对接接头，如图 2.20 所示。锁底的目的和加垫板一样，是保证焊缝根部能够焊透，适用于小直径管道的焊接。

2.2.2.2　坡口的加工

根据坡口形状的不同，坡口可分成 I 形（不开坡口）、V 形、双 V 形、U 形、双 U 形、单边 V 形、K 形、J 形等形式。

V 形坡口为最常用的坡口形式。这种坡口便于加工，焊接时为单面焊，不用翻转焊件，但焊后焊件容易产生变形。

双 V 形坡口是在单 V 形坡口的基础上发展起来的一种坡口形式。当焊件厚度增大时，V 形坡口的空间面积随之加大，因此，大大增加了填充金属（焊条或焊丝）的消耗量并增加了焊接作业时间。采用双 V 形坡口后，在同样厚度下，能减少焊缝金属量约 1/2，并且是对称焊接，所以，焊后焊件的残余变形也比较小。缺点是焊接时需要翻转焊件，或需要在圆筒形焊件的内部进行焊接，劳动条件较差。

U 形坡口的空间面积在焊件厚度相同的条件下比 V 形坡口小得多，所以当焊件厚度较大且只能单面焊接时，为提高焊接生产率，可采用 U 形坡口。但是这种坡口由于根部有圆弧，加工比较复杂，特别是在圆筒形焊件的筒壳上加工更加困难。

加工坡口的方法需根据钢板厚度及接头形式而定，目前常用的加工方法有以下几种：

（1）氧气切割。这是一种使用很广泛的坡口加工方法，可以得到任意坡口面角度的 V 形、双 V 形坡口。氧气切割有手工、半自动、自动三种方法。手工切割的边缘尺寸及角度不太平整，自动切割的设备成本较高，应用最广泛的是半自动切割。为提高切割效率，在半自动切割机上可同时装上 2～3 个割嘴，一次便能切割出 V 形、双 V 形坡口，如图 2.21 所示。目前采用高速割嘴进行切割，坡口面的表面粗糙度 R_a 值可达 $6.3\mu m$。

图 2.21　一次切割 V 形、双 V 形坡口

（2）碳弧气刨。这是一种新的坡口加工方法。与风铲相比，具有效率高、劳动强度低的优点，并且能加工 U 形坡口。缺点是要用直流电源，刨割时烟雾多，噪声大。

（3）刨削。利用刨边机刨削能加工形状复杂的坡口面，加工后的坡口面较平直，适用于较长的直线形坡口面的加工。用这种方法加工不开坡口的边缘时，可一次刨削成叠钢板，效率很高。

（4）车削或坡口机加工。对于圆筒形零件的环缝，可利用车床或坡口机进行坡口面的加工。这种方法效率高，坡口面的加工质量好。

2.2.2.3 焊缝级别与焊缝强度

为保证焊接的质量，所有焊缝都要经过检验。《钢结构工程施工质量验收规范》（GB 50205—2001）（以下简称《规范》）规定，钢结构的焊缝质量分三级，第三级的质量检验只要求对焊缝外观和几何尺寸进行检验；对焊缝进行第一级和第二级质量检验时，除了进行外观检验外，还应再做焊缝内部无损探伤检验，检验结果应符合《规范》对一级或二级焊缝所规定的标准。能通过一、二、三级检验标准的焊缝分别称为一级、二级、三级焊缝。一般情况下，三级焊缝的强度就可满足钢结构的设计要求，但对于承受动力荷载的重要结构或要求焊缝金属强度等于被焊金属强度的对接焊缝，就要求采用二级以上焊缝。

焊缝缺陷是影响焊缝质量的主要因素。最常见的焊缝缺陷有裂纹、焊瘤、烧穿、弧坑、气孔、夹渣、咬边、未溶合、未焊透及焊缝成形不良等，如图 2.22 所示。焊接时应尽量避免出现上述缺陷。

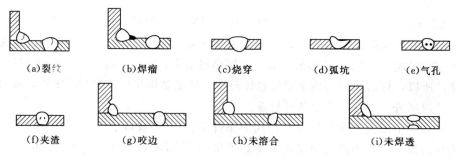

(a)裂纹　　(b)焊瘤　　(c)烧穿　　(d)弧坑　　(e)气孔

(f)夹渣　　(g)咬边　　(h)未溶合　　(i)未焊透

图 2.22　焊缝的缺陷

焊缝的强度设计值是以焊缝的单位有效面积上所能承受多少牛顿的力来表示的，其单位为 N/mm^2，表 2.8 为焊缝的强度设计值。通过与对应的钢材强度设计值相比较我们不难发现，

表 2.8　　　　　　　　　　　焊 缝 的 强 度 设 计 值　　　　　　　　　　单位：N/mm^2

焊接方法和焊条型号	构件钢件		对 接 焊 缝				角焊缝
	钢号	厚度或直径 (mm)	抗压 f_c^w	焊缝质量为下列级别时，抗拉和抗弯 f_t^w		抗剪 f_v^w	抗拉、抗弯和抗剪 f_f^w
				一级、二级	三级		
自动焊、半自动焊和 E43 型焊条的手工焊	Q235 钢	≤16	215	215	185	125	160
		>16～40	205	205	175	120	160
		>40～60	200	200	170	115	160
		>60～100	190	190	160	110	160
自动焊、半自动焊和 E50 型焊条的手工焊	Q345 (16Mn) 钢 16Mnq 钢	≤16	310	310	265	180	200
		>16～35	295	295	250	170	200
		>35～50	265	265	225	155	200
		>50～100	250	250	210	145	200

焊接方法和焊条型号	构件钢件		对 接 焊 缝				角焊缝
	钢号	厚度或直径 (mm)	抗压 f_c^w	焊缝质量为下列级别时，抗拉和抗弯 f_t^w		抗剪 f_v^w	抗拉、抗弯和抗剪 f_f^w
				一级、二级	三级		
自动焊、半自动焊和E55型焊条的手工焊	Q390 (15MnV) 钢 15MnVq 钢	≤16	350	350	300	205	220
		>16~35	335	335	285	190	220
		>35~50	315	315	270	180	220
		>50~100	295	295	250	170	220
自动焊、半自动焊	Q420 钢	≤16	380	380	320	220	220
		>16~35	360	360	305	210	220
		>35~50	340	340	290	195	200
		>50~100	325	325	275	185	200

注 1. 自动焊和半自动焊所采用的焊丝和焊剂，应保证其熔敷金属的力学性能不低于《埋弧焊用碳素钢焊丝和焊剂》（GB/T 5293—1999）和《埋弧焊用低合金钢焊丝和焊剂》（GB/T 12470—2003）中相关的规定。

2. 焊缝质量等级应符合《钢结构工程施工质量验收规范》（GB 50205—2001）的规定。其中，厚度小于8mm的钢材的对接焊缝，不应采用超声波探伤。

3. 对接焊缝在受压区的抗弯强度设计值取 f_c^w，受拉区取 f_t^w。

4. 表中厚度系指计算点的钢材厚度，对轴心受拉和受压构件指标厚物件的厚度。

对接焊缝的抗压和抗剪强度均与主体钢材相同，所以，当对接焊缝没有拉应力作用时，其强度可认为与连接构件相同；一级、二级对接焊缝的抗拉强度与主体钢材相同，三级焊缝的抗拉强度值约是主体钢材的 0.85 倍。

2.2.2.4 焊接残余应力、残余变形

钢材在焊接和冷却的过程中，其局部会形成一个分布很不均匀的温度场，由于膨胀和收缩的程度和速度的不同，温度场内各部分钢材的变形相互制约，产生了不可逆转的塑性变形，导致焊件在完全冷却后，其上仍然存在着残余应力和残余变形，这样的残余应力和残余变形就称为焊接残余应力和焊接残余变形。

焊接残余应力和焊接残余变形将影响结构的受力和使用，并且是形成各种焊接裂纹的主要因素，所以，应在焊接制造和设计钢结构时加以控制。

1. 焊接残余应力

焊接残余应力有沿焊缝长度方向的纵向焊接残余应力，垂直于焊缝方向的横向焊接残余应力和沿厚度方向的焊接残余应力。

纵向焊接残余应力产生的原因比较复杂，下面结合图 2.23 来简单描述一下。当两块钢板被平面焊接时，钢板焊缝一侧受热升温，将沿焊缝方向纵向伸长；但受到钢板两侧未加热区域的限制，伸长量被压缩，却不产生应力的所谓热塑变形。随着焊缝金属由熔融状态冷却到室温，焊缝将要纵向收缩，由于热塑变形不可逆转，焊缝的实际收缩量要大于其实际伸长量；所以，焊缝金属将被纵向受拉，其内部产生纵向拉应力，而焊缝周围的主体金属由于受到焊缝的收缩压迫，其内部将产生压应力。这一组自相平衡的内应力就是构件的纵向焊接残余应力，其分布如图 2.23（b）所示。

横向焊接残余应力产生的原因是冷却后焊缝纵向收缩，使焊缝两侧钢板趋于形成反方向的弯曲变形，如图 2.23（a）中虚线所示。但实际上两块钢板已经连成一体，不能分开，于

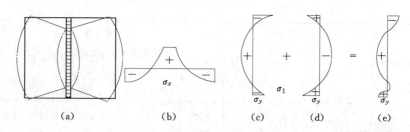

图 2.23　焊接残余应力分析示意图

是两块钢板的焊缝中部将产生横向拉应力，而焊缝两端将产生横向压应力，如图 2.23（c）所示。另外，施焊时是按一定顺序进行的，先焊好的焊缝冷却凝固后将阻碍后焊焊缝在横向的自由膨胀，使其产生横向的塑性压缩变形。当后焊焊缝冷却收缩时，受到已凝固的焊缝限制而产生横向拉应力，同时在先焊焊缝内产生横向压应力，如图 2.23（d）所示。焊缝的横向焊接残余应力就是上述两种原因产生应力的合成结果，如图 2.23（e）所示。它也是一组自相平衡的内应力，由横向焊接残余应力的成因可见，其分布状态、大小与施焊顺序及方向有关。

　　厚度方向的焊接残余应力产生的原因是：当对较厚焊件进行施焊时，焊缝需要多层施焊，而外层焊缝因散热较快而先行冷却凝固，这样必然对内层后凝固的焊缝收缩产生限制，使焊缝产生沿厚度方向的残余应力。

　　综上所述，焊接残余应力的成因和分布是非常复杂的。但由于焊接残余应力是自相平衡的，它对钢结构的影响主要是降低结构的刚度和稳定性，对结构的静力强度无影响。由于焊缝中常有两向或三向残余应力场，会使钢材的塑性变形不能发展，材质变脆，这也就是焊缝对裂纹敏感的原因。

　　2. 焊接残余变形

　　由于在施焊的过程中，焊缝将在纵向和横向收缩，使得构件产生焊接残余变形。焊接残余变形包括纵向收缩、横向收缩、角变形、波浪变形和扭曲变形等，如图 2.24 所示。

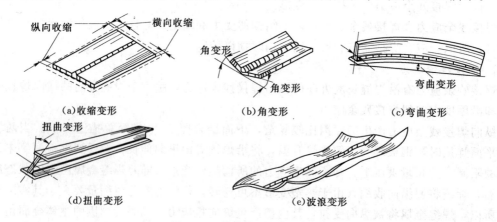

图 2.24　焊接变形的基本形式

　　焊接残余变形会使构件发生尺寸误差，造成结构在安装时发生困难，严重的可改变构件的受力性能，恶化构件的工作状态。所以，《钢结构工程施工质量验收规范》中对焊接残余变形提出严格的限制，不允许超过规定值。

3. 防治措施

（1）焊前预热和焊后缓冷。预热可以减小焊缝区和焊件其他部分的温度差，降低焊缝其他部分的温度差，降低焊缝区的冷却速度，使焊件能较均匀地冷却下来，从而减小焊接应力。预热温度一般为 $100 \sim 600 ℃$。焊后缓冷也能起到相同的作用，如焊后将接头区用硅砂覆盖，使其缓慢冷却，如图 2.25 所示为用硅砂消除应力的简图，其消除应力的效果是很好的。

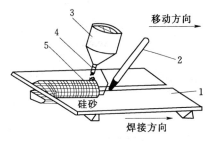

图 2.25　硅砂消除应力
1—焊件；2—焊条；3—硅砂漏斗；
4—喷嘴；5—挡砂板

（2）选择合理的装配和焊接顺序。焊接工字梁时，若采用如图 2.26（a）所示的装焊顺序，就会产生较大的弯曲变形。若采用如图 2.26（b）所示的先整体装配好，再按图示的焊接顺序焊接，就可以在很大程度上减小变形。

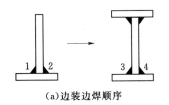

（a）边装边焊顺序

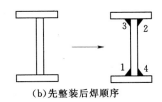

（b）先整装后焊顺序

图 2.26　工字梁的两种装配焊接顺序

（3）反变形法。指根据生产中焊接变形的规律，焊前预先把被焊件做出相反方向的变形，以抵消焊后发生的变形。反变形法示意图如图 2.27 所示，图 2.27（a）未采用反变形法，焊后产生角变形；图 2.27（b）为预先将焊件按角变形的相反方向放置，焊后焊件平直。

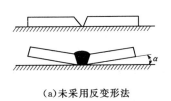

（a）未采用反变形法

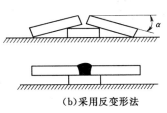

（b）采用反变形法

图 2.27　反变形示意图

（4）刚性固定法。把焊件固定在焊接平台上，或使焊件在焊接夹具的夹紧下进行焊接，这样就可以减少焊接变形，但会增加焊接应力，所以，此法只适用于塑性较好的低碳钢结构。

（5）焊后热处理法。焊后采用去应力退火，一般可消除 $80 \% \sim 90 \%$ 以上的焊接应力。

（6）焊后矫正。如果焊接结构的变形量超过了技术要求的允许范围，就需要进行矫正。常用的焊接变形矫正法有机械矫正法和火焰矫正法两种。他们的原理都是设法使焊件产生新的变形而去抵消已发生的焊接变形。

1）机械矫正法。机械矫正法是指利用机械力（压力机、矫直机或手工锤击等）的作用

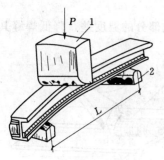

图 2.28 工字梁弯曲变形的矫正
1—压头；2—支撑

去矫正焊接变形。如图 2.28 所示，为工字梁焊件弯曲后在压力机上矫正的例子。

2）火焰矫正法。火焰矫正法是指利用气体火焰对焊接结构局部金属加热后的冷却收缩去矫正已经产生的变形。如图 2.29 所示，为丁字梁的火焰矫正法，图中的三角形为火焰矫正时的加热部位。

2.2.3 焊条电弧焊

焊条电弧焊是利用焊接电弧的热量来熔化母材（被焊接的材料）和焊条的一种手工操作的焊接方法。焊条电弧焊的焊接示意图如图 2.30 所示。

焊接前，把电焊钳和焊件分别接到焊条电弧焊机输出端的

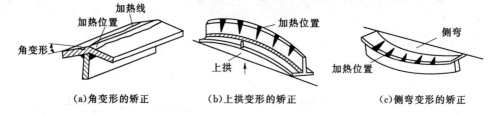

(a)角变形的矫正　　　　(b)上拱变形的矫正　　　　(c)侧弯变形的矫正

图 2.29 丁字梁的火焰矫正法

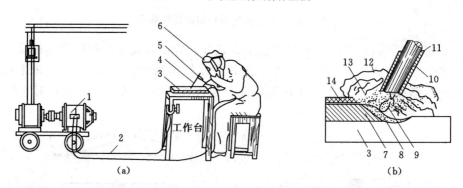

图 2.30 焊条电弧焊的焊接示意图
1—焊条电弧焊机；2—焊接电缆；3—焊件；4—焊条；5—电焊钳；6—面罩；7—焊缝；8—熔池；
9—熔滴；10—焊芯；11—焊条药皮；12—气体；13—熔渣；14—渣壳

两极，并用电焊钳夹持焊条。焊接时，首先在焊条和焊件之间引燃焊接电弧，利用电弧的热量将焊条和焊件的接头处熔化，形成熔池（在电弧作用下，焊件上所形成的具有一定几何形状的液态金属部分）。随着电弧沿焊接方向的前移，不断产生新的熔池，而留在电弧后面的熔池迅速冷凝成焊缝，从而将被焊工件连接成整体。

焊条电弧焊具有以下特点：焊条电弧焊设备结构简单，便于现场维护、保养和维修；设备轻，便于移动，设备使用、安装方便，操作简单；投资少，成本低。

焊条电弧焊适用于碳素钢、合金钢、不锈钢、铸铁、铜及其合金、铝及其合金、镍及其合金的焊接。利用电缆可以进行较远距离的焊接。适用于不同位置、不同接头形式、不同焊件厚度、单件产品或批量产品以及复杂结构焊接部位的焊接。对一些不规则的焊缝、不易实

现机械化焊接的焊缝以及在狭窄位置等的焊接，焊条电弧焊显得工艺灵活、适应性更强。

焊条电弧焊采用的焊条长度有限，不能连续焊接，所以效率低。由于采用手工操作，工人的劳动条件差，劳动强度大，焊缝的质量在一定程度上取决于焊工的操作技能水平。

2.2.3.1 焊条电弧焊的工具

1. 焊钳

焊钳用于夹紧焊条和传导焊接电流。额定电流为 $300\sim500A$，适用于夹持直径为 $2\sim8mm$ 的焊条，如图 2.31 所示。

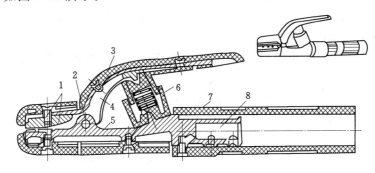

图 2.31 焊钳

1—钳口；2—固定销；3—弯臂罩壳；4—弯臂；5—直柄；
6—弹簧；7—胶布手柄；8—焊接电缆固定处

焊接时对焊钳有以下要求：

（1）焊钳必须有良好的绝缘性，不易发热。

（2）焊钳的导电性能要好，与焊接电缆连接应简便可靠，接触良好。

（3）焊钳应能夹紧焊条，更换焊条方便，并且重量轻，便于操作，安全性能高。

2. 焊接电缆

焊接电缆用于传导焊接电流。焊接时对焊接电缆有以下要求：

（1）焊接电缆用多股纯铜丝制成，其截面应根据焊接电流和导线长度来选。

（2）焊接电缆的外皮必须完整、柔软、绝缘性好，如外皮损坏应及时修好或更换。

（3）焊接电缆的长度一般不宜超过30m，如需超过时，可以用分节导线，连接焊钳的一段用细电缆，以便于操作，减轻焊工的劳动强度；电缆接头最好用电缆接头连接器，其连接简便牢靠。

3. 面罩

面罩是防止焊接时的飞溅、弧光及其他辐射对焊工面部及颈部损伤的一种遮蔽工具，有手持式和头盔式两种。

面罩由防火材料制成，上面装有用以过滤和遮蔽焊接时产生的有害光线的黑玻璃。可根据焊接电流的大小来选择黑玻璃的色号。为防护黑玻璃不被飞溅物损坏，在其外面罩有无色透明的防护白玻璃。

4. 焊条保温筒

焊条保温筒能使焊条从烘箱内取出后放在保温筒内继续保温，以保持焊条药皮在使用过程中的干燥度。焊条保温筒在使用过程中先连接在弧焊电源的输出端，在弧焊电源空载时通电加热到 $150\sim200℃$ 后再放入焊条，并且在焊接过程中断时应接入弧焊电源的输出端，以保持焊条保温筒的工作温度。

5. 其他工具

（1）敲渣锤：用于清除焊渣的尖锤。

（2）钢丝刷：用于除去少量的焊渣和焊件上的铁锈等。

6. 防护用具

防护用品除工作服、工作帽、面罩外，还包括焊工手套、护脚和绝缘胶鞋等。

（1）焊工手套。焊工手套是焊接时为了保护好焊工的手和腕部不受电弧辐射热、熔渣和飞溅物的损伤，防止触电而使用的专用手套，一般用皮革制成。除能覆盖手、腕部外，尚需覆盖臂部至少 $100\sim200$mm。

（2）护脚。护脚是焊接时为了保护焊工的脚和脚腕不受电弧辐射热、熔渣和飞溅物损伤而使用的专用脚罩，也叫脚盖。一般用皮革或帆布制成。

（3）绝缘胶鞋。绝缘胶鞋主要是为了防止触电。

2.2.3.2　操作方法及操作要点

1. 引弧与运条

（1）引弧：手工电弧焊开始时，将焊条和焊件接触后，很快分开并保持一定的距离，就能引燃焊接电弧。

引弧方法有直击法和划擦法两种，如图 2.32 所示。

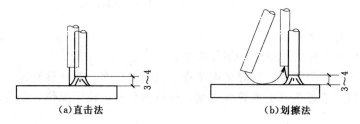

（a）直击法　　　　　　　　　（b）划擦法

图 2.32　引弧方法

1）直击法：是指将焊条垂直地接触焊件表面后，立即将焊条提起，从而引燃电弧。

2）划擦法：与划火柴的动作相似，将焊条端部在焊件表面轻轻擦过，从而引燃电弧。

两种方法相比较，划擦法容易掌握，但使用不当时会擦伤工件表面。在施焊时，为减少焊件表面的损伤，应在坡口面擦划，擦划长度以 $20\sim25$mm 为宜。在狭窄的地方焊接和焊件表面不允许有擦伤时，可用直击法引弧。

（2）运条。当要求焊缝较宽时，施焊中焊条还应做一定的横向摆动。焊条的横向摆动方法见表 2.9。

表 2.9　　　　　　　　　　　　　焊条的横向摆动方法

横向摆动方法	运条示意图及操作注意事项	适 用 范 围
直线往返运条法		薄板焊接；接头间隙较大的焊缝
锯齿形运条法	在焊缝两侧稍停片刻	较厚钢板的对接（平焊、立焊、仰焊）；填角焊缝的焊接（立焊）

横向摆动方法		运条示意图及操作注意事项	适 用 范 围
月牙形运条法		在焊缝两侧稍停片刻	同上
三角形运条法	正三角形	在三角形折角处要稍做停留	开坡口立焊；填角焊缝立焊
	斜三角形	折线部分运条速度要慢，立焊时在三角形折角处要稍做停留	填角焊缝平焊、仰焊；对接接头开坡口横焊
圆圈形运条法	正圆圈形		厚焊件对接平焊缝
	斜圆圈形	控制熔滴金属不下淌	对接接头横焊；角接接头平焊、仰焊
八字形运条法		若两个焊件厚度不同时，焊条应在厚侧多停一会儿	厚板、开坡口的对接接头

2. 焊接

焊接时，焊件所处的空间位置叫做焊接位置。焊接位置可用焊缝倾角（焊缝轴线与水平面之间的夹角 [图 2.33（a）]和焊缝转角）通过焊缝轴线的垂直面与坡口的二等分平面之间的夹角 [图 2.33（b）]所示，可分为平焊、立焊、横焊和仰焊位置等。

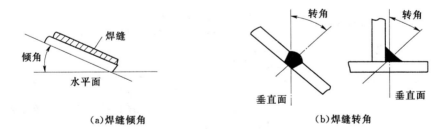

(a)焊缝倾角　　　　　　(b)焊缝转角

图 2.33　焊缝倾角和焊缝转角

3. 焊接缺陷及预防措施

在焊接生产中，由于结构设计不当，焊接工艺参数不正确，或焊前准备和操作方法不恰当等原因，会产生各种各样的焊接缺陷。前面曾简略地介绍过一些焊接缺陷及其产生的原因。经验证明，焊接结构的失效、破坏以至于发生灾难性的事故，绝大部分并不是由于结构强度不足，而是由于在焊接接头中产生的各种焊接缺陷所致。因此，在对焊接生产知识有了一定了解的基础上，再进一步对焊接缺陷产生的原因及防止方法等做较系统地了解是必要的。下面把焊条电弧焊常见焊接缺陷的产生原因及预防措施等归纳成表 2.10，以供参考。

表 2.10 手工电弧焊时焊接缺陷的产生原因及预防措施

缺陷名称	特征或示意图	产生的主要原因	预防措施
焊缝表面尺寸不符合要求	焊缝外表形状高低不平、焊缝宽窄不齐、尺寸过大或过小等	焊件坡口开得不当，装配间隙不均匀，焊接工艺参数选用不适当，焊接操作不正确、不熟练	针对产生原因采取相应措施
烧穿	熔化金属自焊缝背面流出，形成穿孔的现象	电流过大，焊接速度过慢，电弧在某处停留时间太长，装配间隙过大	除针对产生原因采取相应措施外，可在接缝背面垫铜块等。在间隙太大处可用跳弧法或灭弧法先焊上一薄层焊缝后再焊
未焊透	焊接时，接头根部未完全熔透的现象	焊接电流太小，运条速度过快，焊条直径过大，运条角度不正确，坡口角度太小，焊根未清理干净，间隙太小	正确选用焊接电流、焊接速度等，认真操作，防止焊偏等。正确选用和加工坡口尺寸，保证必须的装配间隙等
夹渣	焊接熔渣残留于焊缝金属中的现象	工件焊前未清理干净，多层焊的前一层熔渣没清理干净，焊接电流过小，焊接速度过快，运条不正确	认真清理坡口边缘，多层焊时每层熔渣要清理干净，焊接电流、焊接速度适当，操作时防止熔渣流到熔化金属前面
气孔	气体在焊缝金属中（内部或表面）所形成的空穴	焊前坡口上的油污、锈蚀等未清除干净，焊条受潮或未烘干，电弧过长，焊接电流过小和焊接速度过快，用碱性焊条时极性不对	仔细清除焊件表面上的油污、锈蚀等污物，焊条在焊前应严格按规定烘干，存放于保温桶中随用随取，采用合适的焊接工艺参数，用碱性焊条时要用直流反接，要选择短弧焊
咬边	沿焊缝边缘产生的凹陷或沟槽	电流过大，电弧拉得太长，焊条角度不正确	电流、焊接速度要适当，电弧不要太长，焊条角度与运条方法应正确
焊瘤	熔化金属流淌到熔池边缘未熔化的母材上形成的金属瘤	平对接时电流太大，角焊、立焊、横焊、仰焊时电弧太长，焊接速度太慢，焊条角度或运条方法不正确	平对接时电流大小要适当，角焊、立焊、横焊、仰焊时要压低电弧，适当提高焊接速度，保持正确的焊条角度
裂纹	在焊接应力及其他致脆因素共同作用下，材料的原子结合遭到破坏，形成新界面而产生缝隙，它具有尖锐的缺口和长宽比大的特征	热裂纹（焊接时，焊缝和热影响区冷却到固相线附近高温产生的裂纹）产生的主要原因是：熔池内存在较多的杂质和铁，形成低熔点共晶，熔池结晶快结束时，低熔点共晶在晶间形成液态薄膜，在拉应力作用下而裂开	控制母材及焊条中碳、硫、磷的含量，采用熔渣具有较高脱硫、脱磷能力的碱性焊条、适当预热、采用合适的焊接工艺参数以减小焊接应力
		冷裂纹（焊接接头冷却到较低温度，如对钢来说，在 M_s 温度以下产生的裂纹）主要是由于母材具有较大的淬硬倾向，熔池内熔解氢较多，焊接应力较大而引起的	按规定烘干焊条，减少氢的来源，采用低氢型的碱性焊条。采用焊前预热，焊后后热，适当增加电流，减慢焊速的方法来尽量减小焊接应力

2.2.4 CO₂ 气体保护焊

二氧化碳气体保护电弧焊是利用 CO_2 作为保护气体的气体保护电弧焊,简称 CO_2 焊,其示意图如图 2.34 所示。在电源作用下,焊丝与焊件间产生焊接电弧,由于电弧的高温使金属局部熔化形成熔池。同时,气瓶中送出的 CO_2 气体以一定的压力和流量从焊枪的喷嘴中喷出,形成保护气流,使焊接区与空气隔离。随着焊枪的移动,熔池金属凝固后形成焊缝。

焊接时 CO_2 气流可排开焊接区的空气,防止空气对熔化金属的有害作用。但在电弧高温作用下,CO_2 能进行分解,以致使电弧气氛具有强烈的氧化性,从而使金属元素氧化烧损,降低焊缝的力学性能,还可能成为产生气孔及飞溅的主要原因,因此,必须采取有效的脱氧措施。目前是通过在焊丝中加一定量的硅、锰等脱氧元素来解决这一问题的。CO_2 焊时的另一问题是飞溅较多(这是由于氧化以及熔滴过度等方面的原因引起的)。除避免氧化外,一般还采用平特性的直流电源反接法,采用小电流、低电压等措施来减少飞溅。为了更好地解决飞溅问题(特别是用粗焊丝时),进一步提高焊接质量,常采用药芯焊丝(由薄钢带卷成圆形钢管

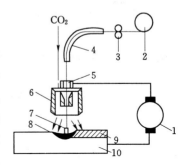

图 2.34 CO_2 气体保护焊示意图
1—电源;2—焊丝盘;3—送丝辊轮;
4—送丝软管;5—导电嘴;6—喷嘴;
7—焊接电弧;8—熔池;9—焊缝;
10—焊件

或异型钢管,在其中填满一定成分的药粉,经拉制而成的一种焊丝),或采用混合气体(如在 CO_2 中加入 20%~30% 的氩气等)保护焊接等。

CO_2 焊主要用于焊接低碳钢、低合金钢。它具有很多优点,例如,电弧热量集中、焊接变形小、焊缝质量好、可用较大的电流密度、生产率高、CO_2 气体价格便宜、焊接成本低,以及明弧、操作简便等。因而在国内外得到越来越广泛的应用。

CO_2 焊根据所用焊丝的不同,可分为细丝 CO_2 焊(使用焊丝直径不大于 1.2mm 的 CO_2 焊)和粗丝 CO_2 焊(使用焊丝直径不小于 1.6mm 的 CO_2 焊)。细丝 CO_2 焊主要用于焊接 4mm 以下的薄板,粗丝 CO_2 焊主要用于焊接较厚的焊件。

CO_2 焊可分为自动或半自动两种方式,目前广泛应用的是半自动 CO_2 焊。

2.2.5 自动埋弧焊

埋弧焊是电弧在焊剂层下燃烧以进行焊接的方法。其中利用机械装置自动控制送丝和移动电弧的一种埋弧焊方法叫做自动埋弧焊。

焊接时,工件被焊处覆盖着一层 30~50mm 厚的颗粒状焊剂,在焊剂层下,在连续送进的焊丝与焊件间产生电弧,在电弧作用下,焊丝、焊剂和焊件熔化形成金属熔池和熔渣。液态熔渣形成的弹性膜包围着电弧及熔池,使他们与空气隔绝,随着焊车自动向前移动,熔池不断冷凝就形成了焊缝,熔渣冷凝后形成覆盖在焊缝上的渣壳。如图 2.35 所示,为自动埋弧焊时焊缝的形成过程。自动埋弧焊与焊条电弧焊相比较,其优点是可以使用较大的焊接电流及焊接速度,节省了换焊条的时间;焊接时看不见弧光,焊工仅需调整和管理自动焊机,劳动强度小,焊接时对焊接区保护较好,此外,焊接工艺参数可以自动调节,从而在焊接过程中保持稳定。缺点是不如焊条电弧焊灵活机动。一般只适用于平焊及焊接形状规则的焊缝,而且工件边缘准备和装配质量要求高,费工时。所

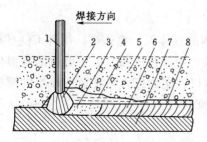

图 2.35　自动埋弧焊时焊缝的形成过程
1—焊丝；2—电弧；3—熔池金属；
4—熔渣；5—焊机；6—焊缝；
7—焊件；8—渣壳

以，自动埋弧焊适用于批量较大、较厚、较长的直线焊缝或较大直径的环形焊缝的焊接。

2.2.6　焊接质量检验及质量要求

2.2.6.1　检验方法

钢结构焊接常用的检验方法，有破坏性检验和非破坏性检验两种。应针对钢结构的性质和对焊缝质量的要求来选择合理的检验方法。对重要结构或要求焊缝金属强度与被焊金属等强度的对接焊接，必须采用精确的检验方法。焊缝的质量等级不同，其检验的方法和数量也不相同，可参考表 2.11 中的规定。

表 2.11　　　　　　　　　　　　焊缝不同质量级别的检查方法

焊缝质量级别	检查方法	检查数量	备　　注
一级	外观检查	全部	有疑点时用磁粉复验
	超声波检查	全部	
	X 射线检查	抽查焊缝长度的 2%，至少应有一张底片	缺陷超出规范规定时，应加倍透照，如不合格，应 100%透照
二级	超声波检查	抽查焊缝长度的 50%	有疑点时，用 X 射线透照复验，如发现有超标缺陷，应用超声波全部检查
三级	外观检查	全　　部	

对于不同类型的焊接接头和不同的材料，可以根据图样要求或有关规定，选择一种或几种检验方法，以确保质量。

一般焊接产品均需进行外观检验，即利用肉眼或放大镜观察焊缝表面有无缺陷；利用焊接检验尺等来测量焊缝的外形尺寸是否符合要求。对于较重要的焊接结构，还需根据技术要求进行内部缺陷的检查。常用焊缝内部缺陷的检验方法见表 2.12。

表 2.12　　　　　　　　　　　　焊缝不同质量级别的检查方法

检验方法	能探出的缺陷	可检验的厚度	缺陷判断
磁粉检验	表面及近表面的缺陷（微细裂纹、未焊透、气孔等）	表面及近表面	根据磁粉分布情况判定缺陷位置，不能确定缺陷深度
超声波检验	内部缺陷（裂纹、未焊透、气孔、夹渣等）	焊件厚度上限几乎不受限制，下限一般为 8～10mm，最薄为 2mm	根据荧光屏上的信号，可当场判断有无缺陷，缺陷的位置和大致尺寸，但判断缺陷的种类较困难
X 射线	内部缺陷（裂纹、未焊透、气孔、夹渣等）	0.1～0.6mm(50kV) 1.0～5.0mm(100kV) ≤25mm(150kV) ≤60mm(250kV)	从照相底片上能直接判断缺陷种类、大小和分布情况。对平面形缺陷（如裂纹）不如超声波检验容易判断
γ 射线		60～150mm（镭能源）60～150mm（钴 60 能源）1.0～65mm（铱 192 能源）	

此外，对于要求密封性的受压容器，可进行水压试验（向容器内注入 1.25～1.5 倍工作压力的水，然后在外部观察有无渗漏现象）或气压试验（向容器内注入等于工作压力的气体，然后在外部观察有无渗漏现象）。

为了评定焊接接头的承载能力，可以将焊接接头制成试棒，进行拉伸、弯曲、冲击等力学性能试验。

当需要了解焊缝的化学成分和焊接接头的金相组织时，可对焊缝进行化学分析或对焊接接头进行金相分析。

2.2.6.2 检验工具

钢结构焊接常用的检验工具是焊接检验尺。它具有多种功能，既可以作为一般钢直尺使用，又可以作检验工具使用。常用它来测量型钢、板材及管道的错口，测量型钢、板材及管道的坡口角度，测量型钢、板材及管道的对口间隙，测量焊缝高度，测量角焊缝高度，测量焊缝宽度以及焊接后的平直度等。

（1）检验尺的主尺边缘有 0～40mm 的刻度，作为一般钢直尺使用时，主尺有刻度的一面应贴紧工件被测面，不可倾斜，被测值可直接读出。

（2）测量坡口角度时，主尺背面下部有 0°～75°刻度，与测角尺相配合，可测量型钢、板材及管口坡度角度。测量型钢、板材坡口角度如图 2.36 所示，测量管道坡口角度如图 2.37 所示。

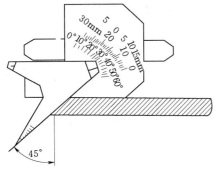

图 2.36 测量型钢、板材坡口角度　　　　图 2.37 测量管道坡口角度

（3）测角尺正面尖角有几条刻线，用于测量型钢、板材、管道焊接对口间隙。测量型钢板材对口间隙时，可将测角尺直边贴紧间隙一边。若对准第一条线间隙为 1mm，对准第二条线间隙为 1.5mm，依此类推，每条格递增 0.5mm，直至 5mm，如图 2.38 所示。

（4）焊接检验尺主尺背面有 7mm 刻度与测角尺配合，可测量型钢板材及管道错口，测量型钢、板材错口如图 2.39 所示。测量管道错口，可参照测量型钢、板材错口执行。

（5）测量焊缝高度。主要测量型钢、板材及管道焊缝高度，测量型钢、板材焊缝高度如图 2.40 所示。测

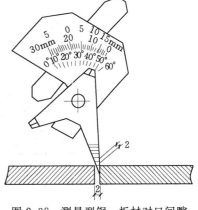

图 2.38 测量型钢、板材对口间隙

量管道焊缝高度的方法与之相似，可参照执行。

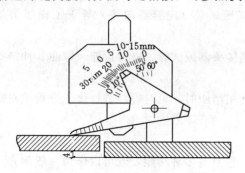

图2.39　测量型钢、板材错口

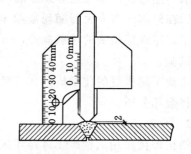

图2.40　测量型钢、板材焊缝高度

测量角焊缝高度时，应以主尺的90°角处为测量基面，在活动尺的配合下进行测量，活动尺上短线条对准的主尺部分的刻度尺，即为所测值，如图2.41所示。

（6）测量焊缝宽度，主要测量型钢、板材及管道焊缝宽度，如图2.42所示。以主尺的棱边为测量基面，在测量尺配合下进行测量，测量尺刻线对准主尺刻度值部分，即为所测值。

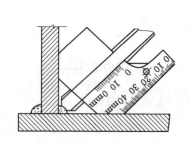

图2.41　测量角焊缝高度

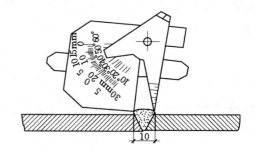

图2.42　测量型钢、板材焊缝宽度

（7）测量焊缝平直度，主要是测量型钢、板材及管道的平直度，如图2.43所示。以主尺一端测量基面，在测角尺的配合下进行测量，测角尺刻线对准主尺部分刻度值，即为所测值。

（8）测量焊缝咬边深度，如图2.44所示。

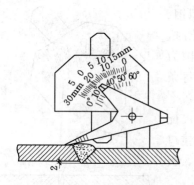

图2.43　测量型钢、板材及管道平直度

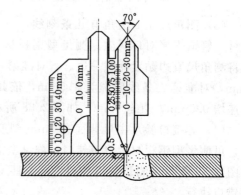

图2.44　测量焊缝咬边深度

此外，测量对接组焊X形坡口角度及角焊缝贴角高度时，可参照上述规定执行。具体测量时，其操作方法必须正确，同时，应尽可能做到准确无误，尽量减少误差。

2.2.6.3 焊缝外观检验

焊缝外观检验主要是查看焊缝成型是否良好，焊道与焊道过渡是否平滑，焊渣、飞溅物等是否清理干净。

焊缝外观检查时，应先将焊缝上的污垢除净后，凭肉眼目视焊缝，必要时用 5～20 倍的放大镜，看焊缝是否存在咬边、弧坑、焊瘤、夹渣、裂纹、气孔、未焊透等缺陷。

（1）普通碳素钢应在焊缝冷却到工作地点温度以后进行；低合金结构钢应在完成焊接24h 以后进行。

（2）焊缝金属表面的焊缝应均匀，不得有裂纹、夹渣、焊瘤、烧穿、弧坑和针状气孔等缺陷，焊接区不得有飞溅物。

（3）对焊缝的裂纹还可用硝酸酒精侵蚀检查，即将可疑处漆膜除净、打光，用丙酮洗净，滴上浓度 5%～10% 的硝酸酒精（光洁度高时浓度宜低），有裂纹即会有褐色显示，重要的焊缝还可采用红色渗透液着色探伤。

（4）二级、三级焊缝外观质量标准应符合表 2.13 的规定。

表 2.13　　　　　　　　　　　二级、三级焊缝外观质量标准　　　　　　　　　　单位：mm

项　　目	允　许　偏　差	
缺陷类型	二级	三级
未焊满（指不满足设计要求）	$\leqslant 0.2+0.02t$，且$\leqslant 1.0$	$\leqslant 0.2+0.04t$，且$\leqslant 2.0$
	每 100.0 焊缝内缺陷总长$\leqslant 25.0$	
根部收缩	$\leqslant 0.2+0.02t$，且$\leqslant 1.0$	$\leqslant 0.2+0.04t$，且$\leqslant 2.0$
	长度不限	
咬边	$\leqslant 0.05t$，且$\leqslant 0.5$，连续长度$\leqslant 100.0$，且焊缝两侧咬边总长$\leqslant 10\%$焊缝全长	$\leqslant 0.1t$，且$\leqslant 1.0$，长度不限
弧坑裂纹	—	允许存在个别长度$\leqslant 5.0$ 的弧坑裂纹
电弧擦伤	—	允许存在个别电弧擦伤
接头不良	缺口深度$0.05t$，且$\leqslant 0.5$	缺口深度$0.1t$，且$\leqslant 1.0$
	每 1000.0 焊缝不应超过 1 处	
表面夹渣	—	深$\leqslant 0.2t$，长$\leqslant 0.5t$，且$\leqslant 20.0$
表面气孔	—	每 50.0 焊缝长度内允许直径$\leqslant 0.4t$，且$\leqslant 3.0$ 的气孔 2 个，孔距$\geqslant 6$ 倍孔径

注　表内 t 为连接处较薄的板厚。

2.2.6.4 焊缝无损探伤

焊缝无损探伤不但具有探伤速度快、效率高、轻便实用的特点，而且对焊缝内危险性缺陷（包括裂缝、未焊接、未熔合）检验的灵敏度较高，成本也低；但是探伤结果较难判定，受人为因素影响大，且探测结果不能直接记录存档。

1. 检测要求

焊缝无损检测应符合下列规定：

（1）无损检测应在外观检查合格后进行。

（2）焊缝无损检测报告签发人员必须持有相应探伤方法的Ⅱ级或Ⅱ级以上资格证书。

（3）设计要求全焊透的焊缝，其内部缺陷的检验应符合下列要求：

1）一级焊缝应进行 100% 的检验，其合格等级应为《钢焊缝手工超声波探伤方法和探伤结果分级》（GB 11345—1989）B 级检验的Ⅱ级及Ⅱ级以上。

2）二级焊缝应进行抽检，抽检比例应不小于 20%，其合格等级应为《钢焊缝手工超声波探伤方法和探伤结果分级》（GB 11345—1989）B 级检验的Ⅲ级及Ⅲ级以上。

3）全焊透的三级焊缝可不进行无损检测。

（4）焊接球节点网架焊缝的超声波探伤方法及缺陷分级应符合《钢结构超声波探伤及质量分级法》（JG/T 203—2007）的规定。

（5）螺栓球节点网架焊缝的超声波探伤方法及缺陷分级应符合《钢结构超声波探伤及质量分级法》（JG/T 203—2007）的规定。

（6）圆管 T、K、Y 节点焊缝的超声波探伤方法及缺陷分级应符合上述（3）的规定。

（7）设计文件指定进行射线探伤或超声波探伤不能对缺陷性质作出判断时，可采用射线探伤进行检测、验证。

（8）射线探伤应符合《金属熔化焊焊接接头射线照相》（GB/T 3323—2005）的规定，射线照相的质量等级应符合 AB 级的要求。一级焊缝评定合格等级应为《金属熔化焊焊接接头射线照相》（GB/T 3323—2005）的Ⅱ级及Ⅱ级以上，二级焊缝评定合格等级应为《金属熔化焊焊接接头射线照相》（GB/T 3323—2005）的Ⅲ级及Ⅲ级以上。

（9）下列情况之一的应进行表面检测：

1）外观检查发现裂纹时，应对该批中同类焊缝进行 100% 的表面检测。

2）外观检查怀疑有裂纹时，应对怀疑的部位进行表面探伤。

3）设计图样规定进行表面探伤时。

4）检查员认为有必要时。

（10）铁磁性材料应采用磁粉探伤进行表面缺陷检测，确定因结构原因或材料原因不能使用磁粉探伤时，方可采用渗透探伤。

（11）磁粉探伤应符合《无损检测焊缝磁粉检测》（JB/T 6061—2007）的规定，渗透探伤应符合《无损检测焊缝磁粉检测》（JB/T 6061—2007）的规定。

2. X 射线（或 γ 射线）检测

X 射线应用比 γ 射线广泛，它适用于厚度不大于 30mm 的焊缝，大于 30mm 者可用 γ 射线。X 射线可以有效地检查出整个焊缝透照区内所有缺陷，缺陷定性及定量迅速、准确，相片结果能永久记录并存档。建筑钢结构 X 射线检验质量标准，见表 2.14。

表 2.14 中 δ 为母材厚度（mm）；L 表示相邻两夹渣中较长者（mm）；点数指计算指数，是指 X 射线底片上任何 10mm×50mm 焊缝区域内（宽度小于 10mm 的焊缝，长度仍用 50mm）允许的气孔点数。母材厚度在表中所列厚度之间时，其允许气孔点数用插入法计算取整数。各种不同直径的气孔应按表 2.15 换算点数。

3. 超声波探伤

超声波是一种人耳不可闻的每秒振荡频率在 20kHz 以上的高频机械波，它是利用由压电效应原理制成的压电材料超声换能器而获得的，用于建筑钢结构焊缝超声波探伤的主要波型是纵波和横波。

表 2.14 建筑钢结构 X 射线检验质量标准

项次	项 目		质 量 标 准	
			一 级	二 级
1	裂纹		不允许	不允许
2	未熔合		不允许	不允许
3	未焊透	对接焊缝及要求焊透的 K 形焊缝	不允许	不允许
		管件单面焊	不允许	深度不大于 $10\%\delta$，但不得大于 1.5mm；长度不大于条状夹渣总长
4	气孔和点状夹渣	母材厚度（mm）	点数	点数
		5.0	4	6
		10.0	6	9
		20.0	8	12
		50.0	12	18
		120.0	18	24
5	条状夹渣	单个条状夹渣	$\delta/3$	$2\delta/3$
		条状夹渣总长	在 12δ 的长度内，不得超过 δ	在 6δ 的长度内，不得超过 δ
		条状夹渣间距（mm）	$6L$	$3L$

表 2.15 不同直径的气孔点数换算

气孔直径（mm）	<0.5	0.6～1.0	1.1～1.5	1.6～2.0	2.1～3.0	3.1～4.0	4.1～5.0	5.1～6.0	6.1～7.0
换算点数	0.5	1	2	3	5	8	12	16	20

2.2.6.5 焊缝破坏性检验

1. 力学性能试验

焊接接头的力学性能试验主要包括 4 种，其试验内容如下：

（1）焊接接头的拉伸试验：拉伸试验不仅可以测定焊接接头的强度和塑性，同时还可以发现焊缝断口处的缺陷，并能验证所用焊材和工艺的正确与否。拉伸试验应按《金属材料室温拉伸试验方法》（GB/T 228—2002）进行。

（2）焊接接头的弯曲试验：弯曲试验是用来检验焊接接头的塑性，还可以反映出接头各区域的塑性差别，暴露焊接缺陷和考核熔合线的结合质量。弯曲试验应按《焊接接头弯曲试验方法》（GB/T 2653—2008）进行。

（3）焊接接头的冲击试验：冲击试验用以考核焊缝金属和焊接接头的冲击韧性和缺口敏感性。冲击试验应按《焊接接头冲击试验方法》（GB/T 2650—2008）进行。

（4）焊接接头的硬度试验。硬度试验可以测定焊缝和热影响区的硬度，还可以间接估算出材料的强度，用以比较出焊接接头各区域的性能差别及热影响区的淬硬倾向。

2. 折断面检验

为了保证焊缝在剖面处断开，可预先在焊缝表面沿焊缝方向刻一条沟槽，槽深约为厚度的 1/3，然后用拉力机或锤子将试样折断。在折断面上能发现各种肉眼可见的焊接缺陷，如气孔、夹渣、未焊透和裂缝等，还可判断断口是韧性破坏还是脆性破坏。

焊缝折断面检验具有简单、迅速、易行和不需要特殊仪器和设备的优点，可在生产和安装现场广泛采用。

3. 钻孔检验

对焊缝进行局部钻孔检查，是在没有条件进行非破坏性检验的条件下才采用，一般可检查焊缝内部的气孔、夹渣、未焊透和裂纹等缺陷。

4. 金相组织检验

焊接金相检验主要是观察、研究焊接热过程所造成的金相组织变化和微观缺陷。金相检验可分为宏观金相检验与微观金相检验。

金相检验的方法是在焊接试板（工件）上截取试样，经过打磨、抛光、侵蚀等步骤，然后在金相显微镜下进行观察。必要时可把典型的金相组织摄制成金相照片，以供分析研究。

通过金相检验可以了解焊缝结晶的粗细程度、熔池形状及尺寸焊接接头各区域的缺陷情况。

2.2.6.6 焊缝缺陷的返修

焊缝检出缺陷后，必须明确标定缺陷的位置、性质、尺寸、深度部位，并制定相应的焊缝返修方法。

1. 外观缺陷返修

外观缺陷的返修比较简单，当焊缝表面缺陷超过相应的质量验收标准时，对气孔、夹渣、焊瘤、余高过大等缺陷应用砂轮打磨、铲凿、钻、铣等方法去除，必要时应进行焊补；对焊缝尺寸不足、咬边、弧坑未填满等缺陷应进行焊补。

2. 无损检测缺陷返修

经无损检测确定焊缝内部存在超标缺陷时，应进行返修。返修应符合下列规定：

（1）返修前应由施工企业编写返修方案。

（2）应根据无损检测确定的缺陷位置、深度，用砂轮打磨或碳弧气刨清除缺陷。缺陷为裂纹时，在碳弧气刨前应在裂纹两端钻止裂孔并清除裂纹及其两端各 50mm 长的焊缝或母材。

（3）清除缺陷时应将刨槽加工成四侧边斜面角大于 10°的坡口，并应修整表面、磨除气刨渗碳层，必要时应用渗透探伤或磁粉探伤法确定裂纹是否彻底清除。

（4）焊补时应在坡口内引弧，熄弧时应填满弧坑；多层焊的焊层之间接头应错开，焊缝长度应不小于 100mm，当焊缝长度超过 500mm 时，应采用分段退焊法。

（5）返修部位应连续焊成。如中断焊接，应采取后热、保温措施，以防止产生裂纹。再次焊接前宜用磁粉或渗透探伤法检查，确认无裂纹后方可继续补焊。

（6）焊接修补的预热温度应比相同条件下正常焊接的预热温度高，并应根据工程节点的实际情况确定是否需采用超低氢型焊条焊接或进行焊后消氢处理。

（7）焊缝正、反面各作为一个部位，同一部位返修不宜超过 2 次。

（8）对两次返修后仍不合格的部位应重新制订返修方案，经工程技术负责人审批并报监理工程师认可后方可执行。

（9）返修焊接应填报返修施工记录及返修前后的无损检测报告，作为工程验收及存档资料。

学习情境 2.3 铆 钉 连 接

2.3.1 铆钉连接的参数确定

铆钉是铆接结构的紧固件，常用的铆钉由铆钉头和铆钉杆组成。

铆钉的材料应有良好的塑性，通常采用专用钢材 ML2 和 ML3 普通碳素钢制造。用冷镦方法制成的铆钉必须经过退火处理。根据使用的要求，对铆钉要进行可锻性试验、剪切强度试验，以保证形成的铆钉头有足够的抗剪力。

2.3.1.1 铆钉直径的确定

铆接时，铆钉直径的大小和铆钉中心距离，都是依据结构件受力情况和需要的强度确定的。一般情况下，铆钉直径的确定应以板件厚度为准。而板件的厚度的确定，应满足下列条件：

（1）板件搭接铆焊时，如厚度接近，可按较厚钢板的厚度计算。

（2）厚度相差较大的板件铆接，可以以较薄板件的厚度为准。

（3）板料与型材铆接时，以两者的平均厚度确定。

板料的总厚度（指被铆件的总厚度），不应超过铆钉直径的 5 倍。铆钉直径与板件厚度的关系，见表 2.16。

表 2.16			铆钉直径与板件厚度的关系			单位：mm
板料厚度	5～6	7～9	9.5～12.5	13～18	19～24	25 以上
铆钉直径	10～12	14～18	20～22	24～27	27～30	20～36

2.3.1.2 铆钉长度及孔径的确定

铆钉质量的好坏，与选定铆钉长度有很大关系。若铆钉杆过长，铆钉镦头就过大，钉杆容易弯曲；若铆钉杆过短，则镦粗并且形成铆钉头的量不足，铆钉头成形不完整，易出现缺陷，降低铆接的强度和紧密性。

铆钉杆长度应根据被铆接件总厚度、铆钉孔直径与铆钉工艺过程等因素来确定。常用的几种长度选择计算公式如下：

半圆头铆钉： $l = 1.5d + 1.1t$

半沉头铆钉： $l = 1.1d + 1.1t$

沉头铆钉： $l = 0.8d + 1.1t$

式中 l——铆钉杆长度，mm；

d——铆钉直径，mm；

t——被连接件总厚度，mm。

铆钉杆长度计算确定后，再通过试验，至合适时为止。一般情况下，铆杆直径与钉孔直径之间的关系，见表 2.17。

表 2.17　　　　　　　　铆钉孔直径与钉孔直径之间的关系　　　　　单位：mm

铆钉直径 d		2	2.5	3	3.5	4	5	6	8	10
钉孔直径 d_0	精装配	2.1	2.6	3.1	3.6	4.1	5.2	6.2	8.2	10.3
	粗装配	2.2	2.7	3.4	3.9	4.5	5.5	6.5	8.5	11
铆钉直径 d		12	14	16	18	22	24	27	30	
钉孔直径 d_0	精装配	12.4	14.5	16.5						
	粗装配	13	15	17	19	23.5	25.5	28.5	32	

2.3.1.3　铆钉排列位置的确定

铆钉在构件连接处的排列形式是以连接件的强度为基础的，其排列形式有单排、双排和多排三种。每个板件上铆钉排列的位置，在双排或多排铆钉连接时，又可分为平行式排列和交错式排列两种。其排列参数应符合下列规定：

(1) 钉距：钉距是指在一排铆钉中，相邻两个铆钉的中心距离。

铆钉单行或双行排列时，其钉距 $S \geqslant 3d$（d 为铆钉杆直径）。铆钉交错式排列时，其对角距离 $c \geqslant 3.5d$，如图 2.45 所示。为了使板件相互连接地严密，应使相邻两个铆钉孔中心的最大距离 $S \leqslant 8d$ 或 $S \leqslant 12t$（t 为板件单件厚度）。

(2) 排距：是指相邻两排铆钉孔中心的距离，用 a 表示。一般 $a \geqslant 3d$。

(3) 边距：是指外排铆钉中心至工件边缘的距离 $l_1 \geqslant 1.5d$［图 2.45（a）］。为使板边在铆接后不翘起来（两块板接触紧密），应使由铆钉中心到板边的最大距离 l 和 l_1 不大于 $4d$，l_1 和 l 不大于 $8t$。

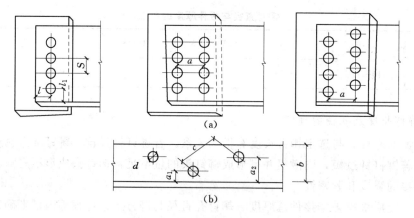

图 2.45　铆钉排列的尺寸关系

各种型钢铆接时，若型钢面宽度 b 小于 100mm，可用一排铆钉［图 2.45（b）］。图中应使 $a_1 \geqslant 1.5d + t_1$，$a_2 = b - 1.5d$。

2.3.2　操作方法及操作要点

铆钉连接有两种施工方法冷铆和热铆，现分述如下。

2.3.2.1　冷铆施工

冷铆是铆钉在常温状态下进行的铆接。

(1) 在冷铆时，铆钉要有良好的塑性，因此，钢铆钉在冷铆前，首先要进行清除硬化、提高塑性的退火处理。

(2) 用铆钉枪冷铆时，铆钉直径一般不超过13mm；用铆接机冷铆时，铆钉最大直径不能超过25mm；用手工冷铆时，铆钉直径通常小于8mm。

(3) 手工冷铆时，首先将铆钉穿入被铆件的孔中，然后用顶把顶住铆钉头，压紧被铆件接头处，用手锤锤击伸出钉孔部分的铆钉杆端头，使其形成钉头，最后将窝头绕铆钉轴线倾斜转动，直至得到理想的铆钉头。

在镦粗钉杆形成钉头时，锤击次数不宜过多，否则材质将出现冷作硬化现象，致使钉头产生裂纹。

2.3.2.2 热铆施工

将铆钉加热后的铆接，称为热铆。铆钉加热后，铆钉材质的硬度降低，塑性提高，铆钉头成形容易。铆接时需要的外力与冷铆相比要小得多。一般在铆钉材质的塑性较差或直径较大、铆接力不足的情况下，通常采用热铆。其基本操作工艺如下：

(1) 修整钉孔。铆接前，应将铆接件各层板之间的钉孔对齐。在构件装配中，由于加工误差常出现部分孔不同心的情况，铆接前需用矫正冲或铰刀修整钉孔。另外，也需要用铰刀对在预加工中因质量要求较高而留有余量的孔径进行扩孔修整。

铰孔需依据孔径选定铰刀，铰刀装卡在风钻或电钻上。铰孔时，先开动风钻或电钻，再逐渐把铰刀垂直插入钉孔内进行铰孔。在操作时，要防止钻头歪斜而损坏铰刀或将孔铰偏。在铰孔过程中，应先铰没拧螺栓的钉孔，铰完后拧入螺栓，然后再将原螺栓卸掉进行铰孔。需修整的钉孔应一次铰完。

(2) 铆钉加热。铆钉的加热温度取决于铆钉的材质和施铆方法。用铆钉枪铆接时，铆钉需加热到1000～1100℃；用铆接机铆接时，加热温度为650～670℃。铆钉的终铆温度应在450～600℃之间。终铆温度过高会降低钉杆的初应力；终铆温度过低，铆钉会发生蓝脆现象。因此，热铆铆钉时，要求在允许温度内迅速完成。

铆钉加热用加热炉的位置应尽可能接近铆接现场；如用焦炭炉时，焦炭粒度要均匀，且不宜过大。铆钉在炉内要有秩序地摆放，钉与钉之间应相隔适当距离。当铆钉烧至橙黄色时（900～1100℃），改为缓火焖烧，使铆钉内外受热均匀后，即可取出进行铆接，绝不能用过热和加热不足的铆钉，以免影响产品质量。在加热铆钉过程中，烧钉钳应经常浸入水中冷却，避免烧化钳口。

(3) 接钉与穿钉。加热后的铆钉在传递时，操作者需要熟练掌握扔钉技术，扔钉要做到准和稳。

当接钉者向烧钉者索取热钉时，可用穿钉钳在接钉桶上敲几下，以给烧钉者发出扔钉的信号。接钉时，应将接钉桶顺着铆钉运动的方向后移一段距离，使铆钉落在接钉桶内时的冲击力得到缓解，避免铆钉滑出桶外。穿钉动作要求迅速、准确，争取铆钉在要求的温度下铆接。接钉后，快速用穿钉钳夹住靠铆钉头的一端，并在硬物上敲掉铆钉上的氧化皮，再将铆钉穿入钉孔内。

(4) 顶钉。顶钉是铆钉穿入钉孔后，用顶把顶住铆钉头的操作。顶钉的好坏，将直接影响铆接的质量。不论用手顶把还是用气顶把，顶把上的窝头形状、规格都应与预制的铆接头相符。

用手顶把顶钉时，应使顶把与顶头中心成一条直线。开始顶时要用力，待钉杆镦粗胀紧钉孔不能退出时，可减小顶压力，并利用顶把的颤动反复撞击钉头，使铆接更加紧密。

在铆接钉杆呈水平位置的铆接时，如果采用抱顶把顶钉，则需要采取严格的安全措施，防止窝头和活塞飞出伤人。

（5）铆接。热铆开始时，铆钉枪风量要小些，待钉杆镦粗后，加大风量，逐渐将钉杆外伸端打成钉头形状。并应注意以下几点：

1）如果出现钉杆弯曲、钉头偏斜时，可将铆钉枪对应地倾斜适当角度进行矫正；钉头正位后，再将铆钉枪略微倾斜钉头旋转一周，迫使钉头周边与被铆接表面严密接触。注意铆钉枪不要过分倾斜，以免窝头磕伤被铆件的表面。

2）发现窝头或铆钉枪过热时，应及时更换备用的窝头或铆钉枪。窝头可以放到水中冷却。

3）为了保证质量，压缩空气的压力不应低于 0.5MPa。

4）为了防止铆件侧移，最好沿铆接件的全长，对称地先铆几颗铆钉，起定位作用，然后再铆其他铆钉。

5）铆接时，铆钉枪的开关应灵活可靠，禁止碰撞。经常检查铆钉枪与风管接头的螺纹连接是否松动，如发现松动，应及时紧固，以免发生事故。每天铆接结束时，应将窝头和活塞卸掉，妥善保管，以备再用。

2.3.3　铆接质量检验与质量要求

铆钉质量检验采用外观检验和敲打两种方法，外观检查主要检验外观疵病，敲击法检验即用 0.3kg 的小锤敲打铆钉的头部，用以检验铆钉的铆合情况。

（1）铆钉头不得有丝毫跳动，铆钉的钉杆应填满钉孔，钉杆和钉孔以及平均直径误差不得超过 0.4mm，其同一截面的直径误差不得超过 0.6mm。

（2）对于有缺陷的铆钉应予以更换，不得采用捻塞、焊补或加热再铆等方法进行修整。

（3）铆成的铆钉和外形的偏差如超过表 2.18 的规定，不得采用捻塞、焊补或加热再铆等方法整修有缺陷的铆钉，应予作废，进行更换。

表 2.18　　　　　　　　　　　　　　　铆钉的允许偏差

项次	偏差名称	示意图	允许偏差值	偏差原因	检查方法
1	铆钉头的周围全部与被铆板叠不密贴		不允许	铆钉头和钉杆在连接处有凸起部分 铆钉头未顶紧	外观检查 用厚 0.1mm 的塞尺检查
2	铆钉头刻伤		$a \leqslant 2mm$	铆接不良	外观检查
3	铆钉头的周围部分与被铆板叠不密贴		不允许	顶把位置歪斜	外观检查 用厚 0.1mm 的塞尺检查

续表

项次	偏差名称	示意图	允许偏差值	偏差原因	检查方法
4	铆钉头偏心		$b \leqslant \dfrac{d}{10}$	铆接不良	外观检查
5	铆钉头裂纹		不允许	加热过度 铆钉钢材质量不良	外观检查
6	铆钉头周围不完整		$a+b \leqslant \dfrac{d}{10}$	钉杆长度不够 铆钉头顶压不正	外观检查 并用样板检查
7	铆钉头过小		$a+b \leqslant \dfrac{d}{10}$ $c \leqslant \dfrac{d}{20}$	铆模过小	外观检查 并用样板检查
8	埋头不密贴		$a \leqslant \dfrac{d}{10}$	划边不准确 钉杆过短	外观检查
9	埋头凸出		$a \leqslant 0.5mm$	钉杆过长	外观检查
10	铆钉头周围有正边		$a \leqslant 3mm$ $0.5mm \leqslant b$ $\leqslant 3mm$	钉杆过长	外观检查
11	铆模刻伤钢材		$b \leqslant 0.5mm$	铆接不良	外观检查

项次	偏差名称	示意图	允许偏差值	偏差原因	检查方法
12	铆钉头表面不平	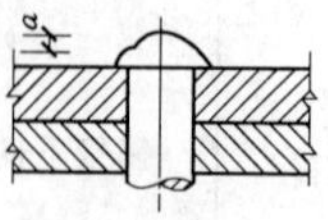	$a \leqslant 0.3\text{mm}$	铆钉钢材质量不良 加热过度	外观检查
13	铆钉歪斜	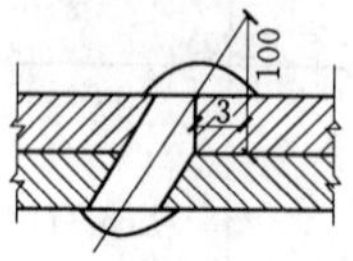	板叠厚度的 3%，但不得 大于 3mm	扩孔不正确	外观检查 测量相邻铆钉的中 心距离
14	埋头凹进	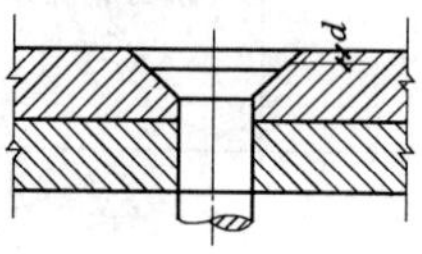	$a \leqslant 0.5\text{mm}$	钉杆过短	外观检查
15	埋头钉周围有部分 或全部缺边	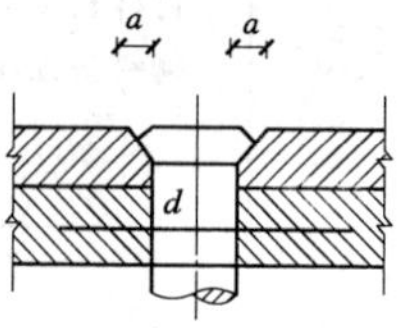	$a \leqslant \dfrac{d}{10}$	钉杆过短 划边不准确	外观检查

学习情境 2.4　螺　栓　连　接

2.4.1　普通螺栓连接

　　钢结构普通螺栓连接就是将螺栓、螺母、垫圈机械地和连接件连接在一起所形成的一种连接形式。

　　从连接工作机理看，荷载是通过螺栓杆受剪、连接板孔壁承压来传递的，接头受力后会产生较大的滑移变形，因此，一般受力较大的结构或承受动荷载的结构，应采用精制螺栓，以减少接头变形量。由于精制螺栓加工费用较高、施工难度大，工程上极少采用，已逐渐为高强度螺栓所取代。

2.4.1.1　连接材料

　　钢结构普通螺栓连接是由螺栓、螺母和垫圈三部分组成。

　　1. 普通螺栓

　　（1）普通螺栓的分类。按照普通螺栓的形式，可将其分为六角头螺栓、双头螺柱和地脚螺栓等。

　　1）六角头螺栓。按照制造质量和产品等级，六角头螺栓可分为 A、B、C 三个等级，其中，A、B 级为精制螺栓，C 级为粗制螺栓。在钢结构螺栓连接中，除特别注明外，一般均为 C 级粗制螺栓。六角头螺栓的特点及应用如下：

　　a）A 级螺栓通称为精制螺栓，B 级螺栓为半精制螺栓。A 级和 B 级螺栓用毛坯在车床上切削加工而成，螺栓直径应和螺栓孔径一样，并且不允许在组装的螺栓孔中有"错孔"现象，螺栓杆和螺栓孔之间空隙甚小，适用于拆装式结构，或连接部位需传递较大剪力的重要结构的安装中。

b）C级螺栓通称粗制螺栓，由未经加工的圆杆压制而成。C级螺栓直径较螺栓孔径小1.0～2.0mm，两者之间存在着较大空隙，承受剪力相对较差，只能在允许承受钢板间的摩擦阻力限度内使用，或在钢结构安装中做临时固定之用。对于重要的连接中，采用粗制螺栓连接时须另加特殊支托（牛腿或剪力板）来承受剪力。

2）双头螺柱。双头螺柱一般称作螺柱，多用于连接厚板和不便使用六角头螺栓连接的地方，如混凝土屋架、屋面梁悬挂单轨梁吊挂件等。

3）地脚螺栓。地脚螺栓分一般地脚螺栓、直角地脚螺栓、锤头螺栓、锚固地脚螺栓4种：

a）一般地脚螺栓和直角地脚螺栓，是在浇制混凝土基础时预埋在基础之中用以固定钢柱的。

b）锤头螺栓是基础螺栓的一种特殊形式，是在混凝土基础浇灌时将特制模箱（锚固板）预埋在基础内，用以固定钢柱。

c）锚固地脚螺栓是在已成型的混凝土基础上借用钻机制孔后，再用浇注剂固定于基础中的一种地脚螺栓。这种螺栓适用于房屋改造工程，对原基础不用破坏，而且定位准确，安装快速，且省工省时。

此外，还可根据支承面的大小及安装位置的尺寸将其分为大六角头与六角头两种；也可根据其性能等级，将其分为3.6、4.6、4.8等10个等级。钢结构中常用普通螺栓的性能等级、化学成分及力学性能见表2.19。

表 2.19　　　　　　　　　　普通螺栓的性能等级、化学成分及力学性能

性能等级		3.6	4.6	4.8	5.6	5.8	6.8
材料		低碳钢	低碳钢或中碳钢	低碳钢或中碳钢	低碳钢或中碳钢	低碳钢或中碳钢	低碳钢或中碳钢
化学成分（%）	C	≤0.20	≤0.55	≤0.55	≤0.55	≤0.55	≤0.55
	P	≤0.05	≤0.05	≤0.05	≤0.05	≤0.05	≤0.05
	S	≤0.06	≤0.06	≤0.06	≤0.06	≤0.06	≤0.06
抗拉强度（MPa）	公称	300	400	400	500	500	600
	最小	330	400	420	500	520	600
维氏硬度 HV_{30}	最小	95	115	121	148	154	178
	最大	206	206	206	206	206	227

（2）普通螺栓的检验。普通螺栓作为永久性连接螺栓的，当设计有要求或对其质量有疑义时，应进行螺栓实物最小拉力荷载实验。

目的：测定螺栓实物的抗拉强度是否满足《紧固件力学性能螺栓、螺钉和螺柱》（GB/T 3098.1—2000）的要求。

检验方法：用专用卡具将螺栓实物置于拉力试验机上进行拉力试验，为避免试件承受横向载荷，试验机的夹具应能自动调正中心，试验时夹头张拉的移动速度不应超过25mm/min。

螺栓实物的抗拉强度应根据螺纹应力截面积（A_s）计算确定，其取值应按《紧固件力

学性能螺栓、螺钉和螺柱》（GB/T 3098.1—2000）的规定取值。

进行试验时，承受拉力载荷的末旋台的螺纹长度应为6倍以上螺距；当试验拉力达到《紧固件力学性能螺栓、螺钉和螺柱》（GB/T 3098.1—2000）中规定的最小拉力载荷（$A_s \cdot \sigma_b$）时不得断裂。当超过最小拉力载荷直至拉断时，断裂应发生在杆部或螺纹部分，而不应发生在螺头与杆部的交接处。

2. 螺母

建筑钢结构中选用的螺母应与相匹配的螺栓性能等级一致，当拧紧螺母达到规定程度时，不允许发生螺纹脱扣现象。为此可选用柱接结构用六角螺母及相应的栓接结构用大六角头螺栓、平垫圈，使连接后能防止因超拧而引起的螺纹脱扣。

（1）螺母的性能等级。螺母性能等级分4、5、6、8、9、10、12等，其中8级（含8级）以上螺母与高强度螺栓匹配，8级以下螺母与普通螺栓匹配，表2.20为螺母与螺栓性能等级相匹配的参照表。

表2.20　　　　　　　　　　螺母与螺栓性能等级相匹配的参照表

螺母性能等级	相匹配的螺栓性能等级		螺母性能等级	相匹配的螺栓性能等级	
	性能等级	直径范围（mm）		性能等级	直径范围（mm）
4	3.6、4.6、4.8	＞16	9	8.8	16＜直径≤39
5	3.6、4.6、4.8	≤16		9.8	≤16
	5.6、5.8	所有的直径	10	10.9	所有的直径
6	6.8	所有的直径	12	12.9	≤39
8	8.8	所有的直径			

螺母的螺纹应和螺栓相一致，一般应为粗牙螺纹（除非特殊注明用细牙螺纹），螺母的力学性能主要是螺母的保证应力和硬度，其值应符合《紧固件力学性能螺母粗牙螺纹》（GB/T 3098.2—2000）的规定。

（2）螺母的选择。

1）螺母选用规格：钢结构常用螺母的公称高度$h \geqslant 0.8D$（D为与其相匹配的螺栓直径）。

2）螺母选用的强度：要选用与之匹配的螺栓中最高性能等级的螺栓强度，当螺母拧紧到螺栓保证荷载时，不发生螺纹脱扣，同时，螺母的保证应力和硬度要符合施工要求。

3）普通螺母形式的选择：通常选用性能等级为8级以下（不含8级）的螺母与普通螺栓匹配，螺母的螺纹要和螺栓相一致，要选择粗牙螺纹（除有特殊注明用细牙螺纹的）。

3. 垫圈

（1）圆平垫圈。一般放置于紧固螺栓头及螺母的支承面下面，用以增加螺栓头及螺母的支承面，同时防止被连接件表面损伤。

（2）方形垫圈。一般放置于地脚螺栓头与螺母支承面下，用以增加支承面及遮盖较大的螺栓孔眼。

（3）斜垫圈。主要用于工字钢、槽钢翼缘倾斜面的垫平，使螺母支承面垂直于螺杆，避免紧固时造成螺母支承面和被连接的倾斜面局部接触。

（4）弹簧垫圈。防止螺栓拧紧后在动载作用下的振动和松动，依靠垫圈的弹簧功能及斜口摩擦面防止螺栓的松动，一般用于动荷载（振动）或经常拆卸的结构连接处。

2.4.1.2　常用的螺栓连接形式

1. 钢板的螺栓连接形式

（1）平接连接：用双面拼接板连接的形式，力的传递不产生偏心作用，如图 2.46 所示；用单面拼接板连接的形式，力的传递产生偏心，受力后连接部位易发生弯曲，如图 2.47 所示。

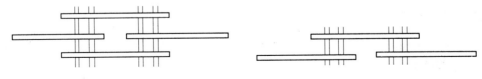

图 2.46　双面拼接板连接形式　　　　图 2.47　单面拼接板连接形式

对于板件厚度不同的拼接，必须设置填板并将其伸出拼接板以外，用焊件或螺栓固定，如图 2.48 所示。

（2）搭接连接。采用搭接连接的方式传力产生偏心，一般构件受力不大时采用，如图 2.49 所示。

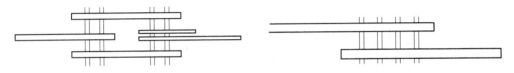

图 2.48　板件厚度不同的拼接连接形式　　　　图 2.49　搭接连接形式

（3）T 形连接。T 形连接如图 2.50 所示。

2. 槽钢连接、工字钢连接

拼接时，拼接板的总面积不能小于被拼接的杆件截面积，其各支面积分布与材料面积大致相等，符合等强度原则，如图 2.51、图 2.52 所示。

3. 角钢连接

（1）角钢与钢板连接。用于角钢与钢板连接受力较大部位，如图 2.53 所示；用于一般受力的接长或连接，如图 2.54 所示。

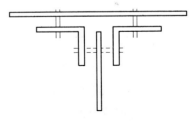

图 2.50　T 形连接形式

（2）角钢与角钢连接。用于小角钢等截面连接，如图 2.55 所示；用于大角钢等同面连接，如图 2.56 所示。

2.4.1.3　普通螺栓连接参数的确定

1. 螺栓孔的参数要求

（1）对于精制螺栓（A、B 级螺栓），螺栓孔要求必须采用钻孔成型，必须是 I 类孔，应具有 H12 的精度，孔壁表面粗糙度 R_a 不大于 $25\mu m$。

（2）对于粗制螺栓（C 级螺栓），螺栓孔为 II 类孔，孔壁表面粗糙度 R_a 不大于 $25\mu m$，其允许偏差值见表 2.21。

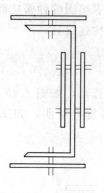

图 2.51 槽钢螺栓
连接形式

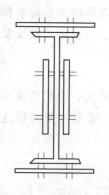

图 2.52 工字钢螺栓连接形式

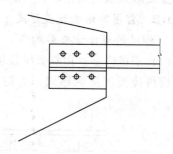

图 2.53 受力较大部位角钢与
钢板连接形式

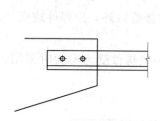

图 2.54 一般受力部位角钢
与钢板连接形式

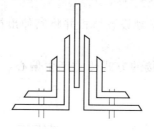

图 2.55 小角钢等截面
连接形式

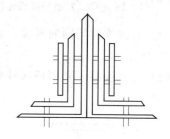

图 2.56 大角钢等同面
连接形式

表 2.21 C 级螺栓孔的允许偏差

序号	项 目	允许偏差（mm）	序号	项 目	允许偏差（mm）
1	直径	+10 0	2	圆度	2.0
			3	垂直度	0.003t，且不大于 2.0

注 t 为连接板的厚度。

2. 螺栓的布置要求

（1）螺栓的排列。螺栓的排列方法有并列和错列两种，如图 2.57 所示。并列布置紧凑、简单，所需连接盖板尺寸小，但栓孔对截面削弱较多；错列可减少栓孔对截面的削弱，但布置松散、复杂，所需连接盖板尺寸大。

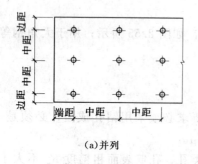

（a）并列

（b）错列

图 2.57 螺栓的排列方法

螺栓在构件上的排列应同时满足受力、构造、施工三方面的要求：受力时板件不能被拉断或剪断；构造上应使连接板件接触紧密，防止潮气侵入板间造成锈蚀；施工时应保证有足够的操作空间，便于安装。为满足上述条件，并根据连接板件边缘的加工情况及构件的受力方向，《钢结构设计规范》（GB 50017—2003）还规定螺栓中心间距及边距的最大、最小容许距离应满足表 2.22 中的要求。

表 2.22　　　　　　　　　螺栓中心间距及边距的最大、最小容许距离

名　称	位 置 和 方 向			最大容许距离（取两者较小值）	最小容许距离
中心间距	任意方向	外排		$8d_0$ 或 $12t$	$3d_0$
		构件受压力		$12d_0$ 或 $18t$	
		构件受拉力		$12d_0$ 或 $24t$	
中心至构件边缘距离	顺内力方向			$4d_0$ 或 $8t$	$2d_0$
	垂直内力方向	切割边			$1.5d_0$
		轧制边	高强度螺栓		
			其他螺栓或铆钉		$1.2d_0$

注　1. d_0 为螺栓或铆钉的孔径，t 为外层较薄板件的厚度。
　　2. 钢板边缘与刚性构件（如角钢、槽钢等）相连的螺栓或铆钉的最大间距，可按中间排的数值采用。

　　当螺栓在角钢、工字钢和槽钢上排列时，除应满足表 2.22 中的要求外，还应满足表 2.23、表 2.24、表 2.25 中的构造要求。

表 2.23　　　　　　　　　工字钢连接螺栓最大开孔直径及间距

序号	型号	翼缘（mm）			腹板（mm）	
		孔距	厚度	最大开孔直径	孔至最近翼缘边距离	最大开孔直径
1	10	—	8	—	30	11
2	12.6	42	9	11	40	13
3	14	46	9	13	44	17
4	16	48	10	15	48	19.5
5	18	52	10.5	15	52	21.5
6	20^a_b	58	11	17	60	25.5
7	22^a_b	60	12.5	19.5	62	25.5
8	25^a_b	64	13	21.5	64	25.5
9	25c	66	13	21.5	64	25.5
10	28^a_b	70	14	21.5	66	25.5
11	28c	72	14	21.5	66	25.5
12	32a	74				
13	32b	76	15	21.5	68	25.5
14	32c	78				

续表

序号	型号	翼缘（mm）			腹板（mm）	
		孔距	厚度	最大开孔直径	孔至最近翼缘边距离	最大开孔直径
15	36a	76	16	23.5	70	25.5
16	36b	78				
17	36c	80				
18	40a	82	16	23.5	72	25.5
19	40b	84				
20	40c	86				
21	45a	86	17.5	25.5	74	25.5
22	45b	88				
23	45c	90				

表 2.24　　　　槽钢连接螺栓最大开孔直径及间距

序号	型号	翼缘（mm）			腹板（mm）	
		孔距	厚度	最大开孔直径	孔至最近翼缘边距离	最大开孔直径
1	5	20	7	11	25	7
2	6.3	25	7.5	11	31.5	11
3	8	25	8	13	40	15
4	10	30	8.5	15	35	11
5	12.6	30	9	17	40	15
6	14a、14b	35	9.5	17	45	17
7	16a、16b	35	10	19.5	50	17
8	18a、18b	40	10.5	21.5	55	21.5
9	20a	45	11	21.5	60	23.5
10	22a		11.5	23.5		
11	25a、25b、25c	45	12	23.5	65	25.5
12			12	25.5		
13	28a、28b、28c	50	12.5	25.5	67	25.5
14	32a、32b、32c	50	14	25.5	70	25.5
15	36a、36b、36c	60	16	25.5	74	25.5
16	40a、40b、40c	60	18	25.5	78	25.5

表 2.25　　　　角钢连接螺栓最大开孔直径及间距

序号	单行（mm）			双行交错排列（mm）				双行并列（mm）			
	肢宽 b	线距 a	最大开孔直径	肢宽 b	线距 a_1	线距 a_2	最大开孔直径	肢宽 b	线距 a_1	线距 a_2	最大开孔直径
1	45	25	13	125	55	35	23.5	140	55	60	20.5
2	50	30	15	140	60	45	26.5	160	60	70	23.5

序号	单行（mm）			双行交错排列（mm）				双行并列（mm）			
	肢宽 b	线距 a	最大开孔直径	肢宽 b	线距 a_1	线距 a_2	最大开孔直径	肢宽 b	线距 a_1	线距 a_2	最大开孔直径
3	56	30	15	160	60	65	26.5	180	65	75	26.5
4	63	35	17					200	80	80	26.5
5	70	40	21.5								
6	75	45	21.5								
7	80	45	21.5								
8	90	50	23.5								
9	100	55	23.5								
10	110	60	26.5								
11	125	70	26.5								

另外，为了保证螺栓连接的可靠性，《钢结构设计规范》（GB 50017—2003）还规定：除组合构件的缀条端部连接可采用一个螺栓连接外，其余连接的一侧所用永久性螺栓的数目不少于两个。

（2）常用型材。常用工字钢、槽钢及角钢等型钢连接接头中螺栓的最大间距及最大孔径，分别见表2.23、表2.24 和表2.25。

常用 H 型钢（轧制或焊接）连接螺栓排列布置及间距如图 2.58 和图 2.59 所示。

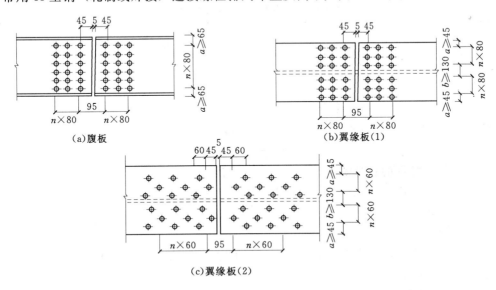

图 2.58 实腹梁或柱拼接接头示意图（例：M20、孔 ϕ22、M22、孔 ϕ24）

3. 螺栓直径的确定

螺栓直径的确定应由设计人员按等强原则参照《钢结构设计规范》（GB 50017—2003）通过计算确定，但对一个工程来讲，螺栓直径的规格应尽可能少，有的还需要适当归类，以

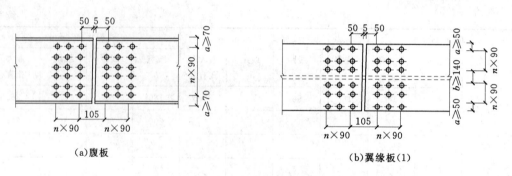

（a）腹板　　　　　　　　　　　　　　（b）翼缘板（1）

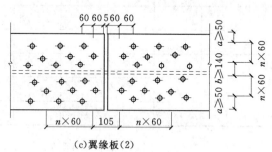

（c）翼缘板（2）

图 2.59　实腹梁或柱拼接接头示意图（例：M24、孔 ϕ26）

便于施工和管理。

　　一般情况下，螺栓直径应与被连接件的厚度相匹配，表 2.26 为不同的连接厚度所推荐选用的螺栓直径。

表 2.26　　　　　　　　　　　不同的连接厚度所推荐螺栓直径　　　　　　　　　　单位：mm

连接件厚度	4～6	5～8	7～11	10～14	13～20
推荐螺栓直径	12	16	20	24	27

　　4. 螺栓长度的确定

　　连接螺栓的长度应根据连接螺栓的直径和厚度确定。

　　螺栓长度是指螺栓头内侧到尾部的距离，一般为 5mm 进制，可按下式计算：

$$L=\delta+m+nh+C$$

式中　　δ——被连接件的总厚度，mm；

　　　　m——螺母厚度，mm，一般取 0.8D；

　　　　n——垫圈个数；

　　　　h——垫圈厚度，mm；

　　　　C——螺纹外露部分长度 mm，2～3 丝扣为宜，$\leqslant$5mm。

　　5. 螺栓间距的确定

　　螺栓的布置应使各螺栓受力合理，同时要求各螺栓尽可能地远离形心和中性轴，以便充分和均衡地利用各个螺栓的承载能力。

　　螺栓间的间距确定，既要考虑螺栓连接的强度与变形的要求，又要考虑便于装拆的操作要求，各螺栓间及螺栓中心线与机件之间应留有扳手操作空间。螺栓最大、最小容许距离见表 2.27。

表 2.27　　　　　　　　　　　　　　　螺栓的最大、最小容许距离

名　称	位 置 和 方 向			最大容许距离 （取两者的较小值）	最小容许距离
中心间距	任意方向	外排		$8d_0$ 或 $12t$	$3d_0$
		中间排	构件受压力	$12d_0$ 或 $18t$	
			构件受拉力	$16d_0$ 或 $24t$	
中心至构件 边缘距离	顺内力方向			$4d_0$ 或 $8t$	$2d_0$
	垂直内力方向	切割边			$1.5d_0$
		轧制边	高强度螺栓		
			其他螺栓或铆钉		$1.2d_0$

注　1. d_0 为螺栓或铆钉的孔径，t 为外层较薄板件的厚度。
　　2. 钢板边缘与刚性构件（如角钢、槽钢等）相连的螺栓或铆钉的最大间距，可按中间排的数值采用。
　　3. 螺栓孔不得采用气割扩张。对于精制螺栓（A、B级螺栓），螺栓孔必须钻孔成型，同时必须是Ⅰ类孔，应具有 H12 的精度，孔壁表面粗糙度 R_a 不应大于 $12.5\mu m$。

2.4.1.4　操作方法及操作要点

1. 螺栓孔加工

螺栓连接前，需对螺栓孔进行加工，可根据连接板的大小采用钻孔或冲孔加工。冲孔一般只用于较薄钢板和非圆孔的加工，而且要求孔径一般不小于钢板的厚度。

（1）钻孔前，将工件按图样要求画线，检查后打样冲眼。打样冲眼应打大些，使钻头不易偏离中心。在工件孔的位置画出孔径圆和检查圆，并在孔径圆上及其中心冲出小坑。

（2）当螺栓孔要求较高、叠板层数较多、同类孔距也较多时，可采用钻模钻孔或预钻小孔，再在组装时扩孔的方法。

预钻小孔直径的大小取决于叠板的层数，当叠板少于 5 层时，预钻小孔的直径一般小于 3mm；当叠板层数大于 5 层时，预钻小孔直径应小于 6mm。

（3）当使用精制螺栓（A、B级螺栓）时，其螺栓孔的加工应谨慎钻削，尺寸精度不低于 IT13～IT11 级，表面粗糙度 R_a 不大于 $12.5\mu m$，或按基准孔（H12）加工，重要场合宜经铰削成孔，以保证配合要求。

普通螺栓（C级）的配合孔，可应用钻削成形。但其内孔表面粗糙度值 R_a 不应大于 $25\mu m$，其允许偏差应符合相关规定。

2. 螺栓的装配

普通螺栓的装配应符合下列要求：

（1）在螺栓头和螺母下面应放置平垫圈，以增大承压面积。

（2）每个螺栓的一端不得垫两个及以上的垫圈，并不得用大螺母来代替垫圈。螺栓拧紧后，外露丝扣不应少于 2 扣。螺母间下的垫圈一般不应多于 1 个。

（3）对于设计有要求防松动的螺栓、锚固螺栓应采用有防松装置的螺母（即双螺母）或弹簧垫圈，或用人工方法采取防松措施（如将螺栓外露丝扣打毛）。

（4）对于承受动荷载或重要部位的螺栓连接，应按设计要求放置弹簧垫圈，弹簧垫圈必须设置在螺母一侧。

（5）对于工字钢、槽钢类型钢应尽量使用斜垫圈，使螺母和螺栓头部的支承面垂直于螺杆。

（6）双头螺柱的轴心线必须与工件垂直，通常用角尺进行检验。

（7）装配双头螺柱时，首先将螺纹和螺孔的接触面清理干净，然后用手轻轻地把螺母拧到蠑纹的终止处，如果遇到拧不进的情况，不能用扳手强行拧紧，以免损坏螺纹。

（8）螺母与螺钉装配时，其要求如下：

1）螺母或螺钉与零件贴合的表面要光洁、平整，贴合处的表面应当经过加工，否则容易使连接件松动或使螺钉弯曲。

2）螺母或螺钉和接触的表面之间应保持清洁，螺孔内的脏物要清理干净。

3．螺栓的紧固与防松

（1）紧固轴力。为了使螺栓受力均匀，应尽量减少因连接件的变形而对紧固轴力的影响，保证节点连接螺栓的质量。螺栓紧固必须从中心开始，对称施拧；对 30 号正火钢制作的各种直径的螺栓旋拧时，所承受的轴向允许荷载见表 2.28。

表 2.28　　　　　　　　　　30 号正火钢制作的各种直径螺栓的允许荷载

螺栓的公称直径（mm）		12	16	20	24	30	36
轴向允许轴力	无预先锁紧（N）	17200	3300	5200	7500	11900	17500
	螺栓在荷载下锁紧（N）	1320	2500	4000	5800	9200	13500
扳手最大允许扭矩（kg/cm²）		320	800	1600	2800	5500	9700
（N/cm²）		3138	7845	1569	27459	53937	95125

注　对于 Q235 及 45 号钢应将表中允许值分别乘以修正系数 0.75 及 1.1。

（2）成组螺母的拧紧。拧紧成组的螺母时，必须按照一定的顺序进行，并做到分次序逐步拧紧（一般分 3 次拧紧），否则会使零件或螺杆松紧不一致，甚至变形。

在拧紧长方形布置的成组螺母时，必须从中间开始，逐渐向两边对称地扩展 ［图 2.60（a）］。在拧紧方行或圆形布置的成组螺母时，必须对称地进行，如图 2.60（b）和图 2.60（c）所示。

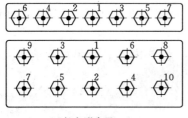
（a）长方形布置

（b）方形布置

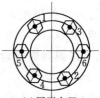
（c）圆形布置

图 2.60　拧紧成组螺母的方法

（3）防松措施。一般螺纹连接均具有自锁性，在受静载和工作温度变化不大时，不会自行松脱，但在冲击、振动或变荷载作用下，以及在工作温度变化较大时，这种连接有可能松动，以致影响工作，甚至发生事故。为了保证连接安全可靠，对螺纹连接必须采取有效的防松动措施。

常用的防松动措施有增大摩擦力、机械防松和不可拆三大类。

1）增大摩擦力：这类防松措施是使拧紧的螺纹之间不因外载荷变化而失去压力，因而始终有摩擦阻力防止连接松脱。具体的防松措施有安装弹簧垫圈和使用双螺母等。

2）机械防松：此类防松措施是利用各种止动零件，通过阻止螺纹零件的相对转动来实现的。机械防松较为可靠，故应用较多。常用的机械防松措施有开口销与槽形螺母、止退垫圈与圆螺母、止动垫圈与螺母、串联钢丝等。

3）不可拆防松措施：利用点焊、点铆等方法把螺母固定在螺栓或被连接件上，或者把螺钉固定在应被连接件上，以达到防松的目的。

2.4.1.5 连接质量检验与质量要求

1. 主控项目要求

（1）普通螺栓作为永久性连接螺栓时，当设计有要求或对其质量有疑义时，应进行螺栓实物最小拉力载荷复验。其结果应符合《紧固件力学性能螺栓、螺钉和螺柱》（GB/T 3098.1—2000）的规定。

检查数量：每一规格螺栓抽查8个。

检验方法：检查螺栓实物复验报告。

（2）连接薄钢板采用的自攻钉、拉铆钉、射钉等，其规格尺寸应与被连接钢板相匹配，其间距、边距等应符合设计要求。

检查数量：按连接节点数抽查1%，且不应少于3个。

检验方法：观察和尺量检查。

2. 一般项目要求

（1）永久性普通螺栓紧固应牢固、可靠，外露丝扣不应少于2扣。

检查数量：按连接节点数抽查10%，且不应少于3个。

检验方法：观察和用小锤敲击检查。

（2）自攻螺钉、钢拉铆钉、射钉等与连接钢板应紧固密贴，外观排列整齐。

检查数量：按连接节点数抽查10%，且不应少于3个。

检验方法：观察或用小锤敲击检查。

2.4.2 高强度螺栓连接

高强度螺栓是继铆接连接之后发展起来的一种新型钢结构连接形式，它已发展成为当今钢结构连接的主要手段之一。

高强度螺栓是用优质碳素钢或低合金钢材料制成的一种特殊螺栓，由于螺栓的强度高，故称高强度螺栓。高强度螺栓连接具有安装简便、迅速、能装能拆和承压高、受力性能好、安全可靠等优点。

2.4.2.1 连接材料

高强度螺栓从外形上可分为大六角头和扭剪型两种；按性能等级可分为8.8级、10.9级、12.9级等。高强度螺栓和与之配套的螺母和垫圈合称连接副，须经热处理（淬火和回火）后方可使用。

1. 大六角头高强度螺栓

目前，我国使用的大六角头高强度螺栓只有8.8级和10.9级两种。根据《钢结构用高强度大六角头螺栓》（GB/T 1228—2006）、《钢结构用高强度大六角螺母》（GB/T 1229—2006）、《钢结构用高强度垫圈》（GB/T 1230—2006）、《钢结构用高强度大六角头螺栓、大六角螺母、垫圈技术条件》（GB/T 1231—2006）的规定，8.8级高强度螺栓推荐采用的钢号为45号钢和35号钢；10.9级高强度螺栓推荐采用的钢号为20MnTiB钢、40B钢和

35VB 钢。

大六角头高强度螺栓连接副含有一个螺栓、一个螺母、两个垫圈（螺头和螺母两侧各一个垫圈）。当螺栓、螺母、垫圈在组成一个连接副时，其性能等级应匹配。

2. 扭剪型高强度螺栓

扭剪型高强度螺栓连接副由一个螺栓、一个螺母、一个垫圈组成。螺栓、螺母、垫圈在组成一个连接副时，其性能等级要匹配。

大六角头高强度螺栓和扭剪型高强度螺栓，其性能等级和力学性能详见表 2.29。

表 2.29　　　　　　　　　　高强度螺栓的性能等级和力学性能

螺栓种类	性能等级	采用钢号	屈服强度 f_y		抗拉强度 f_u	
			kgf/mm^2	N/mm^2	kgf/mm^2	N/mm^2
			不小于			
大六角头高强度螺栓	8.8	45 号钢、35 号钢	63	660	85～105	830～1030
	10.9	20MnTiB 钢 40B 钢 35VB 钢	95	940	106～126	1040～1240
扭剪型高强度螺栓	10.9	20MnTiB 钢	95	940	106～126	1040～1240

3. 材料要求

(1) 螺栓、螺母、垫圈均应附有质量证明书，并应符合设计要求和国家标准的规定。高强度螺栓（大六角头螺栓、扭剪型螺栓等）、半圆头铆钉等孔的直径应比螺栓杆、钉杆公称直径大 1.0～3.0mm。螺栓孔应具有 H14(H15) 的精度。

(2) 高强度螺栓制造厂应对原材料（按加工高强度螺栓的同样工艺进行热处理）进行抽样试验，其性能应符合表 2.30 的规定。

表 2.30　　　　　　　　　　高 强 度 螺 栓 性 能

性能等级	抗拉强度 σ_b (N/mm^2)		最大屈服点 σ_s (N/mm^2)	伸长率 δ_5 (%)	收缩率 ϕ (%)	冲击韧度 a_k (J/cm^2)
	公称值	幅度值	不小于			
10.9S	1000	1000/1124	900	10	42	59
8.8S	800	810/984	640	12	45	78

(3) 高强度螺栓不允许存在任何淬火裂纹。

(4) 高强度螺栓表面要进行发黑处理。

(5) 高强度螺栓抗拉极限承载力应符合表 2.31 的规定。

(6) 高强度螺栓极限偏差应符合表 2.32 的规定。

(7) 采用高强度螺栓连接副，应分别符合《钢结构用高强度大六角头螺栓》（GB/T 1228—2006）、《钢结构用高强度大六角螺母》（GB/T 1229—2006）、《钢结构用高强度垫圈》（GB/T 1230—2006）、《钢结构用高强度大六角头螺栓、大六角螺母、垫圈技术条件》（GB/T 1231—2006）或《钢结构用扭剪型高强度螺栓连接副》（GB/T 3632—2008）和《钢结构用扭剪型高强度螺栓连接副》（GB/T 3633—2008）的规定。

表 2.31 高强度螺栓抗拉极限承载力

公称直径 d (mm)	公称应力截面积 A_s (mm²)	抗拉极限承载力 (kN)	
		10.9S	8.8S
12	84	84～95	68～83
14	115	115～129	93～113
16	157	157～176	127～154
18	192	192～216	156～189
20	245	245～275	198～241
22	303	303～341	245～298
24	353	353～397	286～347
27	459	459～516	372～452
30	561	561～631	454～552
33	694	694～780	562～663
36	817	817～918	662～804
39	976	976～1097	791～960
42	1121	1121～1260	908～1103
45	1306	1306～1468	1058～1285
48	1473	1473～1656	1193～1450
52	1758	1758～1976	1424～1730
56	2030	2030～2282	1644～1998
60	2362	2362～2655	1913～2324

表 2.32 高强度螺栓极限偏差 单位：mm

公称直径	12	16	20	(22)	24	(27)	30
允许偏差	±0.43			±0.52			±0.84

（8）高强度螺栓连接副必须经过以下试验，符合规范要求且具有相关文件后，方可出厂：

1）螺栓的楔负荷试验。

2）螺母的保证载荷试验。

3）螺母及垫圈的硬度试验。

4）连接副的扭矩系数试验（注明试验温度）：大六角头连接副的扭矩系数平均值和标准偏差；扭剪型连接副的紧固轴力平均值和标准偏差。

5）材料、炉号、制作批号、化学成分与力学性能证明或试验数据。

（9）高强度螺栓的储运应符合下列规定：

1）存放时应防潮、防雨、防粉尘，并按类型和规格分类存放。

2）使用时应轻拿轻放，防止撞击、损坏包装和损伤螺纹。

3）发放和回收应做记录，使用剩余的紧固件应当天回收保管。

4）长期保管超过 6 个月或保管不善而造成螺栓生锈及沾染脏物等可能改变螺栓的扭矩系数或性能。此时应视情况进行高强度螺栓清洗、除锈和润滑等处理，并对螺栓进行扭矩系数或预拉力检验，合格后方可使用。

（10）高强度螺栓连接副的质量必须达到技术条件的要求，不符合技术条件的产品，不得使用，因此，每一制造批必须由制造厂出具质量保证书。

（11）高强度螺栓连接副运到工地后必须进行有关的力学性能检验，合格后方准使用。

1）运到工地的大六角头高强度螺栓连接副应及时检验其螺栓载荷、螺母保证载荷、螺母及垫圈硬度、连接副的扭矩系数平均值和标准偏差。检验结果应符合《钢结构用高强度大六角头螺栓》（GB/T 1228—2006）、《钢结构用高强度大六角螺母》（GB/T 1229—2006）、《钢结构用高强度垫圈》（GB/T 1230—2006）、《钢结构用高强度大六角头螺栓、大六角螺母、垫圈技术条件》（GB/T 1231—2006）的规定，合格后方可使用。

2）运到工地的扭剪型高强度螺栓连接副应及时检验其螺栓载荷、螺母保证载荷、螺母及垫圈硬度、连接副的紧固轴力平均值和变异系数。检验结果应符合《钢结构用扭剪型高强度螺栓连接副》（GB/T 3632—2008）和《钢结构用扭剪型高强度螺栓连接副》（GB/T 3633—2008）的规定，合格后方准使用。

（12）大六角头高强度螺栓施工前，应按出厂批复验高强度螺栓连接副的扭矩系数，每批复验 5 套。5 套扭矩系数的平均值应为 0.11～0.15，其标准偏差应不大于 0.010。

复验用螺栓应在施工现场待安装的螺栓批中随机抽取，每批应抽取 8 套连接副进行复验。每套连接副只应做一次试验，不得重复使用。在紧固中如垫圈发生转动，应更换连接副，重新试验。

连接副扭矩系数复验用的计量器具应在试验前进行标定，误差不得超过 2%。每组 8 套连接副扭矩系数的平均值应为 0.110～0.150，标准偏差不大于 0.010。

连接副扭矩系数的复验应将螺栓穿入轴力计，在测出螺栓预拉力 P 的同时，应测定施加于螺母上的施拧扭矩值 T，并应按下式计算扭矩系数 K。

$$K = T/Pd$$

式中　T——施拧扭矩，$N \cdot m$；

　　　d——高强度螺栓的公称直径，mm；

　　　P——螺栓预拉力，kN。

进行连接副扭矩系数试验时，螺栓预拉力值应符合表 2.33 的规定。

表 2.33　　　　　　　　螺栓预拉力值范围　　　　　　　　单位：kN

螺栓规格（mm）		M16	M20	M22	M24	M27	M30
预拉力值 P	10.9S	93～113	142～177	175～215	206～250	265～324	325～390
	8.8S	62～78	100～120	125～150	140～170	185～225	230～275

（13）扭剪型高强度螺栓施工前，应按出厂批复验高强度螺栓连接副的紧固轴力，每批复验 5 套。5 套紧固轴力的平均值和变异系数应符合表 2.34 的规定，变异系数可用下式计算：

变异系数＝标准偏差/紧固轴力的平均值×100%

表 2.34　　　　　扭剪型高强度螺栓紧固轴力的平均值和变异系数　　　　　单位：kN

螺栓直径 d(mm)		16	20	24
每批紧固轴力的平均值	公称	109	170	245
	最大	120	186	270
	最小	99	154	222
紧固轴力变异系数		≤10%		

复验用的螺栓应在施工现场待安装的螺栓批中随时抽取，每批应抽取 8 套连接副进行复验。每套连接副只应做一次试验，不得重复使用。在紧固中如垫圈发生转动，应更换连接副，重新试验。

连接副预拉力可采用经计量检定、校准合格的轴力计进行测试。试验用的电测轴力计、油压轴力计、电阻应变仪、扭矩扳手等计量器具，应在试验前进行标定，其误差不得超过 2%。

采用轴力计方法复验连接副预拉力时，应将螺栓直接插入轴力计。紧固螺栓分初拧、终拧两次进行，初拧应采用手动扭矩扳手或专用定扭矩电动扳手；初拧值应为预拉力标准值的 50% 左右。终拧应采用专用电动扳手，至尾部梅花卡头拧掉，读出预拉力值。

复验螺栓连接副的紧固预拉力平均值和标准偏差应符合表 2.35 的规定。

表 2.35　　　　　螺栓连接副的紧固预拉力平均值和标准偏差　　　　　单位：kN

螺栓直径 d(mm)	16	20	(22)	24
紧固预拉力的平均值 $\overline{P}$	99～120	154～186	191～231	222～270
标准偏差 σ_p	10.1	15.7	19.5	22.7

2.4.2.2　高强度螺栓连接参数的确定

1. 孔径的选配

高强度螺栓制孔时，其孔径的大小可参照表 2.36 进行选配。

表 2.36　　　　　　　　　高强度螺栓孔径选配表　　　　　　　　　单位：mm

螺栓公称直径	12	16	20	22	24	27	30
螺栓孔直径	13.5	17.5	22	24	26	30	33

2. 螺栓孔距

零件的孔距要求应按设计执行。高强度螺栓的孔距值见表 2.37，安装时，还应注意两孔间的距离允许偏差，也可参照表 2.37 所列数值来控制。

表 2.37　　　　　　　　　　螺栓孔孔距允许偏差　　　　　　　　　　单位：mm

螺栓孔孔距范围	≤500	501～1200	1201～3000	>3000
同一组内任意两孔间距离	±1.0	±1.5	—	—
相邻两组的端孔间距离	±1.5	±2.0	±2.5	±3.0

注　1. 在节点中，连接板与一根杆件相连的所有螺栓孔为一组。
　　2. 对接接头在拼接板一侧的螺栓孔为一组。
　　3. 在两相邻节点或接头间的螺栓孔为一组，但不包括上述两项所规定的螺栓孔。
　　4. 受弯构件翼缘上的连接螺栓孔，每米长度范围内的螺栓孔为一组。

3. 抗滑移系数

安装高强度螺栓时，必须将螺帽拧紧，使螺栓中的预拉力达到设计的预拉力值。预拉力值的大小约为屈服点的 80%，从而对构件连接处产生很高的预紧力。

为了安装的方便，孔径一般比螺栓杆径大 1～2mm，即将螺栓杆与孔壁之间视为不接触。这样，在外力作用下，高强度螺栓连接全靠构件连接处接触面的摩擦来防止发生滑动并传递内力，因此，必须进行摩擦面的抗滑移系数试验。

（1）抗滑移系数试验试件。制造厂和安装单位应分别以钢结构制造批为单位进行抗滑移系数试验。

1）制造批可按分部（子分部）工程来划分规定的工程量，每 2000t 为一批，不足 2000t 的可视为一批。选用两种及两种以上表面处理工艺时，每种处理工艺应单独检验。每批三组试件。

2）抗滑移系数试验用的试件应由制造厂加工，试件与所代表的钢结构构件应为同一材质、同批制作、采用同一摩擦面处理工艺和具有相同的表面状态，并应采用同批同一性能等级的高强度螺栓连接副，在同一环境条件下存放。

3）抗滑移系数试验应采用双摩擦面的两栓拼接的拉力试件，如图 2.61 所示。

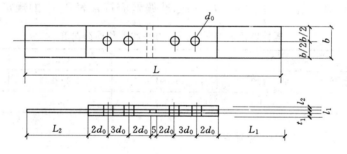

图 2.61　抗滑移系数拼接试件的形式和尺寸

a）试件钢板的厚度 t_1、t_2 应根据钢结构工程中有代表性的板材厚度来确定，同时应考虑在摩擦面滑移之前，试件钢板的净截面始终处于弹性状态；宽度 b 可参照表 2.38 的规定来取值。L_1 应根据试验机夹具的要求来确定。

表 2.38		试 件 板 的 宽 度			单位：mm	
螺栓直径 d	16	20	22	24	27	30
板宽 b	100	100	105	110	120	120

b）试件板面应平整，无油污，孔和板的边缘无飞边、毛刺。

（2）抗滑移系数的试验方法。试件的组装顺序：先将冲钉打入试件孔定位，然后逐个换成装有压力传感器或贴有电阻片的高强度螺栓，或换成同批经预拉力复验的扭剪型高强度螺栓。

紧固高强度螺栓应分初拧、终拧。初拧应达到螺栓预拉力标准值的 50% 左右。终拧后，螺栓预拉力应符合下列规定：

1）对装有压力传感器或贴有电阻片的高强度螺栓，采用电阻应变仪进行实测，控制试件每个螺栓的预拉力值应在 0.95～1.05P（P 为高强度螺栓设计预拉力值）之间。

2）不进行实测时，扭剪型高强度螺栓的预拉力（紧固轴力）可按同批复验预拉力的平均值取用。试件应在其侧面画出观察滑移的直线。将组装好的试件置于拉力试验机上，试件的轴线应与试验机夹具中心严格对齐。加荷载时，应先加10%的抗滑移设计荷载值，停1min后，再平稳加荷载，加荷载的速度为3～5kN/s，直至滑动破坏，测得滑移荷载N_v。

3）在试验中当发生以下情况之一时，所对应的荷载可定为试件的滑移荷载：①试验机发生回针现象；②试件侧面画线发生错动；③X－Y记录仪上变形曲线发生突变；④试件突然发出"嘣"的响声。

4）试验用试验机的误差应在1%以内；试验用的贴有电阻片的高强度螺栓、压力传感器和电阻应变仪应在试验前用试验机进行标定，其误差应在2%以内。

（3）抗滑移系数的确定。在计算试件抗滑移系数μ时，应根据试验所测得的滑移荷载N_v和螺栓预拉力P的实测值按下式计算，宜取小数点后两位有效数字。

$$\mu = \frac{N_v}{n_f \sum_{i=1}^{m} P_i}$$

式中　　N_v——由实验测得的滑移荷载，kN；

　　　　n_f——摩擦面面数，取$n_f = 2$；

　　$\sum_{i=1}^{m} P_i$——试件滑移一侧高强度螺栓预拉力实测值（或同批螺栓连接副的预拉力平均值）

　　　　　　之和（取三位有效数字），kN；

　　　　m——试件一侧螺栓数量，取$m = 2$。

（4）试验注意事项。在摩擦系数试验时应注意如下事项：

1）试件的摩擦面处理、表面状态、生锈程度、表面粗糙度等，应和安装工地实际处理的情况一致。

2）为正确测出摩擦系数值，试件上的螺栓应处于孔的中心位置，螺栓不应受剪。

3）一个试件应测出3个滑移荷载，相同试件应有3组。

4）为避免偏心引起测试误差，试件连接方式采用双面对接拼接，采用两栓试件，以避免偏心影响。

5）为避免偏心对试验值的影响，试验时要求试件的轴线与试验机夹具中心线严格对中。

6）经过处理的抗滑移面，如粘有污物、浮锈、油漆、雨水等，都会降低抗滑移系数值。所以，对加工好的连接面必须采取保护措施。

4. 高强度螺栓轴力的选用

高强度螺栓的轴力随着时间的增加会有所损失，轴力损失一般在30min完成98%，损失的设计轴力为5%～10%，选择施工轴力时要比设计轴力增加10%。

（1）大六角头高强度螺栓。大六角头高强度螺栓连接的施工选用轴力见表2.39。

表2.39　　　　　　　　**大六角头高强度螺栓连接的施工选用轴力**　　　　　　　单位：kN

性能等级	螺栓公称直径（mm）						
	M12	M16	M20	M22	M24	M27	M30
8.8级	45	75	120	150	170	225	275
10.9级	60	110	170	210	250	320	390

（2）扭剪型高强度螺栓。扭剪型高强度螺栓连接施工选用的轴力见表2.40。

表2.40　　　　　　　扭剪型高强度螺栓连接的施工选用轴力　　　　　　　单位：kN

螺纹规格		M16	M20	M22	M24
每批紧固轴力的平均值	公称	109	170	211	245
	min	99	154	191	222
	max	120	186	231	270
紧固轴力标准偏差 $\sigma \leqslant$		1.01	1.57	1.95	2.27

5. 螺栓的排列

螺栓的排列应遵循简单紧凑、整齐划一和便于安装紧固的原则，通常采用并列和错列两种形式，如图2.62所示，并列较简单，但栓孔削弱截面较大；错列可减少截面削弱，但排列较繁琐。

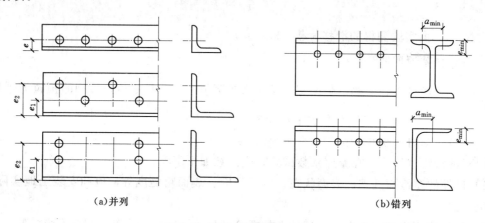

（a）并列　　　　　　　　　　　　　　　　（b）错列

图2.62　型钢上螺栓排列形式

不论采用哪种排列，螺栓的中距（螺栓中心间距）、端距（顺内力方向螺栓中心至构件边缘距离）和边距（垂直内力方向螺栓中心至构件边缘距离）应满足下列要求：

（1）受力要求。螺栓任意方向的中距、边距和端距均不应过小，这么做一是以免受力时加剧孔壁周围的应力集中；二是防止钢板因过度削弱而承载力过低，造成沿孔与孔或孔与边间拉断或剪断。当构件承受压力作用时，顺压力方向的中距不应过大，否则，螺栓间的钢板可能失稳形成鼓曲。

（2）构造要求。螺栓的中距不应过大，否则，钢板不能紧密贴合。对外排螺栓的中距、边距和端距更不应过大，以防止潮气侵入引起锈蚀。

（3）施工要求。螺栓间应有足够的距离以便于转动扳手，拧紧螺母。

6. 螺栓长度计算

扭剪型高强度螺栓的长度为螺栓头根部至螺栓刃口头处的长度。

（1）高强度螺栓的长度应按下式计算

$$l = l' + \Delta l$$

其中

$$\Delta l = m + nS + 3P$$

式中　l'——连接板层总厚度；

Δl——附加长度；

m——高强度螺母公称厚度；

n——垫圈个数，扭剪型高强度螺栓为 1，大六角头高强度螺栓为 2；

S——高强度垫圈公称厚度；

P——螺纹螺距。

当高强度螺栓公称直径确定后，Δl 可由表 2.41 查得。

表 2.41 高强度螺栓附加长度 单位：mm

螺栓直径	12	16	20	22	24	27	30
大六角头高强度螺栓	25	30	35	40	45	50	55
扭剪型高强度螺栓		25	30	35	40		

（2）选用螺栓长度的简单方法。螺栓的长度应为紧固连接板厚度加上一个螺母和一个垫圈的厚度，并且紧固后要露出 3 个螺距的余长，一般按连接板板厚加表 2.42 中增加的长度，并取 5mm 的整倍数进行归类，其长度种类越少越好。

表 2.42 高强度螺栓长度的确定

序号	螺栓直径（mm）	接头钢板总厚度再增加的长度（mm）	
		扭剪型高强度螺栓	大六角头高强度螺栓
1	M16	25	30
2	M20	30	35
3	M22	35	40
4	M24	40	45
5	M27	46	52
6	M30	52	58

2.4.2.3 操作方法及操作要点

1. 操作方法

（1）在高强度螺栓连接施工前，应对连接副实物和摩擦面进行检验和复验，合格后才能进入安装施工。

（2）高强度螺栓连接应在其结构架设调整完毕后，再对结合件进行矫正，消除结合件的变形、错位和错孔。板束结合摩擦面贴紧后，再进行高强度螺栓的安装。

为了结合部板束间的摩擦面贴紧、结合良好，可先用临时普通螺栓并用手动扳手坚固，达到贴紧为止。

（3）对于每一个连接接头，应先用临时螺栓或冲钉定位。为防止因损伤螺纹而引起扭矩系数的变化，严禁把高强度螺栓作为临时螺栓使用。

对一个接头来说，临时螺栓和冲钉的数量原则上应根据该接头可能承担的荷载来计算确定，并应符合下列规定：①不得少于安装总数的 1/3；②不得少于 2 个临时螺栓；③冲钉穿入数量不宜多于临时螺栓数量的 30%。

（4）组装时先用穿杆对准孔位，在适当位置插入临时螺栓，用扳手拧紧。一个安装段完成后，经检查确认符合要求后方可安装高强度螺栓。

（5）高强度螺栓的安装应在结构构件的中心位置调整后进行，其穿入方向应以施工方便为准，并力求一致。高强度螺栓连接副组装时，螺母带圆台面的一侧应朝向垫圈有倒角的一侧。对于大六角头高强度螺栓连接副的组装，螺栓头下垫圈有倒角的一侧应朝向螺栓头。

（6）安装高强度螺栓时，严禁强行穿入螺栓（如用锤敲打）。如不能自由穿入时，该孔应用铰刀进行修整，修整后最大直径应小于 1.2 倍的螺栓直径。修孔时，为了防止铁屑落入板叠缝中，铰孔应将四周螺栓全部拧紧，使板叠密贴后再进行。严禁气割扩孔。

（7）安装高强度螺栓时，构件的摩擦面应保持干操，不得在雨中作业。

2. 操作要点

（1）螺栓孔的加工。高强度螺栓孔应采用钻孔，如用冲孔工艺会使孔边产生微裂纹，降低钢结构的疲劳强度，还会使钢板表面局部不平整，所以，必须采用钻孔工艺。因高强度螺栓连接是靠板面的摩擦来传力，为使板层密贴，有良好的面接触，所以孔边应无飞边、毛刺。

1）画线后的零件在剪切或钻孔加工前后，均应认真检查，以防止在画线、剪切、钻孔的过程中，零件的边缘和孔心、孔距的尺寸产生偏差；零件钻孔时，为防止产生偏差，可采用这两种方法进行钻孔：一是相同且对称的零件进行钻孔时，除了要选用较精确的钻孔设备进行钻孔外，还应使用统一的钻孔模具来钻孔，以达到其互换性；二是对每组相连的板束进行钻孔时，可将板束按连接的方式、位置，用电焊进行临时点焊，一起进行钻孔；拼装连接时可按钻孔的编号进行，可防止每组构件孔的系列尺寸产生偏差。

2）零部件小单元拼装焊接时，为防止孔位移产生偏差，可将拼装件在底样上按实际位置进行拼装；为防止因焊接变形而使孔位移产生偏差，应在底样上按孔位选用画线或挡铁、插销等方法来进行限位固定。

（2）摩擦面的处理。用高强度螺栓连接的钢结构工程，应按设计要求或现行施工规范的规定，对连接构件接触表面的油污、锈蚀等杂物进行加工处理。

1）处理要求：

a）在高强度螺栓连接范围内，构件接触面的处理方法应在施工图中说明。处理后的表面摩擦系数，应符合设计要求的额定值，一般为 0.45～0.55。

b）处理好的摩擦面，不得有飞边、毛刺、焊疤或污损等。

c）应注意摩擦面的保护，防止构件在运输、装卸、堆放、二次搬运和翻吊时连接板的变形。安装前，应处理好被污染的连接面表面。

d）处理好的摩擦面放置一段时间后会先产生一层浮锈，经钢丝刷清除浮锈后，抗滑移系数会比原来提高。一般情况下，表面的生锈在 60d 左右达到最大值，因此，从工厂摩擦面处理到现场安装，宜在 60d 左右的时间内完成。

e）处理好摩擦面的构件，应有保护摩擦面的措施，并不得涂油漆或污损。出厂时必须附有三组同材质同处理方法的试件，以供复验摩擦系数用。

f）摩擦面的抗滑移系数按现行国家标准《钢结构设计规范》（GB 50017—2003）规定的抗滑移系数值，见表 2.43。

g）经处理的摩擦面，出厂前应按批做抗滑移系数试验，最小值应符合设计的要求；出厂时应按批附 3 套与构件相同材质、相同处理方法的试件，由安装单位复验抗滑移系数。在运输过程中试件摩擦面不得损伤。

表 2.43		摩擦面的抗滑移系数	
处 理 方 法	Q235	Q345、Q390	Q420
喷砂（丸）	0.45	0.50	0.50
喷砂（丸）后涂无机富锌漆	0.35	0.40	0.40
喷砂（丸）后生赤锈	0.45	0.55	0.55
钢丝刷清除浮锈或未经处理的干净轧制表面	0.30	0.35	0.40

2）处理方法：在高强度螺栓连接中，摩擦面的状态对连接接头的抗滑移承载力有很大的影响。为了使接触摩擦面在处理后可达到规定的摩擦系数的要求，首先应采用合理的施工工艺。钢结构工程中，常用的可选用的处理方法有以下几种：

a）喷砂（丸）法：应选用干燥的石英砂，粒径为 1.5～4.0mm，压缩空气的压力为 0.4～0.6MPa，喷枪喷口直径为 ϕ10mm，喷嘴距离钢材表面 100～150mm，加工处理后的钢材表面应以露出金属光泽或灰白色为宜。

b）酸洗处理加工法：酸洗处理的加工流程是经过酸洗→中和→清洗检验。具体工艺参数如下：

硫酸浓度 18%（质量比），内加少量硫脲，温度为 70～80℃，停留时间为 30～40min。其停留时间不能过长，否则，酸洗过度，钢材厚度减薄。

中和用石灰水，温度为 60℃左右，钢材放入停留 1～2min 提起，然后继续放入水槽中 1～2min，再转入清洗工序。

清洗的水温为 60℃左右，清洗 2～3 次。

最后用酸度（pH）试纸检查中和清洗的程度，达到无酸、无锈和洁净的为合格。

c）砂轮打磨处理加工：一般用手提式电动砂轮，打磨方向应与构件受力方向垂直，打磨的范围为全部接触面，最小的打磨范围不少于 4 倍的螺栓直径（4d）；砂轮片的规格为 40 号，打磨用力应均匀，不应在钢材表面磨出明显的划痕。

d）钢丝刷处理加工：将圆形钢丝刷安装在手提式电动砂轮机上，其操作方法与砂轮打磨处理加工法相同；小型零件可用手持钢丝刷进行打磨处理。

零部件表面经上述方法处理后的摩擦系数应符合设计要求。

3）接触间隙处理。连接构件所存在的各种变形应在安装前进行认真矫正，使其接触面达到设计要求。

高强度螺栓的连接件表面接触应平整，当构件与拼装的接触板面有间隙时，应根据间隙大小进行处理，如图 2.63 所示。

a）当板面接触间隙不大于 1.0mm 时，对受力的滑移影响不大，可不做处理，如图 2.63（a）所示。

b）接触间隙大于 1.0～3.0mm 时，对受力后的滑移影响较大，为消除影响，应将构件厚的一侧边缘加工成（削薄）向较薄的一侧过渡的缓坡，如图 2.63（b）所示。

c）间隙大于 3.0mm 时，应加入垫板调平，如图 2.63（c）所示。垫板上下接触摩擦面的处理与构件处理方法相同。

d）二层或三层叠板连接的间隙大于 3.0mm 及以上时，加入垫板调平的方式按如图 2.63（c）、图 2.63（d）所示进行。

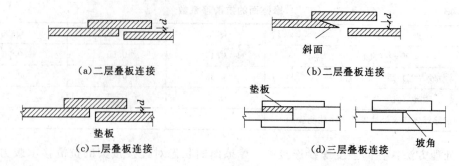

（a）二层叠板连接　　　　　　　　（b）二层叠板连接

（c）二层叠板连接　　　　　　　　（d）三层叠板连接

图 2.63　叠层板面接触间隙处理示意图

对有坡度的型钢翼缘件和不等厚板件连接时，为控制接触面的紧密贴合，并保证连接后的结构件传力均匀，根据其斜度、厚度之差，应分别用斜垫板和平垫板进行调整垫平。

（3）螺栓的紧固与防松。

1）螺栓的紧固与防松的一般规定：螺栓连接的安装孔应加工准确，应使其偏差控制在规定的允许范围内，以达到孔径与螺栓公称直径的合理配合；为了保证紧固后的螺栓达到规定的扭矩值，连接构件接触表面的摩擦系数应符合设计或施工规范的规定，同时，构件接触表面不应存在过大的间隙；保证紧固后的螺栓达到规定的终扭矩值，避免产生超拧和欠拧，应对使用的电动扳手和指针式扭力扳手作定期校验检查，检查时采用指针式扭力扳手，并按初拧标志的终止线，将螺母退回（逆时针）30°～50°后再拧至原位或大于原位，这样可防止螺栓被超拧而增加其疲劳性，其终拧扭矩值与设计要求的偏差不得大于±10%；扭剪型高强度螺栓紧固后，可不需用其他检测手段再行检测，其尾部的梅花卡头被拧掉即为终拧结束，个别处当因专用扳手不能紧固而采用普通扳手紧固时，其尾部梅花卡头严禁用火焰割掉或用锤击掉，应用钢锯锯掉，以免紧固后的终拧扭矩值发生变化。

2）螺栓紧固的方法。高强度螺栓的预拉力通过紧固螺母来建立。为保证其数值的准确，施工时应严格控制螺母的紧固程度，不得漏拧、欠拧或超拧。一般采用的紧固方法有下列几种：

a）扭矩法。扭矩法是根据施加在螺母上的紧固扭矩与导入螺栓中的预拉力之间有一定关系的原理，以控制扭矩来控制预拉力的方法。

高强度螺栓紧固后，螺栓在高应力下工作，由于蠕变原因，随时间的变化，预拉力会产生一定的损失，预拉力损失在最初的一天内发展较快，其后则进行缓慢。

为补偿这种损失，保证其预拉力在正常使用阶段不低于设计值，在计算施工扭矩时，将螺栓设计预拉力提高 10%，并以此计算施工扭矩值。

采用扭矩法拧紧螺栓时，应对螺栓进行初拧和复拧。初拧扭矩和复拧扭矩均为施工扭矩的 50% 左右。

初拧和复拧的过程中，其施工顺序一般是从中间向两边或四周对称进行。

当螺栓在工地上拧紧时，扭矩只准施加在螺母上，因为螺栓连接副的扭矩系数是制造厂在拧紧螺母时测定的。

为了减少先拧与后拧的高强度螺栓预拉力的区别一般要先用普通扳手对其进行初拧（不小于终拧扭矩值的 50%），使板叠靠拢，然后用一种可显示扭矩值的定扭矩扳手进行终拧。终拧扭矩值根据预先测定的扭矩和预拉力（增加 5%～10% 以补偿紧固后的松弛影响）之间的关系来确定，施拧时的偏差不得大于±10％。此法在我国应用广泛。

b）转角法。此法是用控制螺栓的应变即控制螺母的转角来获得规定的预拉力，因不需专用扳手，故简单有效。转角是从初拧作出的标记线开始，再用长扳手（或电动、风动扳手）终拧 1/3～2/3 圈（120°～240°）。终拧角度与板叠厚度和螺栓直径等有关，可预先测定。

高强度螺栓转角法施工分初拧和终拧两步进行，初拧的目的是为消除板缝影响，给终拧创造一个大体一致的基础，初拧扭矩一般为终拧扭矩的 50％为宜，原则是以板缝密贴为准。转角法施工的工艺顺序为："初拧"，按规定的初拧扭矩值，从节点或栓群中心按顺序向外拧紧螺栓，并采用小锤敲击法检查，防止漏拧；"画线"，初拧后对螺栓逐个进行画线；"终拧"，用扳手使螺母再旋转一个额定角度，并画线；"检查"，检查终拧角度是否达到规定的角度；"标记"，对已终拧的螺栓用色笔作出明显的标记，以防漏拧或重拧。

3）螺栓的紧固顺序。螺栓的紧固必须分两次进行，第一次为初拧，初拧紧固到螺栓标准预拉力的 60％～80％；第二次紧固为终拧，终拧紧固到标准预拉力，偏差不大于±10％。为使螺栓群中所有螺栓都均匀受力，初拧、终拧都应按一定的顺序进行。

a）一般接头，应从螺栓群中间按顺序向外侧进行紧固，如图 2.64（a）所示。

b）箱形接头，螺栓群 A、B、C、D 如图 2.64（b）所示箭头方向。

c）工字梁接头按①～⑥的顺序进行，即柱右侧上下翼缘→柱右侧腹板→另一侧（左侧）上下翼缘→另一侧（左侧）腹板的先后次序进行，如图 2.64（c）所示。

d）各群螺栓的紧固顺序应从梁的拼接处向外侧紧固，按如图 2.64（d）所示的号码顺序进行。

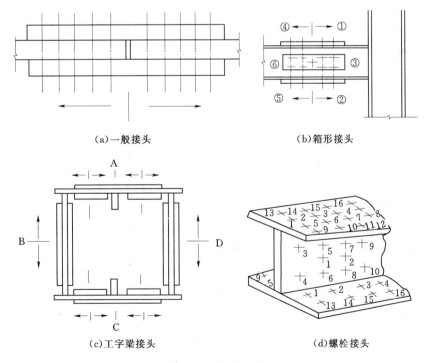

（a）一般接头　　　　　　　　　　（b）箱形接头

（c）工字梁接头　　　　　　　　　（d）螺栓接头

图 2.64　螺栓紧固顺序

e）同一连接面上的螺栓紧固，应由接缝中间向两端交叉进行。有两个连接构件时，应先紧固主要构件，后紧固次要构件，如图 2.65 所示。

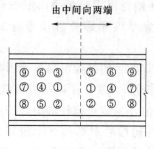

（a）同一连接面上的螺栓紧固　　　　　（b）两个连接面上的螺栓紧固

图 2.65　梁—柱接头高强度螺栓紧固顺序

4）大六角头高强度螺栓的紧固：

a）大六角头高强度螺栓施工所用的扭矩扳手，使用前必须校正，其扭矩误差不得大于 ±5％，合格后方准使用。校正用的扭矩扳手，其扭矩误差不得大于 ±3％。

b）大六角头高强度螺栓的施工扭矩可由下式计算确定

$$T_c = KP_c d$$

式中　T_c——施工扭矩，N·m；

　　　　K——高强度螺栓连接副的扭矩系数平均值，该值应为 0.110～0.150；

　　　　P_c——高强度螺栓的施工预拉力，kN，见表 2.44；

　　　　d——高强度螺栓杆直径，mm。

表 2.44　　　　　　　大六角头高强度螺栓施工预拉力　　　　　　　单位：kN

螺栓性能等级	螺栓公称直径（mm）						
	M12	M16	M20	(M22)	M24	(M27)	M30
8.8S	45	75	120	150	170	225	275
10.9S	60	110	170	210	250	320	390

c）大六角头高强度螺栓拧紧时，只准在螺母上施加扭矩。

d）大六角头高强度螺栓的拧紧应分为初拧、终拧，对于大型节点应分为初拧、复拧、终拧。初拧扭矩为施工扭矩的 50％左右，复拧扭矩等于初拧扭矩。初拧或复拧后的高强度螺栓应用色笔在螺母上涂上标记，然后按规定的施工扭矩值进行终拧，终拧后的高强度螺栓应用另一种颜色的色笔在螺母上涂上标记。

5）扭剪型高强度螺栓的紧固。扭剪型高强度螺栓的紧固，对于大型节点应分为初拧、复拧、终拧。初拧扭矩值为 $0.13P_c d$ 的 50％左右，可参照表 2.45 选用，复拧扭矩值等于初拧扭矩值。初拧或复拧后的高强度螺栓要用色笔在螺母上涂上标记，然后用专用扳手进行终拧，直至拧掉螺栓尾部的梅花卡头。

表 2.45　　　　　　　　　　初 拧 扭 矩 值

螺栓直径 d(mm)	16	20	(22)	24
初拧扭矩（N·m）	115	220	300	390

扭剪型高强度螺栓在终拧时，应采用专用的电动扳手，在作业有困难的地方，也可采用手动扳手。终拧扭矩要按设计要求进行。用电动扳手紧固时，螺栓尾部卡头拧断后即终拧完毕，外露螺纹不得少于2个螺距。

6）螺栓的防松：

a）垫放弹簧垫圈的可在螺母下面垫一开口弹簧垫圈，螺母紧固后在上下轴向产生弹性压力可起到防松作用。为防止开口垫圈损伤构件表面，可在开口垫圈下面垫一平垫圈。

b）在紧固后的螺母上面，增加一个较薄的副螺母，使两螺母之间产生轴向压力，同时也能增加螺栓、螺母凸凹螺纹的咬合自锁长度，达到相互制约而不使螺母松动。使用副螺母防松的螺栓，在安装前应计算螺栓的准确长度，待防松副螺母紧固后，应使螺栓伸出副螺母外的长度不少于2个螺距。

c）对永久性螺栓可将螺母紧固后，用电焊将螺母与螺栓的相邻位置对称点焊3～4处或将螺母与构件相点焊，或将螺母紧固后，用尖锤或钢冲在螺栓伸出螺母的侧面或靠近螺母上方将螺栓的螺纹冲翻卷。

（4）螺纹的保护。

1）高强度螺栓在储存、运输和施工的过程中应防止其受潮生锈、弄脏和碰伤。施工中剩余的螺栓必须按批号单独存放，不得与其他零部件混放在一起，以防撞击损伤螺纹。

2）领用高强度螺栓或使用前应检查螺纹有无损伤，并用钢丝刷清理螺纹段的油污、锈蚀等杂物后，将螺母与螺栓配套并顺畅地通过螺纹段。配套的螺栓组件，使用时不宜互换。

3）为了防止螺纹损伤，对高强度螺栓不得作临时安装螺栓用；安装孔必须符合设计要求，使螺栓能顺畅穿入孔内，不得强行击入孔内；对连接构件不重合的孔，应进行修理，达到要求后方可进行安装。

4）安装时为防止穿入孔内的螺纹被损伤，每个节点用的临时螺栓和冲钉不得少于安装孔总数的1/3，至少应穿两个临时螺栓；冲钉穿入的数量不宜多于临时螺栓的30％。否则，当其中一构件因窜动而使孔位移时，会导致孔内螺纹受侧向水平力或垂直力的作用而剪切损伤，降低螺栓截面的受力强度。

5）为防止安装紧固后的螺栓被锈蚀、损伤，应将伸出螺母外的螺纹部分涂上工业凡士林油或黄干油等作为保护，各特殊重要部位的连结结构，为防止外露螺纹腐蚀、损伤，也可加工成专用螺母，其顶端由具有防护盖的压紧螺母或防松副螺母保护，可避免腐蚀生锈和被外力损伤。

2.4.2.4 连接质量检验与质量要求

1. 高强度螺栓连接副扭矩检验

高强度螺栓连接副扭矩的检验含初拧、复拧、终拧扭矩的现场无损检验。检验所用扭矩扳手的扭矩精度误差应不大于3％。

高强度螺栓连接副扭矩检验分扭矩法检验和转角法检验两种。原则上，检验法与施工法应相同。扭矩检验应在施拧后1～48h内完成。

（1）扭矩法检验。在螺尾端头和螺母相对位置画线，将螺母退回60°左右，用扭矩扳手测定拧回至原来位置时的扭矩值。该扭矩值与施工扭矩值的偏差在10％以内的为合格。

（2）转角法检验。转角法检验应符合以下要求：

1）检查初拧后在螺母与相对位置所画的终拧起始线和终止线所夹的角度是否达到规定值。

2）在螺尾端头和螺母相对位置画线，然后全部拧松螺母，再按规定的初拧扭矩和终拧角度重新拧紧螺栓，观察与原画线是否重合。终拧转角偏差在 10°以内的为合格。

终拧转角与螺栓的直径、长度等因素有关，应由试验确定。

（3）扭剪型高强度螺栓施工扭矩检验。观察尾部梅花卡头的拧掉情况。尾部梅花卡头被拧掉者视其终拧扭矩达到合格质量标准；尾部梅花卡头未被拧掉者应按上述扭矩法或转角法检验。

2．螺栓紧固检验

对大六角头高强度螺栓与扭剪型高强度螺栓连接副的检查应符合下列规定：

（1）对大六角头高强度螺栓的检查：

1）用小锤敲击法对高强度螺栓进行普查，防止漏拧。小锤敲击法是用手指紧按住螺母的一个边，按的位置应尽量靠近螺母的近垫圈处，然后宜采用 0.3～0.5kg 重的小锤敲击螺母相对应的另一个边（手按边的对边），如手指感到轻微颤动即为合格，颤动较大即为欠拧或漏拧，完全不颤动即为超拧。

2）进行扭矩检查，抽查每个节点螺栓数的 10%，且不少于 1 个。即先在螺母与螺杆的相对应位置画一条细直线，然后将螺母拧松约 60°，再拧到原位（即与该细直线重合）时测得的扭矩，该扭矩与检查扭矩的偏差在检查扭矩的±10%范围以内即为合格。

3）扭矩检查应在终拧 1h 以后进行，并且应在 24h 以内检查完毕。

4）扭矩检查为随机抽样，抽样数量为每个节点的螺栓连接副的 10%，且不少于 1 个连接副。如发现不符合要求的，应重新抽样 10%进行检查，如仍不合格的，是欠拧、漏拧的，应该重新补拧；是超拧的应更换螺栓。

（2）扭剪型高强度螺栓连接副的检查：

1）扭剪型高强度螺栓连接副，因其结构特点，施工中梅花杆部分承受的是反扭矩，因而梅花卡头部分拧断，即螺栓连接副已施加了相同的扭矩，故检查只需目测梅花卡头拧断即为合格。但个别部位的螺栓无法使用专用扳手，则按相同直径的高强度大六角头螺栓检验方法进行。

2）扭剪型高强度螺栓施拧必须进行初（复）拧和终拧才行，初拧（复拧）后应做好标志。此标志是为了检查螺母转角量及有无共同转角量或螺栓空转的现象产生之用，应引起重视。

3．质量要求

（1）主控项目：

1）钢结构的制作和安装应按《钢结构工程施工质量验收规范》（GB 50205—2001）附录 B 的规定分别进行高强度螺栓连接摩擦面抗滑移系数试验和复验，现场处理的构件摩擦面应单独进行摩擦面抗滑移系数试验，其结果应符合设计要求。

检查数量：见《钢结构工程施工质量验收规范》（GB 50205—2001）附录 B。

检验方法：检查摩擦面抗滑移系数试验报告和复验报告。

2）高强度大六角头螺栓连接副终拧完成 1h 后，48h 内应进行终拧扭矩检查，检查结果应符合《钢结构工程施工质量验收规范》（GB 50205—2001）附录 B 的规定。

检查数量：按节点数抽查 10%，且不应少于 10 个；每个被抽查节点按螺栓数抽查10%，且不应少于 2 个。

检验方法：见《钢结构工程施工质量验收规范》（GB 50205—2001）附录 B。

3）扭剪型高强度螺栓连接副终拧后，除因构造原因无法使用专用扳手终拧掉梅花卡头者外，未在终拧中拧掉梅花卡头的螺栓数不应大于该节点螺栓数的 5%。对所有梅花卡头未拧掉的扭剪型高强度螺栓连接副应采用扭矩法或转角法进行终拧并作标记，且按《钢结构工程施工质量验收规范》（GB 50205—2001）的规定进行终拧扭矩检查。

检查数量：按节点数抽查 10%，但不应少于 10 个节点，被抽查节点中梅花卡头未拧掉的扭剪型高强度螺栓连接副应全数进行终拧扭矩检查。

检验方法：观察检查及按《钢结构工程施工质量验收规范》（GB 50205—2001）附录 B 中的方法检验。

（2）一般项目：

1）高强度螺栓连接副的施拧顺序和初拧、复拧扭矩应符合设计要求和《钢结构高强度螺栓连接的设计、施工及验收规程》（JGJ 82—1991）的规定。

检查数量：全数检查资料。

检验方法：检查扭矩扳手标定记录和螺栓施工记录。

2）高强度螺栓连接副终拧后，螺栓丝扣外露应为 2～3 扣，其中允许有 10% 的螺栓丝扣外露 1 扣或 4 扣。

检查数量：按节点数抽查 5%，且不应少于 10 个。

检验方法：观察检查。

3）高强度螺栓连接摩擦面应保持干燥、整洁，不应有飞边、毛刺、焊接飞溅物、焊疤、氧化铁皮、污垢等，除设计要求外，摩擦面不应涂漆。

检查数量：全数检查。

检验方法：观察检查。

4）高强度螺栓应自由穿入螺栓孔。高强度螺栓孔不应采用气割扩孔，扩孔数量应征得设计同意，扩孔后的孔径不应超过 1.2d（d 为螺栓直径）。

检查数量：被扩螺栓孔全数检查。

检验方法：观察检查及用卡尺检查。

5）螺栓球节点网架总拼完成后，高强度螺栓与球节点应紧固连接，高强度螺栓拧入螺栓球内的螺纹长度不应小于 1.0d（d 为螺栓直径），连接处不应出现间隙、松动等未拧紧情况。

检查数量：按节点数抽查 5%，且不应少于 10 个。

检验方法：普通扳手及尺量检查。

项 目 小 结

（1）钢结构中施工中，最常用的三种连接方法为：焊接连接、铆钉连接和螺栓连接。其中，焊接连接和普通螺栓连接应用最广。

（2）焊接材料中，经常使用的有焊条、焊剂、焊丝和电机。

（3）焊接接头常见的有对接、T 形、搭接、角接 4 种形式；焊缝形式有对接焊缝、角焊缝、塞焊缝和端接焊缝 4 种。

（4）焊接残余应力分为纵向焊接残余应力、横向焊接残余应力和沿厚度方向的焊接残余应力；焊接残余变形包括纵向收缩、横向收缩、角变形、波浪变形和扭曲变形等。

（5）常见的焊接方法有：焊条电弧焊、CO_2 气体保护焊、自动埋弧焊。

（6）焊缝的检查包括外观检查和无双探伤检测。

（7）普通螺栓连接和高强度螺栓连接的参数确定和安装的操作要点。

习　题

1. 钢结构的连接方法有几种？

2. 焊接方法有几种？各自的优缺点如何？

3. 螺栓连接分为几种？螺栓连接的优缺点如何？

4. 高强度螺栓建立预拉力的方法是什么？

5. 焊接残余应力的产生原因是什么？如何分类？防止残余变形的措施有哪些？

6. 高强度螺栓按照性能分几种？按照外形分几种？高强度螺栓摩擦面的处理方法有哪些？

学习项目 3 钢 结 构 安 装

学习目标：通过本项目的学习，了解钢结构安装前的准备工作，掌握常见的施工机械和吊装机具，掌握一般单层钢结构安装要点、多层及高层钢结构安装要点、钢网架结构的安装要点、组合结构的安装要点和压型钢板的安装要点。

学习情境 3.1 概 述

3.1.1 钢结构安装的前期准备

钢结构安装前准备工作的内容包括技术准备、安装用机具设备的准备、材料准备、作业条件准备等。

3.1.1.1 图样会审

在钢结构安装前应进行图样会审，在会审前，施工单位应熟悉并掌握设计文件内容，发现设计中影响构件安装的问题，并查看与其他专业工程配合不适宜的方面。

1. 图样会审

在钢结构安装前，为了解决施工单位在熟悉图样的过程中所发现的问题，将图样中发现的技术难题和质量隐患消灭在萌芽之中，参与各方要进行图样会审。

图样会审的内容一般包括：

(1) 设计单位的资质是否满足，图样是否经设计单位正式签署。

(2) 设计单位做设计意图说明和提出工艺要求，制作单位介绍钢结构的主要制作工艺。

(3) 各专业图样之间有无矛盾。

(4) 各图样之间的平面位置、标高等是否一致，标注有无遗漏。

(5) 各专业工程施工程序和施工配合有无问题。

(6) 安装单位的施工方法能否满足设计要求。

2. 设计变更

施工图样在使用前、使用后均会出现由于建设单位的要求，或现场施工条件的变化，或国家政策法规的改变等原因而引起的设计变更。设计变更不论何种原因，不论由谁提出都必须征得建设单位同意并且要办理书面变更手续。设计变更的出现会对工期和费用产生影响，在实施时应严格按规定办事，以明确责任，避免出现索赔事件而不利于施工。

3.1.1.2 施工组织设计

1. 施工组织设计的编制依据

(1) 合同文件。上级主管部门批准的文件，如施工合同、供应合同等。

(2) 设计文件。设计图、施工详图、施工布置图、其他有关图样等。

(3) 调查资料。现场自然资源情况（如气象、地形）、技术经济调查资料（如能源、交通）、社会调查资料（如政治、文化）等。

（4）技术标准。现行的施工验收规范、技术规程、操作规程等。

（5）其他。建设单位提供的条件、施工单位自有情况、企业总施工计划、国家法规等其他参考资料。

2. 编制施工组织设计的原则

施工单位根据工程的规模大小、结构的复杂程度、采用新技术的内容、工期要求、质量安全要求、建设地点的自然经济条件和施工单位的技术力量及其对该类工程施工的熟悉程度等，由施工管理人员编制施工组织设计，技术负责人员审查批准。可结合《建设工程项目管理规范》（GB/T 50326—2001）的要求进行编写。

施工组织设计编制时要深入现场，做好调查研究，掌握第一手资料，从实际出发，因地制宜，根据具体情况灵活运用，不受条框约束，发挥创造性，切忌不结合实际，粗制滥造流于形式。编制应在充分研究工程的客观情况和施工特点的基础上，科学合理地组织安排建筑工程生产的主要因素——人力（men）、设备（machine）、材料（material）、施工工艺（method）和环境（environment）（即4M1E），使之在一定时间和空间内实现有组织、有计划、有节奏地施工。在确定施工方法（方案）时，宜进行多方案比较，使之优化，并核算经济效益，以选用最合理的方案。

编制施工组织设计应考虑以下原则：

（1）严格遵循国家工程建设的政策和法规；遵守合同规定及工程竣工、交付时间，认真执行工程建设程序。

（2）遵循钢结构安装施工的规律；合理安排施工程序和顺序，施工组织设计应该与施工方法相一致；符合施工组织的要求。

（3）选用先进的施工组织方法（如采用流水作业法、网络计划技术安排进度）以及其他现代管理方法，组织工程有节奏、均衡、连续、文明地施工。

（4）采用先进施工技术和新的施工工艺、机具、材料，科学地确定施工方案，以节省劳力，加快进度，保证质量，降低工程成本。

（5）认真执行工厂预制和现场预制相结合的方针，扩大工厂化施工，提高工业化程度，减少现场工作量。

（6）科学地安排冬期和雨期施工项目，保证全年施工的均衡性和连续性。

（7）充分挖掘发挥现有机械设备潜力，扩大机械化施工程度，不断改善劳动组织，提高劳动生产率。

（8）合理安置临时设施工程，尽量利用现场原有和附近及拟建的房屋设施，以减少各种暂设工程，节省费用。

（9）尽量利用当地或附近资源，合理安排运输、装卸和储存作业，减少物资运输量，避免二次倒运；科学地规划施工平面，节约施工用地，不占或少占农田。

（10）实施目标管理与施工项目管理相结合，贯彻技术规程；严格认真进行质量控制；遵循现行的各项安全技术规程、劳动保护条例和防火、环境保护有关规定，符合工程施工质量、环境和职业健康安全和文明施工的要求；适应外部提供的条件和施工现场实际。

3. 施工组织设计的内容

（1）工程概况、施工特点和施工难点分析。对工程的建筑、结构特征、工程的性质、规模、建筑地点、地质状况，以及现场水、电及运输条件、施工力量，材料及构件的来源及供应条件，施工机械的配备及劳动力的情况、合同对工期和质量等的要求，现场施工条件和钢结构安装工程施工的特点作简单的介绍，分析施工难点，对于工程所在地的气候情况，尤其是雨水、台风情况进行详细的说明，以便于在工期允许的情况下避开不利的气候条件进行施工，以保证工程质量，在台风季节到来前做好施工安全应对措施。

（2）编制依据。建筑图、基础图、钢结构施工图、其他相关图纸和设计文件、执行的标准规范和企业的标准、工法等。

建筑图、基础图、钢结构施工图、其他相关图纸和设计文件是主要的施工依据，在编制施工组织设计时，必须熟悉这些资料和执行的标准规范、企业的标准、工法等。

（3）施工部署和对业主、监理单位、设计单位、其他施工单位的协调和配合，施工总平面布置、能源、道路及临时建筑设施等的规划。

施工平面图是施工组织设计的主要组成部分和重要内容。施工平面图的设计步骤如下：

1）根据施工现场的条件和吊装工艺，布置构件和起重机械。

2）合理布置施工材料和构件的堆场以及现场临时仓库。

3）布置现场运输道路。

4）根据劳动保护、保安、防火要求布置现场行政管理及生活用临时设施。

5）布置施工用水、用电、用气管网。

6）用 1：500～1：200 比例尺绘制工程施工平面图。

（4）施工方案。施工方案是施工组织设计的核心。它包括施工顺序、施工组织和主要分部、分项工程的施工方法，施工流程图、测量校正工艺、螺栓施拧工艺、焊接工艺、冬期施工工艺等和采用的新工艺、新技术等。安装程序必须保证结构的稳定性和不会导致产生塑性变形。

编制施工方案时，应决定以下几个主要问题：

1）确定整个结构安装工程应划分成几个施工阶段以及每一个阶段选用的安装机械及其布置和开行路线。

2）确定工程中大型构件的拼装、吊装方案（考虑所吊构件的体积、重量、吊装高度、单件吊装或组合吊装等）及施工阶段中配备多少劳动力和设备。

3）确定各专业、各工种的配合和协作单位。

4）确定施工总工期及分部、分项工程的控制日期。

5）确定主要施工过程中采用的新工艺及新技术的实施方法。

（5）主要吊装机械的布置和吊装方案。在施工组织设计中，应该对钢结构的吊装方案进行详细的描述，画出主要的吊装机械的平面布置图。

（6）构件的运输方法、堆放及场地管理。

1）根据构件的特点、钢材厚度、行车路线和运输车辆的性能等，编制运输方案。

2）构件的运输顺序及堆放排列，应满足构件的吊装顺序的要求，尽量减少和避免二次倒运。

3）运输和装卸构件时，应采取措施防止构件产生永久的变形和损伤，特别是板材和冷弯薄壁钢的吊运，应该先起吊后移动，防止板面摩擦、碰撞。

4）构件的堆放场地必须平整、坚实、无水坑并有排水措施；构件按照种类和安装顺序分区堆放；构件底层的垫块要有足够的支撑面，防止支点下沉；相同类型的构件叠放时，各层构件的支点要在同一垂直线上，防止构件压坏和变形。重心高的构件堆放时，需要设置临时支撑，绑扎牢固，防止倾倒。

5）安装前校正构件产生的变形，补涂损坏的涂层。

（7）施工进度计划。施工进度计划能够保证在规定的工期内有计划地完成工程任务，并为计划部门提供编制月计划及其他职能部门调配材料、供应构件、机械及调配劳动力提供依据。按照合同对工期的要求，编制施工进度计划，编制时，要充分考虑钢结构到达现场的时间，土建交付安装的时间，所需要的劳动力、施工机具等资源的合理配置，施工进度计划可采用网络图、横道图等形式，根据工程具体情况选择合适的施工进度计划表示方法。

编制施工进度计划时，要考虑下列因素：

1）保证重点，兼顾一般。安排开工、竣工时间和进度要分清主次，抓住重点。优先安排影响其他工序的工程。

2）能够满足连续均衡施工的要求。安排进度计划时，应尽量使各工种施工人员和施工机械连续均衡施工，使人员、机具、测量、检测设备和器具等资源能在工地充分使用，避免某个时期人员、施工机械等资源的使用峰值，提高生产率和经济效益。

3）全面考虑各种不利条件的限制和影响，为缓解或消除不利影响作准备。如考虑设计单位未能够及时提供施工图纸、土建工程的计划安排和施工进度延误的影响，施工期间由于运输、交通管制、资金、施工力量等原因造成的延误，施工期间的不利气候条件等。

4）留有一些后备工程，以便在施工过程中平衡调剂安排。

5）业主、当地政府有关部门的支持和监理、设计、相关施工单位等相关方的支持和配合。

施工进度计划构成部分和编制方法如下：

1）施工进度计划编制的主要依据有工程的全部施工图纸，规定的开竣工日期，施工图预算，劳动定额，主要施工过程中的施工方案、劳动力安排，以及材料、构件和施工机械的配备情况。

2）确定工程项目及计算工程量。

3）确定机械台班数量及劳动力数量。

4）确定各分部、分项工程的工作日。

5）编制进度计划表或施工进度网络图。

6）编制劳动力、材料、构件、机械等需要量计划表。

（8）施工资源总用量计划。施工资源总用量计划包括劳动力组合和用工计划，主要材料、部件进场计划，主要施工机具及施工用料计划，主要测量、检测设备和器具需用计划等。

编制施工资源总用量计划时，在保证总工期的条件下，要考虑资源的综合平衡，计划应有一定的前瞻性，以便于施工资源的调配。

（9）施工准备工作计划。施工准备工作包括：

1）熟悉、审查图纸及有关设计资料。

2）编制施工组织设计及施工详图预算。

3）搞好现场"三通一平"（修通道路，接通施工用水、用电，平整施工场地）。

4）物质准备工作。提出施工材料的规格、数量及材料分期分批进场的要求；提出构件的订货及加工的要求；根据施工组织设计中施工总平面图的要求，合理布置起重机械及构件二次堆场；现场施工大临设施的合理布置。

5）根据施工总进度的安排，做好冬期、雨期施工的准备工作。

（10）质量、环境和职业健康安全管理、现场文明施工的策划和保证措施。

按照企业质量、环境和职业健康安全管理体系的要求，对工程的分部、分项进行划分，明确主要质量控制点和质量检验的方法、控制指标等，识别重大环境因素和重大危险源，编制重大环境因素和重大危险源的管理方案，编制施工现场安全生产应急响应预备方案，按照施工所在地政府的要求，对现场文明施工进行策划。

质量方面根据国家有关规范或行业标准、ISO 9001 质量管理体系的要求，制定质量管理或全优工程规划。

安全方面应根据国家劳动保护法和行业安全操作规程制定具体的安全保证措施。一般应做好以下几个方面的工作：

1）安全栏杆及安全网的设置以及个人保护用品的配置。

2）吊具的设计。对所采用的吊装用具，如吊索、吊耳、销子、横吊梁等必须通过计算以保证有足够的强度。

3）吊点的选择应能保证结构件的吊装强度。对于大型超重构件需采用双机抬吊时，每台起重机械的起重量应根据该机的性能乘以折减系数。折减系数一般为 0.7～1。

4）为保证工人高空作业的安全，应设置高空用操作台和悬挂式爬梯。设计安装用操作台时，一般应满足下述要求：操作台宜为工具式，且通用性大；操作台要求自重轻，装拆要安全方便；操作台上的荷载主要是工人与工具的重量（一般按 22kN/m^2 计算或按 1～2 个 F =1kN 的竖向集中荷载处于最不利位置时计算）；操作台的宽度一般为 0.8～1.0m，但不得小于 0.6m；操作台宜设置在低于安装接头 1～2m 处。

（11）雨期和冬期、台风和大风常发期的施工技术安全保证措施。

（12）施工工期的保证措施。

3.1.1.3 文件资料准备

（1）设计文件。钢结构设计图、建筑图、相关基础图、钢结构施工总图、各分部工程施工详图及其他有关图样及技术文件。

（2）记录。图样会审记录、支座或基础检查验收记录、构件加工制作检查记录等。

（3）文件资料。施工组织设计、施工方案或作业设计、技术交底、材料成品质量合格证明文件及性能检测报告等。

3.1.1.4 中转场地的准备

高层钢结构安装是根据规定的安装流水顺序进行的，钢构件必须按照流水顺序的需要来配套供应。如制造厂的钢构件供货是分批进行，同结构安装流水顺序不一致，或者现场条件有限，有时需要设置钢构件中转场用以起调节作用。中转场的主要作用是：

（1）储存制造厂的钢构件（工地现场没有条件储存大量构件）。

（2）根据安装施工流水顺序进行构件配套，组织供应。

（3）对钢构件质量进行检查和修复，保证合格的构件送到现场。

钢结构通常在专门的钢结构加工厂制作，然后运至工地，经过组装后再进行吊装。钢结构构件应按安装程序来保证及时供应，现场场地能满足堆放、检验、涂装、组装和配套供应的需要。钢结构按平面布置进行堆放，堆放时应注意下列事项：

(1) 堆放场地要坚实。

(2) 堆放场地要排水良好，不得有积水和杂物。

(3) 钢结构构件可以通过铺垫木来水平堆放，支座间的距离应不使钢结构产生残余变形。

(4) 多层叠放时垫木应在一条垂线上。

(5) 不同类型的构件应分类堆放。

(6) 钢结构构件的堆放位置要考虑施工安装顺序。

(7) 堆放高度一般不大于2m，屋架、桁架等宜立放，紧靠立柱支撑稳定。

(8) 堆垛之间需留出必要的通道，一般宽度为2m。

(9) 构件编号应放置在构件醒目处。

(10) 构件堆放在铁路或公路旁，并配备装卸机械。

3.1.1.5 材料准备

1. 钢构件的准备

(1) 钢构件堆放场的准备。钢构件通常在专门的钢结构加工厂制作，然后运至现场直接吊装或经过组装、拼装后进行吊装。钢构件力求在吊装现场就近堆放，并遵循"重近轻远"（即重构件摆放的位置离吊机近一些，反之可远一些）的原则。对规模较大的工程需另设立钢构件堆放场，以满足钢构件进场堆放、检验、组装和配套供应的要求。

钢构件在吊装现场堆放时一般沿吊车开行路线两侧按轴线就近堆放。其中钢柱和钢屋架等大件放置，应依据吊装工艺作平面布置设计，避免现场二次倒运困难。钢梁、支撑等可按吊装顺序配套供应堆放，为保证安全，堆垛高度一般不超过2m，层数不超过三层。钢构件堆放应以不产生超出规范要求的变形为原则。

(2) 钢构件的验收。安装前应按构件明细表核对构件的材质、规格，按施工图的要求，查验零部件的技术文件，如合格证、试验、测试报告以及设计文件（包括设计要求，结构试验结果的文件）；对照构件明细表按数量和质量进行全面检查。对设计要求构件的数量、尺寸、水平度、垂直度及安装接头处的尺寸等进行逐一检查。对钢结构构件进行检查，其项目包含钢结构构件的变形、钢结构构件的标记、钢结构构件的制作精度和孔眼位置等。对于制作中遗留的缺陷及运输中产生的变形，超出允许偏差时应进行处理。并应根据预拼装记录进行安装。

所有构件，必须经过质量和数量检查，全部符合设计要求，并经办理验收、签认手续后，方可进行安装。

钢结构构件在吊装前应将表面的油污、冰雪、泥沙和灰尘等清除干净。

(3) 钢构件的清整。准备和分类清理好各种金属支撑件及安装接头用的连接板、螺栓，铁杆和安装垫铁；施焊必要的连接件，如屋架、起重机梁垫板、柱支撑连接件及其余与柱连接相关的连接件，以减少高空作业；清除构件接头部位及埋设件上的污物、铁锈；对于需组装、拼装及临时加固的构件，应按规定要求使其达到具备吊装的条件。

2. 高强度螺栓的准备

钢结构设计用高强度螺栓连接时，应根据图纸要求分规格统计所需高强度螺栓的数量并配套供应至现场。应检查其出厂合格证、扭矩系数或紧固轴力（预拉力）的检验报告是否齐全，并按照规定进行紧固轴力或扭矩系数复验。

对钢结构连接件摩擦面的抗滑移系数进行复验。

3．材料的准备

钢结构焊接施工之前应对焊接材料的品种、规格、性能进行检查，各项指标应符合现行国家标准和设计要求。检查焊接材料的质量合格证明文件、检验报告及中文标志等。对重要钢结构采用的焊接材料应进行抽样复验。

4．拼装平台

拼装平台应具有适当的承重刚度和水平度，水平度误差不应超过 2～3mm。

5．柱脚的处理

（1）在基础杯口底部，根据柱子制作的实际长度（从牛腿至柱脚尺寸）误差，调整杯底标高，用 1：2 水泥砂浆找平，标高允许偏差为 ±5mm，以保证起重机梁的标高在同一水平面上；当预制柱采用垫板安装或重型钢柱采用杯口安装时，应在杯底设垫板处局部抹平，并加设小钢垫板。

（2）柱脚或杯口侧壁未凿毛的，要在柱脚表面及杯口内稍加凿毛处理。

（3）钢柱基础，要根据钢柱实际长度、牛腿间距离、钢板底板平整度检查结果，在柱基础表面浇筑标高块（块成十字式或四点式），标高块强度不小于 30MPa，表面埋设 16～20mm 厚钢板，基础上表面亦应凿毛。

6．基础准备

基础准备包括轴线误差量测、基础支承面的准备、支承面和支座表面标高与水平度的检验、地脚螺栓位置和伸出支承面长度的量测等。

（1）柱子基础轴线和标高的正确是确保钢结构安装质量的基础，应根据基础的验收资料复核各项数据，并标注在基础表面上。多层及高层钢结构工程允许偏差可参照表 3.1 执行（单层钢结构也可参考）。

表 3.1　建筑物定位轴线、基础上柱的定位轴线和标高、地脚螺栓（锚栓）的允许偏差

项　目	允许偏差（mm）	图　例
建筑物定位轴线	$l/20000$，且不应大于 3.0	
基础上柱的定位轴线	1.0	
基础上柱底标高	±2.0	
地脚螺栓（锚栓）位移	2.0	

（2）基础支承面有两种做法，一种是基础一次浇筑到设计标高，即基础表面先浇筑到设计标高以下 20～30mm 处，然后在设计标高处设角钢或槽钢制导架，测准其标高，再以导架为依据用水泥砂浆仔细铺筑支座表面；另一种是基础预留标高，即基础表面先浇筑至距设计标高 50～60mm 处，柱子吊装时，在基础面上放钢垫板以调整标高，待柱子吊装就位后，再在钢柱脚底板下浇筑细石混凝土。

（3）基础顶面直接作为柱的支承面和基础顶面预埋钢板或支座作为柱的支承面时，其支承面、地脚螺栓（锚栓）的位置的允许偏差应符合表 3.2 的规定。

表 3.2　　　　　　　　支承面、地脚螺栓（锚栓）的位置的允许偏差

项　　目		允许偏差（mm）
支承面	标高	±3.0
	水平度	$l/1000$
地脚螺栓（锚栓）	螺栓中心偏移	5.0
预留孔中心偏移		10.0

（4）钢柱脚采用钢垫板作支承时，应符合下列规定：

1）钢垫板面积应根据基础混凝土的抗压强度、柱脚底板下细石混凝土二次浇灌前柱底承受的荷载和地脚螺栓（锚栓）的紧固拉力计算确定。

2）垫板应设置在靠近地脚螺栓（锚栓）的柱脚底板加劲板下，每根地脚螺栓（锚栓）侧应设 1～2 组垫板，每组垫板不得多于 5 块。垫板与基础面和柱底面的接触应平整、紧密。当采用成对斜垫板时，其叠合长度不应小于垫板长度的 2/3。二次浇灌混凝土前的垫板间应焊接固定。

3）采用坐浆垫板时，应采用无收缩砂浆。柱子吊装前，砂浆试块强度应高于基础混凝土强度一个等级。坐浆垫板的允许偏差应符合表 3.3 的规定。

表 3.3　　　　　　　　坐浆垫板的允许偏差

项　　目	允许偏差（mm）	项　　目	允许偏差（mm）
顶面标高	0 −3.0	水平度	$l/1000$
		位置	20.0

（5）采用杯口基础时，杯口尺寸的允许偏差应符合表 3.4 的规定。

表 3.4　　　　　　　　杯口尺寸的允许偏差

项　　目	允许偏差（mm）	项　　目	允许偏差（mm）
底面标高	0 −5.0	杯口垂直度	$H/100$，且不应大于 10.0
杯口深度 H	±5.0	位置	10.0

（6）地脚螺栓（锚栓）尺寸的允许偏差应符合表 3.5 的规定，地脚螺栓（锚栓）的螺纹应受到保护。

表 3.5		地脚螺栓（锚栓）尺寸的允许偏差	
项 目	允许偏差（mm）	项 目	允许偏差（mm）
螺栓（锚栓）露出长度	+30.0 0	螺纹长度	+30.0 0

7. 其他准备工作

（1）吊装机具、材料、人员准备：

1）检查吊装用的起重设备、配套机具、工具等是否齐全、完好，运输是否灵活，并进行试运转。

2）准备好并检查吊索、卡环、绳卡、横吊梁、倒链、千斤顶、滑车等吊具的强度和数量是否满足吊装需要。

3）准备吊装用工具，如高空用吊挂脚手架、操作台、爬梯、溜绳、缆风绳、撬杠、大锤、钢（木）楔、垫木铁垫片、线锤、钢直尺、水平尺，测量标记以及水准仪、经纬仪等。

4）做好埋设地锚等工作。

5）准备施工用料，如加固脚手杆、电焊、气焊设备、材料等的供应准备。

6）按吊装顺序组织施工人员进场，并进行有关技术交底、培训、安全教育。

（2）道路临时设施准备：

1）整平场地、修筑构件运输和起重吊装开行的临时道路，并做好现场排水。

2）清除工程吊装范围内的障碍物，如旧建筑物、地下电缆管线等。

3）敷设吊装用供水、供电、供气及通信线路。

4）修建临时建筑物，如工地办公室、材料、机具仓库、工具房、电焊机房、工人休息室、开水房等。

3.1.2 钢结构安装的常用吊装机具和设备

3.1.2.1 起重机械

钢结构的吊装，根据起重的质量可分三个级别：大型起重质量为 80t 以上，中型起重质量为 10～80t，一般起重质量为 40t 以下。

常用的吊装机械有各种自行式起重机、轨道塔式起重机、自制桅杆式起重机和小型吊装机械等。

1. 自行式起重机

（1）履带式起重机。履带式起重机又称坦克吊，其构造由动力装置、传动装置、行走装置、工作机构（起重臂杆、起重滑轮组、变幅滑轮组、卷扬机）及平衡重组成，如图 3.1 所示。

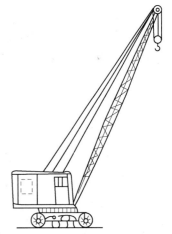

图 3.1 履带式起重机

履带式起重机具有起重能力大、自行走、全回转、工作稳定性好、操作灵活、使用方便的特点。履带着地、前后行走可转 360°。履带上部车身也能顺、逆时针方向旋转 360°。在一般的平整结实路面上均可以行驶，吊物时可退可避，对施工场地要求不严，可在不平整泥泞的场地或略加处理的松软场地（如垫道木、铺垫块石、厚钢板等）行驶和工作，但这类起重机自重大，行驶速度慢，在远途行驶时，速度慢，转向不方便，对柏油马路压有履带痕迹。因此履带式起重机不得远距离空载行驶，进场、转移等均需专用运输车辆完成。用于各种场合吊装大、中型构件，是钢结构安装工程中广泛使用的起重机械之一。

履带式起重机根据型号的不同，起重臂的长度有 18m、24m 和 40m 等，起重质量有 10t、20t 直至 50t，见表 3.6。

表 3.6　　　　　　　　　　　　　履带式起重机常用性能

起重机型号		W1-50		W1-100		W1-100A		W1-200		
起重长度（m）		10	18	13	23	12.5	25	15	30	40
幅度	最大（m）	10	17	12	17	—	23	14	22	30
	最小（m）	3.7	4.5	4.5	6.5	3.9	—	4.5	8	10
起重量	最大幅度时（t）	2.6	1.0	3.7	1.7		9.4		4.8	1.5
	最小幅度时（t）	10	7.5		8		50		20	8
起重高度	最大幅度时（m）	3.7	7.6	6.5	16	5.8		5	19.8	25
	最小幅度时（m）	9.2	17.2	11	19		27.4	12.1	26.5	30
操纵形式		液压		液压		—		气压		
行走速度（km/h）		1.5~3.6		1.49		1.3~2.2		1.43		
最大爬坡能力（%）		25		20		20		20		
对地面平均压力（N/mm²）		0.071		0.089		0.09		0.128		
发动机功率（kW）		66.2		88.3		88.3		184		
总重量（t）		23.11		40.74		31.5		79.14		

（2）轮胎式起重机。轮胎式起重机构造与履带式起重机基本相同，只是行走接触地面的部分改用多轮胎而不是履带，把起重机构装在由加重型轮胎和轮轴组成的特制底盘上，重心较低，起重平稳，底盘结构牢固，车轮间距较大，在底盘两侧安装有 4 个可伸缩的支腿，在工作时需固定在一个限制的位置上。外形如图 3.2 所示。

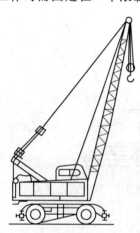

图 3.2　轮胎式起重机

轮胎式起重机的起重量分 16t、25t 和 40t 等。起重臂长度分别为 20~32m、32~42m。

轮胎式起重机机动性高、行驶速度快、操作和转移方便，有较好的稳定性，起重臂多为伸缩式，长度改变自由、快速，对路面无破坏性；但在工作状态下不能载重行走，工作面受到限制，对构件布置、排放要求严格，施工场地需平整、碾压坚实，在泥泞场地行走困难。常用型号及性能见表 3.7。

无论履带式起重机还是轮胎式起重机，它们的起重承载的吨位数量必须与起重机尾部配重成比例，也就是起重机的起重力矩必须不大于起重机的配重力矩。一般起重机尾部配重力矩均大于起重机的起重力矩，否则起重机吊装受力时，车体向前倾斜，容易发生吊装事故。

（3）汽车式起重机。汽车式起重机把起重机构装在汽车底盘上，起重臂杆采用高强度钢板做成箱形结构，吊臂可根据需要自动逐节伸缩，并设有各种限位和报警装置，起重机动力由汽车发动机供给。

表 3.7　　　　　　　　　　　　　　　　　　　轮胎式起重机常用性能

项　目		Q1-5	Q2-5		Q2-8				Q2-12			Q2-16		
起重臂长度（m）		6.5	6.98	10.98	6.95	8.5	10.15	11.7	8.5	10.8	13.2	8.2	14.1	20
幅度	最大（m）	5.5	6	6	5.5	7.5	9	10.5	6.4	7.8	10.4	7	12	18
	最小（m）	2.5	3.1	3.5	3.2	3.4	4.2	4.9	3.6	4.6	5.5	3.5	3.5	4.25
起重量	最大幅度时（t）	2	1.5	0.65	2.6	1.5	1.0	0.8	4	3	2	5	1.9	0.8
	最小幅度时（t）	5	5	3.2	8	6.7	4.2	3.2	12	7	5	16	8	6
起重高度	最大幅度时（m）	4.5	3.46	4.18	4.6	4.2	4.8	5.2	5.8	7.8	8.6	4.4	7.7	9
	最小幅度时（m）	6.5	6.49	10.88	7.5	9.2	10.6	12.0	8.4	10.4	12.8	7.9	14.2	20
行驶速度（km/h）		30	30		60				55			—		
最小转弯半径（m）		—	11.2		11.1				9.5			6		
最大爬坡能力（°）			28		15				30			6		
发动机功率（kW）		69.9	80.9		110.3				161.7			161.7		
总重量（t）		7.5	—		17.3				21.5			—		

汽车式起重机行走速度快，转向方便，具有使用灵活、机动性高、转移迅速、对路面破坏小、可高速和远距离行驶、自动控制灵敏、安全可靠等优点。对路面没有损坏，行走时轮胎接触地面，对地面产生的压强大，因此，在行走工作时需要路面坚实平坦。这种起重机工作时，如果只用轮胎支撑吊装构件达不到承压能力要求，可放下四支撑腿支撑车体四角，起到稳定作用，如图3.3 所示。汽车式起重机一般适用于安装、拆卸建筑构件和安装结构高度不大的构件。

汽车式起重机吊装构件时，不能行走，车体需在固定的位置上工作。因此，用汽车起重机吊装构件时，必须事先周密地考虑吊件与安装位置的距离，吊件应放到吊车的工作半径范围内。汽车式起重机常用型号见表 3.8。

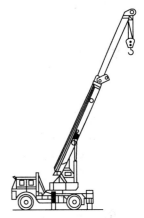

图 3.3　汽车式起重机

表 3.8　　　　　　　　　　　　　　　　　　　汽车式起重机常用性能

项　目		QL1-16		QL2-8	QL3-16			QL3-25			QL3-40	
起重臂长度（m）		10	15	7	10	15	20	12	22	32	15	42
幅度	最大（m）	11	15.5	7	9.5	15.5	20	11.5	19	21	13	25
	最小（m）	4	4.7	3.2	4	4.7	5.5	4.5	7	10	5	11.5
起重量	最大幅度时（t）	2.8	1.5	2.2	3.5	1.5	0.8	21.6	1.4	0.6	9.2	1.5
	最小幅度时（t）	16	11	8	16	11	8	25	10.6	5	40	10
起重高度	最大幅度时（m）	5	4.6	1.5	5.3	4.6	6.85	—	—	—	8.8	33.75
	最小幅度时（m）	8.3	13.2	7.2	8.3	13.2	17.95	—	—	—	10.4	37.23
行驶速度（km/h）		18		30	30			9~18			15	
转弯半径（m）		7.5		6.2	7.5			—			13	
爬坡能力（°）		7		12	7			—			13	
发动机功率（kW）		58.8		66.2	58.8			58.8			117.6	
总重量（t）		23		12.5	22			28			53.7	

2. 塔式起重机

塔式起重机（塔吊）是把起重臂和起重机构装在金属塔架上，整个起重机沿钢轨道行走，工作时，只限制在轨道和起重臂的长度范围内作固定吊装或行走吊装，如图3.4所示。

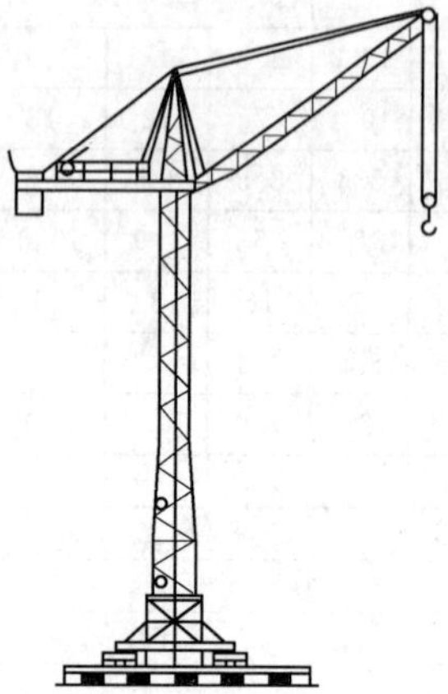

塔式起重机一般应用于多高层建筑结构施工现场的材料和构件的吊装和运输，有行走式、固定式、附着式和内爬式几种。

塔式起重机安装空间和半径大，覆盖空间大，吊装效率高，构件布置可较为灵活，吊装构件方便，起重臂可以360°转向，安装屋面板、支撑等构件时，臂杆在使用范围内不受已安装构件的影响。吊装旋转半径可由起重臂伸出的距离确定，需要时还可以调节起重臂的角度。吊装的吨位可根据型号、种类以及起重臂的仰角大小确定。但起重机只能直线行走或移动，工作面受到限制，如在建筑物跨中布置时，所有构件必须一次顺序安装完成，且轨道修筑麻烦、要求严格，起重机转移搬运、拆卸和组装不方便，较费工费时，吊装场地利用率低。

图3.4 塔式起重机

塔式起重机按用途可分为普通（地面）行走式塔式起重机和自升式塔式起重机两种。普通塔式起重机按起重量大小，分为轻型塔式起重机（起重量为0.5～5t）、中型塔式起重机（起重量为5～15t）和重型塔式起重机（起重量15～40t）。

3. 起重桅杆

起重桅杆可根据安装现场的具体情况，安装工件的品种规格、重量、吊装高度等要求来确定。制造桅杆所用的材料一般有坚硬的木质材料以及角钢、钢管及钢板等。

桅杆可分固定式和移动式两种。根据吊装需要可调节缆绳的松紧，制作时杆件底座立在钢制爬犁上，可用卷扬机牵动。

常见的起重桅杆有木独脚桅杆、钢管独脚桅杆、型钢格构式独脚桅杆、人字桅杆、独脚悬臂式桅杆、井架悬臂式桅杆、回转式桅杆、台灵式桅杆等形式，如图3.5所示。

一般木质桅杆的起重量可达10t左右，高度为10～15m。钢管制成桅杆的起重量在50～60t，高度可达25～30m。钢板和型钢混合制成箱型或格构式桅杆，起重量可达100t以上，用扳倒法、滑移法或吊推法可实现高、长、大质量物体的整体吊装。

4. 起重机械的选择

（1）起重机械的选择原则。起重机械的合理选用是保证安装工作安全、快速、顺利进行的基本条件。在钢结构吊装工程中，常用的吊装机械有履带式、轮胎式、汽车式和塔式起重机等，选用时，应首先考虑吊装机械的使用性能，同时还需考虑机械的吊装效率、施工工期及吊装工程量等方面的要求；吊装机械应能适应现场道路、吊装平面布置及设备、机具条件，应能充分发挥其技术性能；应尽量避免使用起重能力大的起重机吊装小构件，或起重能力小的起重机超负荷吊装大型构件。此外，还应尽量避免选用改装的未经过实际负荷试验的起重机进行吊装，或使用台班费用较高的设备。如选择的起重机的起重量不能满足要求，可采取以下措施：增加支腿或增长支腿，以增大倾覆边缘距离，通过减少倾覆力矩来提高起重能力；后移或增加起重机的配重，以增加抗倾覆力矩，提高起重能力；对于不变幅、不旋转的臂杆，在其上端增设拖拉绳或增设一钢管或格构式脚手架或人字支撑桅杆，以增强稳定性和提高起重性能。选择

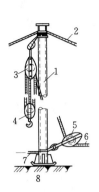

（a）钢管独脚桅杆构造

1—钢管桅杆杆；2—缆风绳；3—定
滑轮；4—动滑轮；5—导向滑轮；
6—接绞磨或卷扬机；7—溜绳；
8—底座

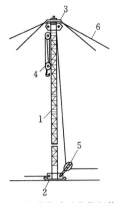

（b）型钢格构式独脚桅杆构造

1—型钢格构式桅杆杆；2—底座；
3—活顶板；4—起重滑轮组；
5—导向滑轮组；6—缆风绳

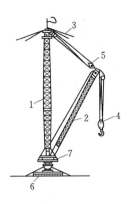

（c）回转式桅杆

1—主桅杆杆；2—悬臂桅杆杆；
3—缆风绳；4—起重滑轮组；
5—起伏滑轮组；6—底座；
7—转盘

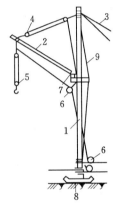

（d）木独脚悬臂式桅杆

1—拔杆；2—起重杆；3—缆风绳；4—变幅滑
轮组；5—起重滑轮组；6—滑轮；7—撑杆；8—
地基；9—卷扬机钢丝绳

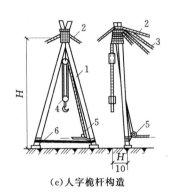

（e）人字桅杆构造

1—人字桅杆杆；2—缆风绳；3—主缆风绳；
4—起重滑轮组；5—导向滑轮；6—拉索

图 3.5　常见桅杆的几种形式

的吊装机械，应能保证吊装工程的质量、安全施工和一定的经济效益。

（2）起重机械的选用要求。对高度不大的中、小型厂房，应先考虑使用起重量大、可全回转使用、移动方便的履带式起重机（100～150kN）和轮胎式起重机（100～150kN）；对于大型工业厂房，其主体结构的高度和跨度较大、构件较重，宜采用履带式起重机（500～750kN）和汽车式起重机（350～1000kN）吊装；大跨度、高度高的重型工业厂房的主体结构吊装，宜选用塔式起重机吊装；缺乏起重设备或吊装工作量不大、厂房不高，可考虑采用独脚桅杆、人字桅杆、悬臂桅杆及回转式桅杆（桅杆式起重机）等吊装，其中，回转式桅杆最适于单层钢结构厂房的综合吊装；对重型厂房亦可采用塔桅式起重机进行吊装；对厂房大型构件，可采用重型塔式起重机和塔桅式起重机吊装；对起重臂杆的选用，一般的柱起重梁吊装宜选用较短的起重臂杆；屋面构件吊装宜选用较长的起重臂杆，且应以屋架、天窗架的吊装为主选择；若厂房位干狭窄地段，或厂房采取敞开式施工方案（厂房内的设备基础先施工）时，厂房屋面结构宜采用双机抬吊，或单机在设备基础上铺设枕木垫道来进行吊装。

如果现场吊装作业面积能满足吊车行走和起重臂旋转半径距离要求时，可采用履带式起重机或胶轮式起重机进行吊装。

如果安装工地在山区，道路崎岖不平，各种起重机械很难进入现场，一般可利用起重桅杆进行吊装。高长结构或大质量结构件，无法使用起重机械时，可利用起重桅杆进行吊装。

对于吊装件重量很轻，吊装的高度低（一般在 5m 以下），可利用简单的起重机械，如链式起重机（手拉葫芦）等吊装。

如果安装工地设有塔式起重机，可根据吊装地点位置、安装件的高度及吊件重量等条件且符合塔式起重机吊装性能时，可以利用现有塔式起重机进行吊装。

（3）吊装参数。选择应用起重机械，除了考虑安装件的技术条件和现场自然条件外，更主要是要考虑起重机的起重能力，即起重量、起重高度和回转半径三个基本条件。起重量、起重高度和回转半径三个基本条件之间是密切相连的。起重机的起重臂长度一定（起重臂角度以 75° 为起重机的起重正常角度）时，起重机的起重量是随着起重半径的增加而逐渐减少，同时，起重臂的起重高度增加，相应的起重量也减少。

1）起重量。选择的起重机的起重量必须大于所吊装构件的重量与索具重量之和（包括临时加固材料的重量）。

$$Q \geqslant Q_1 + Q_2$$

式中　Q——起重机的起重量，kN；

　　　Q_1——构件的重量，kN；

　　　Q_2——索具的重量，kN。

2）起重高度。起重机的起重高度必须满足所需安装件的最高构件的吊装高度要求。在施工现场，实际安装是以安装件的标高为依据，吊车起重杆吊装构件的总高度，必须大于安装件的最高标高的高度。

$$H \geqslant h_1 + h_2 + h_3 + h_4$$

式中　H——起重机的起重高度（m），从停机面算起至吊钩钩口；

　　　h_1——安装支座表面高度（m），从停机面算起；

　　　h_2——安装间隙，应不小于 0.3m；

　　　h_3——绑扎点至构件吊起后底面的距离，m；

　　　h_4——索具高度，m，绑扎点至吊钩钩口的距离视具体情况而定。

3）起重半径。也称吊装回转半径，是以起重机起重臂上的吊钩向下垂直于地面一点至吊车中心间的距离。起重机的起重臂仰角（起重臂与水平面的夹角）越大，起重半径越小，而起重的重量越大。相反起重臂向下降，仰角减小，起重半径增大起重量就相对减少。

一般起重机的起重量是根据起重臂的角度、起重半径和起重臂高度确定。所以在实际吊装时，要根据吊装的重量，确定起重半径和起重臂仰角及起重臂长度。在安装现场吊装高度较高、截面较宽的构件时，应注意起重臂从吊起、途中、到安装就位，构件不能与起重臂相碰。构件和起重臂间至少要保持 0.9～1.0m 的距离。

3.1.2.2　简易起重设备

1. 千斤顶

千斤顶有液压式、螺旋式、齿条式三种型式，其中螺旋式和液压式两种千斤顶最为常用。齿条式千斤顶一般承载能力不大，起重量较小，因而不常用。螺旋式千斤顶起重能力较大，可达 100t(1000kN)，5～50t 螺旋式千斤顶结构如图 3.6 所示。液压千斤顶起重能力最大，可达 320t(3200kN)，如图 3.7 所示。液压千斤顶规格型号见表 3.9。

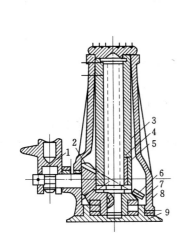

图 3.6 5～50t 手动螺旋式千斤顶

1—棘轮组；2—小伞齿轮；3—升降套筒；
4—锯齿形螺杆；5—铜螺母；6—大伞
齿轮；7—单向推力球轴承；8—主
架；9—底座

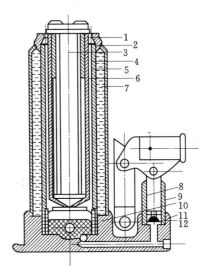

图 3.7 液压千斤顶结构示意图

1—顶帽；2—螺母；3—调整丝杆；4—外套；
5—活塞缸；6—活塞；7—工作液；8—油
泵心子；9—油泵套筒；10—皮碗；
11—油泵皮碗；12—底座

表 3.9　　　　　　　　　　　　　　液 压 千 斤 顶 规 格

型号	起重量 （kN）	最低高度 （mm）	起重高度 （mm）	螺旋调节 高度（mm）	底座面积 （mm²）	自重 （kg）	备 注
QY1.5	15	165	90	60	90	2.5	
QY3	30	200	130	80	110	3.5	
QY5G	50	235	160	100	120	5.0	
QY5D	50	200	125	80	120	4.5	
QY8	80	240	160	100	150	6.5	
QY10	100	245	—	—	170	7.5	
QY12.5	125	245	160	100	200	9.5	Q 表示千斤顶；Y 表示液压；G 表示高 型；D 表示低型；QW 型为卧式千斤顶
QY16	160	250			220	11	
QY20	200	285			260	18	
QY32	320	290	180	—	390	24	
QY50	500	305			500	40	
QY100	1000	350			780	95	
QW100	1000	360	200	—	φ222	120	
QW200	2000	100			φ314	250	
QW320	3200	450			φ394	435	

安装作业时，千斤顶常常用来顶升工件或设备、矫正工件的局部变形。

千斤顶的使用要点：

（1）齿条千斤顶要检查下部有无销子，否则，千斤顶的支撑面不够稳定。螺旋千斤顶要检查棘轮和齿条是否变形，动作是否灵活，螺母与丝杠的磨损是否超过允许范围。

（2）液压千斤顶重点检查油路连接是否可靠，阀门是否严密，以免承重时发生油液渗漏。在使用时，人员不得站在保险塞对面。

（3）千斤顶应放置在坚硬平坦的地面使用。在地面使用时，如土质松软，应铺设垫板，以扩大承压面积，构件受力部位应平整坚实，并加垫木板。荷载应与千斤顶的轴线一致。

（4）应严格按照千斤顶的标定起重量进行顶升，每次顶升高度不得超过有效行程。

（5）千斤顶开始工作后，应将构件稍微顶起一段高度后暂停，检查千斤顶、枕木、地面和构件等是否接触良好，如发现偏斜和枕木不稳，应进行处理后方可继续顶升。

（6）顶升过程应设保险垫，并随顶随垫，其脱空距离应小于50mm，以防千斤顶倾倒和突然回油而造成安全事故。

（7）用两台或两台以上千斤顶同时顶升一个构件时，应统一指挥，动作一致，不同类型的千斤顶应避免在同一端使用。

2．卷扬机

卷扬机是吊装作业中常用的动力装置，分为手动卷扬机和电动卷扬机。

（1）手动卷扬机。手动卷扬机由卷筒、钢丝绳、摩擦止动器、止动棘轮装置、齿轮组、变速器、手柄等部件组成，结构如图3.8所示。为安全起见，在卷扬机上装有安全摇柄或制动装置，用以制动棘轮，防止在工作中卷筒倒转。当机械设备下降时，则由摩擦制动器降低下降速度，保证工作时的安全。

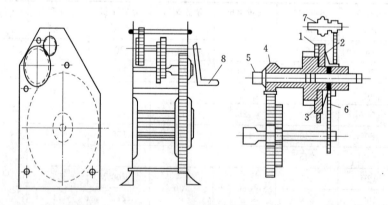

图3.8 手动卷扬机

1—转轮；2、3—制动盘；4—传动齿轮；5—制动轴；6—螺母；7—卡爪；8—手柄

工程中常用的ST系列手动卷扬机技术规格，见表3.10。

手动卷扬机的使用要点：

1）卷扬机使用时，一端必须设地锚或压重固定，以防止产生滑动或倾覆。钢丝绳绕入卷筒的方向应与卷筒轴线垂直或成小于1.5°的偏角，使绳圈能排列整齐，不致斜绕或互相错叠挤压。

表 3.10 **ST 系列卷扬机技术规格**

项 目		型 号			
		ST0.5	ST1	DST3	DST5
最外层额定牵引力（kN）		50	100	300	500
卷筒	直径（mm）	130	180	200	280
	宽度（mm）	460	500	520	670
	容绳量（m）	100	150	200	200
	绕绳层数	4	5	7	6
钢丝绳直径（mm）		7.7	11	15.5	18.5
操作人数（个）		1	2	1	1
自重（kg）		126	216	525	1240

2）钢丝绳绕入卷筒的方向应与卷筒垂直，缠绕方式应根据钢丝绳的捻向和卷扬的转向而采用不同的方法。一般右捻的钢丝绳上卷时，绳的一端固定在卷筒左边，由左向右转动，反之亦然。为安全起见，卷筒上的钢丝绳不应全部放出，至少要留 3～4 圈。

（2）电动卷扬机。电动卷扬机由卷筒、减速器、电动机、电磁抱闸等部件组成，如图 3.9 所示。电动卷扬机种类很多，按滚筒数量可分为单滚筒和双滚筒两种；按传动形式分为可逆齿轮箱式和摩擦式两种。可逆齿轮箱式卷扬机牵引速度慢，但牵引力大，重物下降时安全可靠，适用于机械设备的吊装和搬运；摩擦式卷扬机牵引速度快，但牵引力小，适用于吊装重量较轻而数量较多的构件时使用。

常用电动卷扬机的最大牵引力有 5kN、10kN、15kN、30kN、50kN、100kN、200kN，其规格见表 3.11。

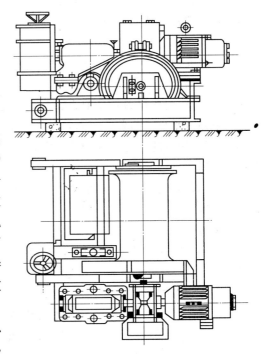

图 3.9 可逆式手电动卷扬机

表 3.11 **常见电动卷扬机技术规格**

最大牵引力（kN）	最大容绳量（m）	平均速度（m/min）	钢丝绳直径（mm）	外形尺寸（mm）			自重（kg）	电动机功率（kW）
				长度	宽度	高度		
5	150	15	13	880	750	500	300	2.8
10	150	22	13	1128	900	500	600	7
15	200	9.6	14	1595	1140	850	705	5
30	300	13	20	1600	1240	900	1300	7.5
50	300	8.7	24	2100	1700	1000	1800	11
100	550～600	16	32	3000	2000	1500	5000	30
200	600	10	42	3360	3820	2085		55

电动卷扬机的使用要点：服从统一指挥，起落动作要同步，不得超负荷运行。

电动卷扬机的维护与保养：经常检查摩擦部分和转动部分，保持良好的润滑，经常注入适当的润滑油；定期检查维修，至少每月检查一次，对每次提升临界荷载也要认真检查；运转时，轴瓦温度不得过热，不得超过有关规定的范围。

电动卷扬机使用与维护：

1）卷扬机使用时，一端必须设地锚、利用构筑物或压重固定，以防起重时产生滑动或倾覆。钢丝绳绕入卷筒的方向应与卷筒轴线垂直或成小于 150° 的偏角，使绳圈能排列整齐，不致斜绕和互相错叠挤压。

2）卷扬机、钢丝绳绕入卷筒的方向应与卷筒轴线垂直。缠绕方式应根据钢丝绳的捻向和卷扬的转向而采用不同的方法，使钢丝绳互相紧靠在一起成为平整一层，而不会自行散开、互相错叠，增加磨损。一般用右捻（或左捻）钢丝绳上卷时，绳一端固定在卷筒左边（或右边），由左（或右）向右（或向左）卷；如钢丝绳下卷时，则缠绕相反。当吊物松绳时，为安全起见，卷筒上的钢丝绳不应全部放出，至少要保留 3～4 圈。绕绳伸引线的倾斜度，对于光卷筒不应大于 1/40，缠绕多层绳圈时，在卷筒上的每层绳索须缠绕正确。卷筒两边的凸缘要比最外一层绳圈至少要高出一倍绳索直径。

3）装好的卷扬机的卷筒中心线应与钢绳的方向垂直，最近一个导向滑轮的中心线，应与卷筒中心线平行，两者的距离，应不少于卷筒长度的 20 倍。

4）要有明确的、统一的指挥。电动卷扬机的单位或机组工作时，一切参加人员必须坚决服从指挥。

5）起落动作要同步。整个机组工作时，除个别单机有时作升降调整外，其他起落动作必须同步进行。

3. 绞磨

绞磨又称绞盘，是一种采用最为普遍的由人力牵引的起重工具。其结构如图 3.10 所示，

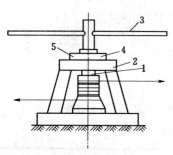

图 3.10 手动绞盘
1—毂轮中心轴；2—支架；
3—推杆；4—棘轮；5—棘爪

它由中心轴、支架和推杆等组成。绞盘是依靠摩擦力驱动绳索的，绳索围绕在鼓轮上（一般是 4～6 圈）。工作时，一端使绳索拉紧（用来牵引），另一端又把绳索放松（用手拉住）。为防止倒转而产生事故，在毂轮中心轴上装有制动齿轮装置。

绞磨构造简单，易于制造，移动方便，工作平稳，操作时易于掌握。但使用绞盘时需要人力较多，劳动强度较大，工作速度不快，工作不够安全，一般只用于缺乏起重机械、绳索牵引力不大的工作和辅助作业。

3.1.2.3 起重滑车

起重滑车又称铁滑车、滑轮。在起重作业中，起重滑车与索具、吊具、卷扬机等配合，对完成各种结构设备、构件进行运输及吊装工作，是不可缺少的起重工具之一。常见的开口吊钩型、闭口吊环型滑轮如图 3.11 所示。

滑轮按使用性质分为定滑轮、动滑轮、导向轮和滑轮组等。

（1）定滑轮。定滑轮用以支持挠性件的运动，当绳索受力时，转子转动，而轴的位置不变。在使用时，只能改变钢丝绳的方向，不省力，如图 3.12（a）所示。

（2）动滑轮。动滑轮安装在运动的轴上，它与被牵引的工作物一起升或降。用动滑轮工作省力，但不能改变用力方向，如图 3.12（b）所示。

（3）导向滑轮。导向滑轮又称开门滑子，它与定滑轮相似，仅能改变绳索方向，不省力，如图 3.12（c）所示。

（a）开口吊钩型

（b）闭口吊环型

图 3.11　起重滑轮

（a）定滑轮

（b）动滑轮

（c）导向滑轮

图 3.12　滑轮使用示意图

（4）滑轮组。滑轮组（图 3.13）是由一定数量的定滑轮、动滑轮及索具组成的一种起重工具。它既能减少牵引力，又能改变拉力的方向。在吊装工程中，常使用滑轮组，以便用较少的牵引力起吊重量较大的机械设备。如采用 5～20t（50～200kN）的卷扬机来牵引滑轮组的出绳端头时（一般称跑线），可完成几吨或几百吨重的设备或构件的吊装任务。

滑轮组的起重量可按下式计算

$$P = (Q+g)K_{动}$$

式中　　P——滑轮计算起重量，N；

　　　　Q——起吊工作物重量，N；

　　　　g——索具重量，N；

　　$K_{动}$——动载系数，按表 3.12 选用。

（5）滑轮的使用与维护：

1）滑轮绳槽表面应光滑，不得有裂痕、凸凹等缺陷。

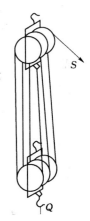
图 3.13　滑轮组
示意图

表 3.12　　　　　　　　　　　　　　动　载　系　数

驱动方式及运行条件		动载系数
手动		1.0
机动	轻级（复式传动）	1.10
	中级（直接拖动）	1.30
	重级	1.50

2）滑轮在使用时应经常检查，重要部件（轴、吊环或吊钩）应进行无损探伤，当发现有下列情况之一时，必须更换其零件：

①滑轮上发现有裂纹或永久变形；②滑轮绳槽面磨损深度超过钢丝绳直径的 20%；③轮缘部分有破碎损伤；④吊钩的危险断面损伤厚度超过 10%；⑤轮轴磨损超过轴径的 2%；⑥轴套磨损超过壁厚的 10%。

3）滑动所有转动部分必须动作灵活，润滑良好，定期添加润滑剂。

4）滑轮组两滑轮之间净距不宜小于轮径的 5 倍。

5）当滑轮贴在地面使用时，则应垫一翘头钢板，以保护滑轮。

6）吊钩上的吊索有自行脱钩可能时，应将钩口加封。

7）严禁用焊接补强的方法修补吊钩、吊环及吊梁的缺陷。

8）使用中应缓慢加力，绳索收紧后，如有卡绳、磨绳情况，应立即纠正。滑轮等各部分使用情况良好，才能继续工作。

9）滑轮使用后，应清洗干净，涂以防锈漆，存放在干燥的库房内。

3.1.2.4 链式手拉葫芦

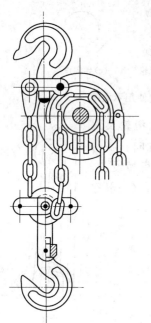

图 3.14　链式手拉葫芦

链式手拉葫芦也称斤不落、倒链、链式起重机。是由链条、链轮及差动齿轮等构成的人力起吊工具，可分为链条式和蜗轮式两种，两者只是内部构造不同，由机体、上下吊钩、吊链和手动导链等构成，如图 3.14 所示。

吊装时，上吊钩的吊点有时利用固定设备作吊点，当拉动牵引链条时，链条转动齿轮传动，通过吊钩拉动重物升降。当松开牵引链条时，重物靠本身自重产生的自锁停止在空中，操作时，靠机体本身固定上下两点，进行竖向垂直吊装或对构件作任意水平方向的拉紧、移动或矫正工作等。

吊链式手拉葫芦体积小、重量轻、效率高、操作简便、节省人力。常与木搭或管制三角架配合使用，用来起重高度不大的轻型构件；或进行短距离水平运输；或拉紧缆风绳以及在构件运输中拉紧捆绑构件的绳索等。在安装工程中应用较广。

链式手拉葫芦的起重能力根据构造、型号、规格和性能确定，一般吊重有 0.5t、1t、2t、3t、5t、10t、20t 等，其吊装高度（吊钩最低与最高工作位置之间距离）一般为 4～6m，最大吊装高度不超过 12m。常见的链式手拉葫芦的规格见表 3.13。

表 3.13　　　　　　　　　常见的链式手拉葫芦规格

型　号	HS0.5	HS1	HS1.5	HS2	HS2.5	HS3	HS5	HS10	HS20
起重量（t）	0.5	11.5	22.5	3	5	10	20	—	—
提升高度（m）	2.5	2.5	2.5	2.5	2.5	3	3	3	3
自重（kg）	8	10	15	24	28	34	56	68	156

链式手拉葫芦的使用维护方法如下：

（1）倒链的上挂钩必须妥善地悬挂在结实可靠的吊点上，防止滑动。

（2）倒链使用前应仔细检查吊钩链条及轮轴是否有损伤，传动部分是否灵活。

（3）倒链挂上重物后，先应缓慢拉动链条，待起重链条受力后再检查一次，确定齿轮啮合和自锁装置等工作良好，方可继续使用。

（4）起吊的重量不得超过规定荷载量，拉动链条时应用力均匀，当接近满负荷时，不得用力猛拉。

（5）起吊物必须用绳索妥善绑扎，绳索必须可靠地挂在吊钩的中央，防止滑脱。

（6）倒链应经常揩擦并加注润滑油，以保持良好的使用状态。

（7）倒链应定期做负荷试验。

3.1.2.5 吊装索具和卡具

吊装索具和卡具是起重安装工作中最基本的工具，它们主要起绑扎重物、传递拉力和夹紧的作用。在吊装过程中，要根据不同的条件和要求，来选择各种索具和卡具，并要考虑它们的强度和安全。

1. 吊装索具

（1）钢丝绳。单股钢丝绳是由多根直径为 0.3～2mm 的钢丝搓绕制成的。整股钢丝绳是用 6 根单股钢丝绳围绕一根浸过油的麻芯拧成。

钢丝绳以丝细、丝多、柔软为好。钢丝绳具有强度高、不易磨损、弹性大、在高速下受力时平稳、没有噪声、工作可靠等特点，是起重吊装中常用的绳索，被广泛地应用于各种吊装、运输设备上。其主要缺点是不易弯曲，使用时须增大起重机卷筒和滑轮的直径，相应地增加了机械的尺寸和质量。

1）钢丝绳规格。钢结构安装施工中常用的钢丝绳是由 6 股 19 丝、6 股 37 丝和 6 股 61 丝拧成。可用 $6×19$、$6×37$、$6×61$ 等符号表示。

2）钢丝绳安全因数及需用滑车直径。钢丝绳安全因数及需用滑轮直径按照表 3.14 选择。

表 3.14　　　　　　　　　　　　钢丝绳安全因数及需用滑轮直径

用　　途		安　全　因　数	需用滑轮直径
缆风绳及拖拉绳		3.5	≥12d
用于起重设备	手动	4.5	≥16d
	机动	5～6	
作吊索	无弯曲时	5～7	—
	有绕曲时	6～8	≥20d
作捆绑吊索		8～10	—
作地锚绳		5～6	—
用于载人的升降机		14	≥30d

3）钢丝绳的负荷。钢丝绳的负荷能力除与本身材料、加工方法有关外，在使用时还要考虑正确选用钢绳的直径和滑轮直径的比例及钢丝绳的安全因数。对于钢丝绳的破断拉力和抗拉强度值均可从相关表格查出。

4）钢丝绳夹的使用。钢丝绳夹应按图 3.15 所示把夹座扣在钢丝绳的工作段上，U 形螺栓扣在钢丝绳的尾段上。钢丝绳夹不得在钢丝绳上交替布置。钢丝绳夹间的距离等于6～7倍钢丝绳直径（图 3.15 中 A），其固定处的强度至少是钢丝绳自身强度的 80%。紧固绳夹时须考虑每个绳夹的合理受力，离套环最远处的绳夹不得首先单独紧固。离套最近处的绳夹（第一个绳夹）应尽可能地靠紧套环，但仍须保证绳夹的正确拧紧，不得损坏钢丝绳的外层钢丝。

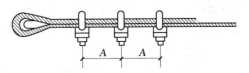

图 3.15　钢丝绳夹的正确布置方法
A—绳夹间距，为6～7倍钢丝绳直径

5）钢丝绳使用和维护。钢丝绳使用要点：

a) 钢丝绳均应按使用性质、荷载大小、钢丝绳新旧程度和工作条件等因素，根据经验或计算选用规格型号。

b) 钢丝绳开卷时，应放在卷盘上或用人力推滚卷筒，不得倒放在地面上，人力盘（甩）开，以免造成扭结，缩短寿命。钢丝绳切断时，应在切口两侧 1.5 倍绳径处用细铁丝扎结，或用铁箍箍紧，扎紧段长度不小于 30mm，以防钢丝绳松捻。

c) 新绳使用前，应以 2 倍最大吊重作载重试验 15min。

d) 钢丝绳穿过滑轮时，滑轮槽的直径应比绳的直径大 1.0～2.5mm，滑轮直径应比钢丝绳直径大 10～12 倍，轮缘破损的滑轮不得使用。

e) 钢丝绳在使用前应抖直理顺，严禁扭结受力，使用中不得抛掷，与地面、金属、电焊导线或其他物体接触摩擦，应加护垫或托绳轮；不能使钢丝绳发生锐角曲折、挑圈或由于被夹、被砸变形。

f) 钢丝绳扣、8 字形千斤索和绳圈等的连接采用卡接法时，夹头规格、数量和间距应符合规定。上夹头时，螺栓要拧紧，直至钢丝绳被压扁 1/3～1/4 直径时为止，并在绳受力后，再将夹头螺栓拧紧一次。采用编接法时，插接的双绳和绳扣的接合长度应大于钢丝绳直径的 20 倍或绳头插足三圈且最短不得少于 300mm。

g) 钢丝绳与构件棱角相触时，应垫上木板或橡胶板。起重物时，起动和制动均必须缓慢不得突然受力和承受冲击荷载。在起重时，如绳股有大量油挤出，应进行检查或更换新绳，以防发生事故。

h) 钢丝绳每工作 4 个月左右应涂润滑油一次。涂油前，应将钢丝绳浸入汽油或柴油中洗去油污，并刷去铁锈。涂油应在干燥和无锈情况下进行，最好用热油浸透绳芯，再擦去多余的油。

i) 钢丝绳使用一段时间后，应判断其可用程度，或换新绳，以确保使用安全。

j) 库存钢丝绳应成卷排列，避免重叠堆置，并应加垫和遮盖，防止受潮锈蚀。

k) 当钢丝绳在高温下工作时，应采取有效的隔热措施，以免钢丝绳受高温烘烤退火而降低强度，钢丝绳在使用过程中，不可与盐、酸、碱、水、泥、油脂等接触。在吊装时，要检查钢丝绳的抗拉强度，当钢丝绳内的油分被挤压出来时，说明钢丝绳的受力已达到其极限。此时应格外注意吊装安全。

（2）麻绳。麻绳又称白棕绳、棕绳，以剑麻为原料，按拧成的股数的多少，分为三股、四股和九股三种；按浸油与否，分浸油绳和素绳两种。吊装中多用不浸油素绳。常用素绳、麻绳较软，建筑工地应用广泛，多用于牵拉、捆绑，有时也用于吊装轻型构件绑扎绳。

浸油绳具有防潮、防腐蚀能力强等优点，但不够柔软，不易弯曲，强度较低；素绳弹性和强度较好（比浸油绳高 10%～20%），但受潮后容易腐烂，强度要降低 50%。

麻绳主要用于绑扎吊装轻型构件和受力不大的缆风绳、溜绳等。

麻绳使用要点：

1）麻绳在开卷时，应卷平放在地上，绳头一面放在底下，从卷内拉出绳头，然后按需要的长度切断。切断前应用细铁丝或麻绳将切断口两侧的绳扎紧。

2）麻绳穿绕滑轮时，滑轮的直径应大于绳直径的 10 倍。

3）使用时，应避免在构件上或地上拖拉。与构件棱角相接触部位，应衬垫麻袋、木板等物。

4）使用中，如发生扭结，应抖直，以免受拉时折断。

5）绳应放在干燥和通风良好的地方，以免腐烂，不得和涂料、酸、碱等化学物品放在一起，以防腐蚀。

2. 吊具

（1）吊钩。吊钩分单吊钩和双吊钩两种。是用整块 20 号优质碳素钢锻制后进行退火处理而成。吊钩表面应光滑，无剥裂、刻痕、锐角裂纹等缺陷。

常用的吊索用带吊环吊钩主要规格见表 3.15。

表 3.15　　　　　　　　　　　　　　吊索用带吊环吊钩主要规格

| 简　图 | 安全吊重量（t） | 尺　寸 （mm） | | | | | | 重量（kg） | 适用钢丝绳直径（mm） |
		A	B	C	D	E	F		
	0.5	7	114	73	19	19	19	0.34	6
	0.75	9	113	86	22	25	25	0.45	6
	1.0	10	146	98	25	29	27	0.79	8
	1.5	12	171	109	32	32	35	1.25	10
	2.0	13	191	121	35	35	37	1.54	11
	2.5	15	216	140	38	38	41	2.04	13
	3.0	16	232	152	41	41	48	2.90	14
	3.75	18	257	171	44	48	51	3.86	16
	4.5	19	282	193	51	51	54	5.00	18
	6.0	22	330	206	57	54	64	7.40	19
	7.0	24	356	227	64	57	70	9.76	22
	10.0	27	394	255	70	64	79	12.30	25

单吊钩常与吊索连接在一起使用，有时也与吊钩架组合在一起使用；双吊钩仅用在起重机上。

（2）卡环。卡环由一个弯环和一根横销组成。卡环按弯环形式，分直形和马蹄形；按横销与弯环连接方法的不同，又分螺栓式和活络式两种［图 3.16 （a）、（b）、（c）］，而以螺栓式卡环使用较多。但在柱子吊装中多用活络卡环；卸钩时吊车松钩将拉绳下拉，销子自动脱

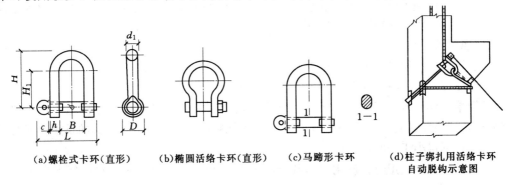

（a）螺栓式卡环（直形）　　（b）椭圆活络卡环（直形）　　（c）马蹄形卡环　　（d）柱子绑扎用活络卡环自动脱钩示意图

图 3.16　卡环型式及柱子绑扎自动脱钩示意图

开，可避免高空作业，但接绳一端宜向上［图 3.16 (d)］，以防销子脱落。

卡环用于吊索与构件吊环之间的连接或用在绑扎构件时扣紧吊索。为吊装作业中应用较为广泛的吊具。

卡环的使用注意事项如下：

1）卡环应用优质低碳钢或合金钢锻成并经热处理，严禁使用铸钢卡环。

2）卡环表面应光滑，不得有毛刺、裂纹、尖角、夹层等缺陷。不得利用焊接补强方法修补卡环的缺陷。在不影响卡环额定强度的条件下，可以清除其局部缺陷。

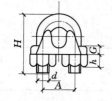

图 3.17 钢丝绳卡

3）使用卡环时，应注意作用力的方向不要歪斜，螺纹应满扣并预先加以润滑。

4）卡环使用前应进行外观检查，必要时应进行无损探伤，发现有永久变形或裂纹，应报废。

（3）绳卡。绳卡（图 3.17）也叫线盘、夹线盘、钢丝卡子、钢丝绳轧头、卡子等。绳卡的 U 形螺栓宜用 Q235 - C 钢制造，螺母可用 Q235 - D 钢制造，其规格尺寸见表 3.16。

表 3.16　　　　　　　　　　　　　绳 卡 规 格

公称尺寸（mm）	主要尺寸（mm）				公称尺寸（mm）	主要尺寸（mm）			
	螺栓直径 d	螺栓中心距 A	螺栓全高 H	夹座厚度 G		螺栓直径 d	螺栓中心距 A	螺栓全高 H	夹座厚度 G
6	M6	13.0	31	6	26	M20	47.5	117	20
8	M8	17.0	41	8	28	M22	51.5	127	22
10	M10	21.0	51	10	32	M22	55.5	136	22
12	M12	25.0	62	12	36	M24	61.5	151	24
14	M14	29.0	72	14	40	M27	69.0	168	27
16	M14	31.0	77	14	44	M27	73.0	178	27
18	M16	35.0	87	16	48	M30	80.0	196	30
20	M16	37.0	92	16	52	M30	84.5	205	30
22	M20	43.0	108	20	56	M30	88.5	214	30
24	M20	45.5	113	20	60	M36	98.5	237	36

注　1. 绳卡的公称尺寸，即等于该绳卡适用的钢丝绳直径。

2. 当绳卡用于起重机上时，夹座材料推荐采用 Q235 钢或 ZG35E 碳素钢铸件制造。其他用途绳卡的夹座材料有 KT350 - 10 可锻铸铁或 QT45610 球墨铸铁。

钢丝绳卡的使用要点如下：

1）绳卡的绳纹应是半精制的，螺母可自由拧动，但不得松动。

2）上螺母时，应将螺纹预先润滑。

3）绕结钢丝绳时，当绳在不受力状态下固定时，第一个绳卡应靠近护绳环，使护绳环能充分夹紧；当绳在受力的状态下固定时，第一个绳卡应靠近绳头，绳头的长度一般为绳径的 10 倍，但不得小于 200mm。

4）钢丝绳搭接使用时，所用绳卡数量应加倍。关键部位的钢丝绳在用绳卡夹紧后，可在两绳卡间用白油漆对钢丝绳进行水平标记，以观察在钢丝绳受力后有无滑动。

（4）钢丝绳用套环。钢丝绳用套环又称索具套环、三角圈，为钢丝绳的固定连接附件。

当钢丝绳与钢丝绳或其他附件间连接时，钢丝绳一端嵌在套环的凹槽中，形成环状，保护钢丝绳弯曲部分受力时不易折断。套环规格和型式如图 3.18 所示。

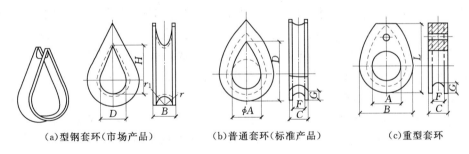

（a）型钢套环（市场产品）　　　（b）普通套环（标准产品）　　　（c）重型套环

图 3.18　钢丝绳用套环

（5）横梁（铁扁担）。

1）滑轮横梁。滑轮横梁由吊环、滑轮、轮轴和吊索等组成，多用于工程中钢柱的吊装就位。吊环用优质钢材锻制而成，环圈的大小应能保证直接挂上起重机吊钩。滑轮直径要大于被起吊柱的厚度，吊环截面与轮轴直径应按起重量的大小来计算确定。它的优点是起吊钢柱时，可以使吊索受力平衡均匀，使柱身容易保持垂直，便于安装就位，如图 3.19 （a） 所示。滑轮横梁适用于起吊 8t 以下的各种形状的柱。

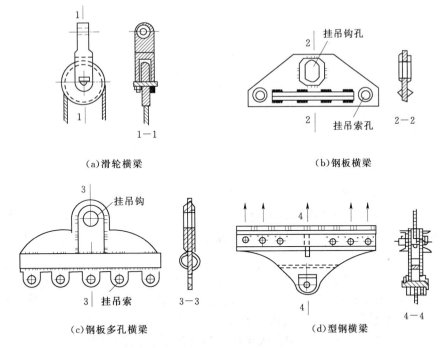

（a）滑轮横梁　　　　　　　　　　　（b）钢板横梁

（c）钢板多孔横梁　　　　　　　　（d）型钢横梁

图 3.19　横梁示意图（一）

2）钢板横梁。钢板横梁由钢板及加强板组合焊接制成。钢板厚度按起吊柱的重量来计算确定。下部挂卡环孔的距离应比柱厚大 20cm，以确保吊索不与柱相碰。它的优点是制作简单，可现场加工，如图 3.19 （b） 所示。钢板横梁适用于吊装质量小于 10t 的柱。

3）钢板多孔横梁。钢板多孔横梁由钢板和钢管焊接制成。有多种模数孔距，可以根据不同柱厚使用不同孔距。它的优点是可以吊装不同截面的柱子而不需换横梁，如图 3.19

(c) 所示。钢板多孔横梁适用于大、中型柱的吊装。

4）型钢横梁。型钢横梁由槽钢和钢板焊接制成。有多种模数孔距，可棍据不同柱厚使用不同孔距，亦可颠倒过来使用，如钢板多孔横梁。其优点是可双机抬吊不同截面柱而不需要更换吊梁，如图 3.19（d）所示。型钢横梁适用于双机抬吊重型混凝土或钢柱。

5）万能横梁。万能横梁由槽钢、吊环、滑轮等组成。吊索穿过滑轮，滑轮挂在槽钢上，滑轮可以回转，自动平衡吊索荷重，并能借助螺栓将其固定，如图 3.20（a）所示。万能横梁适用于柱、梁、板构件的水平起吊、斜吊以及由水平转到垂直位置的起吊（翻身起吊）。

6）普通横梁。普通横梁由槽钢（或钢管）、吊耳、加强板等焊接制成。横梁吊耳上部挂吊索，下部两端挂卡环或滑轮，长 6~12m。制作时要根据吊重验算。它的优点是可以降低起吊高度，降低吊索内力和对构件的压力，缩短绑扎构件时间，便于安装就位，如图 3.20（b）所示。普通横梁适用于两点或四点起吊屋架或桁架等构件。

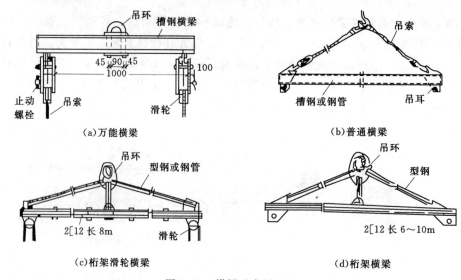

（a）万能横梁　　　　　　　　　　　　（b）普通横梁

（c）桁架滑轮横梁　　　　　　　　　　（d）桁架横梁

图 3.20　横梁示意图（二）

7）桁架滑轮横梁。桁架滑轮横梁由槽钢、型钢（或钢管）、吊环、滑轮等组成。吊环可直接挂在起重机吊钩上，梁两端设有滑轮，吊索穿过滑轮四点绑扎构件，可起到平衡荷载的作用，如图 3.20（c）所示。桁架式带滑轮横梁适用于四点绑扎起吊大跨度屋架、桁架和梁类构件。

8）桁架横梁。桁架式横梁由槽钢（或钢管）、吊耳板、加强板、撑角板等焊接而成。横梁中部带有吊环，可直接挂在起重设备的吊钩上，两端设有吊耳以备直接悬挂卡环或滑轮。它的优点是横梁刚度大，可两点或四点起吊，明显减少起吊高度和对构件的压力，如图 3.20（d）所示。桁架横梁适用于起吊大跨度屋架或其他桁架结构构件。

学习情境 3.2　单层钢结构的安装

3.2.1　单层钢结构的结构

单层钢结构多为轻型钢结构，它是由薄钢板（厚度 5mm 以上）或型钢焊接成主要框架的柱、梁、外加薄壁冷弯屋面、墙面檩条（也有称墙梁、墙筋）等组装而成，外盖以轻质、高强、美观耐久的彩色钢板（简称彩钢板）组成墙体和屋面围护结构。

这类建筑主要由轻型钢构件组装，构件轻质高强，结构抗震性能好，可建造大跨度（9～40m）、大柱距（4～15m）的房屋，并且建筑美观、屋面排水流畅、防水性能好。目前主要用于建造各类轻型工业厂房、仓储、公共设施和娱乐场所、体育场馆等。

单层钢结构房屋一般由钢柱、屋面钢梁或屋架、屋面檩条、墙梁（檩条）及屋面、柱间支撑系统，屋面、墙面彩钢板等组装而成。

3.2.1.1 钢柱

钢柱一般为"H"形断面，采用热轧 H 型钢或用薄钢板经机器自动裁板、自动焊接制成。其截面可制成直条型和变截面型两种，断面尺寸由设计计算确定。钢柱通过地脚螺栓与钢筋混凝土基础连接，通过高强度螺栓与屋面钢梁连接，其连接形式有斜面连接［图 3.21 (a)］和直面连接［图 3.21 (b)］两种。

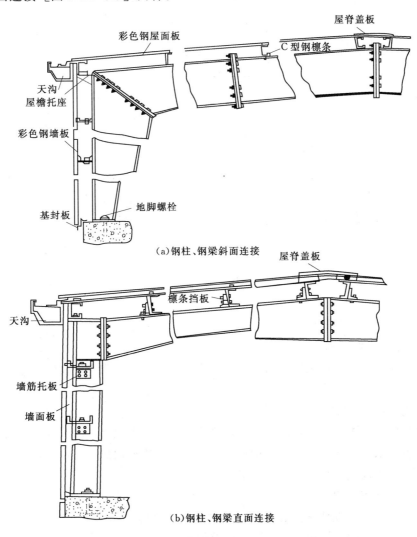

(a) 钢柱、钢梁斜面连接

(b) 钢柱、钢梁直面连接

图 3.21　轻钢构件连接大样图

3.2.1.2 屋面梁

屋面梁一般为I字形截面，根据构件各截面的受力情况，可制成不同截面的若干段，运至施工现场后，在地面拼装并用高强度螺栓连接。

3.2.1.3 檩条与墙梁

轻钢屋面檩条、墙梁采用高强镀锌彩色钢板经辊压成型，其截面形状有"C"形（图3.22）和"L"形。表3.17是C型钢檩条常见的几种断面尺寸。檩条可通过高强度螺栓直接连接在屋面梁翼缘上，也可连接固定在屋面梁上的檩条挡板上，如图3.23所示。

表 3.17   **C 型钢檩条常用型号、尺寸**

型　号	断面尺寸（mm）				型　号	断面尺寸（mm）			
	h	b	a	t		h	b	a	t
C10016	100	50	11	1.6	C15025	150	63	17	2.5
C10020	100	50	11	2.0	C20020	200	70	20	2.0
C12016	120	52	13	1.6	C20025	200	70	20	2.5
C12020	120	52	13	2.0	C25025	250	80	25	2.5
C15020	150	63	17	2.0	C25030	250	80	25	3.0

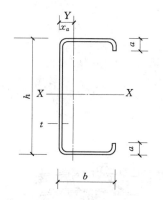

图 3.22 C 型钢檩条断面形状

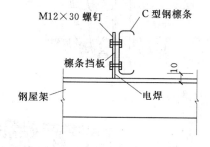

图 3.23 檩条、屋面梁连接节点图

3.2.1.4 屋面、墙面材料

目前应用于单层钢结构的屋面、墙面材料主要有两大类：彩色涂层钢压型板和彩钢保温材料夹芯板。

1. 彩色涂层钢压型板

彩色涂层钢压型板是以钢带材为原料，经表面脱脂、磷化和铬酸盐处理之后，再涂覆优质的有机涂料经烘烤而成为彩色涂层钢带，然后再经过辊压而成。其色彩多样、施工方便和具有良好的力学性能，而且简化了防水措施。

2. 彩钢保温材料夹芯板

彩钢保温材料夹芯板是一种超轻型（一般为 $15\sim25\mathrm{kg/m^2}$）的多功能建筑板材。该类板材其两面是彩色涂层镀锌钢板，中间则为保温材料。该材料具有优异的保温、隔热、抗震性能，而且可用自攻螺钉、膨胀螺栓、抽芯铆钉等紧固，可钉、可锯，特别是其色彩多种多样、板面平整、尺寸精度高、表面线条清晰，作为墙面、屋面板则无需进行防水施工，是一种综合性能极佳的建筑材料。

3.2.2 准备工作

3.2.2.1 技术准备

1. 编制单层钢结构安装施工组织设计

（1）编制内容包括：工程概况与特点，施工组织与部署，施工准备工作计划，施工程序与工艺设计，吊装方案，施工进度计划，施工现场平面布置图，劳动力、机械设备、材料和构件供应计划，质量保证措施和安全措施，构件运输方法、堆放及场地管理，环境保护措施等。

（2）编制要求：施工组织设计的编制要结合每项工程施工的具体特点，具有针对性和可操作性。对大型、细长及稳定性较差等特殊构件的吊点位置和吊环构造，应作专项细部设计与稳定性验算，必要时采取临时加固与保护措施。方案中对起重机械的选择是钢结构吊装的关键，其型号和数量必须满足钢结构的吊装技术要求和进度要求。吊装流水程序要确定每台起重机械的工作内容和各台起重机械的相互配合，其内容深度要达到关键构件并反映到单件，竖向构件反映到柱列，屋面部分反映到节间，同时考虑到安装方便和大型生产设备安装的需要。

2. 熟悉图样

钢结构安装前，应对相关的图样技术文件进行认真的阅读与理解，发现问题及时与业主单位、设计单位取得联系，将问题和隐患消除在安装之前。

3. 钢柱基础及支撑面的准备

（1）钢结构安装前，其基础混凝土强度必须达到设计要求。

（2）根据测量控制网对基础轴线、标高、地脚螺栓规格和位置等进行技术复核。如地脚螺栓预埋在钢结构施工前，应由土建单位完成，但需复核每个螺栓的轴线、标高，对超出规范要求的，必须采取相应的补救措施。如加大柱底板尺寸，需要在柱底板上按照实际螺栓位置重新钻孔或采用设计认可的其他措施。

（3）检查地脚螺栓外露部分的情况，若有弯曲变形、螺牙损坏的螺栓，必须对其进行修正。

（4）将柱子就位轴线弹测在柱基表面，以便钢柱准确就位。

（5）对柱基标高进行找平。

混凝土柱基标高浇筑一般预留 50～60mm（与钢柱底设计标高相比），在安装时用钢垫板或提前采用坐浆承板找平。当采用钢垫板做支承板时，钢垫板的面积应根据基础混凝土抗压强度、柱脚底板下二次灌浆前柱底承受的荷载和地脚螺栓的紧固拉力经计算确定。垫板与基础面和柱底面的接触应平整、紧密。采用坐浆承板时应采用无收缩砂浆，柱子吊装前的砂浆垫块的强度应高于基础混凝土强度一个等级，且砂浆垫块应有足够的面积以满足承载的要求。

3.2.2.2 构件及材料准备

1. 钢构件

（1）钢构件堆放场地的准备。

1）钢构件通常在专门的钢结构加工厂制作，然后运至现场直接吊装或经过组装、拼装后进行吊装。钢构件力求在吊装现场就近堆放，并遵循"重近轻远"（即重构件摆放的位置离吊机近一些，较轻构件摆放的位置离吊机可远一些）的原则。对规模较大的工程需另设钢构件堆放场，以满足钢构件进场堆放、检验、组装和配套供应的要求。

2）钢构件在吊装现场堆放时一般沿起重机开行路线的两侧按轴线就近堆放。其中钢柱和钢屋架等大件的放置应依据吊装工艺作平面布置设计，避免现场二次倒运。钢梁、支撑等可按吊装顺序配套供应堆放。

3）钢构件的堆放应以不产生超出规范要求的变形及保证安全为原则，堆垛高度一般以不超过 2m 和三层为宜。

（2）钢构件验收。安装前应对钢结构构件进行检查，其项目包含钢结构构件的变形、钢结构构件的标记、钢结构构件的制作精度和孔眼位置等。当钢结构构件的变形和缺陷超出允许偏差时应进行处理。

2. 焊接材料

钢结构焊接施工之前，应对焊接材料的品种、规格、性能进行检查，各项指标应符合现行国家标准和设计要求。检查焊接材料的质量合格证明文件、检验报告及中文标志等。对重要钢结构采用的焊接材料应进行抽样复验。

3. 高强度螺栓

（1）钢结构设计用高强度螺栓连接时应根据图样要求分规格统计所需高强度螺栓的数量，并配套供应至现场。同时，检查其出厂合格证、产品质量证明文件及扭矩系数或紧固轴力（预拉力）的检验报告是否齐全，并按规定做紧固轴力或扭矩系数复验。对钢结构连接件摩擦面的抗滑移系数亦需进行复验。

（2）螺栓产品出厂质量证明文件包括：

1）材料、炉号、化学成分。

2）规格、数量。

3）力学性能试验数据。

4）连接副紧固轴力或扭矩系数平均值、标准偏差及测试环境温度。

5）出厂日期和批号。

3.2.2.3 起重设备的选择与吊装

单层钢结构安装工程的普遍特点是面积大、跨度大，在一般情况下应选择可移动式起重设备，如汽车式制重机、履带式起重机等。对于重型单层钢结构安装工程一般选用履带式起重机，对于较轻的单层钢结构安装工程可选用汽车式起重机。单层钢结构安装工程其他常用的施工机具有电焊机、栓钉机、卷扬机、空压机、倒链、滑车、千斤顶、高强度螺栓、电动扳手等。

钢结构安装时，应先选择起重机。在起重机的类型确定之后，还需要进一步选择起重机的型号及起重臂的长度。所选起重机的三个工作参数：起重量、起重高度、起重半径应满足结构吊装的要求。

选择起吊方法：

（1）细长构件。对于细长构件，如钢柱，为了防止其在吊装过程中变形，可以考虑采用两点或三点起吊。

为了保证吊装时的索具安全及便于安装校正，吊装钢柱时在吊点部位应预先安有吊耳，如图 3.24 所示，待安装完毕后再割去。如果不采用焊接吊耳的方法，亦可直接用钢丝绳绑扎钢柱（绑扎点处的四角应用割缝钢管或方形条木做包角保护，以防钢丝绳受损）。如果钢柱的断面为I字形时，则可在吊点处加一加强肋板，以起到加强支撑的作用。

起吊方法应根据钢柱类型、起重设备和现场条件确定。起重机械可采用单机、双机、三机等，如图 3.25 所示。起吊方法可采用旋转法、滑行法、递送法。

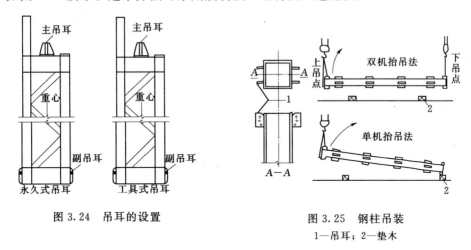

图 3.24　吊耳的设置

图 3.25　钢柱吊装
1—吊耳；2—垫木

对于重型柱或高于10m的细长柱或浅杯口的基础或遇刮风天气时，还应在钢柱大面两侧加设支撑临时固定。

1）旋转法。旋转法是起重机边起钩边回转，使钢柱绕柱脚旋转而将钢柱吊起（图3.26）。

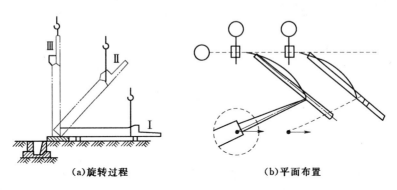

(a)旋转过程　　　　(b)平面布置

图 3.26　用旋转法吊柱

2）递送法。递送法采用双机或三机抬吊钢柱。其中一台为副机吊点，选在钢柱下面，起吊时配合主机起钩，随着主机的起吊，副机行走或回转。在递送过程中，副机承担了一部分荷载，将钢柱抬起回转或行走（图3.27）。

3）滑行法。滑行法是采用单机或双机抬吊钢柱，起重机只起钩，使钢柱滑行而将钢柱吊起。为减少钢柱与地面摩阻力，需在柱脚下铺设滑行道（图3.28）。

吊起的钢柱插入杯形基础的杯口就位，经初步校正后，用钢或硬木楔临时固定。柱身中心线对准杯口或杯底中心线后刹车，在柱与杯口四周空隙间每侧塞入2个钢楔或硬木楔，当柱落实到杯底后，复查对位，打紧楔子，起重机脱钩，完成吊装工作。

采用地脚螺栓连接的钢柱，吊装就位并初步调整到准确位置后，拧紧全部螺母，临时安装固定后,即可脱钩(图3.29)。

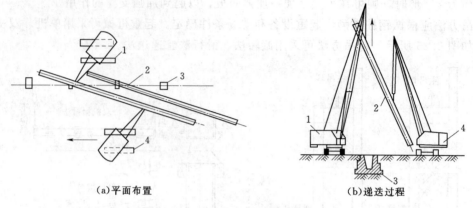

(a)平面布置 　　　　　(b)递送过程

图3.27　双机抬吊递送法

1—主机;2—柱子;3—基础;4—副机

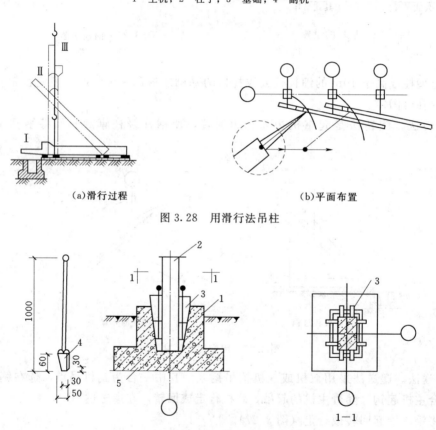

(a)滑行过程 　　　　　(b)平面布置

图3.28　用滑行法吊柱

图3.29　柱的临时固定

1—杯形基础;2—柱;3—钢或木楔;4—钢塞;5—嵌小钢塞或卵石

(2)易产生失稳构件。对于易产生失稳的构件的吊点选择,应注意以下几点,并采取相应措施:

1)根据起吊吊点位置,验算柱、屋架等构件吊装时的抗裂度和稳定性,防止出现裂缝和构件失稳。

2）对屋架、天窗架、组合式屋架、屋面梁等侧向刚度差的构件，在横向用 1～2 道杉木脚手杆或竹竿进行加固。

3）按吊装方法要求，将构件按吊装平面布置图就位。直立排放的构件，如屋架天窗架等，应用支撑稳固。

4）高空就位构件应绑扎好牵引溜绳、缆风绳。

5）吊装桁架时，如果桁架上、下弦角钢的最小规格能满足表 3.18 的规定，则无论绑扎点在桁架的任何部位，桁架在吊装时都能保证稳定。

表 3.18　　　　　　　　　　　保证桁架吊装稳定性的弦杆最小规格

弦杆断面	桁架跨度（m）						
	12	15	18	21	24	27	30
上弦杆⊤	90×60×8	100×75×8	100×75×8	120×80×8	120×80×8	150×100×12 120×80×12	200×120×12 180×90×12
下弦杆⊥	65×6	75×8	90×8	90×8	120×80×8	120×80×10	150×100×10

3.2.2.4　施工工艺流程

单层钢结构的安装施工工艺流程，如图 3.30 所示。

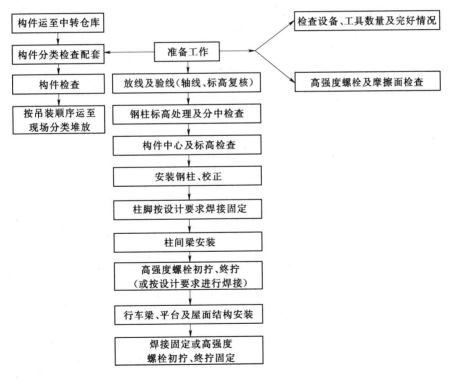

图 3.30　单层钢结构安装工艺流程图

3.2.3　施工安装

3.2.3.1　基础的验收

（1）构件安装前，必须取得基础验收的合格资料。基础施工单位可分批或一次交给，但每批所交的合格资料应是一个安装单元的全部桩基基础。

（2）安装前应根据基础验收资料复核各项数据，并标注在基础表面上。支承面、支座和地脚螺栓的位置和标高等的偏差应符合相关规定。

（3）复核定位应使用轴线控制点和测量标高的基准点。

（4）钢柱脚下面的支承构造应符合设计要求。需要填垫钢板时，每叠不得多于3块。

（5）钢柱脚底板面与基础间的空隙，应用细石混凝土浇筑密实。

3.2.3.2 钢柱的安装

钢柱的安装方法有旋转吊装法和滑行吊装法两种。单层轻钢结构钢柱宜采用旋转法吊升。吊升时，宜在柱脚底部拴好拉绳并垫以垫木，防止钢柱起吊时，柱脚拖地和碰坏地脚螺栓。

1. 钢柱基础浇筑

为了保证地脚螺栓位置准确，施工时可用钢做固定架，将地脚螺栓安置在与基础模板分开的固定架上，然后浇筑混凝土。为保证地脚螺纹不受损伤，应涂黄油并用套子套住。

为了保证基础顶面标高符合设计要求，可根据柱脚形式和施工条件，采用下面两种浇筑方法：

（1）一次浇筑法。即将柱脚基础支承面混凝土一次浇筑到设计标高。为了保证支承面标高准确，首先将混凝土浇筑到比设计标高低20～30mm处，然后在设计标高处设角钢或槽钢制导架，测准其标高，再以导架为依据用水泥砂浆精确找平到设计标高（图3.31）。采用一次浇筑法，可免除柱脚二次浇筑的工作，但要求钢柱的制作尺寸十分准确，且要保证细石混凝土与下层混凝土的紧密黏结。

（2）二次浇筑法。即柱脚支承面混凝土分两次浇筑到设计标高。第一次将混凝土浇筑到比设计标高低40～60mm处，待混凝土达到一定强度后，放置钢垫板并精确校准钢垫板的标高，然后吊装钢柱。当钢柱校正后，在柱脚底板下浇筑细石混凝土（图3.32）。二次浇筑法虽然多了一道工序，但钢柱容易校正，故重型钢柱多采用此法。

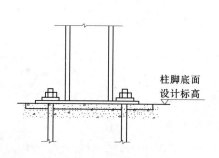

图3.31 钢柱基础的一次浇筑法

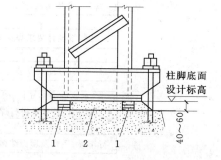

图3.32 钢柱基础的二次浇筑法（单位：mm）

1—调整柱子用的钢垫板；2—柱子安装后浇筑的细石混凝土

2. 钢柱吊装施工

（1）绑扎。如果柱的宽面在起吊后的抗弯强度能满足要求时，可采用斜吊绑扎法；当柱的宽面起吊后抗弯能力不足时，需将柱由平放转为侧立，绑扎起吊时，可采用直吊绑扎法。对于重型或配筋少的细长柱，则需两点甚至三点绑扎。

（2）吊升。采用旋转法吊装柱时，柱脚宜靠近基础，柱的绑扎点、柱脚中心与基础中心三者宜位于起重机的同一起重半径的圆弧上。起吊时，起重臂边升钩、边回转，柱顶随起重钩的运动也边升起、边回转，把柱吊起插入基础，如图 3.33 所示。

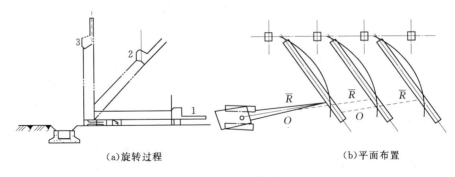

（a）旋转过程 （b）平面布置

图 3.33 旋转法吊装柱

采用滑行法吊装柱时，起重臂不动，仅起重钩上升，柱顶也随之上升，而柱脚则沿地面滑向基础，直至将柱提离地面，把柱子插入杯口，如图 3.34 所示。

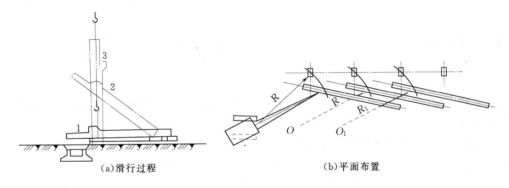

（a）滑行过程 （b）平面布置

图 3.34 滑行法吊装柱

（3）对位和临时固定。钢柱对位时，一定要使柱子中心线对准基础顶面安装中心线，并使地脚螺栓对孔，注意钢柱垂直度，在基本达到要求后，方可落下就位。通常钢柱吊离杯底 30～50mm。对位完成后，可用 8 只木楔或钢楔打紧帮（图 3.35）或拧上四角地脚螺栓作临时固定。钢柱垂直度偏差宜控制在 20mm 以内。重型柱或细长柱除采用楔块临时固定外，必需时可增设缆风绳拉锚。

（4）校正。柱的校正内容包括平面定位、标高及垂直度。柱标高、平面位置的校正已在基础杯底抄平、柱对位时完成。钢柱就位后，主要是校正钢柱的垂直度，可用两台经纬仪在两个方向对准钢柱两个面上的中心标记，同时检查钢柱的垂直度，如有偏差，可用敲打楔块法、敲打钢钎法、丝杠千斤顶平顶法、钢管撑杆斜顶法（图 3.36）等进行校正。

（5）最后固定。柱校正后，应立即进行最后固定。最后固定的方法是在柱脚与杯口的空隙中灌细石混凝土。灌筑混凝土应分两次进行，第一次灌至楔块底面，待混凝土强度达到 25％后，拔出楔子，将杯口全部灌满。

3.2.3.3 钢梁的安装

由于单层钢结构大多为厂房，其常有起重机梁设置。故一般应先进行起重机梁的安装，然后再进行屋面梁的安装。

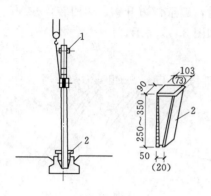

图 3.35 柱的对位与临时固定图（单位：mm）
1—安装揽风绳或挂操作台的夹箍；2—钢楔
括号内的数字表示另一种规格钢楔的尺寸

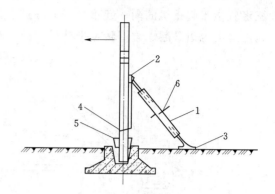

图 3.36 钢管撑杆斜顶法
1—丝杆撑杆；2—垫块；3—底座；
4—柱子；5—材楔；6—手柄

1. 起重机梁的安装

吊装起重机梁应在钢柱吊装完成经最后固定后进行。一般采用与柱子吊装相同的起重机或桅杆，用单机起吊；对 24m、36m 重型起重机梁，可采用双机抬吊的方法。

（1）准备工作。

1）检查定位轴线。起重机梁吊装前应严格控制定位轴线，认真做好钢柱底部临时标高垫块的设置工作，密切注意钢柱吊装后的位移和垂直度偏差的数值，实测起重机梁搁置端部梁高的制作误差值。

2）复测起重机梁纵横轴线。安装前，应对起重机梁的纵横轴线进行复测和调整。钢柱的校正应把有柱间支撑的作为标准排架认真对待，从而控制其他柱子纵向的垂直偏差和竖向构件吊装时的累计误差；在已吊装完的柱间支撑和竖向构件的钢柱上复测起重机梁的纵横轴线，并应进行调整。

3）调整牛腿面的水平标高。安装前，调整搁置钢起重机梁牛腿面的水平标高时，应先用水准仪（精度为±3mm/km）测出每根钢柱上原先弹出的±0.00 基准线在柱子校正后的实际变化值。一般实测钢柱横向靠近牛腿处的两侧，同时做好实测标记。

根据各钢柱搁置行车梁牛腿面的实测标高值，定出全部钢柱搁置行车梁牛腿面的统一标高值，以统一标高值为基准，得出各搁置行车梁牛腿面的标高差值。

根据各个标高差值和行车梁的实际高差来加工不同厚度的钢垫板。同一搁置行车梁牛腿面上的钢垫板一般应分成两块加工，以利于两根行车梁端头高度值不同的调整。在吊装行车梁前，应先将精加工过的垫板点焊在牛腿面上。

4）起重机梁绑扎。钢起重机梁一般绑扎两点。梁上设有预埋吊环的起重机梁，可用带钢钩的吊索直接钩住吊环起吊；自重较大的梁，应用卡环与吊环吊索相互连接在一起；梁上未设吊环的可在梁端靠近支点处，用轻便吊索配合卡环绕起重机梁（或梁）下部左右对称绑扎，或用工具式吊耳吊装，如图 3.37 所示。并注意以下几点：

a）绑扎时吊索应等长，左右绑扎点对称。

b）梁棱角边缘应衬以麻袋片、汽车废轮胎块、半边钢管或短方木护角。

c）在梁一端需拴好溜绳（拉绳）；以防就位时左右摆动，碰撞柱子。

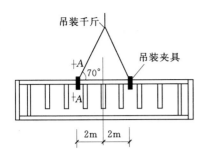
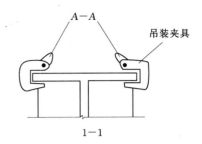

图 3.37 利用工具式吊耳吊装

（2）起重机梁的吊装。起重机梁一般采取分件吊装法，当起重能力允许时，也可采取将起重机梁与制动梁（或桁架）及支撑等组成一个大部件进行整体吊装。

1）起吊就位：

a）起重机梁吊装须在柱子最后固定且柱间支撑安装后进行。

b）在屋盖吊装前安装起重机梁，可使用各种起重机进行。如屋盖已吊装完成，则应用短臂履带式起重机或独脚桅杆吊装，起重臂杆高度应比屋架下弦低 0.5m 以上。如无起重机，亦可在屋架端头、柱顶拴倒链安装。

c）起重机梁应布置在接近安装的位置，使梁重心对准安装中心，安装可由一端向另一端，或从中间向两端的顺序进行。当梁吊至设计位置离支座面 20mm 时，用人力扶正，使梁中心线与支承面中心线（或已安相邻梁中心线）对准，并使两端搁置长度相等，然后缓慢落下，如有偏差，稍吊起用撬杠引导正位，如支座不平，用斜铁片垫平。

d）当梁高度与宽度之比大于 4 时，或遇 5 级以上大风时，脱钩前，应用 8 号钢丝将梁捆于柱上临时固定，以防倾倒。

2）垂直度及水平度控制：

a）预先测量起重机梁在支承处的高度和牛腿距柱底的高度，如产生偏差时，可用垫铁在基础上平面或牛腿支承面上予以调整。

b）吊装起重机梁前，为防止垂直度、水平度超差，应认真检查其变形情况，如发生扭曲等变形时应予以矫正，并采取刚性加固措施防止吊装再变形；吊装时应根据梁的长度，可采用单机或双机进行吊装。

c）安装时应按梁的上翼缘平面事先画的中心线进行水平移位、梁端间隙的调整，达到规定的标准要求后，再进行梁端部与柱的斜撑等的连接。

d）起重机梁各部位置基本固定后应认真复测有关安装的尺寸，按要求达到质量标准后，再进行制动架的安装和紧固。

e）要防止起重机梁垂直度、水平度超差，应认真搞好校正工作。其顺序是首先校正标高和其他项目的调整、校正工作，待屋盖系统安装完成后再进行校正、调整，这样可防止因屋盖安装引起钢柱变形而直接影响起重机梁安装的垂直度或水平度的偏差。

3）定位校正。校正应在梁全部安完、屋面构件校正完并最后固定后进行。质量较大的起重机梁亦可边安装边校正。校正内容包括中心线（位移）、轴线间距（即跨距）、标高垂直度等。纵向位移在就位时已校正，故校正主要为横向位移。

a）校正机具。高低方向的校正主要是对梁的端部标高进行校正，可用起重机吊空、特殊工具抬空、液压千斤顶顶空，然后在梁底填设垫块。

水平方向移动校正常用撬棒、钢楔、花篮螺栓、链条葫芦和液压千斤顶进行。一般重型行车梁用液压千斤顶和链条葫芦进行。

b）标高校正。校正起重机梁的标高时，可将水平仪放置在厂房中部某一起重机梁上或地面上，在柱上侧出一定高度的水准点，再用钢直尺或样杆量出水准点至梁面铺轨需要的高度。每根梁观测两端及跨中三点。根据测定标高进行校正，校正时用撬杠撬起或在柱头屋架上弦端头节点上挂倒链，将起重机梁需垫垫板的一端吊起。

重型柱在梁一端下部用千斤顶顶起，填塞薄钢板。在校正标高的同时，用靠尺或线锤在起重机梁的两端（鱼腹式起重机梁在跨中）测垂直度如图 3.38 所示。当偏差超过规范允许偏差（一般为 5mm）时，用楔形钢板在一侧填塞纠正。

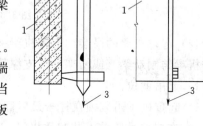

图 3.38 起重机梁垂直度的校正
1—起重机梁；2—靠尺；3—线锤

c）校正起重机梁中心线与起重机跨距时，先在起重机轨道两侧的地面上，根据柱轴线放出起重机轨道轴线，用钢直尺校正两轴线的距离，再用经纬仪放线、钢丝挂线锤或在两端拉钢丝等方法校正，如图 3.39 所示。如有偏差，用撬杠拨正，或在梁端设螺栓、液压千斤顶侧向顶正，如图 3.40 所示，或在柱头挂倒链将起重机梁吊起或用杠杆将起重机梁抬起，再用撬杠配合移动拨正。

d）起重机梁校正完毕后，应立即将起重机梁与柱牛腿上的埋设件焊接固定，在梁柱接头处支侧模，浇筑细石混凝土并养护。

（3）安装起重机轨道。起重机轨道在安装前应严格复测起重机梁的安装质量，使其上平面的中心线、垂直度和水平度的偏差数值，控制在设计或施工规范的允许范围之内；同时对轨道的总长和分段（接头）位置尺寸分别测量，以保证全长尺寸、接头间隙的正确。

安装轨道时，为了保证各项技术指标达到设计和现行施工规范的标准，应做到如下要求：

1）轨道的中心线与起重机梁的中心线应控制在允许偏差的范围内，使轨道受力重心与起重机梁腹板中心的偏移量不得大于腹板厚度的 1/2。调整时，为达到这一要求，应使两者（起重机梁及轨道）同时移动，否则达不到这一数值标准。

2）安装调整水平度或直线度用的斜、平垫铁与轨道和起重机梁应接触紧密，每组垫铁不应超过 2 块；长度应小于 100mm；宽度应比轨道底宽 10～20mm；两组垫铁间的距离应不小于 200mm；垫铁应与起重机梁焊接牢固。

3）如果轨道在混凝土起重机梁上安装时，垫放的垫铁应平整，且与轨道底面接触紧密，接触面积应大于 60%；垫板与混凝土起重机梁的间隙应大于 25mm，并用无收缩水泥砂浆填实；小于 25mm 时应用开口型垫铁垫实；垫铁一边伸出桥型垫板约 10mm，并焊牢固。

4）为使安装后的轨道水平度、直线度符合设计或规范的要求，固定轨道、矩形或桥形的紧固螺栓应有防松措施，一般在螺母下应加弹簧垫圈或用副螺母，以防起重机工作时在荷载及振动等外力作用下使螺母松脱。

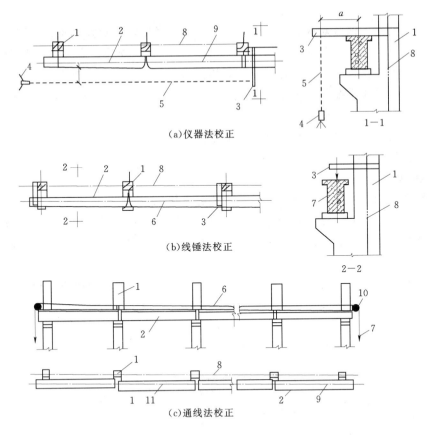

(a)仪器法校正

(b)线锤法校正

(c)通线法校正

图 3.39　起重机梁轴线的校正

1—柱；2—起重机梁；3—短木尺；4—经纬仪；5—经纬仪与梁轴线平行视线；6—低碳钢丝；
7—线锤；8—柱轴线；9—起重机梁轴线；10—钢管或圆钢；11—偏离中心线的起重机梁

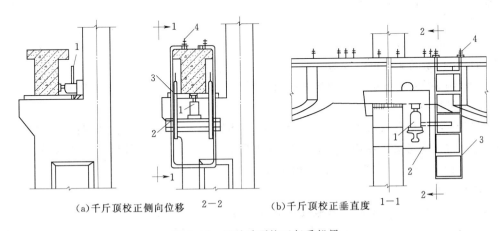

(a)千斤顶校正侧向位移　　2—2　　　　(b)千斤顶校正垂直度　　1—1

图 3.40　用千斤顶校正起重机梁

1—液压（或螺栓）千斤顶；2—钢托架；3—钢爬梯；4—螺栓

2. 屋面梁的安装

（1）屋面梁在地面拼装并用高强度螺栓连接紧固。高强度螺栓的紧固、检测应按规范规定进行。

（2）屋面梁宜采用两点对称绑扎吊装，绑扎点亦设软垫，以免损伤构件表面。

（3）屋面梁吊装前应设好安全绳，以方便施工人员高空操作；屋面梁的吊升宜缓慢进行，吊升过柱顶后由操作工人扶正对位，用螺栓穿过连接板与钢柱临时固定，并进行校正。

（4）屋面梁的校正主要是垂直度检查，屋面梁跨中垂直度偏差不大于 $H/250$（H 为屋面梁高），并不得大于 20mm。

（5）屋架校正后应及时进行高强度螺栓的紧固，做好永久固定。

3.2.3.4　钢屋架的安装

1. 基本要求

（1）钢屋架可用自行起重机（尤其是履带式起重机）、塔式起重机和桅杆式起重机等进行吊装。由于屋架的跨度、重量和安装高度不同，宜选用不同的起重机械和吊装方法。

（2）屋架多作悬空吊装，为使屋架在吊起后不致发生摇摆和其他构件碰撞，起吊前在屋架两端应绑扎溜绳，随吊随放松，以此保持其正确位置。

（3）钢屋架的侧向刚度较差，对翻身扶直与吊装作业，必要时应绑扎几道杉杆，作为临时加固措施（图 3.41）。

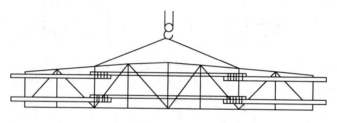

图 3.41　屋架的临时加固

（4）钢屋架的侧向稳定性较差，如果起重机械的起重量和起重臂长度允许时，最好经扩大拼装后再进行组合吊装，即在地面上将两榀屋架及其上的天窗架、檩条、支撑等拼装成整体，一次进行吊装。

（5）钢屋架要检查校正其垂直度和弦杆的平直度。屋架的垂直度可用垂球检验，弦杆的平直度则可用拉紧的测绳进行检验。

（6）屋架临时固定可用临时螺栓和冲钉，最后固定宜用电焊或高强度螺栓。

2. 钢屋架绑扎

当屋架跨度不大于 18m 时，采用两点绑扎；当跨度大于 18m 时需采用四点绑扎；当跨度大于 30m 时，应考虑采用横吊梁，以减小绑扎高度，如图 3.42 所示。绑扎时吊索与水平线的夹角不宜小于 45°，以免屋架上弦承受过大压力。

3. 钢屋架吊升与对位

（1）屋架吊升是先将屋架吊离地面约 300mm，然后将屋架转至吊装位置下方，再将屋架提升超过柱顶约 300mm，然后将屋架缓慢降至柱顶，进行对位。

（2）屋架对位应以建筑物的定位轴线为准，因此，在屋架吊装前，应用经纬仪或其他工具在柱顶放出建筑物的定位轴线。如柱顶截面中线与定位轴线偏差过大时，应调整纠正。

4. 钢屋架扶直与就位

（1）扶直。根据起重机与屋架相对位置不同，可分正向扶直和反向扶直。

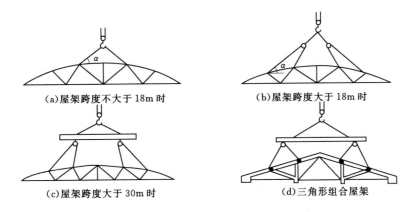

(a)屋架跨度不大于 18m 时   (b)屋架跨度大于 18m 时

(c)屋架跨度大于 30m 时   (d)三角形组合屋架

图 3.42 屋架的绑扎

1）正向扶直：起重机位于屋架下弦一侧，扶直时屋架以上弦为轴缓缓转直，如图 3.43（a）所示。

2）反向扶直：起重机位于屋架上弦一侧，扶直时屋架以上弦缓缓转直，如图 3.43（b）所示。

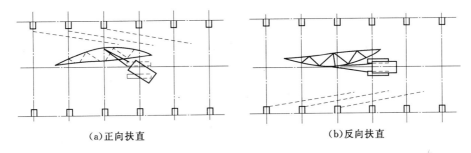

(a)正向扶直   (b)反向扶直

图 3.43 屋架的扶直

（2）就位。钢屋架扶直后应立即进行就位。

1）按就位的位置不同，可分为同侧就位和异侧就位两种（图 3.44）。同侧就位时，屋架的预制位置与就位位置均在起重机开行路线的同一边。异侧就位时，需将屋架由预制的一边转至起重机开行路线的另一边就位。

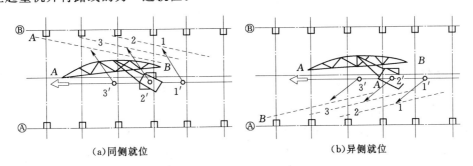

(a)同侧就位   (b)异侧就位

图 3.44 屋架的就位示意图

此时，屋架两端的朝向已有变动，因此，在预制屋架前，对屋架的就位位置应加以考虑，以便确定屋架两端的朝向及预埋件的位置等问题。

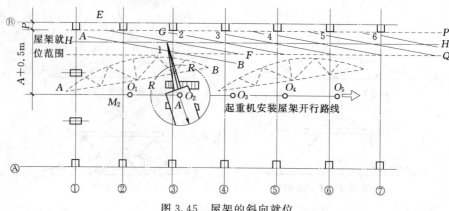

图 3.45 屋架的斜向就位

2) 按屋架就位的方式，可分为靠柱边斜向就位（图 3.45）和靠柱边成组纵向就位。屋架成组纵向就位时，一般以 4～5 榀为一组靠柱边顺轴线纵向就位。屋架与柱之间、屋架与屋架之间的净距大于 20cm，相互之间用铅丝及支撑拉紧撑牢。每组屋架之间应留 3m 左右的间距作为横向通道，如图 3.46 所示。

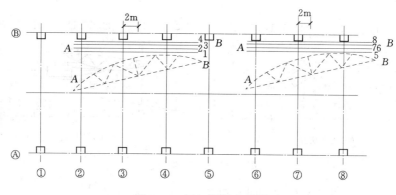

图 3.46 屋架的纵向就位

5. 钢屋架临时固定

屋架对位后，立即进行临时固定。临时固定稳妥后，起重机方可摘去吊钩。

第一榀屋架就位后，一般在其两侧各设置两道缆风绳做临时固定，并用缆风绳来校正垂直度（图 3.47）。当厂房有抗风柱并已吊装就位时，也可将屋架与抗风柱连接作为临时固定。

第二榀及以后各榀屋架的临时固定，是用屋架校正器撑牢在上一榀的屋架上，做临时固定（图 3.47），15m 跨以内的屋架用一根校正器，18m 跨以上的屋架用两根校正器。

6. 钢屋架校正与最后固定

屋架经对位、临时固定后，主要校正屋架垂直度偏差。规范规定：屋架上弦（在跨中）对通过两支座中心垂直面的偏差不得大于 $h/250$（h 为屋架高度）。检查时可用垂球或经纬仪。校正无误后，立即用电焊焊牢作为最后固定，应对角施焊，以防焊缝收缩导致屋架倾斜。

3.2.3.5 屋面檩条及墙面梁的安装

当安装完一个单元的钢柱、屋面梁后，即可进行屋面檩条和墙梁的安装。对于薄壁轻钢

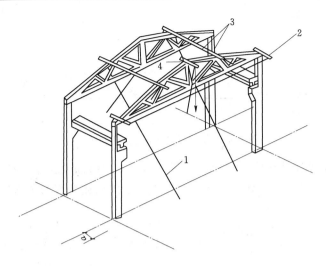

图 3.47 屋架的临时固定
1—缆风绳；2—横杆；3—校正器；4—吊锤

檩条，由于重量轻，安装时可用起重机械或人力吊升。墙梁也可在整个钢框架安装完毕后进行。

墙梁安装比较简单，直接用螺栓连接在檩条挡板或墙梁托板上。檩条的安装误差应在 ±5mm 之内，弯曲偏差应在 $L/750$（L 为檩条跨度），且不得大于 20mm。墙梁安装后应用拉杆螺栓调整平直度，顺序应由上向下逐根进行。

3.2.3.6 覆面板的安装

屋面檩条、墙梁安装完毕后，就可进行屋面、墙面覆面板的安装。一般是先安装墙面覆面板，后安装屋面覆面板，以便于檐口部位的连接。

用于墙面、屋面的覆面板通常为彩色镀锌钢板或彩钢保温材料夹芯板。

在此仅以彩色镀锌钢板为例来介绍覆面板的安装。

彩色镀锌钢板在檩条上的安装有隐藏式连接和自攻螺钉连接两种。

（1）隐藏式连接适用于轻钢结构〔如图 3.48（c）、图 3.48（d）〕两种型号的钢板，通过支架将其固定在檩条上。彩色镀锌钢板横向之间用咬口机将相邻彩色镀锌钢板的搭接口咬接，如图 3.49 所示，或用防水黏结胶黏结（这种做法仅适用于屋面）。

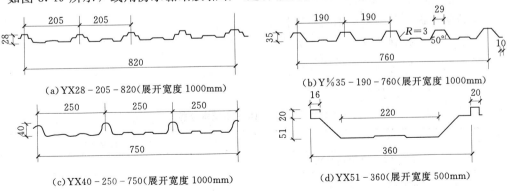

(a)YX28-205-820（展开宽度 1000mm）

(b)Y%35-190-760（展开宽度 1000mm）

(c)YX40-250-750（展开宽度 1000mm）

(d)YX51-360（展开宽度 500mm）

图 3.48 彩色镀锌钢板几种形状规则

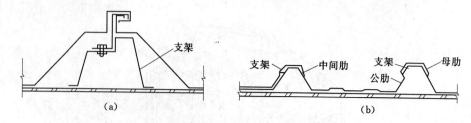

图 3.49 隐藏式连接彩色镀锌钢板

（2）自攻螺钉连接是将彩色镀锌钢板直接通过自攻螺钉固定在屋面檩条或墙梁上，在螺钉处涂防水胶封口，如图 3.50 所示。这种方法可用于屋面或墙面彩色镀锌钢板连接。

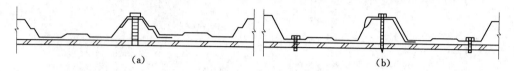

图 3.50 螺钉连接彩色镀锌钢板

3.2.4 施工安装质量的控制及要求

3.2.4.1 基础和支承面

（1）钢结构安装前，土建部门已做完基础，为确保钢结构的安装质量，进场后应首先要求土建部门提供建筑物轴线、标高及其轴线基准点、标高水准点，依次进行复测轴线及标高。

（2）轴线复测宜根据建筑物不同的平面采取以下不同的方法：

1）矩形建筑物的验线宜选用直角坐标法。

2）任意形状建筑物的验线宜选用极坐标法。

3）平面控制点与欲测点距离较长，量距困难或不便量距时，宜选用角度（方向）交会法。

4）平面控制点与欲测点距离不超过所用钢直尺全长，且场地量距条件较好时，宜选用距离交会法。

5）使用光电测距仪验线时，宜选用极坐标法。

（3）验线时应依据以下条件：

1）建筑物平面控制图、主轴线及其控制桩。

2）建筑物高程控制网及±0.000 高程线。

3）控制网及定位放线中的最弱部位。

（4）建筑物平面控制网测角、边长相对误差见表 3.19。

表 3.19　　　　　　　　　　建筑物平面控制网主要技术指标

等级	适用范围	测角中的误差（″）	边长相对中的误差（mm）
1	钢结构超高层连续程度高的建筑	±9	$l/24000$
2	框架、高层连续程度一般的建筑	±12	$l/15000$
3	一般建筑	±24	$l/8000$

（5）钢结构安装前应对建筑物定位轴线、基础上柱的定位轴线和柱底标高、地脚螺栓（锚栓）位移位置等进行检查，并应进行基础检测和办理交接验收。

（6）当基础工程分批进行交接时，每次交接验收不应少于一个安装单元的柱基基础，并应符合下列规定：

1）基础混凝土强度达到设计要求。

2）基础周围回填夯实完毕。

3）基础的轴线标志和标高基准点准确、齐全。

（7）钢柱脚采用钢垫板作支承时，应符合下列规定：

1）钢垫板面积应根据基础混凝土的抗压强度、柱脚底板下细石混凝土二次浇灌前柱底承受的荷载和地脚螺栓（锚栓）的紧固拉力计算确定。

2）地脚螺栓采用如图3.51所示，通过螺母调整标高；为防止锚栓水平方向上错位，可将柱脚底板孔适当加大进行小调整。

3）采用坐浆垫板时，应采用无收缩砂浆。柱子吊装前，砂浆试块应高于基础混凝土强度一个等级。

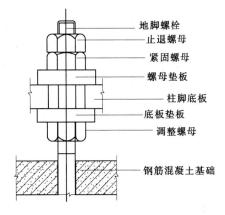

图3.51 地脚螺栓

（8）钢结构的安装在形成空间刚度单元后，应及时对柱底板和基础顶面的空隙用细石混凝土二次浇灌。

3.2.4.2 单层钢结构

1. 钢屋架的安装

（1）钢屋架的安装，应根据安装施工组织设计进行。安装程序必须保证结构能形成稳定的空间体系，并不导致永久变形。

（2）钢屋架的现场拼装应符合如下规定：

1）钢构件应按照规定进行进场检验。

2）现场拼装的地基应坚实，做相应的拼装台并找平，必要时加约束处理。

3）首先检查拼装节点处的角钢或钢管外形尺寸，如有变形，用机械矫正或火焰矫正，达到标准后再拼装。

4）将两半榀屋架放在拼装台上，每榀至少有4个或6个点进行找平，拉通线尺寸无误，进行点焊，按焊接顺序焊好。

5）对于刚性较小的屋架，每焊完一面要进行加固，构件翻身后继续找平，复核尺寸焊接。

6）屋架上下弦杆扭曲或折线变形，主要是焊接变形或运输堆放压弯。矫正方法有机械矫正法、火焰矫正法等几种方法。矫正后的杆件表面上不应有凹陷、凹痕及其他损伤。

7）碳素结构钢和低合金高强度结构钢允许加热矫正，其加热温度严禁超过正火温度900℃。

（3）屋架起拱和垂直度应符合有关规范和设计要求，并应符合下列规定：

1）钢屋架的侧向刚度较差，安装前应加固。

2）屋架的绑扎点必须绑扎在屋架节点上，以防构件在吊点产生弯曲变形。

3）钢屋（托）架、桁架、梁及受压杆件的垂直度和侧向弯曲矢高的允许偏差应符合表

3.20 的规定。

2. 门式刚架结构安装

（1）门式刚架宜采用以下结构形式：

1）在门式刚架的轻型结构体系中，屋盖宜采用压型钢板屋面板和冷弯薄壁型钢檩条，主刚架可采用变截面实腹刚架，外墙宜采用压型钢板墙面板和冷弯薄壁型钢墙梁。主刚架斜梁下翼缘和刚架柱内翼缘出平面的稳定性，由与檩条或墙梁相连接的隔撑来保证。主刚架间的交叉支撑可采用张紧的圆钢。

表 3.20　钢屋（托）架、桁架、梁及受压杆件的垂直度和侧向弯曲矢高的允许偏差

项　目	允许偏差（mm）	图　　例
跨中的垂直度	$h/250$，且不应大于 15.0	
侧向弯曲矢高 f	$l \leqslant 30m$　　$l/1000$，且不大于 10.0	
	$30m \leqslant l \leqslant 60m$　　$l/1000$，且不大于 30.0	
	$l > 60m$　　$l/1000$，且不大于 50.0	

2）门式刚架分单跨、双跨、多跨等形式。多跨刚架中间柱与斜梁的连接可采用铰接。

3）根据跨度、高度和荷载不同，门式刚架的梁、柱可采用变截面或等截面实腹焊接工字型钢截面或轧制 H 型钢截面。变截面构件通常可改变腹板的高度而做成楔形。构件在安装单元内一般不改变翼缘截面，当必要时，可改变翼缘厚度；邻接的安装单元可采用不同的翼缘截面，两单元相邻的截面高度宜相等。

4）门式刚架可由多个梁、柱单元构件组成。柱一般为单独的单元构件，斜梁可根据运输条件划分为若干个单元。单元体本身采用焊接，单元构件之间可通过端板以高强度螺栓连接。

（2）门式刚架的安装应符合下列规定：

1）门式刚架轻型结构的安装，应根据安装施工组织设计进行。

2）安装程序必须保证结构能形成稳定的空间体系，并不导致永久变形。

3）刚架柱脚的锚栓应采用可靠的方法定位，除测量直角边长外，尚应测量对角线长度。在混凝土的灌注前、后及钢结构安装前，均应校对锚栓的空间位置，确保基础顶面的平面尺寸和标高符合设计要求。

（3）刚架安装应符合下列规定：

1）应根据场地和起重设备条件，最大限度地将拼装工作在地面完成。

2）安装顺序宜先从靠近山墙的有柱间支撑的两榀刚架开始。在刚架安装完毕后应将其间的檩条、支撑、隔撑等全部装好，并检查其垂直度。然后，以这两榀刚架为起点，向另一端按顺序安装。除最初安装的两榀刚架外，其余刚架间檩条、墙梁和檐檩等的螺栓均应在校准后拧紧。

3）刚架安装宜先立柱子，然后将在地面组装好的斜梁吊起就位，并与柱连接。

4）构件悬吊应选择合理的吊点，大跨度构件的吊点须经计算确定。对于侧向刚度小、腹板宽厚比大的构件，应采取防止构件扭曲和损坏的措施。构件的绑扎和悬吊部位，应采取防止构件局部变形和损坏的措施。

5）当山墙墙架宽度较小时，可先在地面装好，再整体起吊安装。

6）各种支撑的拧紧程度，以不将构件拉弯为原则。

7）不得利用已安装就位的构件起吊其他重物。不得在主要受力部位焊接其他物件。

8）檩条和墙梁安装时，应及时设置拉条并拉紧，但不应将檩条和墙梁拉弯。

9）刚架在施工中应及时安装支撑，必要时增设缆风绳以充分固定。

（4）刚架和支撑等配件应安装就位，并经检测和校正几何尺寸确认无误后，再对柱脚底板和基础顶面之间的空间采用灌浆料填实。二次灌浆的预留空间，当柱脚铰接时不宜大于50mm，柱脚刚接时不宜大于 100mm。

3. 单层钢结构安装

（1）钢结构安装前，应对钢构件的质量进行检查。钢构件的变形、缺陷超出允许偏差时，应进行处理。

（2）钢结构安装的测量和校正，应根据工程特点编制相应的工艺。厚钢板和异种钢板的焊接、高强度螺栓安装、栓钉焊和负温度下施工等主要工艺，应在安装前进行工艺试验，编制相应的施工工艺。

（3）钢结构采用大拼装单元进行安装时，对容易变形的钢构件应进行强度和稳定性验算，必要时应采取加固措施。

（4）钢结构采用综合安装时，应划分成若干独立单元。每一单元的全部钢构件安装完毕后，应形成空间刚度单元。

（5）大型构件或组成块体的网架结构，采用单机或多机抬吊安装及高空滑移安装时，吊点必须经计算确定。

（6）钢结构的柱、梁、屋架、支撑等主要构件安装就位后，应立即进行校正、固定。当天安装的钢构件应形成稳定的空间体系。

（7）钢结构安装、校正时，应根据风力、温差、日照等外界环境和焊接变形等因素的影响，采取相应的调整措施。

（8）利用安装好的钢结构吊装其他构件和设备时，应征得设计单位同意，并应进行验算，采取相应措施。

（9）设计要求顶紧的节点，接触面应有 70％的面紧贴。用 0.3mm 厚塞尺检查，可插入的面积之和不得大于接触顶紧总面积的 30％；边缘最大间隙不应大于 0.8mm。

（10）钢柱校正应符合下列规定：

1）柱基标高调整。根据钢柱实长、柱底平整度、钢牛腿顶部与柱底的距离来确定基础标高的调整数值，重点要保证钢牛腿顶部标高值。

2）纵横十字线。在钢柱底部制作时，在柱底板侧面打上通过安装中心的互相垂直的 4 个点，用 3 个点与基础面十字线对准即可。

3）柱身垂直度校正。采用缆风绳校正或千斤顶校正，用两台呈 90°放置的经纬仪检查校正，拧紧螺栓。

（11）起重机梁安装校正应符合下列规定：

1）标高校正，当起重机梁全部吊装完毕后，用一台水准仪对每根梁两端的高程进行测量，将所有数据进行加权平均，算出一个标准值（此值应在允许偏差范围内）。计算各点所需垫板厚度，经加工后垫平。

2）纵横轴线（包括直线度和轨距）和垂直度，利用经纬仪、钢直尺、标尺和线锤进行测量和校正。

4. 单层钢结构安装允许偏差

（1）单层钢结构柱子安装的允许偏差应符合表 3.21 的规定。

表 3.21　　　　　　　　　　单层钢结构柱子安装的允许偏差

项　　目			允许偏差（mm）	图　例	检验方法
柱脚底座中心线对定位轴线的偏移			5.0		用吊线和钢直尺检查
柱基准点标高	有起重机梁的柱		+3.0 -5.0		用水准仪检查
	无起重机梁的柱		+5.0 -8.0		
弯曲矢高			$H/1200$，且不应大于 15.0		用经纬仪或拉线和钢直尺检查
柱轴线垂直度	单层柱	$H \leqslant 10m$	$H/1000$		用经纬仪或拉线和钢直尺检查
		$H>10m$	$H/1000$，且不应大于 25.0		
	多节柱	单节柱	$H/1000$，且不应大于 10.0		
		柱全高	35.0		

（2）钢起重机梁安装允许偏差见表 3.22。

表 3.22　　　　　　　　　　起重机梁安装允许偏差

项　　目	允许偏差（mm）	图　例
梁的跨中垂直度 Δ	$h/500$	

续表

项　　目		允许偏差（mm）	图　　例
侧向弯曲矢高		$l/1500$，且不应大于 10.0	
垂直上拱矢高		10.0	
两端支座中心位移 △	安装在钢柱上时，对牛腿中心的偏移	5.0	
	安装在混凝土柱上时，对定位轴线的偏移	5.0	
起重机梁支座加劲板中心与柱子承压加劲板中心的偏移 △₁		$t/2$	
同跨间内同一横截面起重机梁顶面高差 △	支座处	10.0	
	其他处	15.0	
同跨间内同一横截面下挂式起重机梁底面高差 △		10.0	
同列相邻两柱间起重机梁顶面高差 △		$l/1500$，且不应大于 10.0	
相邻两起重机梁接头部位 △	中心错位	3.0	
	上承式顶面高差	1.0	
	下承式底面高差	1.0	
同跨间任一截面的起重机梁中心跨距 △		±10.0	
轨道中心对起重机梁腹板轴线的偏移 △		$t/2$	

（3）单层钢结构主体结构的整体垂直度和整体弯曲的允许偏差应符合表 3.23 的规定。

表 3.23 单层钢结构主体结构的整体垂直度和整体弯曲的允许偏差

项 目	允许偏差（mm）	图 例
主体结构的整体垂直度	$H/1000$，且不应大于 25.0	
主体结构的整体平面弯曲	$l/1500$，且不应大于 25.0	

（4）当钢桁架（或梁）安装在混凝土柱上时，其支座中心对定位轴线的偏差不应大于 10mm；当采用大型混凝土屋面板时，钢桁架（或梁）间距的偏差不应大于 10mm。

学习情境 3.3 多层及高层钢结构的安装

3.3.1 多层及高层钢结构的结构

多层及高层钢结构的主体结构体系主要包括框架体系、框架剪力墙体系、框筒体系、组合筒体系等。由于建筑体量较大，一般先组拼成各类构件，然后再采用多类吊装机械相结合的综合吊装法进行安装。吊装前应做好充分的准备工作，吊装过程中实施跟踪监控，就位后及时校正与固定等。

3.3.2 准备工作

3.3.2.1 技术准备

（1）认真进行设计交底和图样会审工作。业主、设计、施工、构件加工厂、监理等各方要充分沟通，确定钢结构各节点、构件分节细节及工厂制作图，分节加工的构件要满足运输和吊装要求。

（2）编制施工组织设计及分项作业指导书。施工组织设计主要包括工程概况、工程量清单、现场平面布置、主要吊装机械选型、主要施工机械和吊装方法、施工技术措施、专项施工方案、工程质量标准、安全及环境保护、主要资源表等。其中，主要吊装机械选型及平面布置是吊装方案设计的重点。分项作业指导书可以细化为作业卡，主要用于作业人员明确相应工序的操作步骤、质量标准、施工工具及检测内容与检测标准。

（3）依据承接工程的具体情况。确定钢构件进场检验的内容与适用标准，以及钢结构安装检验批的划分、检验内容、检验标准、检测方法、检验工具等，在遵循国家标准的基础上，可参照部标或其他权威部门认可的标准，标准明确后即在工程实施中严格执行。

（4）各专项工种施工工艺方案的确定。编制具体的吊装方案、测量监控方案、焊接及无损检测方案、高强度螺栓施工方案、塔式起重机装拆方案、临时用电用水方案及质量安全环保方案等。

（5）组织必要的工艺试验，如焊接工艺试验、压型钢板施工及栓钉焊接检测工艺试验。尤其要做好新工艺、新材料的工艺试验，作为指导生产的依据。对于栓钉焊接工艺试验，需根据栓钉的直径、长度及焊接类型，做好相应的电流大小、通电时间长短的调试。对于高强度螺栓，要做好高强度螺栓连接副扭矩系数、预拉力和摩擦面抗滑移系数的检测。

（6）根据结构深化图样来验算钢结构框架安装时构件的受力情况，科学地预计其可能的变形情况，并通过采取相应合理的技术措施来保证钢结构安装的顺利进行。

（7）钢结构施工计量管理包括按标准进行的计量检测、按施工组织设计的要求配置相应精度的器具、检测中按标准进行的方法。测量管理包括控制网的建立和复核，其检测方法、检测工具、检测精度等均要满足国家标准要求。

（8）主动与工程所在地的相关部门进行协调，如治安、交通、绿化、环保、文保、电力等。并到当地的气象部门了解以往年份的气象资料，做好防台风、防雨、防冻、防寒、防高温等的相关工作。

3.3.2.2　构件及材料准备

多层及高层钢结构的钢材，主要采用 Q235 的碳素结构钢和 Q345 的低合金高强度结构钢，其质量标准应分别符合《碳素结构钢》（GB/T 700—2006）和《低合金高强度结构钢》（GB/T 1591—2008）的规定。当设计文件采用其他牌号的结构钢时，应符合相对应的现行国家标准。

多层及高层钢结构的连接材料主要采用 E43、E50 系列焊条或 H08 系列焊丝；高强度螺栓主要采用 45 号钢、40B 钢，20MnTiB 钢；栓钉主要采用 ML15、DL15 钢。

1. 钢结构型材的主要品种规格及相应标准

钢型材主要有热轧成型的钢板和型钢以及冷弯成型的薄壁型钢。热轧钢板包括：薄钢板（厚度为 0.35～4mm）、中厚钢板（厚度为 4.5～60mm）、超厚钢板（厚度大于 60mm）以及扁钢（厚度为 4～60mm、宽度为 30～200mm）。热轧型钢包括角钢、工字钢、槽钢、钢管以及其他新型型钢。角钢分等边和不等边两种。工字钢包括：普通工字钢、轻型工字钢和宽翼缘工字钢，其中，宽翼缘工字钢亦称"H"型钢。槽钢分为普通槽钢和轻型槽钢。钢管分为无缝钢管和焊接钢管。

（1）钢板。《热轧钢板和钢带的尺寸、外形、重量及允许偏差》（GB/T 709—2006）规定了热轧钢板和钢带的尺寸、外形、重量及允许偏差。

钢板表面质量应符合《碳素结构钢和低合金结构钢热轧厚钢板和钢带》（GB/T 3274—2007）中的表面质量的要求。钢板和钢带不得有分层现象。

（2）工字钢。《热轧型钢》（GB/T 706—2008）规定了热轧工字钢的尺寸、外形、质量及允许偏差。

（3）角钢。《热轧型钢》（GB/T 706—2008）规定了热轧等边和不等边角钢的尺寸、外形、质量及允许偏差。

（4）槽钢。《热轧型钢》（GB/T 706—2008）规定了热轧槽钢的尺寸、外形、质量及允许偏差。

（5）冷弯型钢。《冷弯型钢》（GB/T 6725—2008）规定了冷弯型钢的尺寸、外形、质量及允许偏差。

（6）钢管。《结构用无缝钢管》（GB/T 8162—2008）和《直缝电焊钢管》（GB/T

13793—2008）分别规定了无缝钢管和电焊钢管的尺寸、外形、质量及允许偏差。

（7）H型钢。《热轧H型钢和剖分T型钢》（GB/T 11263—2005）规定了H型钢的尺寸、外形、质量及允许偏差。国外进口的H型钢应充分研究其材质和力学性能，在检验合格的条件下合理采用。焊接H型钢的制作应符合《焊接H型钢》（YB 3301—2005）标准中的相应要求。

（8）花纹钢板。《花纹钢板》（GB/T 3277—1991）规定了花纹钢板的尺寸、外形、质量及允许偏差。

（9）波形钢板。现执行宝钢标准BZJ 450。

2. 材料准备工作计划

（1）根据施工图，测算出各主要耗材的用量，做好订货安排，确定进场时间。

（2）各施工工序所需的临时支撑、钢结构拼装平台、脚手架支撑、安全防护、环境保护器材等数量应经计算确认后，安排进场制作与搭设。

（3）根据现场施工安排，编制钢构件进场计划，安排制作与运输作业计划。对超重、超长、超宽的构件，还应规定好吊耳的设置，并标注出重心位置。

3.3.2.3　起重设备的选择与吊装

多层及高层钢结构工程的施工中，钢构件一般在加工厂制作，然后再运至现场安装。如此实施工期较短，机械化程度高，但采用的机具设备较多，因此，在施工准备阶段，应根据现场施工要求，编制出施工机具设备需用计划。同时，根据现场施工平面及空间布置、场地情况，确定各机具设备进场日期、安装日期及临时堆放场地等，确保在不影响其他单位施工的前提下，保证机具设备按现场安装施工要求准时到位。

由于多层及高层钢结构工程建筑体量较高、较大，所以吊装机械多以塔式起重机、履带式起重机或汽车式起重机为主。

其他施工机具：主要包括千斤顶、手拉葫芦、卷扬机、滑车及滑车组、电焊机、熔焊栓钉机、电动扳手、全站仪、经纬仪等。

1. 起重设备的选择

在多层及高层钢结构的安装中，起重机械应根据工程特点合理选用。通常首选自升塔式起重机，并根据现场情况确定外附式或内爬式。行走式塔式起重机、履带式起重机及汽车式起重机在多层钢结构施工中也较多采用。同时应考虑以下两点：

（1）起重机性能。多层及高层钢结构安装，起重机除应满足吊装钢构件所需的起重量、起重高度、回转半径的要求外，还必须考虑抗风性能、卷扬机滚筒的容绳量、吊钩的升降速度等因素。

（2）起重机数量。起重机数量的确定应根据现场施工条件、建筑布局、单机吊装覆盖面和吊装能力等因素综合考虑。多台塔式起重机共同作业时，臂杆要有足够的高差，互不碰撞且安全运转，同时要防止出现吊装死角。

2. 吊装

（1）吊装机械安装。对于汽车式起重机，直接进场即可进行吊装作业；对于履带式起重机，需要组装好后才能进行钢构件的吊装；塔式起重机的安装与爬升相对较为复杂，且要设置固定基础或行走式轨道基础。

1）塔式起重机基础设置。严格按照塔式起重机说明书，结合工程实际情况，设置塔式起重机基础。

2）塔式起重机安装、爬升。列出塔式起重机各主要部件的外形尺寸和质量，选择合适的机具安装塔式起重机，常采用汽车式起重机来安装塔式起重机；塔式起重机的安装顺序为：标准节→套架→驾驶节→塔帽→副臂→卷扬机→主臂→配重；塔式起重机的拆除一般也采用汽车式起重机进行，但当塔式起重机是安装在楼层里面时，则采用拔杆及卷扬机等工具进行塔式起重机的拆除。塔式起重机的拆除顺序与安装顺序正好相反。

3）塔式起重机附墙设置。高层钢结构的高度一般均超过 100m，因此，塔式起重机需设置附墙，以保证塔式起重机的刚度和稳定性。塔式起重机附墙的设置需按照塔式起重机的说明书进行。附墙杆对钢结构的水平荷载在设计交底和施工组织设计中均要明确。

（2）多层及高层钢结构吊装的作业条件及总体程序

1）吊装前应具备的基本作业条件：

a）钢筋混凝土基础已完成，并经验收合格。混凝土柱基和地脚螺栓的定位轴线、基础标高等必须会同设计、监理、施工、业主单位共同验收，合格后方可进行钢柱的安装。

b）各专项施工方案编制并审核完毕。

c）施工临时用电用水铺设到位，平面规划已按方案实施。

d）施工机具安装调试并验收合格。

e）构件进场并经验收满足要求。现场钢结构吊装，根据施工方案的要求按吊装流水顺序进行，钢构件必须按照安装进度的要求供应。为充分利用施工场地和吊装设备，应周密制定出构件进场及吊装周、日计划，保证进场的构件满足吊装计划并配套。

钢构件进场验收检查：构件现场检查包括数量、质量、运输保护等三个方面内容。钢构件进场后，按货运单检查所到构件的数量及编号是否相符，发现问题应及时在回单上说明，反馈到加工厂，以便及时处理。按标准要求对构件的质量进行验收检查，做好检查记录，亦可在构件出厂前直接进厂检查。主要检查构件外形尺寸、螺孔大小及间距、连接件数量及质量、焊缝、焊钉、摩擦面处理、防腐涂层、外观等。制作误差超过规范范围及运输中产生变形的构件必须在安装前调整修复完毕，尽可能减少高空作业。

钢构件堆场安排与清理：进场的钢构件，按现场平面布置要求堆放。为减少二次搬运，尽量将构件堆放在吊装设备的回转半径内。钢构件堆放应安全、稳固。构件吊装前必须清理干净，特别在接触面、摩擦面上，必须用钢丝刷清除铁锈、污物等。

f）所有相关施工人员均进场：吊装前应对所有施工人员进行技术交底和安全交底；严格按照交底的吊装步骤进行实施；严格遵守吊装、焊接等操作规程，严禁在恶劣气候下作业或施工。

2）吊装总体程序：

a）多层及高层钢结构的吊装应在分片分区的基础上，多采用综合吊装法，其吊装程序一般是：平面从中间核心区或某一对称节间开始，以一个节间的柱网作为一个吊装单元，按钢柱→钢梁→支撑的顺序吊装，并向四周扩展；垂直方向由下而上组成稳定结构，分层安装次要结构，一节间一节间、一层楼一层楼地安装钢结构。采取对称安装、对称固定的施工工艺，有利于消除安装误差积累和节点焊接变形，使误差降低到最小限度。

b）吊装区域划分。一般按照塔式起重机的作业范围或钢结构安装工程的特点划分吊装区域，便于钢构件吊装按平行流水作业方式进行。

3.3.2.4　施工工艺流程

多层及高层钢结构的安装施工工艺流程，如图3.52所示。

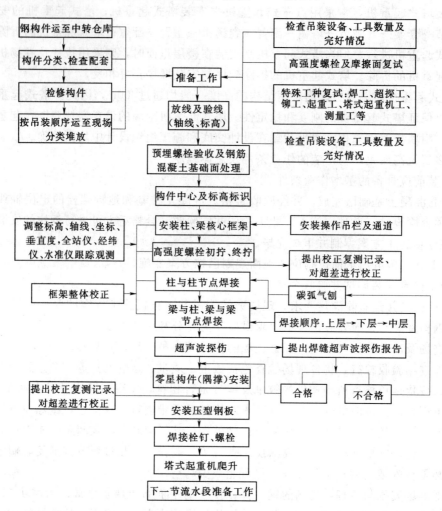

图3.52　多层及高层钢结构安装工艺流程图

3.3.3　施工安装

3.3.3.1　基础的施工

钢结构在安装前应根据设计施工图及验评标准，对基础施工（或处理）的表面质量进行全面检查。基础的支承面、支座、地脚螺栓（或预埋地脚螺栓孔）位置和标高等，应符合设计或规范的规定。

1. 基础的标高

基础施工时，应按设计施工图规定的标高尺寸进行施工，以保证基础标高的准确性。

（1）基础标高的确定。安装单位对基础上表面的标高尺寸，应结合各成品钢柱的实有长度或牛腿承面的标高尺寸进行处理，使安装后各钢柱的标高尺寸达到一致。这样可避免因只顾基础上表面的标高，忽略了钢柱本身的偏差，而导致各钢柱安装后的总标高或相对标高不统一。

在确定基础标高时，应按以下方法处理：

1）首先确定各钢柱与所在各基础的位置，进行对应配套编号。

2）根据各钢柱的实有长度尺寸（或牛腿承点位置）确定对应的基础标高尺寸。

3）当基础标高的尺寸与钢柱实际总长度或牛腿承点的尺寸不符时，应采用降低或增高基础上平面的标高尺寸的办法来调整确定安装标高的准确尺寸。

（2）基础标高的调整。钢柱基础标高的调整应根据安装构件及基础标高等条件来进行，常用的处理方法有如下几种：

1）成品钢柱的总长、垂直度、水平度，完全符合设计规定的质量要求时，可将基础的支承面一次浇筑到设计标高，安装时不作任何调整处理即可直接就位安装。

2）基础混凝土浇筑到较设计标高低 40～60mm 的位置，然后用细石混凝土找平至设计安装标高。找平层应保证细石面层与基础混凝土严密结合，不许有夹层；如原混凝土面光滑，应用钢凿凿成麻面，并经清理，再进行浇筑，使新旧混凝土紧密结合，从而保证基础的强度。

3）按设计标高安置好柱脚底座钢板，并在钢板下面浇筑水泥砂浆。

4）先将基础浇筑到较设计标高低 40～60mm 处，在钢柱安装到钢板上后，再浇筑细石混凝土［图 3.53（a）］。

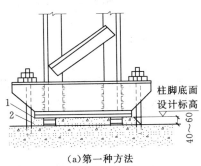

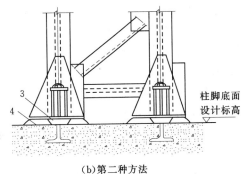

（a）第一种方法　　　　　　　　　　　（b）第二种方法

图 3.53　基础施工及标高处理方法

1—调整钢柱用的垫铁；2—钢柱安装后浇灌的细石混凝土；

3—预先埋置的支座配件；4—钢柱安装后浇灌的水泥砂浆

5）预先按设计标高埋置好柱脚支座配件（型钢梁、预制钢筋混凝土梁、钢轨及其他），在钢柱安装后，再浇筑水泥砂浆［图 3.53（b）］。

2．垫铁的垫放

（1）为了使垫铁组平稳地传力给基础，应使垫铁面与基础面紧密贴合，因此，在垫放垫铁前，对不平的基础上表面，需用工具凿平。

（2）垫放垫铁的位置及分布应正确，具体垫法应根据钢柱底座板受力面积的大小，垫在钢柱中心及两侧受力集中部位或靠近地脚螺栓的两侧。垫铁垫放的主要要求是在不影响灌浆的前提下，相邻两垫铁组之间的距离应越近越好，这样能使底座板、垫铁和基础起到全面承受压力荷载的作用，共同均匀地受力，避免因局部偏压、集中受力或底板在地脚螺栓紧固受力时发生变形。

(3) 直接承受荷载的垫铁面积应符合受力需要，否则面积太小，易使基础局部集中过载，影响基础全面均匀受力，因此，钢柱安装用垫铁调整标高或水平度时，首先应确定垫铁的面积。一般的钢柱安装用垫铁均为非标准，不如安装动力设备垫铁的要求那么严格，故钢柱安装用垫铁在设计施工图上一般不作规定和说明，施工时可自行选用确定。选用确定垫铁的几何尺寸及受力面积，可根据安装构件的底座面积大小、标高、水平度和承受载荷等的实际情况确定。

(4) 垫铁厚度应根据基础上表面标高来确定，一般基础上表毛面的标高多数低于安装基准标高 40～60mm。安装时依据这个标高尺寸用垫铁来调整确定极限标高和水平度，因此，安装时应根据实际标高尺寸确定垫铁组的高度，再选择每组垫铁厚、薄的配合；每组垫铁的块数不应超过 3 块。

(5) 垫放垫铁时，应将厚垫铁垫在下面，薄垫铁放在最上面，最薄的垫铁宜垫放在中间；但尽量少用或不用薄垫铁，否则影响受力时的稳定性和焊接（点焊）质量。安装钢柱调整水平度，在确定平垫铁的厚度时，还应同时锻造加工一些斜垫铁，其斜度一般为 1/10～1/20；垫放时应防止产生偏心悬空，斜垫铁应成对使用。

(6) 垫铁在垫放前，应将其表面的铁锈、油污和加工的毛刺清理干净，以备灌浆时能与混凝土牢固地结合；垫后的垫铁组露出底座板边缘外侧的长度为 10～20mm，并在层间两侧用电焊点焊牢固。

(7) 垫铁垫的高度应合理，过高会影响受力的稳定；过低则影响灌浆的填充饱满，甚至使灌浆无法进行。灌浆前，应认真检查垫铁组与底座板接触的牢固性，常用 0.25kg 的小锤轻击，用听声的办法来判断，接触牢固的声音是实声；接触不牢固的声音是碎哑声。

3. 基础的灌浆

(1) 为达到基础二次灌浆的强度，在用垫铁调整或处理标高、垂直度时，应保持基础支承面与钢柱底座板下表面之间的距离不小于 40mm，以利于灌浆，并全部填满空隙。

(2) 灌浆所用的水泥砂浆应采用高强度等级的水泥或强度等级比原基础混凝土强度等级高一级的。

(3) 冬期施工时，基础二次灌浆配制的砂浆应掺入防冻剂、早强剂，以防止冻害或强度上升过缓的缺陷。

(4) 为了防止腐蚀，对下列结构工程及所在的工作环境，在二次灌浆使用的砂浆材料中，不得掺用氯盐。

1) 在高温空气环境中的结构，如排出大量的蒸汽车间和经常处在空气相对湿度大于 80% 的环境。

2) 处于水位升降的部位的结构及其结构基础。

3) 露天结构或经常受水湿、雨淋的结构基础。

4) 有镀锌钢材或有色金属结构的基础。

5) 外露钢材及其预埋件而无防护措施的结构基础。

6) 与含有酸、碱或硫酸盐等侵蚀性介质相接触的结构及有关基础。

7) 使用的工程经常处于环境温度为 60℃ 及以上的结构基础。

8) 薄壁结构、中级或重级工作制的起重机梁、屋架、落锤或锻锤的结构基础。

9) 电解车间直接靠近电源的构件基础。

10）直接靠近高压电源（发电站、变电所）等一类结构的基础。

11）预应力混凝土的结构基础。

（5）为保证基础二次灌浆达到强度要求，避免发生一系列的质量通病，应按以下工艺进行施工：

1）基础支承部位的混凝土面层上的杂物需认真清理干净，并在灌浆前用清水湿润后再进行灌浆。

2）灌浆前对基础上表面的四周应支设临时模板；基础灌浆时应连续进行，防止因砂浆凝固而不能紧密结合。

3）对于灌浆空隙太小、底座板面积较大的基础灌浆，为克服无法施工或灌浆中的空气、浆液过多而影响砂浆的灌入或分布不均等缺陷，宜参考如下方法进行：

灌浆空隙较小的基础，可在柱底脚板上面各开一个适宜的大孔和小孔，大孔作灌浆用，小孔作为排除空气和浆液用，在灌浆的同时可用加压法将砂浆填满空隙，并认真捣固，以达到强度。

对于长度或宽度在 1m 以上的大型柱底座板灌浆时，应在底座板上开一孔，用漏斗放于孔内，并采用压力将砂浆灌入，再用 1～2 个细钢管，其管壁钻若干小孔，按纵横方向平行放入基础砂浆内以解决浆液和空气的排出。待浆液、空气排出后，抽出钢管并再加灌一些砂浆来填满钢管遗留的空隙。在养护强度达到要求后，将座板开孔处用钢板覆盖并焊接封堵。

基础灌浆工作完成后，应将支承面四周边缘用工具抹成 45°散水坡，并认真湿润养护。

如果在北方冬季或较低温环境下施工，应采取防冻或加温等保护措施。

（6）钢柱的制作质量完全符合设计要求时，采用坐浆法将基础支承面一次达到设计安装标高的尺寸；养护强度达到 75％ 及以上即可就位安装，可省略二次灌浆的系列工序过程，并节约垫铁等材料和消除灌浆存在的质量通病。

（7）坐浆或灌浆后的强度试验。

1）用坐浆或灌浆法处理后的安装基础的强度必须符合设计要求；基础的强度必须达到 7d 的养护强度标准，其强度应达到 75％ 及以上时，方可安装钢结构。

2）如果设计要求需作强度试验时，应在同批施工的基础中采用同种材料、同一配合比，在同一天施工及相同施工方法和条件下制作两组砂浆试块。其中：一组与坐浆或灌浆同条件进行养护，在钢结构吊装前作强度试验；另一组试块进行 28d 标准养护，作另期强度备查。

3）如果同一批坐浆或灌浆的基础数量较多时，为了达到其准确的平均强度值，可适当增加砂浆试块组数。

4. 地脚螺栓的设置

（1）地脚螺栓定位。

1）基础施工在确定地脚螺栓或预留孔的位置时，应认真按施工图规定的轴线位置尺寸来放出基准线，同时在纵、横轴线（基准线）的两对应端，分别选择适宜位置埋置钢板或型钢，标定出永久坐标点，以备在安装过程中随时测量参照之用。

2）浇筑混凝土前，应按规定的基准位置支设、固定基础模板及其表面配件。

3）浇筑混凝土时，应经常观察及测量模板的固定支架、预埋件和预留孔的情况，当发现有变形、位移时应立即停止浇灌，要进行调整，排除问题。

4）为防止基础及地脚螺栓等的系列尺寸、位置出现位移或偏差过大，基础施工单位与安装单位应在基础施工放线定位时密切配合，共同把关控制各自的正确尺寸。

（2）地脚螺栓埋设。

1）地脚螺栓的直径、长度均应按设计规定的尺寸制作。一般的地脚螺栓应与钢结构配套出厂，其材质、尺寸、规格、形状和螺纹的加工质量，均应符合设计施工图的规定。如钢结构出厂不带地脚螺栓时，则需自行加工，地脚螺栓各部尺寸应符合下列要求：

a）地脚螺栓的直径尺寸与钢柱底座板的孔径应相适配，为便于安装找正、调整，多数是底座孔径尺寸大于螺栓直径。

b）地脚螺栓长度尺寸可用下式确定：

$$L=H+S \text{ 或 } L=H-H_1+S$$

式中　　L——地脚螺栓的总长度，mm；

　　　　H——地脚螺栓埋设深度（系指一次性埋设），mm；

　　　　H_1——当预留地脚螺栓孔埋设时，螺栓根部与孔底的悬空距离（$H-H_1$）一般不得小于80mm；

　　　　S——垫铁高度、底座板厚度、垫圈厚度、压紧螺母厚度、防松锁紧副螺母（或弹簧垫圈）厚度和螺栓伸出螺母的长度（2～3个螺纹）的总和，mm。

c）为使埋设的地脚螺栓有足够的锚固力，其根部需经加热后加工（或煨成）成L形、U形等形状。

2）样板尺寸放完后，在自检合格的基础上交监理抽检，进行单项验收。

3）不论是一次埋设或是事先预留的孔，在二次埋设地脚螺栓时，埋设前，一定要将埋入混凝土中的一段螺杆的表面的铁锈、油污清理干净。否则，如清理不净，会使浇筑后的混凝土与螺栓表面结合不牢，易出现缝隙或隔层，不能起到锚固底座的作用。清理的一般做法是用钢丝刷或砂纸去锈；油污一般是用火焰烧烤去除。

4）地脚螺栓在预留孔内埋设时，其根部底面与孔底的距离不得小于80mm；地脚螺栓的中心应在预留孔中心位置，螺栓的外表与预留孔壁的距离不得小于20mm。

5）对于预留孔的地脚螺栓，在埋设前，应将孔内杂物清理干净，一般做法是用长度较长的钢錾将孔底及孔壁结合薄弱的混凝土颗粒及贴附的杂物全部清除，然后用压缩空气吹净，浇筑前用清水充分湿润，再进行浇筑。

6）为防止浇筑时地脚螺栓的垂直度及距孔内侧壁、底部的尺寸发生变化，浇灌前应将地脚螺栓找正后加固固定。

7）固定螺栓可采用下列两种方法：

a）先浇筑混凝土预留孔洞后在埋螺栓时，采用型钢两次校正法进行检查，检查无误后，浇筑预留孔洞。

b）将每根柱的地脚螺栓以每8个或4个用预埋钢架固定，混凝土一次浇筑，定位钢板上的纵横轴线允许误差为0.3mm。

8）做好保护螺栓的措施。

9）实测钢柱底座螺栓孔距及地脚螺栓位置数据，将两项数据进行归纳，看其是否符合质量标准。

10）当螺栓位移超过允许值，可用氧—乙炔焰将底座板螺栓孔扩大，安装时，另加长孔垫板，焊好。也可将螺栓根部混凝土凿去5～10cm，而后将螺栓稍弯曲，再烤直。

（3）地脚螺栓（锚栓）纠偏。

1）经检查测量，如埋设的地脚螺栓有个别的垂直度偏差很小时，应在混凝土养护强度达到 75％及以上时进行调整。调整时可用氧—乙炔焰将不直的螺栓在螺杆处加热后采用木质材料垫护，用锤敲移、扶直到正确的垂直位置。

2）对位移或不直度超差过大的地脚螺栓，可在其周围用钢凿将混凝土凿到适宜深度后，用气割割断，按规定的长度、直径尺寸及相同材质材料，加工后采用搭接焊上一段，并采取补强的措施，来调整达到规定的位置和垂直度。

3）对位移偏差过大的个别地脚螺栓除采用搭接焊法处理外，在允许的条件下，还可采用扩大底座板孔径侧壁的方法来调整位移的偏差量，调整后并用自制的厚板垫圈覆盖，进行焊接补强固定。

4）预留地脚螺栓孔在灌浆埋设前，当螺栓在预留孔内的位置偏移超差过大时，可通过扩大预留孔壁的措施来调整地脚螺栓的准确位置。

（4）地脚螺栓螺纹保护与修补。

1）与钢结构配套出厂的地脚螺栓在运输、装箱、拆箱时，均应加强对螺纹的保护。正确的保护法是涂油后，用油纸及线麻包装绑扎，以防螺纹锈蚀和损坏；并应单独存放，不宜与其他零、部件一起混装、混放，以免相互撞击而损坏螺纹。

2）基础施工埋设固定的地脚螺栓，应在埋设的过程中或埋设固定后，用罩式的护箱、盒加以保护。

3）钢柱等带底座板的钢构件吊装就位前，应对地脚螺栓的螺纹段采取以下保护措施：

a）不得利用地脚螺栓作弯曲加工的操作。

b）不得利用地脚螺栓作电焊机的接零线。

c）不得利用地脚螺栓作牵引拉力的绑扎点。

d）构件就位时，应用临时套管套入螺栓，并加工成锥形螺母带入螺栓顶端。

e）吊装构件时，应防止水平侧向冲击力撞伤螺纹，应在构件底部拴好溜绳加以控制。

f）安装操作，应统一指挥，相互协调一致，当构件底座孔位全部垂直对准螺栓时，将构件缓慢地下降就位，并卸掉临时保护装置。

4）当螺纹被损坏的长度不超过其有效长度时，可用钢锯将损坏部位锯掉，用什锦钢锉修整螺纹，直到顺利带入螺母为止。

5）地脚螺栓的螺纹被损坏的长度超过规定的有效长度时，可用气割割掉大于原螺纹段的长度，再用与原螺栓相同材质、规格的材料，一端加工成螺纹，并在对接的端头截面制成30°～45°的坡口与下端进行对接焊接后，再用相应直径规格、长度的钢管套入接点处，进行焊接加固补强。经套管补强加固后，会使螺栓直径大于底座板孔径，用气割扩大底座板孔的孔径的方法来解决。

3.3.3.2　钢柱的安装

钢柱多采用实腹式，实腹钢柱截面多为工字形、箱形、十字形、圆形。钢柱多采用焊接对接接长，也有用高强度螺栓连接接长的。劲性柱与混凝土采用熔焊栓钉连接。

1. 施工准备

（1）现场柱基检查

1）安装在钢筋混凝土基础上的钢柱，安装质量和工效与混凝土柱基和地脚螺栓的定位轴线、基础标高直接有关，必须会同设计、监理、施工、业主共同验收，合格后才可以进行钢柱连接。

2) 采用螺栓连接钢结构和钢筋混凝土基础时，预埋螺栓应符合施工方案的规定：预埋螺栓标高偏差应在±5mm以内，定位轴线的偏差应在±2mm以内。

3) 应认真找好基础支承平面的标高，其垫放的垫铁应正确；二次灌浆工作应采用无收缩、微膨胀的水泥砂浆。避免因基础标高的超差而影响起重机梁的安装水平度。

(2) 吊装机械选择。目前，安装所用的吊装机械，大部分采用履带式起重机、轮胎式起重机及轨道式起重机吊装柱子。如果场地狭窄，不能采用上述机械吊装时，可采用扒杆或架设走线滑车进行吊装。

(3) 吊点设置。钢柱吊点一般采用焊接吊耳、吊索绑扎、专用吊具等。钢柱的吊点位置及吊点数应根据钢柱形状、断面、长度、起重机性能等的具体情况确定。

钢柱一般采用一点正吊。吊点应设置在柱顶处，吊钩通过钢柱重心线，这样钢柱易于起吊、对线、校正。当受起重机臂杆长度、场地等条件限制时，吊点可放在柱长的1/3处斜吊。由于钢柱倾斜，起吊、对线、校正较难控制。

对于细长的钢柱构件的吊装，可以考虑两点或三点起吊方法。

(4) 标高观测点与中心线标志设置。钢柱安装前应设置标高观测点和中心线标志，同一工程的观测点和标志设置的位置应一致，并应符合下列规定：

1) 标高观测点的设置应符合下列规定：

a) 标高观测点的设置以牛腿（肩梁）支承面为基准，设在柱的便于观测处。

b) 无牛腿（肩梁）柱，应以柱顶端与屋面梁连接的最上一个安装孔中心为基准。

2) 中心线标志的设置应符合下列规定：

a) 在柱底板上表面上行线方向设一个中心标志，列线方向两侧各设一个中心标志。

b) 在柱身表面上行线和列线方向各设一个中心线，每条中心线在柱底部、中部（牛腿或肩梁部）和顶部各设一处中心标志。

c) 双牛腿（肩梁）柱在行线方向的两个柱身表面分别设中心标志。

2. 钢柱的吊装

(1) 吊装要求。根据现场实际条件选择好吊装机械后，就可进行吊装。吊装时，要将安装的钢柱按位置、方向放到吊装（起重半径）位置。

1) 钢柱起吊前，应从柱底板向上500～1000mm处画一水平线，以便安装固定的前后作复查平面标高基准用。

2) 钢柱吊装施工时，为了防止钢柱根部在起吊过程中变形，钢柱的吊装一般采用双机抬吊，主机吊在钢柱上部，辅机吊在钢柱根部，待柱子根部离地一定距离（约2m左右）后，辅机停止起钩，主机继续起钩和回转，直至把柱子吊直后，将辅机松钩。

对重型钢柱可采用双机递送抬吊或三机抬吊、一机递送的方法吊装；对于很高和细长的钢柱，可采取分节吊装的方法，在下节柱及柱间支撑安装并校正后，再安装上节柱。

3) 钢柱柱脚固定的方法一般有两种形式：一种是基础上预埋螺栓固定，底部设钢垫板找平，如图3.54（a）所示；另一种是插入杯口灌浆固定方式，如图3.54（b）所示。前者当钢柱吊至基础上部时插锚固螺栓固定，多用于一般厂房钢柱的固定；后者当钢柱插入杯口后，支承在钢垫板上找平，最后固定方法同钢筋混凝土柱，用于大、中型厂房钢柱的固定。

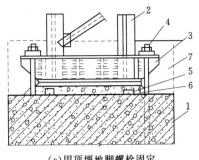
（a）用顶埋地脚螺栓固定

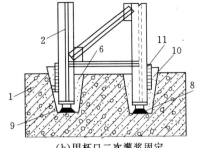
（b）用杯口二次灌浆固定

图 3.54　钢柱柱脚形式和安装固定的方法

1—柱基础；2—钢柱；3—钢柱脚；4—地脚螺栓；5—钢垫板；6—二次灌浆细石混凝土；

7—柱脚外包混凝土；8—砂浆局部粗找平；9—焊于柱脚上的小钢套墩；10—钢楔；

11—35mm 厚硬木垫板

4）钢柱的安装属于竖向垂直吊装，为使吊起的钢柱保持下垂以便于就位，需根据钢柱的种类和高度确定绑扎点。具有牛腿的钢柱，绑扎点应靠牛腿下部；无牛腿的钢柱按其高度比例，绑扎点设在钢柱全长 2/3 的上方位置处。

5）为防止钢柱边缘的锐利棱角在吊装时损伤吊绳，应用适宜规格的钢管割开一条缝，套在棱角吊绳处，或用方形木条垫护。注意绑扎牢固，并易拆除。

6）钢柱柱脚套入地脚螺栓，防止其损伤螺纹，应用薄钢板卷成筒并套到螺栓上，钢柱就位后，除去套筒。

7）为避免吊起的钢柱自由摆动，应在柱底上部用麻绳绑好，作为牵制溜绳的调整方向。

8）吊装前的准备工作就绪后，首先应进行试吊。吊起一端高度为 100～200mm 时应停吊，检查索具是否牢固和起重机的稳定板是否位于安装基础上。

9）钢柱起吊后，当桂脚距地脚螺栓或杯口 30～40cm 时扶正，使柱脚的安装螺栓孔对准螺栓或柱脚对准杯口，缓慢落钩、就位，经过初校，待垂直偏差在 20mm 以内，拧紧螺栓或打紧木锲临时固定，即可脱钩。

10）如果进行多排钢柱安装，可继续按此做法吊装其余所有的柱子。钢柱吊装调整与就位如图 3.55 所示。

11）吊装钢柱时还应注意起吊半径或旋转半径的正确，并在柱底端设置滑移设施，以防钢柱吊起扶直时因发生拖动阻力以及压力作用而促使柱体产生弯曲变形或损坏底座板。

12）当钢柱被吊装到基础平面就位时，应将柱底座板上面的纵横轴线对准基础轴线（一般由地脚螺栓与螺孔来控制），以防止其跨度尺寸产生偏差，导致柱头与屋架安装连接时发生水平方向向内的拉力或向外的撑力作用而使柱身弯曲变形。

（2）分节钢柱的吊装：

1）吊装前，先做好柱基的准备，进行找平，画出纵横轴线，设置基础标高块，如图 3.56（a）所示，标高块的强度应不低于 30N/mm²；顶面埋设 12mm 厚钢板，并检查预埋地脚螺栓的位置和标高。

2）钢柱多用宽翼工字形或箱形截面，前者用干高 6m 以下的柱子，多采用焊接 H 型钢，截面尺寸为 300mm×200mm～1200mm×600mm，翼缘板厚为 10～14mm，腹板厚度为

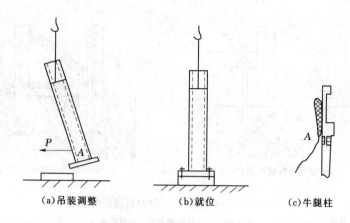

(a)吊装调整　　　(b)就位　　　(c)牛腿柱

图 3.55　钢柱吊装就位示意图

A—溜绳绑扎位置

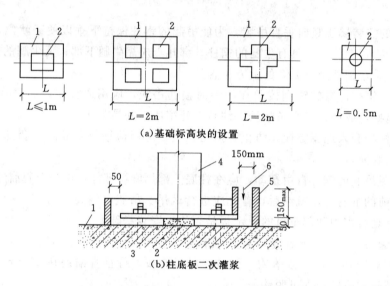

$L\leqslant1m$　　　　$L=2m$　　　　$L=2m$　　　　$L=0.5m$

(a)基础标高块的设置

150mm

(b)柱底板二次灌浆

图 3.56　基础标高块的设置及柱底二次灌浆

1—基础；2—标高块（无收缩水泥浆）；3—12mm 厚钢板；

4—钢柱；5—模板；6—砂浆浇灌入口

$6\sim25mm$；后者多用于高度较大的高层建筑柱，截面尺寸为 500mm×500mm～700mm× 700mm，钢板厚 12～30mm。为充分利用起重机的能力和减少连接，一般制成 3～4 层为一节，节与节之间用坡口焊连接，一个节间的柱网必须安装三层的高度后再安装相邻节间的柱。

3) 钢柱的吊装，根据柱子质量和高度情况，采用单机吊装或双机抬吊。单机吊装时，需在柱根部垫以垫木，用旋转法起吊，防止柱根拖地和碰撞地脚螺栓，损坏螺纹；双机抬吊多采用递送法，吊离地面后，在空中进行回直。柱子吊点在吊耳处（制作时预先设置，吊装完割去），钢柱吊装前预先在地面挂上操作挂筐、爬梯等。

4) 钢柱就位后，立即对垂直度、轴线、牛腿面标高进行初校，安设临时螺栓，然后卸去吊索。钢柱上、下接触面间的间隙一般不得大于 1.5mm，如间隙在 1.6～6.0mm 之间，可用低碳钢的垫片垫实间隙。柱间间距偏差可用液压千斤顶与钢楔，或倒链与钢丝绳或缆风绳进行校正。

　　5）在第一节框架安装、校正、螺栓紧固后，即应进行底层钢柱柱底灌浆，如图 3.56 (b) 所示。先在柱脚四周立模板，将基础上表面清洗干净，清除积水，然后用高强度聚合砂浆从一侧自由灌入至密实，灌浆后，用湿草袋或麻袋护盖养护。

　　3. 钢柱的校正

　　钢柱的校正工作主要是校正垂直度和复查标高。

　　（1）钢柱标高校正。对杯形基础，可采用在柱底抹水泥砂浆或加设钢垫板的方法来校正标高；对于采用地脚螺栓连接的柱子，可在柱底板下的地脚螺栓上加一个调整螺母。安装好柱子后，用调整螺母来控制柱子的标高。

　　（2）垂直度校正。可采用两台经纬仪或吊线坠来测量垂直度的方法，采用松紧钢楔，或用千斤顶推柱身，使柱子绕柱脚转动来校正垂直度，如图 3.57 所示。

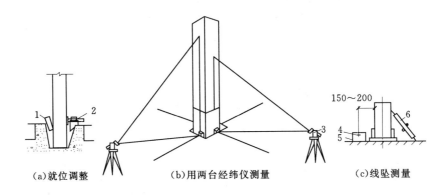

（a）就位调整　　　　（b）用两台经纬仪测量　　　　（c）线坠测量

图 3.57　柱子校正示意图

1—楔块；2—螺钉顶；3—经纬仪；4—线坠；5—水桶；6—调整螺杆千斤顶

　　（3）其他校正方法。其他校正方法还有千斤顶校正法（图 3.58）、木杆或钢管撑杆校正法（图 3.59）、缆风绳校正法（图 3.60）。

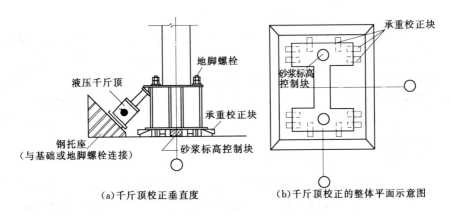

（a）千斤顶校正垂直度　　　　（b）千斤顶校正的整体平面示意图

图 3.58　用千斤顶校正垂直度

　　4. 钢柱的固定

　　对于杯口基础钢柱的固定，主要包括临时固定和最后固定，其具体操作如下：

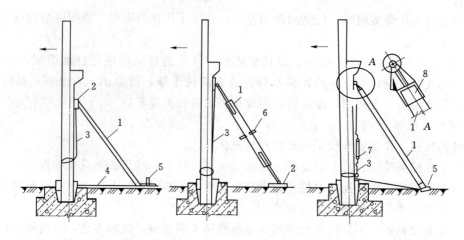

图 3.59　木杆或钢管撑杆校正柱垂直度

1—木杆或钢管撑杆；2—摩擦板；3—钢线绳；4—槽钢撑头；

5—木楔或撬杠；6—转动手柄；7—倒链；8—钢套

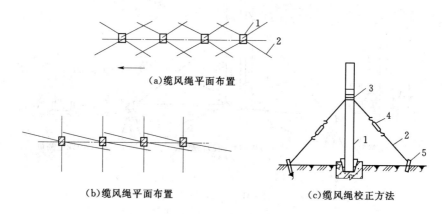

（a）缆风绳平面布置

（b）缆风绳平面布置　　　　　　　　　（c）缆风绳校正方法

图 3.60　缆风绳校正法

1—柱；2—缆风绳用，3φ9～3φ12 钢丝绳或 φ6 钢筋；3—钢箍；4—花篮螺栓

或 5kN 倒链；5—木桩或固定在建筑物上

（1）临时固定。柱子插入杯口就位，初步校正后，即用钢（或硬木）楔临时固定。方法是当柱插入杯口使柱身中心线对准杯口（或杯底）中心线后刹车，用撬杠拨正，在柱与杯口壁之间的四周空隙，每边塞入两个钢（或硬木）楔，再将柱子落到杯底并复查对线，接着将每两侧的楔子同时打紧如图 3.61 所示，起重机即可松绳脱钩进行下一根柱吊装。

重型或高 10m 以上细长柱及杯口较浅的柱，如遇刮风天气，有时还在柱面两侧加缆风绳或支撑来临时固定。

（2）最后固定。最后固定应在柱子最后校正后立即进行。

1）无垫板安装柱的固定方法是在柱与杯口的间隙内浇灌比柱混凝土强度等级高一级的细石混凝土。浇灌前，清理并湿润杯口，浇灌分两次进行，第一次灌至楔子底面，待混凝土强度等级达到 25% 后，将楔子拔出，再二次灌注到杯口并与杯口持平。采用缆风绳校正的柱子，待二次浇灌的混凝土强度达到 70%，方可拆除缆风绳。

2）有垫板安装柱（包括钢柱杯口插入式柱脚）的二次灌浆方法，通常采用赶浆法或压

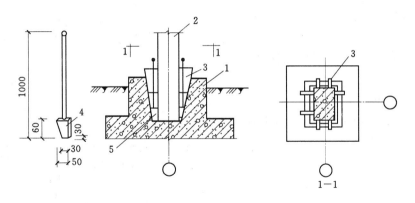

图 3.61 柱临时固定方法（单位：mm）

1—杯形基础；2—柱；3—钢或木楔；4—钢塞；5—嵌小钢塞或卵石

浆法。

a）赶浆法。是在杯口一侧灌强度等级比柱混凝土强度等级高一级的无收缩砂浆（掺水泥用量 0.003%～0.005%的铝粉）或细石混凝土，用细振捣棒振捣使砂浆从柱底另一侧挤出，待填满柱底周围约 10cm 高，接着在杯口四周均匀地灌细石混凝土至与杯口持平［图 3.62（a）］。

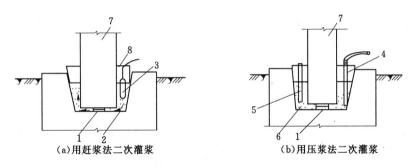

（a）用赶浆法二次灌浆 （b）用压浆法二次灌浆

图 3.62 有垫板安装柱的灌浆方法

1—钢垫板；2—细石混凝土；3—插入式振动器；4—压浆管；5—排气管；

6—水泥砂浆；7—柱；8—钢楔

b）压浆法。是于杯口空隙内插入压浆管与排气管，先灌 20cm 高混凝土，并插捣密实，然后开始压浆，待混凝土被挤压上拱，停止顶压，再灌 20cm 高混凝土顶压一次，即可拔出压浆管和排气管，继续灌注混凝土至杯口如图 3.62（b）所示。本法适于截面很大、垫板高度较薄的杯底灌浆。

（3）注意事项：

1）柱应边校正边灌浆，若当日校正的柱子未灌浆，次日应复核后再灌浆，以防因刮风振动使楔子松动变形和千斤顶回油等因素而产生新的偏差。

2）灌浆（灌缝）时应将杯口间隙内的木屑等建筑垃圾清除干净，并用水充分湿润，使之能良好结合。

3）捣固混凝土时，应严防碰动楔子而造成柱子倾斜。

4）对柱脚底面不平（凹凸或倾斜）与杯底间有较大间隙时，应先灌注一层强度同柱混

155

凝土等级的稀砂浆，使其充满后，再灌细石混凝土。

5）第二次灌浆前须复查柱子垂直度，超出允许误差的应采取措施重新校正并纠正。

非杯口基础钢柱的固定可参照相关规定执行。

5. 钢柱的加长

（1）操作要求。

1）上节柱多采用榫接头或钢板接头，上节柱的吊装须在下节柱永久固定后进行。

a）榫接头柱安装就位后，上下节柱接头用型钢夹具临时固定，如图 3.63（a）所示，调整螺栓可以调正上柱下端，而上端多用管式支撑校正和临时固定，如图 3.63（b）所示。

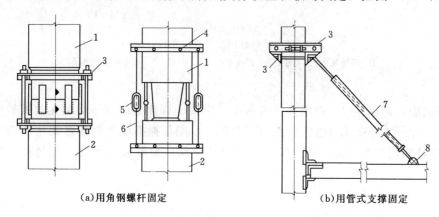

（a）用角钢螺杆固定　　　　　　　　　　（b）用管式支撑固定

图 3.63　柱子固定器和临时固定方法

1—上柱；2—下柱；3—角钢夹箍；4—角钢用螺栓与柱连接；5—法兰螺栓；
6—钢架拉杆；7—管式支撑；8—预埋吊环

b）钢板接头柱安装就位固定与分节柱吊装相同。

2）重型柱或较长柱的临时固定，在柱与柱之间需加设水平管式支撑或设缆风绳。

3）钢柱临时固定后，应对每根柱子重复多次校正，并观测其垂直偏差值。

4）钢柱校正时，应在起重机脱钩后并在电焊前进行初校，由于电焊后的钢筋接头的冷却收缩会使柱偏移，所以在电焊完后应再做二次校正，梁、板安装后需再次校正。

对数层一节的长柱，在每层梁安装前后均需校正，以免产生误差累积，校正方法同单层工业厂房柱。

5）当下柱出现偏差时，一般在上节柱的底部就位时，可对准下节柱中心线和标准中心线的中点各借一半，而上节柱的顶部仍应以标准中心线为准，依此类推。

6）柱子垂直度允许偏差为 $h/1000$（h 为柱高），但不大于 20mm。中心线对定位轴线的位移不得超过 5mm，上、下柱接口中心线位移不得超过 3mm。

7）当柱垂直度和水平位移均出现偏差时，如垂直度偏差较大，应先校正垂直度偏差，再校正水平位移，以防柱子校正时失稳。

（2）柱接头的处理。

1）多层装配式框架结构房屋的柱较长，常分成多节吊装。柱的接头形式有榫接头、浆锚接头，如图 3.64（a）、图 3.64（b）所示，柱与梁的接头形式有简支铰接和刚性接头两种，如图 3.65 所示。前者只传递垂直剪力，施工简便；后者可传递剪力和弯矩，使用较多。

2）榫接头钢筋多采用单坡 K 形坡口焊接，按如图 3.64（c）所示采取分层轮流对称焊

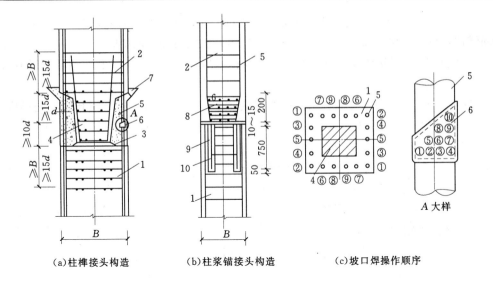

（a）柱榫接头构造　　　（b）柱浆锚接头构造　　　（c）坡口焊操作顺序

图 3.64　柱的接头形式

1—下柱；2—上柱；3—1∶1 水泥砂浆，10mm 厚；4—榫头；5—柱主筋；6—坡口焊；

7—后浇接头混凝土；8—焊网 4 片 6φ6；9—浆锚孔，不小于 2.5d（d—主筋直径）；

10—锚固钢筋；①②③……—焊接操作顺序

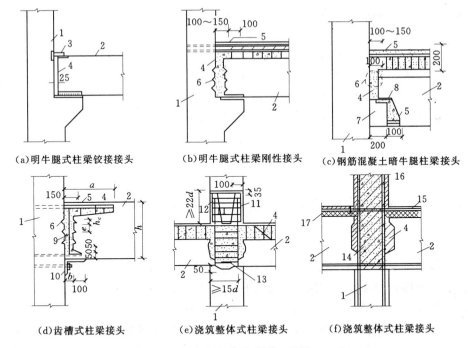

（a）明牛腿式柱梁铰接接头　　（b）明牛腿式柱梁刚性接头　　（c）钢筋混凝土暗牛腿柱梁接头

（d）齿槽式柱梁接头　　（e）浇筑整体式柱梁接头　　（f）浇筑整体式柱梁接头

图 3.65　柱与梁的接头形式（单位：mm）

a—齿深；e—齿距；h—梁高；h_c—齿高；b—接缝宽（B0～100mm）

1—柱；2—梁；3—支座连接（不小于 100mm×80mm×6mm）；4—浇筑细石混凝土；5—坡口焊；

6—构造齿槽；7—牛腿；8—钢板焊接；9—附加 φ8 掇箍筋；10—安装用临时钢牛腿；

11—榫头；12—柱连接筋焊接；13—梁连接筋焊接 8d；14—梁外伸主筋；

15—梁上部负筋；16—柱主筋；17—梁叠合层混凝土

接，以削减温度应力和变形，同时注意使坡口间隙尺寸大小一致，焊接时应避免夹渣。如上、下钢筋错位，可用冷弯或氧—乙炔焰加热热弯使钢筋轴线对准，但变曲率不得超过 1∶6。

3）柱与梁接头钢筋焊接，全部采用 V 形坡口焊，也可采用分层轮流施焊，以减少焊接应力。

4）对整个框架而言，柱梁刚性接头的焊接顺序应从整个结构的中间开始，先形成框架，然后再纵向继续施焊。同时，梁应采取间隔焊接固定的方法，避免两端同时焊接而使梁中产生过大的温度收缩应力。

5）浇筑接头混凝土前，应将接头处混凝土凿毛并洗净、湿润，接头模板离底 2/3 以上应支成倾斜，混凝土强度等级宜比构件本身高二级，并宜在混凝土中掺微膨胀剂（在水泥中掺加 0.02％的脱脂铝粉），分层浇筑捣实，待混凝土强度达到 $5N/mm^2$ 后，再将多余部分凿去，表面抹光，继续湿润养护不少于 7d，待强度达到 $10N/mm^2$ 或采取足够的支撑措施（如加设临时柱间支撑）后，方可吊装上一层柱、梁及楼板。

3.3.3.3 钢梁的安装

在多层及高层钢结构的安装中，由于其高度远大于单层钢结构，因此，对安装施工的要求更高。

1. 操作要点

（1）钢梁吊装宜采用专用吊具，两点绑扎吊装。吊升过程中必须确保钢梁处于水平状态。一机同时起吊多根钢梁时的绑扎要牢固可靠，且利于逐一安装。

（2）一节柱一般有 2～4 层梁，原则上横向构件由上向下逐层安装，由于上部和周边均处于自由状态，易于安装和质量控制。另外，通常情况下，同一列柱的钢梁从中间跨开始对称地向两端扩展安装。同一跨钢梁，先安装上层梁，再安装中、下层梁。一节柱的一层梁安装完毕后，立即安装本层的楼梯及压型钢板等。

（3）在安装柱与柱之间的主梁时，必须跟踪测量、校正柱与柱之间的距离，并预留安装余量，特别是节点焊接收缩量，以达到控制变形、减小或消除附加应力的目的。

（4）次梁根据施工情况一层一层地安装实施。

（5）同一根梁两端的水平度，允许偏差 $(L/1000)+3mm$；最大不超过 10mm，如果钢梁水平度超标，主要原因是连接板位置或螺孔位置有误差，可采取换连接板或塞焊孔重新制孔处理。

2. 梁与柱的连接

（1）柱与柱接头和梁与柱接头的焊接，以互相协调为好，一般可以先焊一节柱的顶层梁，再从下向上焊各层梁与柱的接头，柱与柱的接头可以先焊，也可以最后焊。

（2）柱与柱节点及梁与柱节点的连接，原则上对称施工、相互协调。框架梁与柱连接通常采用上下翼板焊接、腹板栓接，或者全焊接、全栓接的连接方式，如图 3.66 所示。对于焊接连接，一般先焊一节柱的顶层梁，再从下向上焊接各层梁与柱的节点。柱与柱的节点可以先焊，也可以后焊。混合连接一般采用先栓后焊的工艺，螺栓连接从中心轴开始，对称拧固。钢管混凝土柱焊接接长时，严格按工艺评定要求进行，确保焊缝质量。

（3）在第一节柱及柱间钢梁安装完成后，即可进行柱底灌浆，如图 3.67 所示。灌浆方法是先在柱脚四周立模板，将基础上表面清除干净，清除积水，然后用高强度无收缩砂浆从一侧自由灌入至密实，灌浆后用湿草袋或麻袋覆盖养护。

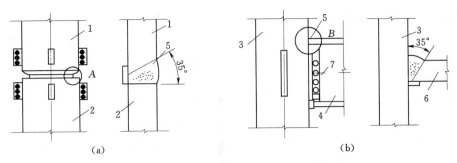

图 3.66 上节柱与下节柱、柱与梁连接构造

1—上节钢柱；2—下节钢柱；3—柱；4—主梁；5—焊缝；6—主梁翼板；7—高强度螺栓

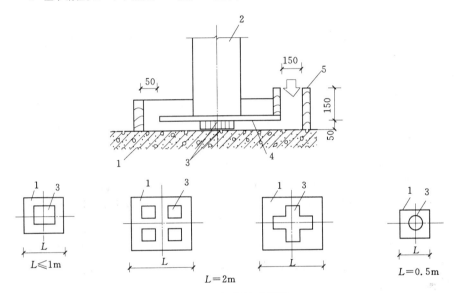

图 3.67 钢柱柱底灌浆

1—柱基；2—钢柱；3—无收缩水泥砂浆垫块；4—钢板；5—模板

3.3.3.4 劲性混凝土钢结构施工

劲性混凝土钢结构是在钢结构柱、梁周围配置钢筋，浇筑混凝土，钢构件同混凝土连成一体，共同作用的一种结构。劲性混凝土钢结构分为埋入式和非埋入式两种。埋入式构件包括劲性混凝土梁、柱、剪力墙、钢管混凝土柱及内藏钢板剪力墙等；非埋入式构件包括钢—混凝土组合梁、压型钢板组合楼板等。劲性混凝土结构的钢构件分为实腹式和格构式，并以实腹式为主。

（1）劲性混凝土钢结构施工工艺流程：基础验收→钢结构柱安装→钢结构梁安装→钢筋绑扎→支模板、浇混凝土。

（2）劲性混凝土结构钢柱截面形式多为"＋"、"L"、"T"、"H"、"O"、"口"形等几种形式，和混凝土相接触的熔焊拴钉多在钢构件出厂时施工完毕。构件运至施工现场，经验收合格，进行安装、校正、固定，方法与框架结构相同。

（3）劲性混凝土钢结构构件中的钢结构梁的安装方法和框架梁安装方法相同。无框架梁的结构，为保证钢柱的空间位置，需通过增设支撑体系来固定钢构件，确保钢柱安装、焊接后空间位置的准确。钢结构梁上面的熔焊栓钉一般在工厂加工。无梁劲性混凝土钢柱和混凝土梁的连接较复杂，特别是箍筋和主筋穿过柱和梁时的位置较复杂，工艺交叉多，故处理要细致，钢筋要贯通。混凝土梁的浇筑最好与柱的混凝土浇筑错开，避免混凝土产生裂缝。

（4）钢结构构件安装完成后，进行钢筋绑扎、混凝土浇筑。对于钢管混凝土结构，每层楼的钢管柱安装、固定、校正后，要采用合理的工艺确保焊接变形受控。然后绑扎钢筋，一般钢管柱内外均设有柱端连接竖筋以及穿柱、梁主筋，梁柱接点处设置环形加强钢筋等。钢管安装后，进行柱内环形箍筋的绑扎，然后再进行下道工序的施工。

（5）支模和浇筑混凝土。在混凝土浇捣的过程中，需要检查劲性混凝土柱、梁的空间位置，符合要求后，进行上层柱、梁施工。

3.3.4 施工安装质量的控制及要求

3.3.4.1 基础和支承面

基础和支承面的施工安装质量的控制及要求，可参照学习情境 3.2 "单层钢结构的安装"中的相关内容。

3.3.4.2 多层及高层钢结构

1. 构件的安装顺序

（1）多层及高层建筑钢结构的安装，应符合下列要求：

1）划分安装流水区段。

2）确定构件安装顺序，编制构件安装顺序表。

3）进行构件安装，或先将构件组拼成扩大安装单元，再行安装。

（2）安装流水区段可按建筑物的平面形状、结构形式、安装机械的数量、现场施工条件等因素划分。

（3）构件的安装顺序，平面上应从中间向四周扩展，竖向应由下向上逐渐安装。

（4）构件的安装顺序表中应包括各构件所用的节点板、安装螺栓的规格、数量等。

2. 钢构件安装的一般原则

（1）柱的安装应先调整标高、位移，再调整垂直偏差，并应重复上述步骤，直到柱的标高、位移、垂直偏差符合要求。调整柱垂直度的缆风绳或支撑夹板，应在柱起吊前在地面绑扎好。

（2）当由多个构件在地面组拼为扩大安装单元进行安装时，其吊点应经过计算确定。

（3）构件的零件及附件应随构件一同起吊。尺寸较大、质量较重的节点板，可以用铰链固定在构件上。

（4）柱上的爬梯以及大梁上的轻便走道，应预先固定在构件上一同起吊。

（5）柱、主梁、支撑等大构件安装时，应随即进行校正。

（6）当天安装的钢构件应形成空间稳定体系。

（7）当采用内爬塔式起重机或外附着塔式起重机进行高层建筑钢结构安装时，对塔式起重机与结构相连接的附着装置应进行验算，并应采取相应的安装技术措施。

（8）进行钢结构安装时，楼面上堆放的安装荷载应予限制，不得超过钢梁和压型钢板的承载能力。

（9）一节柱的各层梁安装完毕后，宜立即安装本节柱范围内的各层楼梯，并铺设各层楼面的压型钢板。

（10）安装外墙板时，应根据建筑物的平面形状对称安装。

（11）钢构件安装和楼盖钢筋混凝土楼板的施工，应相继进行，两项作业相距不宜超过

5 层。当超过 5 层时，应由责任工程师会同设计部门和专业质量检查部门共同协商处理。

（12）一个流水段一节柱的全部钢构件安装完毕并验收合格后，方可进行下一流水段的安装工作。

3. 多层及高层钢结构钢梁安装

（1）同一列柱的钢梁从中间跨开始对称地向两端扩展；同一跨钢梁，先安上层梁再安中下层梁。

（2）安装柱与柱之间的主梁时，测量必须跟踪校正，预留偏差值、接头焊接收缩量。

（3）同一节柱内梁与柱接头的焊接顺序应先焊接上层梁，再焊接中、下层梁。

（4）梁柱接头焊接完毕后，焊接柱与柱接头。

4. 大跨度重型钢桁架的安装

可采用整体吊装法、滑移法、提升法。

5. 高层建筑钢结构施工测量

（1）测量器具的检定与检验。

1）全站仪、经纬仪、铅垂仪、水平仪、钢直尺等，在施工测量前必须经计量部门进行检定。除按规定周期进行检定外，在周期内的还应每 2～3 个月定期检校。

2）一般的钢结构工程采用精度为 2S 级的光学经纬仪，对于高层钢结构工程宜采用激光经纬仪，其精度宜在 1/200000 之内。水准仪按国家三、四等级水准测量及工程水准测量用途要求，其精度为 ±3mm/km。

（2）高层钢结构安装阶段的测量放线。

1）内控法。将测量控制基准点设在建筑物内部，控制点的多少根据建筑物平面形状决定。

2）外控法。将测量控制基准点设在建筑物外部，根据建筑物平面形状，在轴线延长线上距建筑物 (0.8～1.5) H（建筑物高度）处。

3）内、外控法混合使用时应做到以下几点：

a）统一测量仪器。为减少不必要的测量误差，从钢结构加工到土建基础的放线、构件安装，都应使用统一型号、经过统一校核的钢直尺。

b）建立复测制度。各基准控制点、轴线、标高等都要进行两次以上的复测，以误差最小为准。要求控制网的测距相对误差小于 $L/25000$，测角误差小于 $2''$。

c）各控制桩要有防止碰损的保护措施，设立控制网，提高测量精度。

（3）平面轴线控制点的竖向传递。

1）地下部分：一般高层、多层钢结构工程中，地下部分可采用外控法，建立十字形或井字形控制点，组成一个平面控制格网。

2）地上部分：控制点的竖向传递采用内控法，投递仪器采用全站仪或激光准直仪。在控制点架设仪器进行精密对中调平。在控制点正上方，在传递控制点的楼面预留孔 300mm×300mm 上设置一块由有机玻璃做成的光靶，光靶固定在控制架或楼板上。

3）仪器从 0°、90°、180°、270°4 个方向，向光靶投点，用 0.2mm 定出这 4 个点，若 4 点重合则传递无误差；若 4 点不重合，则找出 4 点对角线的交点作为传递上来的控制点。由于全站仪或激光准直仪在 100m 范围内的竖向投测精度高，故在 100m 内，将基准点转移到稳定的上部楼面上。

（4）柱顶平面放线，利用传递上来的投测点，用全站仪或经纬仪进行平面控制网放线，把轴线放到柱顶上。

（5）悬吊钢直尺传递高程，利用高程控制点，采用水准仪和钢直尺测量的方法来引测。

6. 柱子安装的允许偏差

柱子安装的允许偏差见表3.24。

表 3.24　　　　　　　　　　　柱子安装的允许偏差　　　　　　　　　　　单位：mm

项　目	允许偏差	图　例	项　目	允许偏差	图　例
底层柱柱底轴线对定位轴线的偏移	3.0	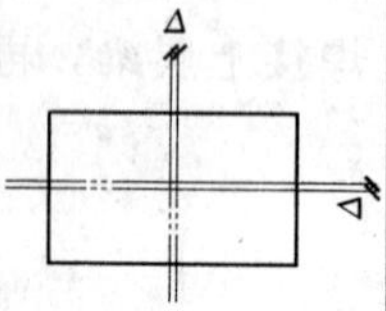	单节柱的垂直度	$h/1000$，且不应大于 10.0	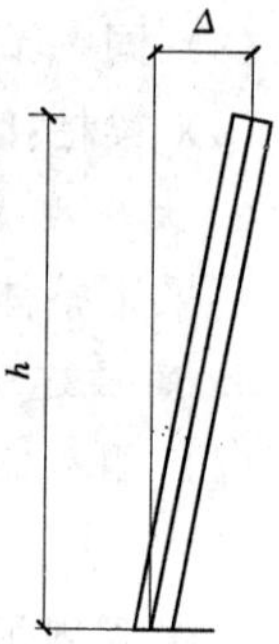
柱子定位轴线	1.0	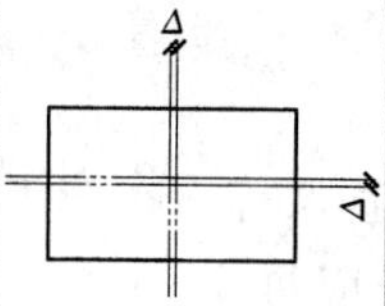			

7. 多层及高层钢结构中的构件安装的允许偏差

多层及高层钢结构中的构件安装的允许偏差见表3.25。

表 3.25　　　　　　　　多层及高层钢结构中的构件安装的允许偏差　　　　　　　　单位：mm

项　目	允　许　偏　差	图　例
上、下柱连接处的错口 △	3.0	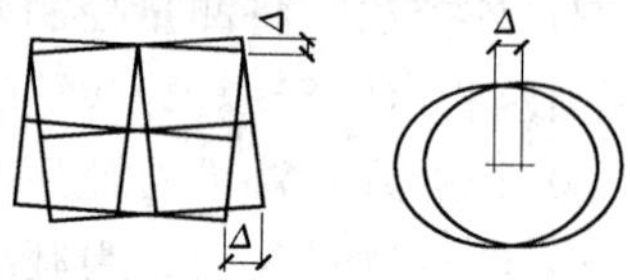
同一层柱的各柱顶高度差 △	5.0	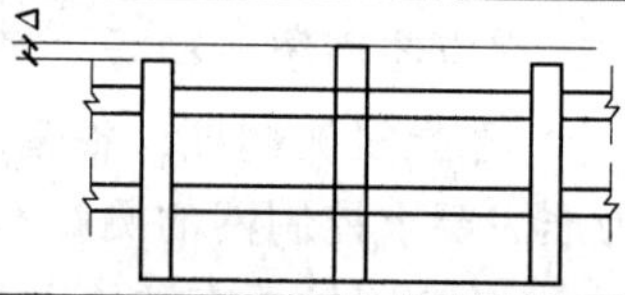
同一根梁两端顶面的高差 △	$l/1000$，且不应大于 10.0	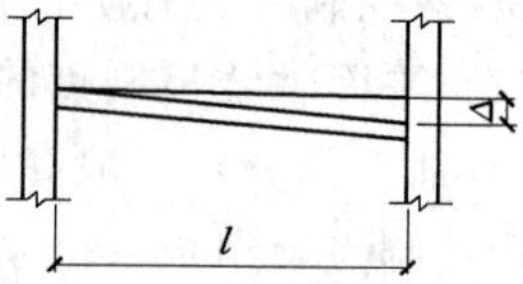
主梁与次梁表面的高差 △	±2.0	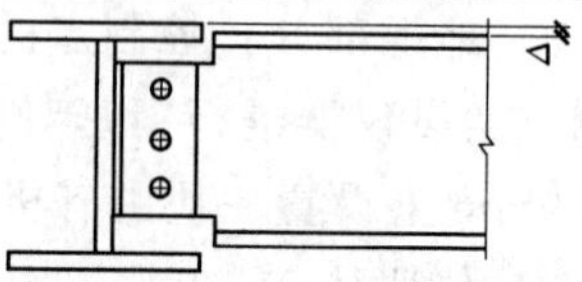
压型钢板在钢梁上相邻列的错位 △	15.0	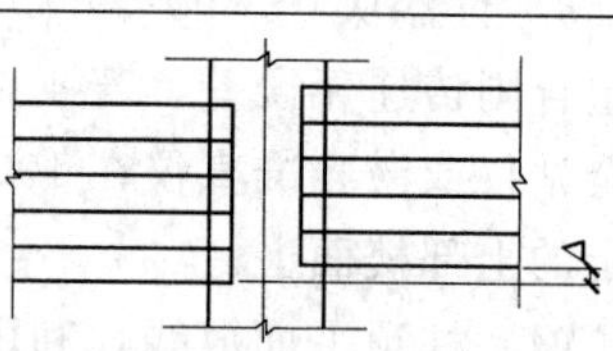

8. 楼层标高

楼层标高可采用相对标高或设计标高进行控制，并应符合下列规定：

（1）当采用设计标高进行控制时，应以每节柱为单位进行柱标高的调整，使每节柱的标高符合设计的要求。

（2）建筑物总高度的允许偏差和同一层内各节柱的柱顶高度差应符合表 3.26 的规定。

表 3.26　　　　多层及高层钢结构主体结构总高度的允许偏差　　　　单位：mm

项　　目	允　许　偏　差	图　　例
用相对标高控制安装	$\pm\sum(\Delta_h+\Delta_z+\Delta_w)$	
用设计标高控制安装	$H/1000$，且不应大于 30.0； $-H/1000$，且不应小于 -30.0	

注　1. Δ_h 为每节柱子长度的制造允许偏差。

　　2. Δ_z 为每节柱子长度受荷载后的压缩值。

　　3. Δ_w 为每节柱子接头焊缝的收缩值。

9. 多层及高层钢结构主体结构的整体垂直度和整体平面弯曲的允许偏差

多层及高层钢结构主体结构的整体垂直度和整体平面弯曲的允许偏差应符合表 3.27 的规定。

表 3.27　　多层及高层钢结构主体结构的整体垂直度和整体平面弯曲的允许偏差　　单位：mm

项　　目	允　许　偏　差	图　　例
主体结构的整体垂直度	$(H/2500+10.0)$，且不应大于 50.0	
主体结构的整体平面弯曲	$l/1500$，且不应大于 25.0	

3.3.4.3　钢梯、钢平台及防护栏

1. 钢直梯

（1）钢直梯应采用性能不低于 Q235A·F 的钢材。其他构件应符合下列规定：

1）梯梁应采用不小于 L50×50×5 角钢或—60×8 扁钢。

2）踏棍宜采用不小于 $\phi20$ 的圆钢，间距宜为 300mm 等距离分布。

3）支撑应采用角钢、钢板或钢板组焊成 T 形钢制作，埋设或焊接时必须牢固可靠。

无基础的钢直梯至少焊两对支撑，支撑竖向间距不宜大于 3000mm，最下端的踏棍距基准面距离不宜大于 450mm。

（2）梯段高度超过 300mm 时应设护笼。护笼下端距基准面为 2000～2400mm，护笼上端高出基准面的应与《固定式钢梯及平台安全要求第 3 部分：工业防护栏杆及钢平台》（GB 4053.3—2009）中规定的栏杆高一致。

护笼直径为 700mm，其圆心距踏棍中心线为 350mm。水平圈采用不小于－40×4 扁钢，间距为 450～750mm，在水平圈内侧均布焊接 5 根不小于－25×4 扁钢垂直条。

（3）钢直梯每级踏棍的中心线与建筑物或设备外表面之间的净距离不得小于 150mm。

侧进式钢直梯中心线至平台或屋面的距离为 380～500mm，梯梁与平台或屋面之间的净距离为 180～300mm。

（4）梯段高不宜大于 9m。超过 9m 时宜设梯间平台，以分段交错设梯。攀登高度在 15m 以下时，梯间平台的间距为 5～8m；超过 15m 时，每 5 段设一个梯间平台。平台应设安全防护栏杆。

（5）钢直梯上端的踏板应与平台或屋面平齐，其间隙不得大于 300mm，并在直梯上端设置高度不低于 1050mm 的扶手。

（6）钢直梯最佳宽度为 500mm。由于工作面所限，攀登高度在 5000mm 以下时，梯宽可适当缩小，但不得小于 300mm。

（7）固定在平台上的钢直梯，应下部固定，其上部的支撑与平台梁固定，在梯梁上开设长圆孔，采用螺栓连接。

（8）钢直梯全部采用焊接连接，焊接要求应符合《钢结构工程施工质量验收规范》（GB 50205—2001）的规定。所有构件表面应光滑无毛刺。安装后的钢直梯不应有歪斜、扭曲、变形及其他缺陷。

（9）荷载规定：

1）踏棍按在中点承受 1kN 集中活荷载计算。容许挠度不大于踏棍长度的 1/250。

2）梯梁按组焊后其上端承受 2kN 集中活荷载计算（高度按支撑间距选取，无中间支撑时按两端固定点间的距离选取）。容许长细比不宜大于 200。

（10）钢直梯安装后必须认真除锈并做防腐涂装。

2. 固定钢斜梯

固定钢斜梯的安装规定如下：

（1）梯梁钢材采用性能不低于 Q235A·F 的钢材，其截面尺寸应通过计算确定。

（2）踏板采用厚度不得小于 4mm 的花纹钢板，或经防滑处理的普通钢板，或采用由－25×4 扁钢和小角钢组焊成的格子板。

（3）立柱宜采用截面不小于 L40×40×4 角钢或外径为 30～50mm 的管材，从第一级踏板开始设置，间距不宜大于 1000mm。横杆采用直径不小于 16mm 圆钢或 30mm×4mm 扁钢，固定在立柱中部。

（4）不同坡度的钢斜梯，其踏步高 R、踏步宽 t 的尺寸见表 3.28，其他坡度按直线插入法取值。

（5）扶手高应为 900mm，或与《固定式钢梯及平台安全要求第 3 部分：工业防护栏杆及钢平台》（GB 4053.3—2009）中规定的栏杆高度一致，宜采用外径为 30～50mm、壁厚不小于 2.5mm 的管材。

表 3.28			刚斜梯踏步尺寸							
α	30°	35°	40°	45°	50°	55°	60°	65°	70°	75°
R（mm）	160	175	185	200	210	225	235	245	255	265
t（mm）	280	250	230	200	180	150	135	115	95	75

（6）钢斜梯常用的坡度和高跨比（$H : L$），见表 3.29。

表 3.29	钢斜梯常用坡度和高跨比				
坡度 α	45°	51°	55°	59°	73°
高跨比 $H : L$	1 : 1	1 : 0.8	1 : 0.7	1 : 0.6	1 : 0.3

（7）梯高不宜大于 5m，大于 5m 时，宜设梯间平台，分段设梯。梯宽宜为 700mm，最大不宜大于 1100mm，最小不得小于 600mm。

（8）钢斜梯应全部采用焊接连接，焊接要求应符合《钢结构工程施工质量验收规范》（GB 50205—2001）的规定。

（9）所有构件的表面应光滑无毛刺，安装后的钢斜梯不应有歪斜、扭曲、变形及其他缺陷。

（10）荷载规定。钢斜梯活荷载应按实际要求采用，但不得小于下列数值：

1）钢斜梯水平投影面上的活荷载标准取 $3.5 kN/m^2$。

2）踏板中点集中活荷载取 $1.5 kN/m^2$。

3）扶手顶部水平集中活荷载取 $0.5 kN/m^2$。

4）挠度不大于受弯构件跨度的 1/250。

（11）钢斜梯安装后，必须认真除锈并做防腐涂装。

3. 平台、栏杆

（1）平台钢板应铺设平整、与承台梁或框架密贴、连接牢固，表面有防滑措施。

（2）栏杆安装连接应牢固可靠，扶手转角应光滑。

（3）依据《钢结构工程施工质量验收规范》（GB 50205—2001）的规定，钢平台、钢梯和防护栏杆安装的允许偏差应符合表 3.30 的规定。

表 3.30	钢平台、钢梯和防护栏杆安装的允许偏差	单位：mm
项　目	允　许　偏　差	检　验　方　法
平台高度	±15.0	用水准仪检查
平台梁水平度	$l/1000$，且应不大于 20.0	用水准仪检查
平台支柱垂直度	$H/1000$，且应不大于 15.0	用经纬仪或吊线和钢直尺检查
承重平台梁侧向弯曲	$l/1000$，且应不大于 10.0	用拉线和钢直尺检查
承重平台梁垂直度	$h/250$，且应不大于 15.0	用吊线和钢直尺检查
直梯垂直度	$l/1000$，且应不大于 15.0	用吊线和钢直尺检查
栏杆高度	±15.0	用钢直尺检查
栏杆立柱间距		用钢直尺检查

（4）梯子、平台和栏杆宜与主要构件同步安装。

学习情境3.4　钢网架结构的安装

平板网架是一种新型的结构形式，不仅具有跨度大、覆盖面广、结构轻、省料经济等特点，还具有良好的稳定性和安全性，多用于体育馆、俱乐部、展览馆、影剧院、车站候车大厅等公共建筑，也可用于大型文化娱乐中心等。

3.4.1　网架的结构形式及选择

3.4.1.1　网架结构的类型

在钢结构工程中，平板网架结构主要有以下几种：

（1）由平面桁架组成的两向正交正放网架、两向反交斜放网架、两向斜交斜放网架和单向折线形网架。

（2）由四角锥体组成的正放四角锥网架、正放抽空四角锥网架、棋盘形四角锥网架、斜放四角锥网架、星形四角锥网架。

（3）由三角锥体组成的三角锥网架、抽空三角锥网架和蜂窝形三角形网架。

3.4.1.2　网架结构的选择

选择网架结构的形式时，应根据建筑物的平面形状和尺寸、支承情况、荷载大小、屋面构造、建筑要求、制造和安装方法，以及材料供应情况等因素综合考虑。

（1）当平面接近正方形时，以斜放四角锥网架最经济，其次是正放四角锥网架和两向正交网架（正放或斜放）。

（2）当跨度及荷载均较大时，采用三向网架较经济合理，而且刚度也较大。

（3）当平面为矩形时，则以两向正交斜放网架和斜放四角锥网架最为经济合理。

3.4.2　网架的技术尺寸及节点构造

3.4.2.1　网架的高度

表3.31　网架的高度与跨度之比

网架短边跨度 L_2	网架高度
<30m	$\left(\dfrac{1}{10} \sim \dfrac{1}{14}\right)L_2$
30~60m	$\left(\dfrac{1}{12} \sim \dfrac{1}{16}\right)L_2$
>60m	$\left(\dfrac{1}{14} \sim \dfrac{1}{20}\right)L_2$

（1）在确定网架高度时，不仅要考虑上下弦杆内力的大小，还需充分发挥腹杆的受力作用，一般应使腹杆与弦杆的夹角为30°～60°。

（2）根据国内工程实践的经验综合分析，网架的高度与跨度之比应符合表3.31的规定。

（3）在不同的屋面体系中，对于周边支承的各类网架，其网格数及跨高比可按表3.32选用。表3.32是按经济和刚度要求制定的，当符合表3.32中规定时，一般可不验算网架的挠度。

（4）当屋面荷载较大时，为满足网架相对刚度的要求（控制挠度不大于 $\dfrac{L_2}{250}$ ），网架高度应适当提高一些；当屋面采用轻型材料时，网架高度可适当降低一些；当网架上设有悬挂的起重机或有吊重时，应满足悬挂起重机轨道对挠度的要求，在这种情况下，网架的高度就应适当地取高一些。

表 3.32　　　　　　　　　　　　　　　　网架的上弦网格数和跨高比

网 架 形 式	混凝土屋面体系		钢檩条屋面体系	
	网格数	跨高比	网格数	跨高比
两向正交正放网架、正放四角锥网架、正放抽空四角锥网架	$(2\sim4)+0.2L_2$	10～14	$(6\sim8)+0.07L_2$	$(13\sim17)-0.03L_2$
两向正交斜放网架、棋盘形四角锥网架、斜放四角锥网架、星形四角锥网架	$(6\sim8)+0.08L_2$			

注　1. L_2 为网架短向跨度，单位为 m。
　　2. 当跨度小于 18m 时，网格数可适当减少。

3.4.2.2　网格的尺寸

（1）平板网架网格的大小与屋面板的种类及材料有关，因此，网格的尺寸应符合下列规定：

1）当选用钢筋混凝土屋面板时，板的尺寸不宜过大，一般不超过 3m×3m 为宜，否则会带来吊装的困难。

2）若采用轻型屋面板材，如压型钢板、太空网架板时，一般需加设檩条，此时檩距不宜小于 1.5m，网格尺寸应为檩距的倍数。

（2）不同材料的屋面体系，网架上弦网格数和跨高比应满足表 3.32 的规定。

（3）为减少或避免出现过多的构造杆件，网格的尺寸应尽可能大一些。网格尺寸 a 与网架短向跨度 L_2 之间的关系如下：

1）当网架短向跨度 $L_2<30$m 时，网格尺寸 $a=(1/6\sim1/12)L_2$。

2）当网架短向跨度 $30\text{m}\leqslant L_2\leqslant60\text{m}$ 时，$a=(1/10\sim1/16)L_2$。

3）当网架短向跨度 $L_2>60$m 时，$a=(1/12\sim1/20)L_2$。

（4）由于网格的大小与杆件材料有关：当网架杆件采用钢管时，由于钢管截面性能好，杆件可以长一些，即网格尺寸可以大一些；当网架杆件采用角钢时，杆件截面可能要由长细比控制，故杆件不宜太长，即网格尺寸不宜过大。

3.4.3　钢网架的拼装

3.4.3.1　准备工作

1. 技术准备

（1）编制拼装工程施工组织设计或施工方案，并严格按此执行，以确保网架焊接与拼装质量。

（2）拼装过程所用计量器具如钢直尺、经纬仪、水平仪等，必须经计量检验合格，且在检定有效期内使用。

（3）所有焊工必须有相应焊接形式的上岗证书。

（4）对焊接节点（空心球节点、钢板节点等）的网架结构应选择合理的焊接工艺及顺序，以减少焊接应力与变形。

（5）对小拼、中拼、大拼等工序，在正式拼装前宜先进行试拼，检查无误后，再正式拼装。

2. 材料准备

(1) 零部件。网架结构所用钢材材质以及杆件、连接件、焊接球、螺栓球等的制作质量必须符合设计要求，且有出厂合格证等相关质量保证资料，并按《钢结构工程施工质量验收视范》（GB 50205—2001）的规定进行力学性能试验和化学分析，经检测符合规范标准和设计要求后方可使用。

(2) 高强度螺栓。

1) 高强度螺栓的钢材必须符合设计规定及相应的技术标准。钢网架结构用高强度螺栓必须采用《钢结构用高强度大六角头螺栓》（GB/T 1228—2006）规定的性能等级 8.8S 或 10.9S，并应按相应等级要求来检查。

2) 高强度螺栓不允许存在任何淬火裂纹，表面要进行发黑处理。

3) 高强度螺栓抗拉极限承载力应符合设计规定。螺栓螺纹及螺纹公差应符合《普通螺纹基本尺寸》（GB/T 196—2003）和《普通螺纹公差》（GB/T 197—2003）的规定。

4) 网架拼装前，应对每根高强度螺栓进行表面硬度试验，严禁有裂纹和损伤。高强度螺栓的允许偏差和检验方法应符合表 3.33 的规定。

表 3.33   高强度螺栓的允许偏差及检验方法

项 次	项 目		允许偏差（mm）	检 验 方 法
1	螺纹长度		$+2t$ 0	用钢直尺、游标深度尺检查
2	螺栓长度		$+2t$ $-0.8t$	
3	键槽	槽深	±0.2	
4		直线度	<0.2	
5		位置度	<0.5	

注 t 为螺距。

(3) 其他材料。拼装过程中所用的连接材料，如焊条电弧焊的焊条、气体保护焊实心焊丝等应符合现行产品标准和设计要求。

3. 拼装准备

(1) 网架结构应在专门的胎架上进行小拼，以保证小拼单元的精度和互换性。

(2) 胎架在使用前必须进行检验，合格后再拼装。

(3) 在整个拼装过程中，要随时对胎具的位置和尺寸进行复核，如有变动，经调整后方可重新拼装。

(4) 网架的中拼装片或条块的拼装应在平整的刚性平台上进行。拼装前，必须在空心球表面用套模画出杆件定位线，做好定位记录，在平台上按 1:1 大样搭设立体模，以此来控制网架的外形尺寸和标高，拼装时应设调节支点，以此来调节钢管与球的同心度，如图 3.68 (a)、图 3.68 (b)、图 3.68 (c) 所示。

(5) 焊接球节点网架结构在拼装前应考虑焊接收缩，其收缩量可通过试验确定，试验时可参考下列数值：

1) 钢管球节点加衬管时，每条焊缝的收缩量为 1.5~3.5mm。

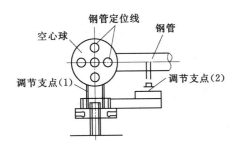

（a）拼装调节支点设置

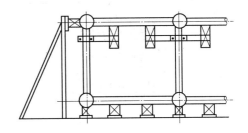

（b）中拼时的支点设置

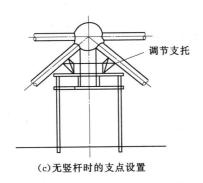

（c）无竖杆时的支点设置

图 3.68　网架拼装平台支架及支点设置

2）钢管球节点不加衬管时，每条焊缝的收缩量为 2～3mm。

3）焊接钢板节点，每个节点收缩量为 2～3mm。

（6）对进场的杆件、球及部件在拼装前要严格检查其质量及各部分尺寸，不符合规定的构配件不得用于拼装。

3.4.3.2　拼装工艺流程

1. 拼装工艺流程图

网架结构拼装施工工艺流程图，如图 3.69 所示。

2. 各工序施工要点

（1）拼装单元分割。根据实际情况将网架合理地分割成各种拼装单元体。

1）直接由单根杆件、单个节点、一球一杆、两球一杆等，总拼成网架。

2）由小拼单元一球四杆（四角锥体）、一球三杆（三角锥体）总拼成网架。

3）由小拼单元到中拼单元，再总拼成网架。

（2）小拼单元形式。

1）划分小拼单元时，应考虑网架结构的类型及施工方案等条件，小拼单元一般可分为桁架型和锥体型两种形式，如图 3.70 所示。

2）斜放四角锥网架的桁架型小拼单元由于缺少上弦杆，在施工过程中需加设临时上弦杆，以免在翻身、吊运、安装的过程中产生变形。而锥体型小拼单元，在工厂中的电焊工作量约占 75%，故将斜放四角锥网架划分成锥体型小拼单元对施工较为有利。

3）两向正交斜放网架小拼单元，考虑到总拼时标高控制方便，每行小拼单元的两端均设置在同一标高上，如图 3.71 所示。

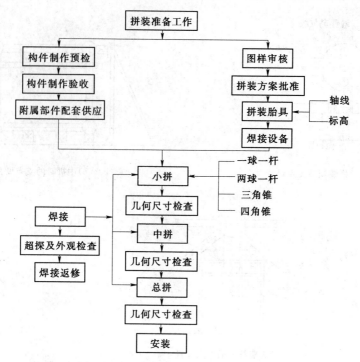

图 3.69　网架结构拼装施工工艺流程图

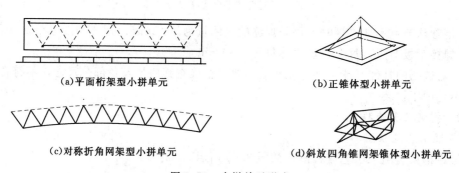

（a）平面桁架型小拼单元　　　　　　　　（b）正锥体型小拼单元

（c）对称折角网架型小拼单元　　　　（d）斜放四角锥网架锥体型小拼单元

图 3.70　小拼单元形式

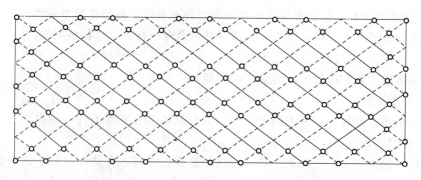

图 3.71　两向正交斜放网架小拼单元方案

　　4）小拼单元应在专门的拼装架上焊接，以确保几何尺寸的准确性，小拼胎架有转动型和平台型两种形式，分别如图 3.72 和图 3.73 所示。

　　（3）网架单元预拼装。采取先在地面上预拼装→后拆开再行吊装的流程。当场地不够时，可采用"套拼"的方法，即两个或三个单元，在地面预拼装，吊去一单元后，再拼接一个单元。

（4）总拼顺序。

1）为保证网架在总拼过程中具有较少的焊接应力和便于尺寸调整，合理的总拼顺序应为从中间向两边或从中间向四周发展，如图 3.74（a）、图 3.74（b）所示。

2）总拼时严禁形成封闭圈，因为在封闭圈中焊接，会产生很大的焊接收缩应力，如图 3.74（c）所示。

（5）焊接。

1）网架焊接时，一般先焊下弦，使下弦收缩而略向上拱，然后焊接腹杆及上弦。如先焊接上弦，则易造成不易消除的下挠度。

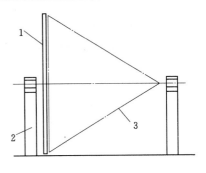

图 3.72　转动型模架示意图

1—模架；2—支架；3—锥体网架杆件

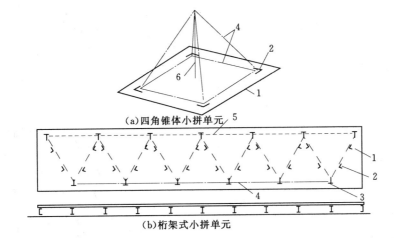

(a)四角锥体小拼单元

(b)桁架式小拼单元

图 3.73　平台型拼装台

1—拼装平台；2—用角钢做的靠山；3—搁置节点槽口；4—网架杆件中心线；5—临时上弦；6—标杆

(a)从中间向两边拼装

(b)从中间向四周拼装

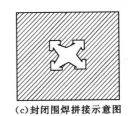

(c)封闭围焊拼接示意图

图 3.74　网架总拼顺序

2）在钢管球节点的网架结构中，当钢管壁厚大于 4mm 时，必须开坡口。在要求焊缝等强的构件中，焊接时钢管与球壁之间必须预留 3～4mm 的间隙，为此应加衬管，以保证焊缝的根部焊透。

3）如需将钢管坡口与球壁顶紧焊接，则必须用单面焊接双面成型的焊接工艺。此情况下为保证焊透，建议采用 U 形坡口进行焊接，如图 3.75 所示。

（6）焊缝检验。

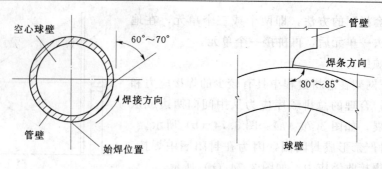

图 3.75　钢管—球壁单面横焊

1）为保证焊缝质量，对要求等强的焊缝，其质量应符合《钢结构工程施工质量验收规范》（GB 50205—2001）中的二级焊缝质量指标，并按其要求进行外观检查。

2）超声波无损检验。

在网架结构规程中，对大中跨度钢管网架的拉杆与球的对接焊缝，其抽样检验数不得少于焊口总数的 20%，其检验标准可根据《钢结构超声波探伤及质量分级法》（JG/T 203—2007）所规定的要求进行检验。

螺栓球节点网架、锥头与管的连接焊缝，超声波无损检验可根据《钢结构超声波探伤及质量分级法》（JG/T 203—2007）所规定的要求进行检验。

（7）起拱。由于网架的空间整体刚度较好，一般情况下其使用阶段的挠度均较小，因此，只有跨度在 40m 以上的网架，方需考虑起拱。

1）网架起拱按其线形分为两类：一类是折线型，如图 3.76（a）所示；另一类是圆弧线型，如图 3.76（b）所示。

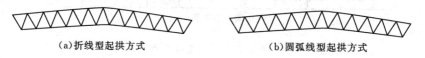

（a）折线型起拱方式　　　　　　（b）圆弧线型起拱方式

图 3.76　网架起拱方式

2）网架起拱按其找坡方向，分为单向起拱和双向起拱两种。

单向圆弧线起拱与双向圆弧线起拱，均需通过计算来准确确定其几何尺寸。

当为折线型起拱时，对于桁架体系的网架，无论是单向或双向找坡，其起拱计算均较简单。但对四角锥或三角锥体系的网架，其起拱计算则较复杂。

（8）防腐处理。

1）网架的防腐处理包括制作阶段对构件及节点的防腐处理和拼装后的防腐处理。

2）焊接球与钢管连接时，钢管及球均不与大气相通，对于新轧制的钢管，其内壁可不除锈，直接刷防锈漆即可；对于旧钢管，内外均应认真除锈，并刷防锈漆。

3）螺栓球与钢管的连接处于与大气相通的状态，特别是受拉杆件承载后即产生变形，必然产生缝隙，南方地区较潮湿，水汽就有可能进入高强度螺栓或钢管中，对高强度螺栓产生不利的影响。

当网架承受大部分荷载后，对各个接头采用油腻子将所有螺孔空隙及接缝处均填嵌密实，并补刷防锈漆，以保证不留下渗透水汽的缝隙，因此，螺栓球节点网架安装时，必须确保螺栓处于拧紧状态。

4）电焊后对已刷油漆的局部破坏及焊缝处，需按规定补刷好油漆层。

3.4.3.3　拼装的实施

网架拼装一般可分为整体拼装和小单元拼装等。不论哪种拼装方式，拼装时均应在拼装模架上进行，严格控制各部分尺寸。

1. 小拼单元拼装

钢网架小拼单元一般是指焊接球网架的拼装。螺栓球网架在杆件拼装、支座拼装之后即可以安装，不进行小拼单元。

（1）为保证高空拼装节点的吻合和减少积累误差，对于小拼单元网架一般应在地面拼装。

（2）小拼单元拼装，应进行划分。划分后，应将所有节点都焊在小拼单元上，网架总拼时仅连接小件。尽量增大工厂焊接工作量的比例。

（3）小拼单元有平面桁架型和锥体型两种。为确保小拼单元几何尺寸的准确性，应在专门的拼装架上焊接。

2. 网架单元拼装

（1）网架单元应在地面上进行预拼装。拼装完成后，应予以检验，如拼装场地不够，可采用"套拼"的方法，即先将 2 个或 3 个单元在地面上进行预拼装。拼装完成后。先吊去 1 个单元，然后再拼接 1 个单元。

（2）网架结构总拼时，应选择合理的焊接工艺，以减少焊接变形和焊接应力。

（3）网架总拼时，应从中间向两边或从中间向四周进行拼装。拼装时，严禁形成封闭圈，以免产生很大的焊接收缩应力。

（4）焊接节点的网架结构在总拼前应精确放线，放线的允许偏差分别为边长及对角线长的 1/10000。

3. 螺栓球节点网架的拼装

（1）螺栓球节点网架拼装时，一般是先拼下弦，将下弦的标高和轴线调整后，全部拧紧螺栓，起定位作用。

（2）开始连接腹杆，螺栓不宜拧紧，但必须使其与下弦连接端的螺栓吃上劲，如吃不上劲，在周围螺栓都拧紧后，这个螺栓就可能偏歪（因锥头或封板的孔较大），那时将无法拧紧。

（3）连接上弦时，开始不能拧紧。当分条拼装时，安装好三行上弦球后，即可将前两行调整校正，这时可通过调整下弦球的垫块高低进行；然后，固定第一排锥体的两端支座，同时将第一排锥体的螺栓拧紧。按以上各条循环进行。

（4）在整个网架拼装完成后，必须进行一次全面检查，看螺栓是否拧紧。

（5）正放四角锥网架试拼后，用高空散装法拼装时，也可在安装一排锥体后（一次拧紧螺栓），从上弦挂腹杆的办法安装其余锥体。

3.4.4　钢网架结构的施工

3.4.4.1　安装方法的分类及选择

1. 安装方法的分类

钢网架结构现场安装常用的方法有六种，分别为：高空散装法、分条或分块安装法、高空滑移法、整体吊装法、整体提升法及整体顶升法，其适用范围，见表 3.34。

表 3.34 钢网架安装方法及适用范围

安装方法	内 容	适用范围
高空散装法	单杆件拼装	螺栓连接节点的各类型网架
	小拼单元拼装	
分条或分块安装法	条状单元组装	两向正交、正放四角锥、正放抽空四角锥等网架
	块状单元组装	
高空滑移法	单条滑移法	正放四角锥、正放抽空四角锥、两向正交正放等网架
	逐条积累滑移法	
整体吊装法	单机、多机吊装	各种类型网架
	单根、多根拔杆吊装	
整体提升法	利用拔杆提升	周边支承及多点支承网架
	利用结构提升	
整体顶升法	利用网架支撑柱作为顶升时的支撑结构	支点较少的多点支承网架
	在原支点处或其附近设置临时顶升支架	

注 表中凡未注明网架的连接节点构造，指各类连接节点网架均适用。

(1) 高空散装法。高空散装法是指将小拼单元或散件（单根杆件或单个节点）直接在设计位置进行总拼的方法。采用该法安装，脚手架用量大，高空作业量较多工期较长，且需占用较大场内用地，技术上亦有一定的难度。

(2) 分条或分块安装法。分条或分块安装法是指将网架分成条状或块状单元，分别由起重机吊装至高空设计位置就位搁置，然后再拼装成整体的安装方法。所谓条状，是指将网架沿纵向分割成若干区段，而每个区段包含1～3个网格。所谓块状，是指将网架沿纵横方向分割成矩形或正方形的安装单元，并将每个安装单元的质量控制在起重机的起吊能力范围内。采用该法安装，焊接与拼装的大部分工作量可在地面进行，有利于确保安装质量，并可省去大部分拼装支架；其次，由于能将安装单元的质量控制与现场起重设备的吊装能力相适应，可充分利用现有起重设备进行吊装，有利于降低安装成本。

(3) 高空滑移法。高空滑移法是指将分条的网架单元在事先设置的滑轨上单条滑移到设计位置并拼接成整体的安装方法。此条状单元可以在地面拼成后再用起重机吊至支架上。在起重设备吊装能力受到限制的情况下，也可采用小拼单元甚至散件在高空拼装平台上拼装成条状单元。采用该法安装网架，可与下部土建施工平行立体作业，大大缩短整个工程的工期。此外，该法对起重、牵引设备要求不高，用小型起重机或卷扬机即可，且只需搭设局部的拼装支架，如建筑物端部有平台可利用，亦可不搭设脚手架。

(4) 整体吊装法。整体吊装法是指将网架在地面上总拼后，采用单根或多根拔杆、一台或多台起重机进行吊装就位的施工方法。采用该法安装，不需较大的拼装支架，高空作用量少，但框架梁等某些结构的施工需待网架安装完成后才能进行，平行施工受到一定的限制。当施工场地许可时，可在地面总拼以后，再用起重机抬吊至建筑物上就位，但起重机必须负重行驶较长距离。

(5) 整体提升法。整体提升法是指在结构柱上安装提升设备，并通过该提升设备对网架进行提升与安装。该法较适宜于在设计平面位置地面上拼装后再垂直提升就位的情况。如网架垂直提升至设计标高后仍需水平位移，需另加悬挑结构结合滑移法迁移至设计位置。

(6) 整体顶升法。整体顶升法是指将网架在设计位置的地面上拼装成整体，然后用千斤顶将网架整体顶升至设计标高。该法可利用原有结构柱作为顶升支架，也可设置专门的顶升支架。所用设备一般为液压式千斤顶，体积较小；当顶升大跨度的大型网架时，可用专用的大型千斤顶。

2. 安装方法的选择

钢网架安装方法的选择与确定，应根据钢网架结构的受力与构造特点（包括结构选型、网架刚度、外形特点、支撑形式、支座构造等），在满足质量、安全、进度和经济效益的前提下，结合当地的施工技术条件和设备资源配置等情况，要因地制宜，综合考虑。表 3.35 为钢网架各安装方法优缺点对比表。

表 3.35　钢网架各安装方法优缺点对比

安装方法	优　　点	缺　　点
高空散装法	将小拼单元或散件（单根杆件及单个节点）直接在设计位置进行总拼，由于散件在高空拼装无需用大型起重设备，技术难度低，施工安全可靠，网架就位变形小，质量较易保证	须搭设满堂脚手架，搭拆工程量大，并占有其他工种的施工作业面，工期不易保证，费用较高
分条或分块安装法	地面拼装，脚手架搭拆工程量较少	由起重设备将拼装单元吊到设计位置，就位搁置后再整体安装。需要大型起重机，由于吊重能力与起重机回转半径关联较大，会增加用钢量。高空连接拼装量大，较易导致网架变形，影响质量
高空滑移法	由于高空滑移法中的网架是架空作业，对建筑物内的施工影响不大，网架安装与下部其他施工可平行立体作业，可加快施工进度，无需大型起重设备。网架高空散装，安装就位简便，质量容易保证	对地面有一定的平整压实要求，需一定数量滑移轨道系统
整体吊装法	整个网架拼装全部在地面进行，容易保证施工质量	由于整个网架的就位全靠起重设备来实现，所以要求设备的起重能力较大，移动就位也较难
整体提升法或顶升法	地面拼装，脚手架搭拆工程量较少	需要大量的同步提升或顶升设备和技术，还因提升时各提升或顶升点受力和原网架不同，需要对网架进行重新受力分析，会导致网架用钢量增加，另外，由于提升置换、补缺等工作，很难避免网架变形，对质量有一定影响

3. 钢网架安装过程结构验算

安装方法确定后，施工单位应会同设计单位根据所采用的安装方法分别对网架的吊点（支点）受力、挠度、杆件内力、风荷载作用下提升或顶升时支承柱的稳定性及风荷载作用下网架的水平推力等项目进行验算，必要时应采取加固措施。

当采用吊装、提升或顶升的安装方法时，其吊点或支点的位置和数量的选择应着重考虑下列因素：

（1）宜与网架结构使用时的受力状况相接近。

（2）吊点或支点的最大受力不应大于起重设备的负荷能力。

（3）各起重设备的负荷宜接近。

3.4.4.2　网架的吊装

网架吊装是指网架在地面总拼装后，采用单根或多根拔杆、一台或多台起重机进行吊装就位的施工方法。此法不常搭设拼装架，高空作业少，易于保证接头焊接质量，但需要起重能力大的设备，吊装技术较复杂。

1. 一般规定

(1) 网架吊装时，应保证各吊点起升以及下降的同步性。提升高差允许值（是指相邻两拔杆间或相邻两吊点组的合力点间的相对高差）可取吊点间距离的 1/400，且不宜大于100mm，或通过验算确定。

(2) 网架整体吊装可采用单根或多根拔杆起吊，也可采用一台或多台起重机起吊就位。

1) 当采用单根拔杆方案时，对矩形网架，可通过调整缆风绳使拔杆吊着网架进行平移就位；对正多边形或圆形网架，可通过旋转拔杆使网架转动就位。

2) 当采用多根拔杆方案时，可利用每根拔杆两侧起重机滑轮组中产生的水平分力不等的原理来推动网架移动或转动来进行就位。

(3) 当采用多根拔杆或多台起重机吊装网架时，宜将额定负荷能力乘以折减系数 0.75，当采用 4 台起重机将吊点连通成 2 组或用 3 根拔杆吊装时，折减系数可适当放宽。

(4) 当采用单根拔杆吊装时，其底座应采用球形万向接头；当采用多根拔杆吊装时，在拔杆的起重平面内可采用单向铰接头。

(5) 当采用多根拔杆吊装时，拔杆安装必须垂直，缆风绳的初始拉力值宜取吊装时缆风绳中拉力的 60%。

(6) 拔杆、缆风绳、索具、地锚、基础及起重滑轮组的穿法等，均应进行验算，必要时可进行试验检验。

(7) 拔杆在最不利荷载组合作用下，其支承基础对地面的压力不应大于地基允许承载能力。

(8) 当网架结构本身承载能力许可时，可采用在网架上设置滑轮组将拔杆逐段拆除的方法。

2. 网架片的绑扎

根据钢网架吊装方式的不同，钢网架的绑扎也可分为单机吊装绑扎和双机抬吊绑扎两种：

(1) 绑扎点。网架绑扎前，应确定网架绑扎点，网架绑扎点的位置和数量应满足以下要求：

1) 网架绑扎点应与网架结构使用时的受力状况相接近。

2) 吊点的最大反力不应大于起重设备的负荷能力，各起重设备的负荷宜接近。

(2) 单机吊装绑扎。对于大跨度钢立体桁架（钢网架片，下同），多采用单机吊装。吊装时，一般采用六点绑扎，并加设横吊梁，以降低起吊高度和对桁架网片产生较大的轴向压力，避免桁架、网片出现较大的侧向弯曲，如图 3.77 (a) 所示。

(3) 双机抬吊绑扎。采用双机抬吊时，可采取在支座处两点起吊或四点起吊，另加两副辅助吊索，如图 3.77 (b) 所示。

3. 网架的吊装

平板网架的吊装方式有多种，根据吊装设备的数量可简单划分为单机吊装、双机抬吊和多机抬吊等，网架整体吊装时，宜采用多机抬吊或独脚桅杆吊升。

(1) 单机吊装。单机吊装较为简单，当桁架在跨内斜向布置时，可采用 150kN 履带式起重机或 400kN 轮胎式起重机进行垂直起吊，吊至比柱顶高 50cm 时，可将机身就地在空中旋转，然后落于柱头上就位，如图 3.78 所示。其施工方法同一般钢屋架的吊装相同，可参照执行。

(2) 双机抬吊。当采用双机抬吊时，桁架有跨内和跨外两种布置和吊装方式：

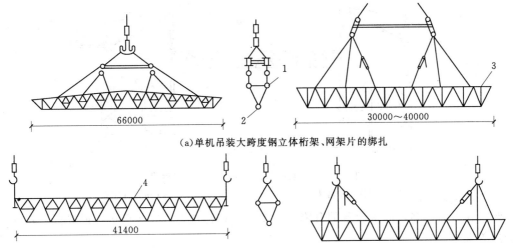

(a)单机吊装大跨度钢立体桁架、网架片的绑扎

(b)双机抬吊大跨度钢立体桁架、网架片的绑扎

图 3.77　大跨度钢立体桁架、网架片的绑扎（单位：mm）

1—上弦；2—下弦；3—分段网架（30×9）；4—立体钢管桁架

1）当桁架略斜向布置在房屋内时，可用两台履带式起重机或塔式起重机抬吊，吊起到一定高度后即可旋转就位，如图 3.79 所示。其施工方法同一般屋架双机抬吊法相同，可予以参照。

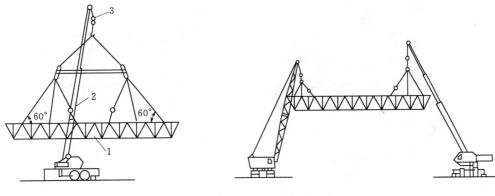

图 3.78　单机吊装法

1—大跨度钢立体桁架或网架片；

2—吊索；3—30kN 倒链

图 3.79　双机吊装法

2）当桁架在跨外时，可在房屋一端设拼装台进行组装，一般拼一榀吊一榀。施工时，可在房屋两侧铺上轨道，安装 2 台 600/800kN·m 塔式起重机，吊点可直接绑扎在屋架上弦支座处，每端用两根吊索。

吊装时，由 2 台起重机抬吊，伸臂与水平方向保持大于 60°。起吊时统一指挥两台起重机同步上升，将屋架缓慢吊起至高于柱顶 500mm 后，同时行走到屋架安装地点落下就位，如图 3.80 所示，并立即找正固定，待第二榀吊上后，接着吊装支撑系统及檩条，及时校正以形成几何稳定单元。此后每吊一榀，可用上一节间檩条临时固定，整个屋盖吊完后，再将檩条统一找平加以固定，以保证屋面平整。

（3）多机抬吊。多机抬吊作业适于跨度 40m 左右，高度 2.5m 左右的中、小型网架屋盖

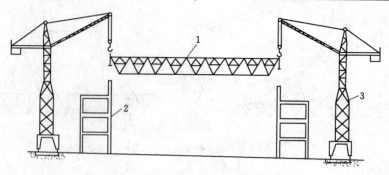

图 3.80 双机跨外抬吊大跨度钢立体桁架

1—41.4m 钢管立体桁架；2—框架柱；3—TQ 600/800kN·m 塔式起重机

的吊装。施工时，多台起重设备的升降速度要一致；否则会造成起重机（或拔杆）超载、网架受扭等事故。

1）布置起重机时需要考虑各台起重机的工作性能和网架在空中移位的要求。

2）起吊前，要测出每台起重机的起吊速度，以便起吊时掌握，或每2台起重机的吊索用滑轮连通，当起重机的起吊速度不一致时，可由连通滑轮的吊索自行调整。

3）多机抬吊一般用4台起重机联合作业，将地面错位拼装好的网架整体吊升到柱顶后，在空中进行移位落下就位安装。一般有四侧抬吊和两侧抬吊两种方法，如图3.81所示。

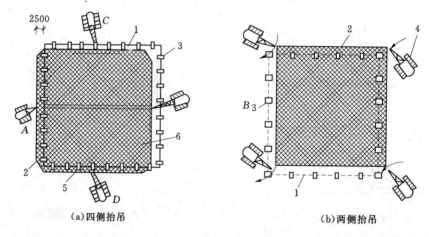

(a)四侧抬吊　　　　　　　　　　(b)两侧抬吊

图 3.81 四机抬吊网架

1—网架安装位置；2—网架拼装位置；3—柱；4—履带式起重机；5—吊点；6—串通吊索

4）两侧抬吊系用4台起重机将网架吊过柱顶，同时向一个方向旋转一定距离，即可就位。

5）四侧抬吊时，为防止起重机因升降速度不一而产生不均匀荷载，每台起重机设两个吊点，每2台起重机的吊索互相用滑轮串通，使各吊点受力均匀，网架平稳上升。

6）如网架质量较轻，或4台起重机的起重量均能满足要求时，宜将4台起重机布置在网架的两侧，这样只要4台起重机将网架垂直吊升超过柱顶后，旋转一小角度即可。

7）当网架提到比柱顶高30cm时，进行空中移位。起重机 A 一边落起重臂，一边升钩；起重机 B 一边升起重臂，一边落钩；C、D 2台起重机则松开旋转刹车跟着旋转，待转到网架支座中心线对准柱子中心时，4台起重机同时落钩，并通过设在网架四角的拉索和倒链拉动网架进行对线，将网架落到柱顶就位。

（4）独脚拔杆吊升作业。独脚拔杆吊升法是多机抬吊的另一种形式。它是用多根独脚拔杆，将地面错位拼装的网架吊升超过柱顶，进行空中移位后落位固定。采用此法时，支承屋盖结构的柱与拔杆应在屋盖结构拼装前竖立。

此法所需的设备多，劳动量大，但对于吊装高、重、大的屋盖结构，特别是大型网架较为适宜，如图3.82所示。

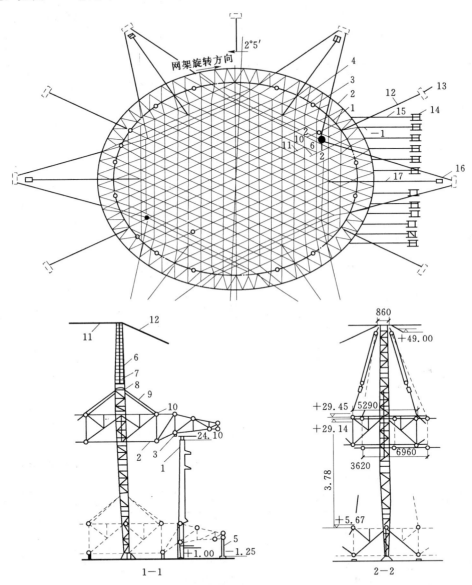

图 3.82 圆形网架屋盖拔杆吊升法示意图

1—柱；2—网架；3—摇摆支座；4—留待提升以后再焊的杆件；5—拼装用小钢柱；6—独脚桅杆；
7—门滑轮组；8—铁扁担；9—吊索；10—吊点；11—平缆风绳；12—斜缆风绳；13—地锚；
14—起重卷扬机；15—起重钢丝绳；16—校正用的卷扬机；17—校正用的钢丝绳

3.4.4.3 网架安装机具

钢网架结构安装的6种方法所用机具分为两部分：一部分为通用机具，即6种方法均需采用的机具；另一部分为某种方法的专用机具。具体见表 3.36。

表 3.36   **钢网架安装的主要机具设备**

类 别	名 称	规 格 型 号	用 途
通用机具	起重机	根据工程而定	杆件或拼装单元安装
	千斤顶	5t、10t、20t、30t 等	调节拼装支点高度
	螺旋式调节器	5～10t	调节拼装支点高度
	交流弧焊机	42kVA	焊接球节点与杆件焊接
	直流弧焊机	28kVA	碳弧气刨修补焊缝
	小气泵		配合碳弧气刨用
	砂轮	$\phi100～120$	打磨焊接
	全站仪		轴线测量
	经纬仪		轴线测量
	水准仪		标高测量
	钢直尺	30～50m	测量
	拉力计	10kg	测量
	液晶测厚仪		空心球壁厚测量
	液晶温度计		焊接预热温度
	气割工具		
高空滑移法专有机具	手扳葫芦	根据牵引质量而定	网架滑行牵引
	卷扬机	根据牵引质量而定	网架滑行牵引
	液压穿心式千斤顶	根据牵引质量而定	网架滑行牵引
	螺旋或液压式千斤顶	根据牵引质量而定	顶推网架滑行
	牵引用具（滑车钢丝绳等）		网架滑行
	滑道设置（四氟板、滚轮、导向轮 刻度尺、角钢、槽钢等）		网架滑行
整体吊装法专用机具	起重机	履带式、汽车式、塔式	根据网架质量确定 起重机型号、台数
	拔杆		根据网架质量确定 拔杆型号、台数
	吊装索具		
整体提升法专用机具	拔杆	根据网架质量而定	爬升法用拔杆代替柱支承结构
	穿心式千斤顶	40t、100t、200t	提升牵引设备数量 按网架质量而定
	锚具	DVM—15	固定锚、锚板、夹片
	油泵	额定高压 260MPa	用于千斤顶供油
	控制房	2×2.4×2.3	分主控制房、从控制房
整体顶升法专用机具	千斤顶	根据网架质量而定	顶升网架
	油泵		顶升网架
	控制柜		控制用
	专用支架		顶升支架
	导向轮		导向系统

3.4.4.4 网架高空散装法安装

网架高空散装法安装是指将运输到现场的运输单元体（平面桁架或锥体）或散件，用起重机械吊升到高空，对位拼装成整体结构的方法，适用于螺栓球或高强度螺栓连接节点的网架结构，不宜用于焊接球网架的拼装。

采用该法时，不需大型起重设备，对场地要求不高，但需搭设大量拼装支架，高空作业多。

1. 安装前的准备

（1）根据施工图样及有关技术文件编制而成的施工组织设计已审批。

（2）对使用的各种测量仪器及钢直尺进行了计量校验。

（3）根据土建施工提供的纵横轴线及水准点，进行了验线等事项。

（4）按施工平面布置图划分为材料堆放区、拼装区、安装区等，构件按吊装顺序进场。

（5）施工场地要平整夯实，并设置排水沟。

（6）在拼装区、安装区内要配置足够的电源。

（7）按施工方案搭设好满堂脚手架与操作平台，并检查验收。

（8）将高空拼装支点的纵横轴线及标高测量标识好。

（9）检查成品件、零部件等外观质量、几何尺寸、编号、数量等。

（10）做好有关测试及安全、消防准备工作。

（11）网架安装施工人员要持证上岗，包括测量工、电焊工、起重机驾驶员、指挥工等。

2. 安装工艺流程

网架高空散装法安装工艺流程，如图 3.83 所示。

3. 安装施工要点

（1）网架高空拼装顺序的确定。安装顺序应根据网架形式、支承类型、结构受力特征、杆件小拼单无、临时固定的边界条件、施工机械设备性能及施工场地情况等诸因素综合确定，且有利于保证拼装的精度与减少误差积累等。

1）平面呈矩形的周边支承两向正交斜放网架安装顺序：

a）总的安装顺序为由建筑物的一端向另一端呈三角形推进。

b）为防止在网片的安装过程中产生累积误差，应由屋脊网线分别向两边安装。

2）平面呈矩形的三边支承两向正交斜放网架安装顺序：

a）总的安装顺序：纵向方向应由建筑物的一端向另一端呈平行四边形推进；横向方向应由三边框架内侧逐渐向大门方向（外侧）逐条安装，如图 3.84 所示。

b）网片安装顺序可先由短跨方向，按起重机作业半径范围划分成若干安装长条区，如图 3.84 所示。网架划分为 A、B、C、D 4 个安装长条区，各长条区按 A～D 顺序依次流水安装网架。

3）平面呈方形的由两向正交正放桁架和两向正交斜放拱索桁架组成的周边支承网架总的安装顺序先安装拱桁架，再安装索桁架，在拱索桁架已固定，且已形成能够承受自重的结构体系后，再对称安装周边四角、三角形网架，如图 3.85 所示。

4）平面呈椭圆形悬挑式钢罩棚网架安装顺序。总的安装顺序：先在接近支承柱的部分采用高空散装法在脚手架上完成安装；而悬挑段部分，可先在地面上拼成块体（吊装单元），吊到高处通过拼装段与根部散装段组成完整的网架，如图 3.86 所示。

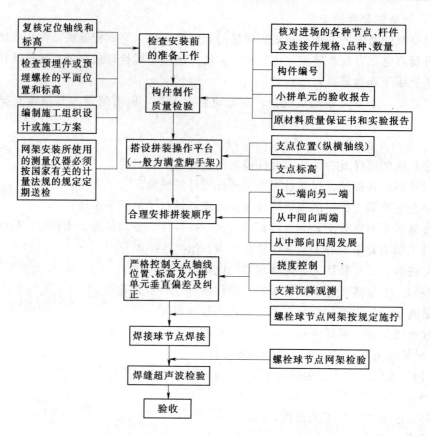

图 3.83 网架高空散装法施工工艺流程图

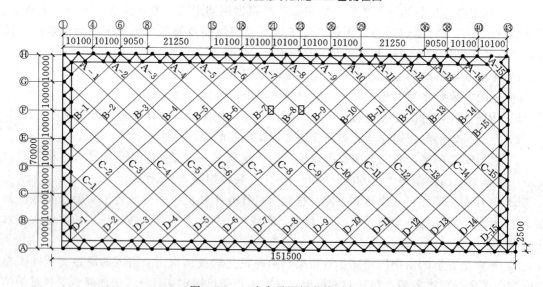

图 3.84 三边支承网架安装顺序

（2）拼装支架的架设。在网架拼装过程中，始终有一部分网架悬挑着。当网架跨度较大时，拼接到一定悬挑长度后，需通过设置单肢柱或支架来支承悬挑部分，以减少或避免因自重和施工荷载而产生的挠度。

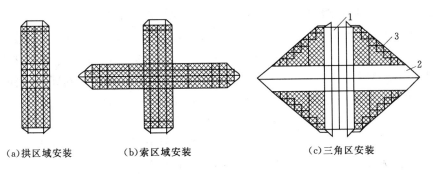

(a)拱区域安装　　　(b)索区域安装　　　(c)三角区安装

图 3.85　拱索支承网架安装顺序

1—拱桁架；2—索桁架；3—网架

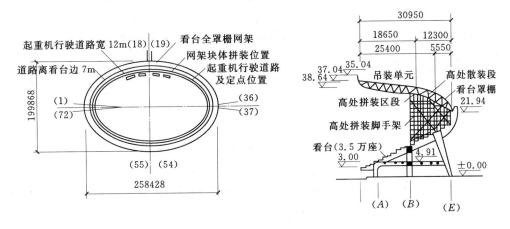

图 3.86　悬挑式钢罩棚网架安装顺序（高程单位：m，尺寸单位：mm）

1）网架拼装支架一般用扣件和钢管搭设，不宜用竹或木制，因为这些材料容易变形并易燃，故当网架用焊接连接时禁用。

2）网架拼装支架既是网架拼装成型的承力架，又是操作平台支架，所以，支架的搭设位置必须对准网架下弦节点。

3）拼装支架必须牢固，设计时应对单肢稳定、整体稳定进行验算，并估算沉降量。其中单肢稳定验算可按一般钢结构设计的方法进行。

4）它应具有整体稳定性和在荷载作用下有足够的刚度，应将支架本身的弹性压缩、接头变形、地基沉降等引起的总沉降值控制在 5mm 以下。为了调整沉降值和卸荷方便，可在网架下弦节点与支架之间设置调整标高用的千斤顶。

5）高空散装法对支架的沉降要求较高（不得超过 5mm），应给予足够的重视。大型网架施工，必要时可进行试压，以取得所需的资料。

6）支架的整体沉降量包括钢管接头的空隙压缩、钢管的弹性压缩、地基的沉陷等。如果地基情况不良，要采取夯实加固等措施，并且要用木板铺地以分散支柱传来的集中荷载。

（3）安装尺寸的控制。

1）网架安装前应对建筑物的定位轴线（即基准轴线）、支座轴线、支承标高及预埋螺栓（锚栓）位置等进行检查，做出检查记录，办理交接验收手续。

2）在网架安装的过程中，应对网架支座轴线、支承面标高（或网架下弦标高）及网架屋脊线、檐口线位置与标高等进行跟踪控制，发现误差积累应及时纠正。

3）采用网片和小拼单元进行拼装时，要严格控制网片和小拼单元的定位线和垂直度。

4）各杆件与节点连接时，其中心线应汇交于一点，螺栓球、焊接球应汇交于球心。

5）网架结构总拼完成后，其纵横向长度偏差、支座中心偏移、相邻支座偏移、相邻支座高差、最低最高支座差等指标均应符合网架规程要求。

（4）拼装支架的拆除。网架拼装成整体并检查合格后，即拆除支架。拆除时应从中央逐圈向外分批进行，每圈下降速度必须一致，应避免个别支点集中受力，造成拆除困难。对于大型网架，每次拆除的高度可根据自重挠度值分成若干批进行。

3.4.4.5 网架分条或分块法安装

网架分条或分块法安装是高空散装的组合扩大。为适应起重机械的起重能力和减少高空拼装工作量，将屋盖划分为若干个单元，在地面拼装成条状或块状，扩大组合单元体后，用起重机械或设在双肢柱顶的起重设备（钢带提升机、升板机等）垂直吊升或提升到设计位置上，拼装成整体网架结构的安装方法。

网架分条或分块法安装经常与其他安装法相结合使用，如高空散装法、高空滑移法等均可结合该法进行安装。

1. 安装前的准备

（1）检查分条或分块的拼装平台，验收合格后方可进行拼装。

（2）检查网架条或块的拼装几何尺寸，且已验收合格。

（3）根据施工组织设计搭设支架操作平台，检查其承重支点等的牢固情况。

（4）复核高空拼装支点的纵横轴线及标高。

（5）其余条件要求同高空散装法。

2. 安装工艺流程

网架分条或分块法安装工艺流程如图 3.87 所示。

3. 安装施工要点

（1）网架单元的划分。网架分条或分块法安装适用于分割后刚度和受力状况改变较小的各种中、小型网架，如双向正交正放、正放四角锥、正放抽空四角锥等网架。对于场地狭小或跨越其他结构、起重机无法进入网架安装区域时尤为适宜。

1）划分的原则：

a）分割后的条状（块状）单元体在自重作用下应能形成一个稳定体系，同时还应有足够的刚度，否则应加固。

b）对于正放类网架而言，在分割成条（块）状单元后，自身在自重作用下能形成几何不变体系，同时应有一定的刚度，一般不需要加固。

c）对于斜放类网架，在分割成条（块）状单元后，由于上弦为菱形结构可变体系，因而必须加固后才能吊装，如图 3.88 所示，为斜放四角锥网架上弦加固方法。

d）无论是条状单元体还是块状单元体，每个单元体的质量应以现有起重机的起重能力为准。

2）划分的类别：

a）条状单元组合体划分。条状单元是指沿网架长跨方向分割为若干区段，每个区段的

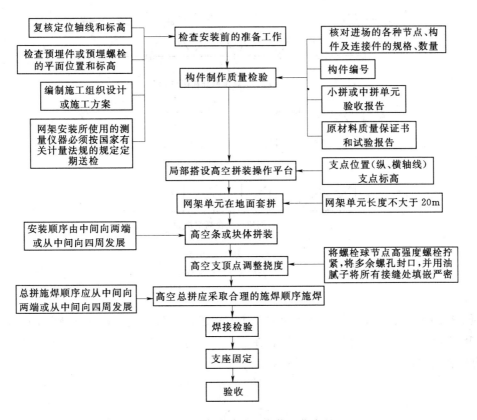

图 3.87　分条或分块法安装工艺流程

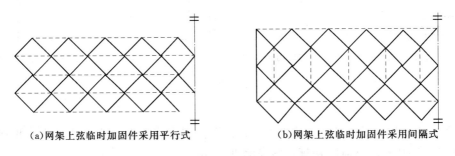

（a）网架上弦临时加固件采用平行式　　　　　（b）网架上弦临时加固件采用间隔式

图 3.88　斜放四角锥网架上弦加固（虚线表示临时加固杆件）示意图

宽度是 1~3 个网格，长度为网架的短跨或 1/2 短跨。条状单元组合体划分时，应沿着屋盖长度方向切割。条状单元的划分主要有 4 种形式：网架单元相互靠紧，把下弦双角钢分在两个单元上 [图 3.89（a）]，此法可用于正放四角锥网架；网架单元相互靠紧，单元间上弦用剖分式安装节点连接 [图 3.89（b）]，此法可用于斜放四角锥网架；单元之间空一节间，该节间在网架单元吊装后再在高空拼装 [图 3.89（c）]，可用于两向正交正放或斜放四角锥等网架；切割组装后的网架条状单元体往往是单向受力的两端支承结构。

　　桁架结构是将一个节间或两个节间的两榀或三榀桁架组成条状单元体；网架结构则是将一个或两个网格组装成条状单元体。

　　b）块状单元组合体划分。块状单元是指将网架沿纵横方向分割成矩形或正方形的单元。块状单元组合体的分块一般是在网架平面的两个方向均有切割，其大小视起重机的起重

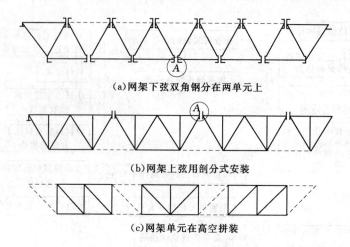

(a)网架下弦双角钢分在两单元上

(b)网架上弦用剖分式安装

(c)网架单元在高空拼装

图 3.89　网架条（块）状单元划分方法

（注：A 表示剖分式安装节点）

能力而定。

切割后的块状单元体大多是两邻边或一边有支承，一角点或两角点要增设临时顶撑予以支承，也有将边网格切除的块状单元体。在现场地面对准设计轴线组装，边网格留在垂直吊升后再拼装成整体网架，如图 3.90 所示。

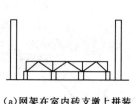
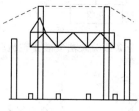
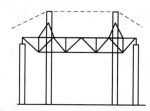

(a)网架在室内砖支墩上拼装　　(b)用独脚拔杆起吊网架　　(c)网架吊升后将边节各杆件及支座拼装上

图 3.90　网架吊升后拼装边节间

（2）安装尺寸的控制。

1）条（块）状单元的尺寸必须准确，以保证高空总拼时节点吻合或减少累积误差，一般可采取预拼装或现场临时配杆等措施来解决。

2）块状单元在地面制作后，应模拟高空支承条件，拆除全部地面支墩后观察施工挠度，必要时应调整其挠度。

3）网架吊装时，有单机跨内吊装和双机跨外抬吊两种方法，如图 3.91 所示。吊装时，应分块或分条逐条或逐块吊取。

4）网架条状单元在吊装就位过程中，其受力状态属平面结构体系，而网架结构是按空间结构设计的，因而条状单元在总拼前的挠度要比网架形成整体后该处的挠度大，故在总拼前必须在合拢处用支撑顶起，调整挠度使与整体网架挠度符合。

5）网架条状单元吊上后，应将半圆球节点焊接和安设下弦杆件，待全部作业完成后，拧紧支座螺栓，拆除网架，下立柱，即告完成。

6）拼装支架可用木制或钢管制，可局部搭设作为活动式支架，亦可满堂搭设，如图

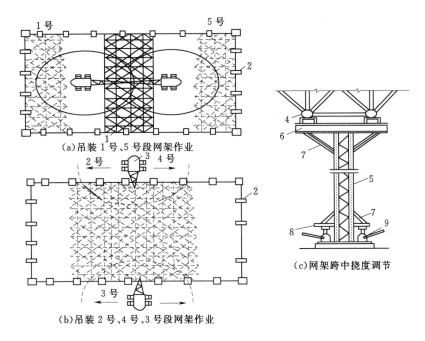

(a)吊装 1 号、5 号段网架作业

(b)吊装 2 号、4 号、3 号段网架作业

(c)网架跨中挠度调节

图 3.91　分条分块法安装网架

1—网架；2—柱子；3—履带式起重机；4—下弦钢球；5—钢支柱；

6—横梁；7—斜撑；8—升降顶点；9—液压千斤顶

3.92 所示。局部支架的位置必须对准网架下弦的支承节点，支架间距不宜过大，以免在网架安装的过程中产生较大下垂。支架的高度设置要利于操作，其高度可用千斤顶调整，通常支架上表面距网架下弦节点 800mm 左右为宜。

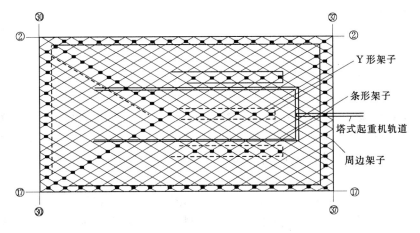

图 3.92　拼装支架平面布置

7）网架挠度的调整。条状单元合拢前应先将其顶高，使中间挠度与网架形成整体后该处挠度相同。由于分条分块法安装多在中小跨度网架中应用，故可用钢管作顶撑，在钢管下端设置千斤顶，调整标高时将千斤顶顶高即可。如图 3.93 所示，为某工程分成 4 个条状单元，在各单元中部设 1 个支顶点，共设 6 点。每点均采用一根钢管和一只千斤顶进行顶高，调整挠度。

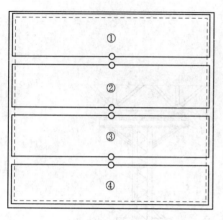

图 3.93　条状单元安装后支顶点位置

○—支顶点；①~④—单元编号

3.4.4.6　网架高空滑移法安装

网架高空滑移法安装是将网架条状单元组体在建筑物上空进行水平滑移对位总拼的一种施工方法。主要适用于网架支承结构为周边承重墙或柱上有现浇钢筋混凝土圈梁等的情况。

采用该法安装，网架多在建筑物前厅顶板上设置拼装平台进行拼装，待第一个拼装单元或第一段拼装完毕，即将其下落至滑移轨道上，用牵引设备通过滑轮组将拼装好的网架向前滑移一定距离。然后再在拼装平台上拼装第二个拼装单元或第二段，接好后连同第一个拼装单元或第一段一同向前滑移，如此逐段拼装不断向前滑移，直至整个网架拼装完毕并滑移至就位位置。

1. 高空滑移法的分类

（1）按滑移方式可分为两类。

1）单条滑移法。将条状单元一条一条地分别从一端滑移到另一端就位安装，各条之间分别在高空再行连接，即逐条滑移，逐条连成整体，如图 3.94（a）所示。

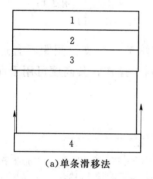

（a）单条滑移法

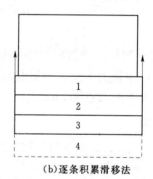

（b）逐条积累滑移法

图 3.94　高空滑移法示意图

2）逐条积累滑移法。先将第一条条状单元滑移一段距离（以能连接上第二条单元的宽度即可），连接好第二条单元后，两条单元一起再滑移一段距离（宽度同上），再连接第三条单元，三条单元又一起滑移一段距离，如此循环操作直至接上最后一条单元为止，如图 3.94（b）所示。

（2）按摩擦方式可分为滚动式和滑动式两类。滚动式滑移即在网架下侧安上滚轮，网架滑移是通过滚轮与滑轨的滚动摩擦方式来进行。滑动式滑移即将网架支座直接搁置在滑轨上，网架的滑移是通过支座底板与滑轨的滑动摩擦方式来进行。

（3）按滑移坡度可分为水平滑移、下坡滑移和上坡滑移三类。如建筑平面为矩形，可采用水平滑移或下坡滑移；当建筑平面为梯形，属短边高、长边低、上弦节点支承式网架，则可采用上坡滑移。

（4）按滑移时外力作用方向，可分为牵引法和顶推法两类。牵引法即将钢丝绳绑扎于网架前方，用卷扬机或手扳葫芦拉动钢丝绳，牵引网架前进，作用点受拉力。顶推法即用千斤顶顶推网架后方，使网架前进，作用点受压力。

2. 高空滑移法的适用范围

（1）高空滑移法可用于建筑平面为矩形、梯形或多边形等的网架。

（2）支承情况可为周边简支，或点支承与周边支承相结合等。

（3）当建筑平面为矩形时，其滑轨可设于两边圈梁上，实行两点牵引。

（4）当跨度较大时，可在中间增设滑轨，实行三点或四点牵引，此时网架不会因分条而加大网架挠度，或者采取增设反梁的办法处理。

（5）高空滑移法适用于现场狭窄、山区等地区施工，也适用于跨越式施工，如车间屋盖的更换，轧钢、机械等厂房内设备基础、设备与屋面结构平行施工等情况。滑移法安装网架结构工程示例如图3.95所示。

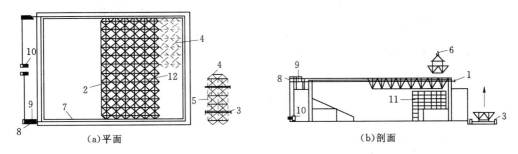

图3.95 滑移法安装网架结构工程实例

1—天沟梁；2—网架（临时加固杆件未示出）；3—拖车架；4—条状单元；5—临时加固杆件；
6—起重机吊钩；7—牵引绳；8—反力架；9—牵引滑轮组；10—卷扬机；11—脚手架；
12—剖分式安装节点

1）安装前的准备。

a）检查拼装支架牢固情况，支点纵、横轴线及标高。

b）检查牵引设备是否灵敏可靠，以防失控而影响施工。

c）检查滑道设置，尤其是滑道拼接处要磨平，以防滑行时被卡住而引发安全事故。

d）其余条件要求同高空散装法。

2）安装工艺流程。网架高空滑移法安装工艺流程，如图3.96所示。

3）安装施工要点。

（a）滑轨的设置：

a）滑移用的轨道有各种形式，对于中小型网架，滑轨可用圆钢、扁铁、角钢及小型槽钢制作，对于大型网架，可用钢轨、工字钢、槽钢等制作。

b）滑轨可用焊接或螺栓固定在梁上，其安装水平度及接头要符合有关技术要求，网架在滑移完成后，支座即固定于底板上，以便于连接。

c）导向轮主要是作为安全保险装置之用，一般设在导轨内侧。在正常滑移时，导向轮与导向轨脱开，其间隙为10～20mm，只有当同步差超过规定值或拼装误差在某处较大时两者才碰上，如图3.97所示，滑移过程中，当左右两台卷扬机以不同时间启动或停车时，也会造成导向轮顶上滑轨的情况。

（b）拼装的操作：

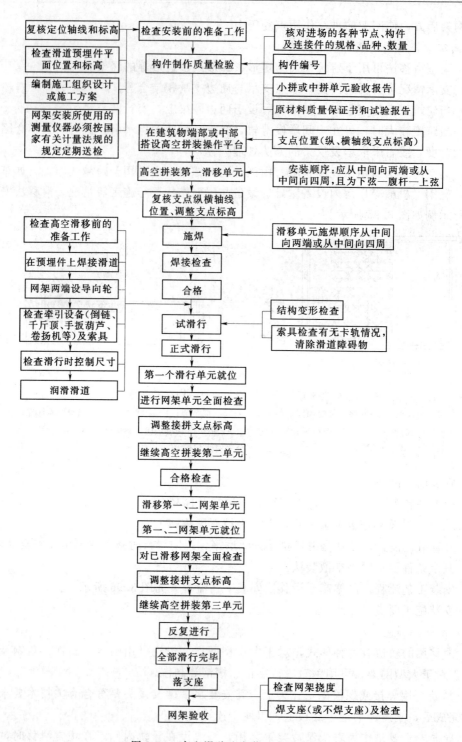

图3.96　高空滑移法安装工艺流程图

a）网架安装时，应在地面或支架上扩大条状单元拼装，在将网架条状单元提升到预定高度后，利用安装在支架或圈梁上的专用滑行轨道，水平滑移对位拼装成整体网架，如图3.98所示。

b）滑移平台由钢管脚手架或升降调平支撑组成，平台上面铺设安装模架，同时，平台宽度应略大于两个节间距。

c）网架滑移施工时，其起始点应尽量利用已建结构物，如门厅、观众厅，高度应比网架下弦低 40cm，以便在网架下弦节点与平台之间设置千斤顶，用以调整标高。

d）网架拼装时，应先在地面将杆件拼装成两球一杆和四球五杆的小拼构件，然后用悬臂式桅杆、塔式或履带式起重机，按组合拼接顺序吊到拼接平台上进行扩大拼装。

e）网架扩大拼装时，应先就位点焊，拼接网

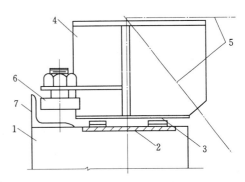

图 3.97　轨道与导轮设置

1—天沟梁；2—预埋钢板；3—轨道；4—网架支座；

5—网架杆件中心线；6—导轮；7—导轨

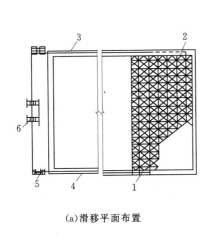

(a)滑移平面布置

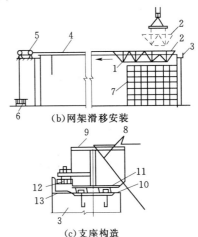

(b)网架滑移安装

(c)支座构造

图 3.98　滑移法安装网架

1—网架；2—网架分块单元；3—天沟梁；4—牵引线；5—滑车组；6—卷扬机；7—拼装平台；

8—网架杆件中心线；9—网架支座；10—预埋铁件；11—型钢轨道；12—导轮；13—导轨

架下弦方格，再点焊立起横向跨度方向角腹杆。每节间单元网架部件点焊拼接顺序，由跨中向两端对称进行，焊完后临时加固。

f）牵引可用慢速卷扬机或绞磨进行，并设减速滑轮组。牵引点应分散设置，滑移速度应控制在 1m/min 以内，并要求做到两边同步滑移，当网架跨度大于 50m，应在跨中增设一条平稳滑道或辅助支顶平台。

g）当拼装精度要求不高时，可在网架两侧的梁面上标出尺寸，在牵引的同时报滑移距离。当同步要求较高时，可采用自整角机同步指示装置，以便集中于指挥台随时观察牵引点移动情况，读数精度为 1mm，该装置的安装，如图 3.99 所示。

h）当网架单条滑移时，其施工挠度的情况与分条分块法完全相同，当逐条积累滑移时，网架的受力情况仍然是两端自由搁置的主体桁架，滑移时，网架虽仅承受自重，但其挠度仍比形成整体后大，连接新单元前，应将已滑移好的网架进行挠度调整，然后再拼装。

i）拼装好的网架，可在网架支座下方设置滚轮，使滚轮在滑道上滑动，如图 3.100 所

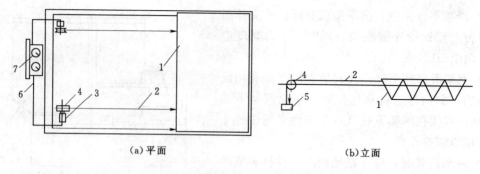

(a)平面   (b)立面

图 3.99   自整角机同步指示器安装示意图

1—网架；2—钢丝；3—自整角机发送机；4—转盘；5—平衡重；6—岛线；

7—自整角机接收机及读数度盘

示，亦可在网架支座下方设置支座底板，使支座底板沿预埋在钢筋混凝土框架梁上的钢板滑动，如图 3.101 所示。

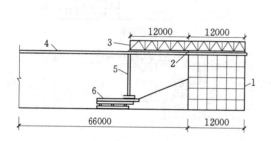

图 3.100   滑移轨道与滑移程序（单位：mm）

1—拼装平台下的支柱；2—滚轮；3—网架；4—主滑
动轨道；5—格构式钢柱；6—辅助滑动轨道

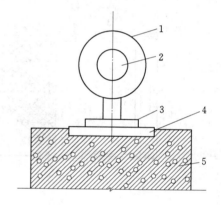

图 3.101   钢板滑动支座

1—球节点；2—杆件；3—支座钢板；4—预埋
钢板；5—钢筋混凝土框架梁

j）滑移准备工作完毕，应进行全面检查，确认无误后，开始试滑 50cm；再检查无误后，正式滑行。

k）为了保证网架滑移时的平稳性，牵引速度不宜太快，根据经验，牵引速度控制在 lm/min 左右为宜，因此，当采用卷扬机牵引时，应通过滑轮组降速。为使网架滑移时受力均匀和滑移平稳，当滑移单元积累较长时，宜增设钩扎点。

l）网架滑移同步控制的精度是滑移技术的主要指标之一。当网架采用两点牵引滑移时，如不设导向轮，滑移要求同步的主要原因是为了使网架不致滑出轨道。当设置导向轮，牵引速度差值（即不同步值）应使导向轮不顶住导轨为宜。当三点牵引时，除应满足上述要求外，网架内增加的附加内力也不宜过大，允许不同步值应通过验算确定。两点或两点以上牵引时必须设置同步监侧设备。

m）滑轨位置与标高，应根据各工程具体情况而定。如弧形支座高度与滑轨一致，滑移结束后拆换支座则较为方便。当采用扁钢滑轨时，扁钢应与圈梁预埋件同标高，当滑移结束拆换滑轨时，则不影响支座安装。如滑轨从支座下通过，则滑移结束后，应有拆除滑轨的工作，且施工组织设计中应考虑拆除滑轨后，支座落距不宜过大（不应大于相邻支座距离的 1/400）。当采用滚动式滑移时，如将滑轨安置在支座轴线上，则最后需分别拆除滚轮和滑轨。拆除时应先将滚轮全部拆除，使网架搁置于滑轨上，然后再拆除滑轨，以减少网架各支点的落差。也可将滑轨设置在支座侧边，则拆除滚轮、滑轨时，不会造成对支座的影响。

滑轨的接头必须垫实、光滑。当采用滑动式滑移时，还应在滑轨上涂刷润滑油，滑撬前后都应做成圆弧导角，否则易产生"卡轨"现象。

n) 导向轮主要起保险装置作用，正常滑移时的导向轮是脱开的，只有当同步差超过规定值或拼装偏差在某处较大时才与导轨碰上。但在工程实际安装过程中，由于制作拼装上的偏差以及卷扬机不同步启动或停车也会造成导向轮顶上导轨的现象。

导向轮一般安装在导轨内侧，间隙 10～20mm，如图 3.97 所示。为了减少导向轮对导轨的顶力，可将两侧卷扬机滑轮组进行连通，如图 3.102 所示。当其中一台卷扬机启动或停车有先后时，在另一滑轮组的钢丝绳仍会产生较大的拉力进行平衡。

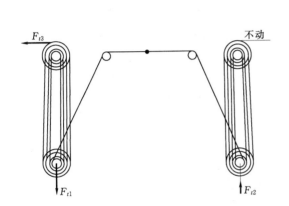 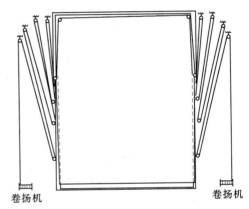

图 3.102　两侧卷扬机滑轮组钢丝绳连通示意图　　图 3.103　两侧卷扬机滑轮组钢丝绳连通示意图

为了保证滑移时的平稳性，滑移时的速度应控制在 1m/min 左右为宜。若滑移单元积累较长时，应增设钩扎点，如图 3.103 所示。

o) 网架施工规程中规定，网架滑移时两端不同步值一般不应大于 50mm，各工程在滑移时应根据实际情况，经验算后再作适当调整。

控制网架滑移同步最简单的方法是在网架两侧的梁面上标出尺寸，牵引的同时，两侧同时报出滑移距离，但此方法精度较差，特别是三点以上牵引时不再适用。自整角机同步指示装置是一种较为可靠的测量装置。这种装置可以集中于指挥台随时观察牵引点移动情况，读数精度达 1mm。

p) 当网架滑移完毕，经检查各部分尺寸标高、支座位置等均符合设计要求。即可采用等比例提升法，使用千斤顶或起落器抬起网架支承点，抽出滑轨；然后再采用等比例下降法，使网架平稳过渡至支座上，待网架下挠稳定，装配应力释放完成后，即可进行支座固定。

3.4.4.7　网架整体吊装法安装

由于网架整体吊装法安装的网架是事先在地面上总拼之后，再进行整体吊装就位，所以在安装时不需要较大的拼装支架，高空作业量少。

整体吊装法分为拔杆提升法和多机抬吊法等。前者多用于球节点的大型钢管网架的安装；后者适用于高度和重量不大的中、小型钢网架结构。

1. 安装前的准备

（1）检查支座纵、横轴线及标高。

（2）检查起重机设备，按规定进行空载、负载和超载试验，确保安全、可靠。

（3）检查拔杆、缆风绳、地锚、滑轮组等。

（4）其余条件要求同高空散装法。

2. 安装工艺流程

网架整体吊装法安装工艺流程，如图 3.104 所示。

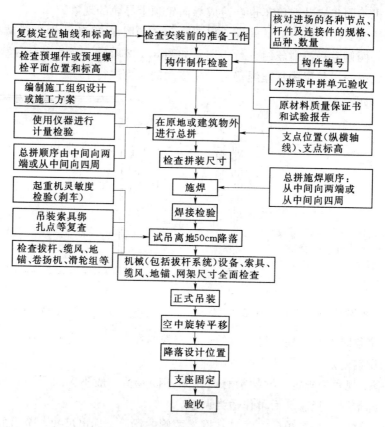

图 3.104 网架整体吊装法安装工艺流程图

3. 安装施工要点

（1）根据网架结构形式、起重机或拔杆起重能力，在原建筑物内或建筑物外侧进行总拼。总拼及焊接顺序为从中间向四周或从中间向两端进行。

（2）进行试吊，全面检查起重设备与拔杆系统、缆风、地锚、吊索、滑轮组、网架尺寸等。

（3）网架吊装空中移位。

采用多根拔杆吊装网架时，网架在空中移位的力学分析计算简图如图 3.105 所示。网架提升时［图 3.105（a）］，每根拔杆两侧滑轮组夹角相等、上升速度一致，两侧滑轮组受力相等（$F_{t1}=F_{t2}$）。其水平力也相等（$H_1=H_2$），网架只作垂直上升，不发生水平移动。此时滑轮组的拉力为：

$$F_{t1}=F_{t2}=\frac{G}{2\sin\alpha_1}$$

式中　G——每根拔杆所承担的网架、索具等荷载；
　　　F_{t1}、F_{t2}——一根拔杆两侧起重机滑轮组拉力；
　　　α_1——起重滑轮组与水平面的夹角。

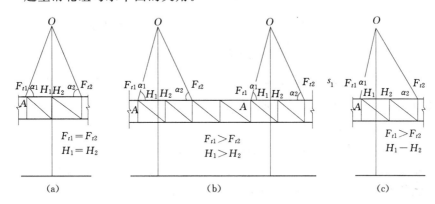

图 3.105　网架空中移位的力学分析计算简图

网架在空中移位时，如图 3.105（b）所示，每根拔杆的同一侧滑轮组钢丝绳徐徐放松，而另一侧滑轮组不动。此时放松一侧的钢丝绳因松弛而使拉力 F_{t2} 变小、另一侧拉力 F_{t1} 则由于网架重力而增大，因此，两边的水平分力就不相等（即 $H_1>H_2$），从而使网架移动或转动。

网架就位时，如图 3.105（c）所示。当网架移动至设计位置上方时，一侧滑轮组停止放松钢丝绳而处于拉紧状态，则 $H_1=H_2$，网架恢复平衡。此时滑轮组拉力为：

$$F_{t1}\sin\alpha_1+F_{t2}\sin\alpha_2=G$$

$$F_{t1}\cos\alpha_1=F_{t2}\cos\alpha_2$$

式中　α_2——起重滑轮组与水平面的夹角；
　　　其余符号意义同上。

网架空中移位时，由于一测滑轮组不动，网架除平移外，还因圆周运动（以 O 点为圆心、OA 为半径）而产生少许下降，网架移动距离（或转动角度）与网架下降高度之间的关系，可用图解法或计算法确定。

网架空中滑移的运动方向，与拔杆及起重滑轮组的布置有很大关系。如图 3.106 所示，是矩形网架采用 4 根拔杆成对称布置，拔杆的起重平面（即起重滑轮组与拔杆所构成的平面）方向一致，且平行于网架的一边，因此，使网架产生的水平分力 H 均平行于网架的一边，网架即产生单向的位移。同理，如拔杆布置在同一圆周上，且拔杆的起重平面垂直于网架半径，如图 3.107 所示，这时，使网架产生运动的水平分力 H 与拔杆起重平面相切，由于水平切向力 H 的作用，网架即产生绕其圆心旋转的运动。

对于中小跨度网架，可采用单根拔杆吊装，此时可通过调整缆风绳使拔杆吊着网架进行空中就位，或通过旋转拔杆使网架在空中转动就位。

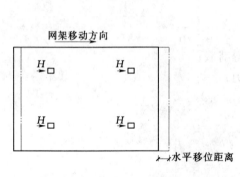

图 3.106　网架空中滑移　　　　　图 3.107　网架空中旋转

（4）多拔杆提升的同步控制。网架在提升过程中应尽量同步，即为使各拔杆以均匀一致的速度上升，以减少起重设备和网架结构的不均匀受力，并避免网架与柱或拔杆相碰撞。相邻点提升高差宜控制在 100mm 以内，或通过验算及试验确定。

（5）缆风绳的初拉力控制。采用多根拔杆整体吊装网架时，保持拔杆顶端偏位移最小，是顺利吊装网架的关键之一，为此，缆风绳的初拉力宜适当加大，但也应防止由此所引起的拔杆与地锚负荷太大的问题。

（6）多根拔杆或多机抬吊时的起重能力折减及升降速度控制。

1）当采用多台起重机（或多根拔杆）抬吊网架时，宜将额定负荷乘以折减系数 0.75；当采用 4 台起重机（或 4 根拔杆）并将吊点连通成两组吊装时，折减系数可适当放宽。

2）多台起重机（或多根拔杆）吊钩升降速度控制：多台起重机（或多根拔杆）抬吊的关键是多台起重机（或多根拔杆）吊钩升降速度要一致，否则会造成起重机（或拔杆）超载、网架受扭等事故。

（7）将网架平稳地降落在支座上，支座安装时需进行纵横轴线、标高等检查。

（8）对安装好的网架进行验收。

3.4.4.8　网架整体提升法安装

网架整体提升法安装是指网架结构在地面上就位拼装成整体后，用安装在柱顶横梁上的升板机，将网架垂直提升到设计标高以上，安装支承托梁后，落位固定。此法不需大型吊装设备，机具和安装工艺简单，提升平稳，提升差异小，同步性好，劳动强度低，工效高，施工安全，但需较多提升机和临时支承短钢柱、钢梁，准备工作量大。适用于跨度 50～70m，高度 4m 以上，重量较大的大、中型周边支承网架屋盖。

整体提升法的分类如下：

（1）单提网架法。网架在设计位置就地总拼后，利用安装在柱子上的小型设备（穿心式液压千斤顶）将网架整体提升至设计标高处上方，然后下降就位、固定。

（2）网架爬升法。网架在设计位置就地总拼后，利用安装在网架上的小型设备（穿心式液压千斤顶），提升锚点固定在柱上或拔杆上，将网架整体提升至设计标高，就位、固定。

（3）升梁抬网法。网架在设计位置就地总拼，同时安装好支承网架的装配式圈梁（提升前应将圈梁与柱断开，提升网架完成后再与柱连成整体），把网架支座搁置于此圈梁中部，在每个柱顶上安装好提升设备，这些提升设备在升梁的同时，抬着网架升至设计标高。

（4）升网滑模法。网架在设计位置就地总拼，而结构柱则采用滑模法施工。网架提升是利用安装在柱内钢筋上的滑模，采用液压千斤顶，一面提升网架一面滑升模板浇筑混凝土。

此法适宜于高度在十几米内的网架的整体提升。

1. 安装前的准备

（1）技术准备。

1）整体提升法的 4 种方法均要根据网架的形式、质量来选用不同起重能力的液压穿心式千斤顶、钢绞线（螺杆）及泵站等机具进行网架提升。

2）提升阶段的网架支承情况保持不变，对利用的结构柱一般也不需加固，但如果柱顶上做出牛腿或采用拔杆（安放提升设备或提升锚点），则需验算结构柱的稳定性；如果不能满足要求，则需对柱或拔杆采取稳定措施，如增设缆风索等。

3）为了充分发挥整体提升法的优越性，可将网架屋面板、防水层、顶棚、采暖通风及电气设备等全部或部分在地面或更有利的高度上进行施工，可大大节省施工费用。同时，需考虑在提升的过程中对屋面结构是否会产生扭曲而造成局部出现裂纹的现象，否则应采取必要的加固措施。

4）单提网架法和网架爬升法都需在原柱顶上方接高钢柱 2～3m，并加设悬挑牛腿，以此来设置提升锚点。前者的操作平台设在接高钢柱上，后者的操作平台设在网架上弦平面上。

5）测设好网架支座处的轴线及标高。升梁抬网法的网架支座应搁置在圈梁中部，升网滑模法的网架支座应搁置在柱顶上，单提网架法、网架爬升法的网架支座可搁置在圈梁中部或柱顶上。

6）网架整体提升法在一般情况下适宜于在设计平面位置的地面上拼装后，再垂直提升就位的情况。如果网架垂直提升至设计标高后还需作水平移动，则需另加悬挑结构并结合滑移法施工就位至设计位置。

（2）作业条件准备。

1）网架结构在地面已拼装完毕，且经检查验收合格，其他附属结构及设备也已安装完毕，并通过验收。

2）承重柱（包括接高钢柱）或拔杆（包括缆风索）均已立好，并经检查合格（特别是稳定性措施的到位情况）。

3）提升系统已安装就位，经检查无误。

4）提升过程中，有可能碰到的障碍物均已移走或清除。

5）核实网架高空就位后，需补充安装的杆件规格、数量是否符合要求。

6）其余条件要求同高空散装法。

2. 安装工艺流程

（1）单提网架法安装。单提网架法安装工艺流程如图 3.108 所示。

（2）网架爬升法安装。网架爬升法安装工艺流程如图 3.109 所示。

（3）升网滑模法安装。升网滑模法安装工艺流程如图 3.110 所示。

3. 安装施工要点

（1）单提网架法安装施工要点。

1）提升设备的布置。提升设备的布置要依据钢结构吊点位置而定，最简单的方案是按永久性支承位置布设吊点。如图 3.111 所示，为按 8 个支承点所布置的提升千斤顶位置。

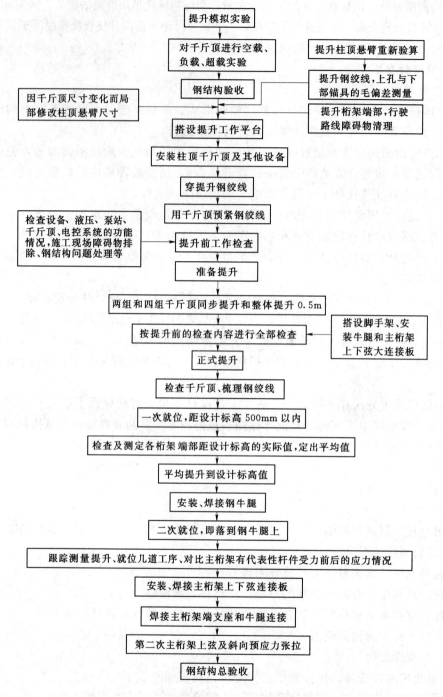

图 3.108 单提网架法安装工艺流程图

2）提升结构及网架吊点的计算与设计。根据提升质量，计算出每个柱顶的受力情况，确定主要提升设备的千斤顶吨位和钢绞线的断面、根数、长度等，以及网架吊点处是否需加设支撑，并相应设计出提升柱顶几何尺寸及施工加长高度等。采用整体提升法施工时，应使下部结构在网架提升前已形成稳定的框架体系，否则应对独立柱进行稳定性验算，如稳定性

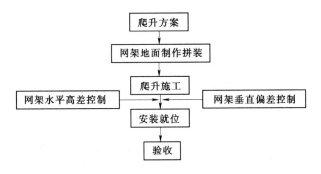

图 3.109 网架爬升法安装工艺流程图

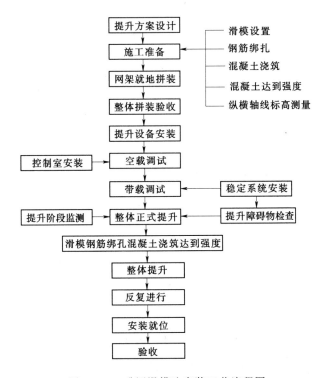

图 3.110 升网滑模法安装工艺流程图

不能满足要求，则应采取加固措施。一般可采取的加固措施如下：

a）网架四角沿轴线方向每角拉两根缆风绳，以承受风力，减少柱子的水平荷载。缆风绳按相关规定计算布设。

b）各柱间设置两道水平支撑并与设计中的柱间支撑相联系，以减少柱的计算长度，增强其稳定性。

3）千斤顶的安装：

a）千斤顶安装的主要要求是承座平面的斜度要不大于 3/1000，在没有自动调整弧形支座时应不大于 1/1000。

b）油管接口和各电器接口安装的朝向，需注意其位置的方向性。

4）穿钢绞线。穿钢绞线有上穿法和下穿法两种，此处介绍上穿法。

准备工作：

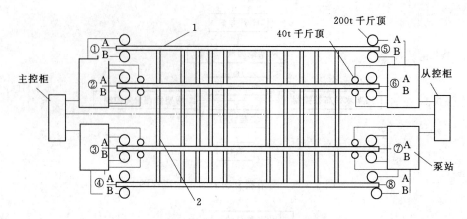

图 3.111　千斤顶布置图
1—ZHJ 主桁架；2—CHJ 次桁架

a）千斤顶的上锚、下锚全处于松弛状态（上下锚控制油缸将锚提起），千斤顶要伸出 100mm，以利于预紧钢绞线时缩缸取下临时锚。

b）安全锚用垫块垫起，处于松弛状态。

c）千斤顶上部放一临时锚盘，钢绞线线孔与千斤顶孔对正。

d）在提升钢结构的锚具安装位置处，将锚盘吊起（垫起），并与下盖板留出 300mm 左右的距离，锚盘与下盖板孔位相同。

穿线时先将带有导向钢绞线一端的钢丝调直。经过临时锚、上锚、下锚和安全锚，当检查各孔位无误时将钢绞线放入导线套。

穿钢绞线工艺：

a）将钢绞线放入导线套内，再将钢绞线插入千斤顶，同时，安全锚下部有一人轻轻握住导线套引线，不应向下拉，而应随钢绞线的推力而动，以防钢绞线脱套。

b）当钢绞线从安全锚下穿出时，将导线套引线取下。下放钢绞线直至接近固定锚时速度放慢。当还有 4～5m 时，穿入锚片随即锁紧。若再需下放时则先提起钢绞线，将锚片向上提，再放下锁紧，直到钢绞线穿过。固定锚应进锚孔穿上锚片，钢绞线进入锚片压板孔定位。上部人员将松弛钢绞线拉紧。

c）钢绞线顶出千斤顶 500mm。

d）穿钢绞线时，千斤顶上部 5 人（一人负责通信联络，一人负责放锚片，其他人员负责放线），千斤顶下部 2 人（负责检查下锚、安全锚孔位，最后接导线套引线），下部固定锚处 3 人（负责穿锚片、观察钢绞线下放、最后锁紧等工作）。

e）穿线时要有良好的上下通信联络，并事先规定好穿线的顺序，一般采用先内后外，顺时针或逆时针的顺序，也可采用按行列顺序号穿线。穿线时，固定锚应与千斤顶相同。穿好的钢绞线应拉开一定距离，防止打扭。

f）按上述方法将一个千斤顶的所有钢绞线穿好后，将固定锚提起且接近锚位，打紧夹片，套上压板，旋入固定螺栓，检查后即可进行预紧工作。

g）预紧钢绞线。预紧是为了使每根钢绞线受力相同。预紧方法：在临时锚上安放一个调锚盘，用 YC20Q 单锚千斤顶，将每根钢绞线拉至 $4N/mm^2$，预紧时应先内后外，对角操作。调好后，检查钢绞线穿向无误、没有打扭现象后，放下安全锚，油缸下锚紧缩缸。

5）钢绞线的梳理与导向。提升与爬升不同，需对千斤顶提起的钢绞线进行梳理导向，让其自由排出不受力。为了梳理需制作梳理架，梳理架采用角钢在钢柱上焊接成梳理盘，以保证此盘以下的钢绞线不受弯曲，保证上锚开启自由。梳理盘距千斤顶顶部伸出最高位置500mm（千斤顶伸出300mm），即千斤顶缩回时，顶部距梳理盘800mm，考虑到排出的钢绞线置于单侧，在排出方向加设支撑，以保证梳理架稳定。

6）网架试提升前的检查。

a）钢绞线穿绕有无错孔、打扭现象，可用肉眼观察，每转60°是一列。穿线无误的千斤顶整束钢绞线上下排列整齐，能清晰地看到缝隙。

b）固定锚具与构件的密贴情况，固定锚下预留线头约300mm。

c）安全锚是否处于工作状态。

d）钢构件与钢绞线在提升过程中有无干涉物和干涉位置，发现应及时处理。在提升钢结构时，无绑扎不牢物品。

7）网架的提升过程。网架的提升过程，如图 3.112 所示。

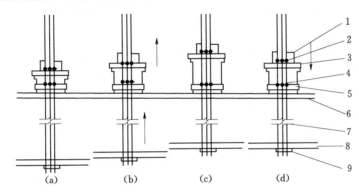

图 3.112　提升过程示意图

1—穿心式液压千斤顶；2—上部夹具；3—上部锚具；4—下部夹具；5—下部锚具；
6—千斤顶支承点钢柱悬臂；7—提升钢绞线；8—被提升钢结构；9—下部固定锚

操作要点：

a）如图 3.112 所示，被提升钢结构 8 由下部锚具 5 锚固，并由提升钢绞线 7 悬挂，下部夹具 4 已卡紧。

b）千斤顶 1 顶升，使被提升钢结构由上部锚具 3 承受，下部夹具 4 打开，使钢绞线自由通过下部锚具 5 滑动。被提升钢结构每小时提升 2.5～3m。

c）在千斤顶顶升后，将被提升钢结构由下部锚具 5 承受，上部夹具 2 打开。

d）千斤顶回油，被提升钢结构由下部锚具 5 承受，而上部锚具 3 沿钢绞线自由滑下。

网架提升过程的同步控制。网架提升的过程中，各吊点间的同步差将影响网架杆件的受力状况，测定和控制提升中的同步差是保证施工质量和安全的关键措施。网架施工规程规定，当采用穿心式液压千斤顶提升时，允许升差值为相邻提升点距离的 1/250，且不大于25mm。由各吊点提升差引起的内力值，可通过计算求得。

8）网架的下降过程。下降过程的操作要点与提升过程顺序相反，被提升钢结构在千斤顶回油时降下。

a）第一次就位——平均提升至设计标高值。整个钢结构提升接近设计标高500mm时，各点组织人员进行监测，根据监测数据操作，测出并确定平均值，因为工程中各个支座标高并不完全相同，当个别千斤顶达到就位高度时，即将个别泵组关机，使得整个系统不能操作，再采用单台手动调整，监测系统的应力值。整个钢结构平均达到设计标高值后，安装焊接钢牛腿。

b）第二次就位——整体钢结构放在钢牛腿上。上部锚具松开的同时升缸200mm左右，拧紧上部锚具，继续升缸500mm左右，打开下部锚具，安全锚打开。确认下部锚具打开和安全锚垫起后，缩缸，直至钢绞线松弛。安全锚回位，处于顶升状态时（锚板固定，螺栓上加垫管，这是为了防止抽钢绞线时，将未抽动的钢绞线孔夹片松开），上部锚具打开。此时可以松动固定锚板螺栓，取下锚片压板，依次拆下夹片，抽取钢绞线，然后将锚具、锚片、压板、夹片组装好。此时钢结构所有支座均已全部落在钢牛腿上。

（2）网架爬升法安装施工要点。

1）网架的制作与拼装：

a）第一步是工厂制作，即在工厂里进行全部杆件和节点的制作，并拼装成小单元运至施工现场。

b）第二步是现场组装，即在组装平台上按合理的顺序进行组装，组装时要求全部的杆件与节点用螺栓或点焊固定。

c）组装完毕并经检查校正后方可焊接，焊接时宜从网架中间节点开始，呈放射状向四周展开，最后焊接网架支座节点。

2）爬升工序：整个爬升过程分试爬、正式爬升和就位爬升三步。

a）试爬：根据结构特点确定合理的试爬高度，一般为离地面500mm。待网架爬至试爬高度后，检查其变形和液压爬升系统，安装屋面系统，并检修爬道，必要时需对支承柱进行加固处理。

b）正式爬升：试爬检查就绪后，可按设计要求进行爬升，爬升速度宜控制在1～3m/h。

c）就位爬升：就位爬升前应逐一检查液压设备、调整支座水平高差和校正吊杆垂直度，确认无误后即可按设计要求安装就位。

3）网架水平高差及垂直度控制：

a）网架水平高差控制：网架平稳上升是保证网架整体爬升质量的关键，因此，安装前必须对千斤顶进行检查和同步试验。此外，由于各支座的负载不均、各千斤顶的行程和回油下滑量不一，须采取有效措施并及时地进行局部调整。实践证明，爬升施工时宜每爬升25cm即对网架水平高差调整一次。

b）网架垂直度控制：由于吊杆自由长度大，网架爬升时左右摆动明显，支座节点板有靠柱现象，在柱两侧支座节点板上安装一对限位小滑轮，以控制其垂直偏差。实践表明，只要吊杆位置安装准确，支承柱表面平滑，网架在轻微摆动状态下的爬升不会出现卡柱现象。

（3）升网滑模法安装施工要点。

1）提升同步控制。网架提升过程中，各节点的同步差将会影响提升设备和网架杆件的受力情况，因此，测定与控制提升中的同步差，是保证网架安装质量和安全的关键措施。由于各点的提升差对网架由受力状况引起的内力值有时会出现反号情况，因此，必须对提升情况进行相应的受力计算，如有拉杆转变为压杆的失稳现象，则需采取妥善的加固措施。

a）千斤顶的选用及油路的布置。

千斤顶的选用：为了使网架平稳上升，千斤顶要做到同步提升，因此，在选用千斤顶时，要求其液压行程的误差均控制在 0.5mm 以内，且每台千斤顶所承受的荷载应尽量接近。具体数值须根据每根柱子的支座反力、活荷载、自重及摩擦力等因素综合确定。

油路的布置：根据千斤顶布置的实际情况将油路分为几组，每组千斤顶的数量尽量相等，控制柜安放在网架下方中间位置的地面上，几组主油管的长度要满足千斤顶提升至最高处时的使用要求。

b）每台千斤顶可通过调整针形阀来作为上升速度快慢的控制，使每台千斤顶的爬升速度相近。

c）千斤顶顶升的高差，可通过每台的限位环进行统一高度控制，正常限位高度一般为 300mm。

d）当每一柱上的两个提升架的千斤顶产生高差时，需根据实际情况进行及时调整。

2）网架偏移控制。

a）为避免千斤顶在顶升过程中打滑，施工前要确保支承杆插正。如在提升网架的过程中发现千斤顶有打滑现象，要及时通过顶部的松卡装置进行支承杆垂直度的调整。

b）保证支承杆的稳定性。每滑升一段（约 800mm）就需对支承杆加固一道，确保其稳定性。

3）网架受力控制。网架提升过程中的受力情况应尽量与设计受力情况相接近。

4）柱的稳定性控制。采用提升法吊装网架，应对下部结构（框架结构柱或独立柱）进行稳定性验算，如稳定性不足，则应采取相应加固措施。

a）网架四角沿轴线方向，每角拉两根缆风绳来承受风力，以减少柱子的水平荷载。缆风绳一般按至少能抗七级风设计（根据工程所在地区及施工季节确定），缆风绳平时处于放松状态，当风力超过五级时应停止提升，将缆风绳拉紧。

b）各柱间设置水平加固支撑，并与设计中的柱间支承相联系，以减小柱子的计算长度。采用升网滑模法时，当滑出模板的混凝土强度达到 C10 级以上时，应及时安装水平支撑，以确保柱子的稳定性。

c）滑柱顶网时，可适当提高混凝土的强度等级，滑升速度不宜过快，应使新浇的混凝土强度较快达到 C10 级。

3.4.4.9 网架整体顶升法安装

网架整体顶升法安装是利用支承结构和千斤顶将网架整体顶升到设计位置，如图 3.113 所示。本法设备简单，不用大型吊装设备，顶升支承结构可利用结构永久性支承柱，拼装网架不需搭设拼装支架，可节省大量的机具和脚手架、支墩费用，降低施工成本；操作简便、安全。但顶升速度较慢，对结构顶升的误差控制要求严格，以防失稳。适于安装多支点支承的各种四角锥网架屋盖安装。

1. 安装前的准备

（1）网架结构在地面对应位置拼好，检查验收完毕，其他附属结构及设备亦已安装，且通过验收。

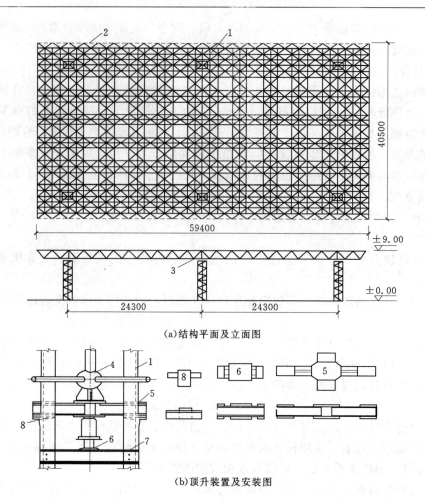

(a)结构平面及立面图

(b)顶升装置及安装图

图 3.113　某网架顶升施工图（高程单位：m，尺寸单位：mm）

1—柱；2—网架；3—柱帽；4—球支座；5—十字架；

6—横梁；7—下缀板（16 号槽钢）；8—上缀板

（2）用原有结构柱作为顶升支架，或另设专门顶升支架，均应作稳定性验算。如果稳定性不够，则应进行加固或采用缆风索等措施，并经检查合格。

（3）设置好枕木垛，且支搭牢固。作为千斤顶支座，其地基应满足承载要求，且经验收合格。

（4）布设好导向滑道，位置准确牢固。

（5）安装顶升设备，并经试顶，检查合格。

（6）其余条件要求同高空散装法。

2. 安装工艺流程

网架整体顶升法安装工艺流程，如图 3.114 所示。

3. 安装施工要点

（1）顶升准备。顶升用的支承结构一般利用网架的永久性支承柱，或在原支点处或其附近设置临时顶升支架。顶升千斤顶可采用普通液压千斤顶或丝杠千斤顶，要求各千斤顶的行程和起重速度要一致。网架多采用伞形柱帽的形式，在地面按原位整体拼装。由四根角钢组

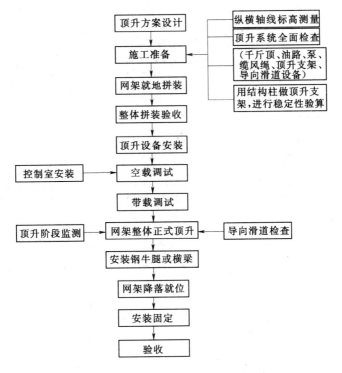

图 3.114 整体顶升法安装工艺流程图

成的支承柱（临时支架）从腹杆间隙中穿过，在柱上设置缀板作为搁置横梁、千斤顶和球支座用。上、下临时缀板的间距根据千斤顶的尺寸、冲程、横梁等尺寸确定，应恰为千斤顶使用行程的整数倍，其标高偏差不得大于 5mm。如用 320kN 普通液压千斤顶，缀板的间距为 420mm，即顶一个循环的总高度为 420mm，千斤顶分 3 次（150mm＋150mm＋120mm）顶升到该标高。

（2）顶升操作。顶升时，每一顶升循环工艺过程，如图 3.115 所示。顶升应做到同步，各顶升点的升差不得大于相邻两个顶升用的支承结构间距的 1/1000，且不大于 30mm，在一个支承结构上有两个或两个以上千斤顶时不大于 10mm。当发现网架偏移过大，可采用在千斤顶垫斜或有意造成反向升差的方法来逐步纠正。同时，顶升过程中的网架支座中心对柱基轴线的水平偏移值不得大于柱截面短边尺寸的 1/50 及柱高的 1/500，以免导致支承结构失稳。

（3）升差控制。顶升施工中的同步控制主要是为了减少网架的偏移，其次才是为了避免引起过大的附加杆力。而提升法施工时，升差虽然也会造成网架的偏移，但其危害程度要比顶升法小。

由于网架的偏移是一种随机过程，纠偏时，柱的柔度、弹性变形又给纠偏以干扰，因而纠偏的方向及尺寸并不完全符合主观要求，不能达到精确地纠偏。故顶升施工时应以预防网架偏移为主，顶升时必须严格控制升差并设置导轨。

（4）顶升同步控制。网架整体顶升时必须严格控制其同步性，要在允许范围内，否则将对杆件内力及柱顶压力产生明显不利的影响。整体顶升时对同步性的具体要求：同柱一组两个千斤顶高差不得大于 1cm，四个支柱，最高与最低高差不得大于 3cm。网架就位后的验收

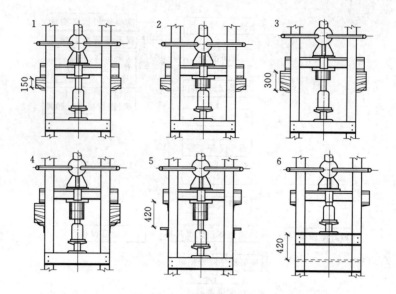

图 3.115 顶升过程图（单位：mm）
1—顶升 150mm，两侧垫上方形垫块；2—回油，垫圆垫块；3—重复 1 过程；4—重复 2
过程；5—顶升 130mm，安装两侧上级板；6—回油，下级板升一级

标准： 四个支承柱最高与最低高差不大于 5cm；网架支座中心对柱基轴线的水平位移不大于 4.8cm。

1）顶升同步控制的相关措施：

a）千斤顶使用前，进行空载调试。

b）千斤顶的出顶状态与出顶时间做到基本一致。

c）每顶升 17.5cm 分四次完成。

d）对每个千斤顶，配有一套光点指示系统。控制台可以及时采取有效措施，确保顶升同步。

e）对钢柱各级牛腿标高，上下小梁支承处高度，各台阶的高度及其与悬臂部分所留的间隙必须严格检查，并及时修正。

2）偏差纠正措施：

a）顶升前，对网架拼装时支座的水平位移进行检查，做出记录。

b）在网架的四个支柱附近及中心处确定五个固定点。每顶升一个步距，对五个点的水平位移进行观测。

c）每顶升一步距，测量十字梁四个端部与钢柱肢的导轨板的间隙，对照网架水平平面内的偏移。

d）在顶升过程中，千斤顶要多次回油。回油操作也应由总控制台统一指挥。

e）如已发生偏移，且其值不大，则可以让千斤顶顶出时，略有倾斜，使之产生水平分力。也可在十字梁与钢柱肢导向板之间塞以钢楔。此楔顶升时随之上升，回油时加以锤击，也能起到纠偏的作用。

f）若偏移已发展到一定程度，则可用横顶法纠正。

3.4.5　组合结构

组合结构是由几种不同的结构形式组成的构件或结构，共同受力，共同工作，协调变形，发挥各自长处，一般具有强度高、延性好、施工方便、抗震性能好等优点，发展快，应用广泛。

钢与混凝土组合结构是指常用的轧制型钢或板材与混凝土材料组合形成的一种新型结构。目前，常用的形式主要有组合板、组合梁、钢管混凝土柱、型钢混凝土构件，又称钢骨混凝土或劲性混凝土结构。

3.4.5.1　组合结构的类型

组合结构常用的类型主要有以下三种。

1. 钢骨混凝土结构

钢骨混凝土结构有实腹式和空腹式钢骨两种形式。实腹式是指采用由钢板焊接拼成，或用Ⅰ形、Ⅱ形、十字形型钢截面，外包钢筋混凝土制成；空腹式是将轻型型钢拼成构架，埋入混凝土中。抗震结构多采用实腹式钢骨混凝土结构。

钢骨混凝土的钢骨和外包混凝土共同承受荷载作用，外包混凝土可以阻止钢构件的局部扭曲，并保护钢材，提高防火性和耐久性。钢骨混凝土结构可用于各种结构体系中，一般多用于个别楼层或局部部位，如图 3.116（a）、图 3.116（d）、图 3.116（e）所示。

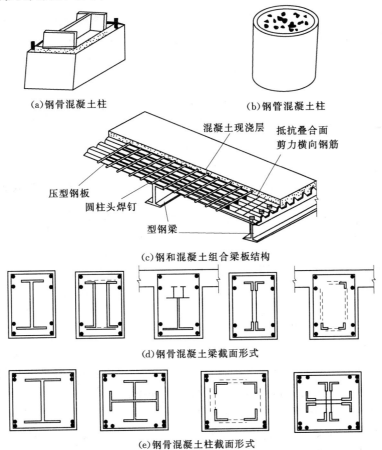

(a)钢骨混凝土柱　　　　　　　　(b)钢管混凝土柱

(c)钢和混凝土组合梁板结构

(d)钢骨混凝土梁截面形式

(e)钢骨混凝土柱截面形式

图 3.116　几种钢骨混凝土结构构件示意图

2. 钢管混凝土结构

钢管混凝土结构是指在钢管内浇注混凝土制成的结构，一般用于受压构件，如图 3.116（b）和图 3.117 所示。

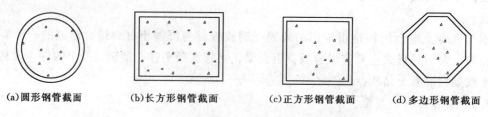

(a)圆形钢管截面　　(b)长方形钢管截面　　(c)正方形钢管截面　　(d)多边形钢管截面

图 3.117　钢管混凝土柱的截面形式

钢管混凝土柱充分发挥了钢管和混凝土两种材料的性能，使混凝土处于三维受力状态。抗压强度和抗变形能力明显提高。钢管轴心受拉，又有混凝土填实，稳定性和承载力大大提高。钢管混凝土主要用于单柱承载力大的高层建筑、大跨结构和重载结构的柱子和桩中，大城市中施工现场狭窄的结构适于采用。

3. 钢—混凝土组合梁板结构

钢—混凝土组合梁板结构是指梁的下部用钢梁，上部用混凝土。两者用剪力连接件连接为一体，共同受力，共同工作，各尽其力，提高了承载力和钢梁的侧向稳定性。

（1）钢—混凝土组合梁。钢—混凝土组合梁是由钢梁和楼板通过剪力连接件而组成。混凝土楼板有现浇混凝土板、预制混凝土板、压型钢板组合板。钢梁与楼板间通过栓钉连接件连成整体，保证钢梁与楼板共同工作，如图 3.118 所示。

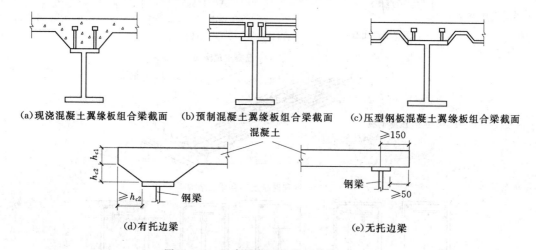

(a)现浇混凝土翼缘板组合梁截面　　(b)预制混凝土翼缘板组合梁截面　　(c)压型钢板混凝土翼缘板组合梁截面

(d)有托边梁　　　　　　　(e)无托边梁

图 3.118　组合梁截面构造（单位：mm）

（2）压型钢板—混凝土组合楼板。压型钢板—混凝土组合楼板是在带有各种形式的凹凸肋或各种形式槽纹的钢板上浇混凝土而制成的组合楼板，它是依靠各种凹凸肋或各种形式的槽纹将钢板与混凝土连接在一起，如图 3.116（c）所示。

3.4.5.2　组合结构的特点

1. 钢—混凝土组合梁

（1）组合梁能合理地利用材料，充分发挥钢和混凝土各自的材料特性，与钢结构相比，节约钢材 20%～40%。

（2）组合梁比钢筋混凝土梁节约混凝土，减轻自重且截面高度小。

（3）组合梁截面的上翼缘为宽大的混凝土板，增强了组合梁的侧向刚度，可以防止钢梁在使用荷载下发生扭曲失稳。

（4）组合梁的整体性、抗剪性能好，耗能能力强，因而表现出良好的抗震性能。

（5）钢梁在施工阶段可以作为混凝土板支承，可以简化施工工艺。

（6）组合梁的耐火性能差，需要通过涂耐火涂料来提高钢梁的耐火性。

2. 压型钢板—混凝土组合板

（1）施工工期短。压型钢板作为混凝土楼板的永久模板，取消了现浇混凝土所需的模板与支撑系统，免除了支模和拆模的施工工序，加快了施工进度。

（2）自重轻，节约钢材。压型钢板不仅可以作为混凝土板的永久型模板，还可以起到组合板中受拉钢筋的作用。这样，只在楼板支撑处设置抵抗负弯矩的钢筋即可，省去了钢筋的敷设和绑扎工作。由于压型钢板自重轻，减小了结构作用效应，从而使梁、柱截面尺寸减小，可设计出更加经济合理的地基与基础。

（3）增加结构的抗震性能。组合楼板不仅增强了竖向刚度，而且压型钢板组合楼板和钢梁起着加劲肋的作用，因而有很好的抗震和抗风的作用。

（4）防火性能差。压型钢板作为组合楼板的受力钢筋，外表无保护，当遇到火灾时，耐火时间短，所以应在板底涂防火涂料。

3. 钢骨混凝土结构

钢骨混凝土结构与钢结构相比具有以下特点：

（1）耐火性能好。包裹在型钢外的钢筋混凝土，可取代型钢外所涂的防锈和防火涂料，由于混凝土的蓄热较大，可以提高构件的耐火性能。

（2）节约钢材。采用型钢混凝土组合结构的高楼可以节约钢材 50% 左右。

（3）兼做模板支架。型钢混凝土结构的型钢，在混凝土尚未浇之前即已形成钢架，已具有相当大的承载力，可用作施工模板支架和操作平台。

型钢混凝土组合结构与混凝土结构相比具有以下特点：

（1）整体工作性能好。型钢骨架与外包钢筋混凝土形成整体，共同受力。

（2）截面尺寸小。钢筋混凝土受到配筋率的限制，提高承载力的途径只能是加大截面尺寸，而型钢混凝土组合结构可以设置较大的型钢，在截面尺寸相同的条件下，可以更多地提高构件的承载力。

（3）构件截面延性好。由于构件中型钢的作用，型钢混凝土组合结构的延性远高于钢筋混凝土结构。

4. 钢管混凝土结构

钢管混凝土结构与混凝土、钢结构相比具有以下特点：

（1）构件承载力高。当钢筋混凝土构件轴心受压时，由于产生紧箍效应，核心混凝土的强度大大提高，而钢管也能充分发挥强度作用，因而构件的抗压承载力高。

（2）具有良好的塑性和韧性。单纯混凝土受压属于脆性破坏，但管内的核心混凝土在钢管约束下，不但在使用阶段提高了弹性，扩大了弹性工作的阶段，而且在破坏时产生很大的塑性变形。

（3）经济效益显著。与钢结构相比，可节约钢材 50％左右，造价也可降低。

（4）施工方便，可大大缩短工期。

3.4.5.3 组合结构的构件

组合结构的构件是指将常用的轧制型钢、焊接型钢或板材与混凝土材料进行组合而形成的一种新型的结构构件。目前，常用的主要有组合板、组合梁、钢管混凝土柱以及型钢混凝土构件（又称钢骨混凝土或劲性混凝土构件）。

1. 压型钢板—混凝土组合板

压型钢板—混凝土组合板是由压型钢板和混凝土构成，主要用于承重板材，如楼盖板、平台板等，在施工时，压型钢板可作为底模，并承受混凝土和施工荷载；使用阶段则由钢与混凝土组合板共同承受使用荷载和自重。压型钢板可以代替混凝土板的下部受拉钢筋，加快施工进度，在多层和高层钢结构中普遍采用组合楼板。

（1）外形尺寸要求。压型钢板—混凝土组合板的总厚度不应小于 90mm，压型钢板顶面以上的混凝土厚度不应小于 50mm。压型钢板厚度不应小于 0.75mm，波槽平均宽度不应小于 50mm。当采用在槽内设置栓钉时，压型钢板的总高度不应超过 80mm。

（2）保证剪力传递的措施。压型钢板—混凝土组合板中压型钢板与混凝土共同工作的机理是两种材料的界面上有足够的黏结强度，且能可靠地传递剪力。为保证剪力的传递，一般有下述几种构造处理方法：

1）在压型钢板的肋上冲压抗剪齿槽或在平板部分设置凹凸齿槽，如图 3.119（a）、图 3.119（b）所示。

2）将压型钢板制成倒梯形开口，如图 3.119（c）所示，或制成有凸肋的棱角，如图 3.119（d）所示，以增强混凝土与钢板间的咬合作用。

3）在压型钢板上加焊横向钢筋，以增加与混凝土的拉结力，如图 3.119（e）所示。

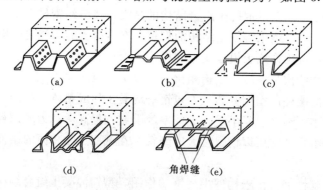

图 3.119 压型钢板—混凝土组合板的示意图

（3）配筋要求。压型钢板—混凝土组合板在下列情况下应配置钢筋：

1）为组合板提供储备承载力，在压型板槽内的混凝土中设置附加抗拉钢筋。

2）在连续组合板或悬臂组合板的负弯矩区内应配置连续钢筋。

3）在集中荷载区段或孔洞周围应配置分布筋。

4）为改善防火效果，配置受拉钢筋。

5）在压型钢板上翼缘焊接横向钢筋时，横向钢筋应配置在剪跨区段，其间距宜为 150～300mm。

连续组合板按简支板计算时,抗裂钢筋的配筋率不少于 0.2%。抗裂钢筋的伸出长度从支座边缘算起不小于 $l/6$(l 为板跨),且应与不少于 5 根分布筋相交。抗裂钢筋的直径不小于 4mm,最大间距为 150mm,顺肋方向的抗裂钢筋的保护层厚度宜为 20mm。与抗裂钢筋垂直的分布筋直径不应小于抗裂钢筋直径的 2/3,其间距不应大于抗裂钢筋间距的 1.5 倍。

(4)栓钉的设置要求。为了防止压型钢板与混凝土之间的滑移,在组合板的端部应设置栓钉。栓钉应设置在端支座的压型钢板凹肋处,穿透压型钢板,将栓钉和压型钢板均焊于钢梁的翼缘上。栓钉的直径按下列规定采用:板跨度小于 3m 时,直径为 13mm 或 16mm;跨度在 3～6m 时,直径为 16mm 或 19mm;跨度大于 6m 时,直径为 19mm。

2. 钢—混凝土组合梁

钢混凝土组合梁是指钢梁和所支承的钢筋混凝土板组合成一个整体而共同抗弯的组合构件。钢—混凝土组合梁能适应梁的受力特点,充分发挥钢—混凝土各自的受力性能,与钢梁相比具有刚度大,挠度可减少 1/3～1/2,从而减小结构高度;抗震性能好;经济效益良好,可节省钢材 20%～40%,每平方米造价可降低 10%～40% 等优点。

目前,组合梁已在多层和高层建筑楼盖、工作平台以及公路、铁路桥梁中有较多的应用。在设计与施工方面均有成熟的经验。在我国规范中专门设立"钢—混凝土组合梁"一章,供应用时参阅。

(1)组合梁的分类及构造。组合梁可分为外包混凝土组合梁及钢梁外露的组合梁两种。

外包混凝土组合梁是对钢梁圈上足够的箍筋后,再包裹混凝土,其设计属于钢筋混凝土结构范围,常称为劲性钢筋混凝土梁。钢梁外露组合梁,通常有下列类型:

1)I 形截面组合梁。I 形截面组合梁的截面形式如图 3.120(a)～(e)所示。其中,图 3.120(d)的上翼缘伸入混凝土板面,可不设置连接件;图 3.120(e)设置板托,加大梁高,钢梁上翼缘移至中和轴附近,减少其压应力,受力更为合理。I 形截面,由于板面混凝土受压,一般应加强受拉下翼缘截面。

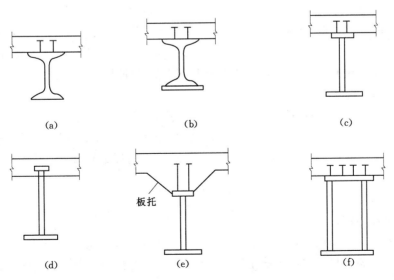

图 3.120　组合梁的类型

2）箱形截面组合梁。箱形截面组合梁常用于桥梁结构，其承载力和刚度均较大，如图3.120（f）所示。组合梁的截面，通常由钢筋混凝土板、混凝土板托、抗剪连接件及钢梁4部分组成。

钢筋混凝土板有现浇与预制装配式两种。多层与高层建筑楼盖中常采用压型钢板组合楼盖，如图3.121所示。它是在钢梁上铺放0.75～3.0mm厚的压型钢板，抗剪连接件穿透并焊接于压型钢板及钢梁上翼缘上，然后铺放面板钢筋和浇灌混凝土而成。压型钢板可做模板并承受施工荷载；混凝土结硬后又可替代部分受力钢筋。这种楼板施工简便快捷，但耗钢较多。

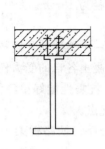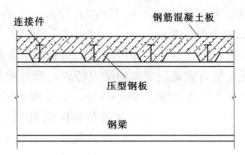

图3.121　压型钢板组合楼盖

板托是为增加梁截面高度，改善板的横向受弯条件而专门设置的；有时为增加连接件的高度和保证板厚的要求而设置；也可不设板托。

连接件是设置在混凝土面板与钢梁上翼缘间的抗剪切滑移的零件。连接件有三种形式：栓钉、型钢和钢筋。栓钉直径为12～25mm，长度为直径的4倍以上；型钢连接件一般用[80～[120做成；钢筋为直径12～20mm的弯筋，八字形水平成对布置。连接件的构造应满足抗滑移和抗掀起要求。

钢梁可用型钢梁，也可用组合钢板制作。

（2）组合梁的特点。一般梁格中，钢筋混凝土面板搁置在钢梁上，承受并传递板面荷载到钢梁上，钢梁和板在梁跨方向各自产生弯曲变形，接触面处发生相对滑移，面板下皮伸长而钢梁上皮缩短，如图3.122所示。这时，截面弯矩M将由钢梁和混凝土面板共同承担，并按两者刚度E_sI_s和E_cI_c之比分配。由于面板很薄，故$E_cI_c \ll E_sI_s$，面板承担的弯矩可忽略不计，M全部由钢梁承担。

如果在面板和钢梁之间设置若干连接件后，连接件将抵抗由于弯曲产生的相对滑移，则两部分截面组合成一个具有公共中和轴的整体截面，面板成为组合截面受压上翼缘，其惯性矩、刚度和抗弯承载力均大大提高。设计时，同样的弯矩，可采用较小的梁高和截面。

组合梁的主要特点是：

1）抗弯承载力高。

2）抗弯刚度大，挠度小，可减小梁高、降低层高，对高层建筑尤为有利。

3）整体性、整体稳定和局部稳定性好；受压翼缘为宽厚的混凝土，而钢梁为大部分受拉的有利受力状态。

4）施工方便，钢梁就位后即可支模浇筑混凝土，施工阶段荷载全部由钢梁承担。

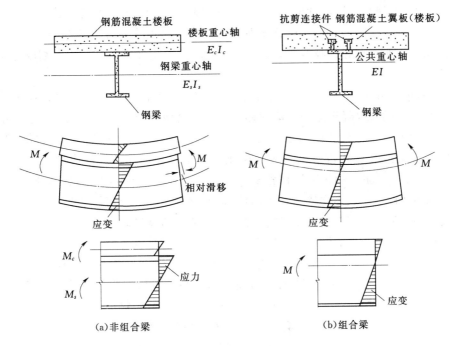

图 3.122　钢与混凝土组合梁受力分析图

5）节约钢材降低造价，材料利用充分。

3. 钢管混凝土组合柱

钢管混凝土柱是指在钢管中填充混凝土而形成的组合构件，依外形可分为圆形、方形、矩形和多边形等。圆形柱优点多、应用广泛。方形和矩形主要用于多、高层民用建筑，其外形利于施工。钢管混凝土柱宜用于轴心受压和小偏心受压构件，当为大偏心受压时，应采用二肢、三肢或四肢的组合式构件。

（1）组合柱的特点。钢材的泊松比在弹性阶段可认为是常数，为 0.283，进入塑性阶段增大到 0.5 之后保持不变；混凝土的横向变形系数则为变数，随压应力的增加由低应力时的0.17 逐渐增大到 0.5，到 1.0，甚至大于 1.0。钢管混凝土柱在压力作用下，混凝土向外的横向变形起初小于钢管向外的横向变形，但随着压力的增加，逐渐大于钢管向外的横向变形，钢管约束了混凝土，产生了相互作用的紧箍力，因而，钢管的纵向和径向受压而环向受拉，混凝土则三向皆受压，两者均处于三维应力状态。三向受压混凝土的抗压强度得到提高，同时，塑性、延性得到改善，使混凝土由原来的脆性材料转变为较好的塑性；而钢管由于核心混凝土的存在，提高了它的整体稳定和局部稳定承载力。这一变化决定了钢管混凝土柱具有下列特点：

1）承载力高和经济合理。相对于钢筋混凝土柱的截面较小，扩大了使用空间，减轻了自重，降低了地基基础的造价，经济效果显著。试验和理论分析证明，圆形钢管混凝土受压构件的承载力，可以达到钢管和混凝土单独承载力之和的 1.7～2.0 倍；与钢柱相比，可节约钢材 50%，降低造价约 45%；与钢筋混凝土柱相比，可节约混凝土约 70%，减少自重约70%，节省模板 100%，而用钢量约相等或略多；用于高层建筑时还可以做到不限制轴压比。

2) 具有良好的塑性和抗震性能。将圆形钢管混凝土柱轴向压缩到原长的 2/3，构件表面已褶曲，但仍有一定的承载力，可见塑性非常好。圆形钢管混凝土柱在循环荷载作用下，滞回曲线饱满，表明有良好的吸能能力，当长细比满足一定要求时基本上无刚度退化，因而具有良好的抗震性能。

3) 施工简单，可大大缩短工期。在工业厂房中，与钢柱相比，零件少、焊缝短、柱脚构造简单，可直接插入混凝土基础预留的杯口中。在公路和城市拱桥中，空钢管可组成施工阶段稳定的拱桥体系，配合转体施工，大大减轻了施工阶段结构的质量，拱桥跨度突破了400m。配合泵送法浇灌管内混凝土，大大简化了施工过程，且易保证质量。在高层和超高层建筑中，空钢管可作施工阶段劲性钢骨架，为平行立体交叉作业和逆作法施工创造了条件。同时，所用钢板的厚度一般不超过 40mm，远比高层钢结构柱子中钢板厚度（80～130mm，甚至可能更大）小，简化了制作和对接焊接的工作量。在北方寒冷地区，可以在冬季安装空钢管组成框架或构架，春天再浇灌混凝土，从而争取时间，加快建设速度。

4) 钢管混凝土柱的耐火性能优于钢柱。钢管混凝土柱由于管内有混凝土，能吸收大量热能，因此在遭受火灾时，延长了柱子的耐火时间。圆形钢管混凝土柱和钢柱相比，可节约防火涂料 1/2～2/3，甚至更多。随着钢管直径的增大，节约涂料也越多。

5) 可安全可靠地采用高强度混凝土。近年来，高强度混凝土在我国东南沿海城市，如上海、广州和深圳等地应用普遍，C70 和 C80 混凝土也已投入使用。但混凝土的强度越高，脆性越突出。为了克服高强度混凝土脆性大的弱点，可采用密配箍筋的方法，使核心混凝土三向受压，但过大的配箍率将造成截面箍筋密布，增大了构造和施工的复杂性；采用钢管混凝土，将高强度混凝土置于钢管内，不但构造简捷，施工方便，而且能达到防止高强度混凝土脆性破坏的目的。

（2）力学性能。

1) 承载能力。试验表明，钢管混凝土构件的承载能力不等于同形状、同面积的两种材料试件承载能力之和。以内填混凝土钢管短柱为例，若单独取钢管做轴压试验，无论圆管、方管或矩形管，可能在全截面屈服之前屈曲，也可能在屈服之后发生弹塑性局部失稳；单独取素混凝土柱做轴压试验，则有纵向裂纹早期发生的现象。钢管混凝土短柱试件轴压试验，所得到的极限承载力均高于两者分别试验得到的承载力之和。从机理上分析：

a) 由于内填混凝土（称为核心混凝土）的存在，抑制了钢管的局部屈曲变形。例如圆钢管、方钢管发生的局部失稳模式，通常为如图 3.123 所示的内填混凝土对向内凹进的变形，圆钢管菱状的反对称失稳变形和方钢管类似四边简支板的屈曲失稳变形被阻止。当转为如图 3.124 所示的外凸式对称失稳模式时，两者的稳定承载能力都能得到提高。

b) 混凝土受压后，随轴压荷载的增长而向外挤胀，使得钢管产生横向拉力，钢管即使发生局部失稳，仍能在拉力场帮助下继续载。

c) 核心混凝土在微裂膨胀后即受到钢管的约束作用，在圆钢管中，这种约束作用十分明显，称之为套箍作用。在方钢管中，也有这种效应，但在角隅部分较强。混凝土受三向压力作用后，纵向受压的承载能力大大提高。钢管约束作用的强弱与截面中的含钢率有关，含钢率越大，约束作用就越大；在构件的面积和形状不变的情况下，含钢率增大，就意味着钢管的径厚比或宽厚比变小。

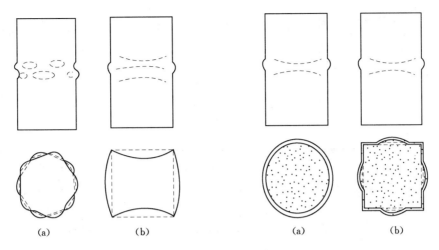

(a)	(b)	(a)	(b)

图 3.123　空钢管的局部屈曲模式　　　　图 3.124　内填混凝土的钢管局部屈曲模式

2）变形能力。钢管因混凝土的存在而提高了整体刚度，又因局部稳定性和整体稳定性的提高而改善变形能力，混凝土也因成为约束混凝土而提高了塑性，总之，钢管混凝土构件具有良好的延性。

4. 型钢混凝土组合柱

型钢混凝土组合柱是在混凝土中主要配置轧制或焊接的型钢。在配置实腹型钢柱中还配有少量的纵向钢筋与箍筋。这些钢筋主要是为了约束混凝土，在计算中也参与受力，同时，也是构造需要。

型钢混凝土组合柱，不仅强度高、刚度大，而且有良好的延性及耗能性能，因此，它更加适合抗震设防烈度高的地区。与混凝土结构柱相比，既可以使柱子截面尺寸减小，增大使用面积，又可降低造价，提高抗震能力，与钢结构柱相比，不仅节省钢材，降低造价，而且混凝土对柱中的型钢来说是最好的保护层，在防火、防腐、防锈方面都比钢结构明显优越。由于型钢混凝土柱比钢结构柱刚度大，在高层结构中采用型钢混凝土柱可以克服高层及高耸钢结构变形过大的缺点。

（1）组合柱中含型钢率要求。含型钢率是指型钢混凝土柱的型钢截面面积与柱全截面面积的比值。型钢宜采用 Q235 或 Q345 钢。

1）柱中受力型钢的含钢率不宜小于 4%，因为小于此值时，可以采用钢筋混凝土柱，不必采用型钢混凝土柱。

2）柱中受力型钢的含钢率不宜大于 10%，因为型钢与混凝土的黏结强度较低，若含钢率过大，型钢与混凝土之间的黏结破坏特征将更为显著，型钢与混凝土不能有效地共同工作，构件极限承载力反而下降。

工程上较合适的含钢率在 5%～8% 之间。

（2）型钢的形式及混凝土保护层厚度要求。

1）型钢混凝土框架柱的型钢宜采用实腹式型钢，如图 3.125 所示。带翼缘的十字形截面 [图 3.125（a）] 常用于中柱，其 4 个边均易与梁内型钢相连；丁字形截面 [图 3.125（b）] 适用于边柱；L 形截面 [图 3.125（c）] 适用于角柱；宽翼缘 H 形钢 [图 3.125（d）]、圆钢管 [图 3.125（e）]、方钢管 [图 3.125（f）] 适用于各平面位置的框架柱。

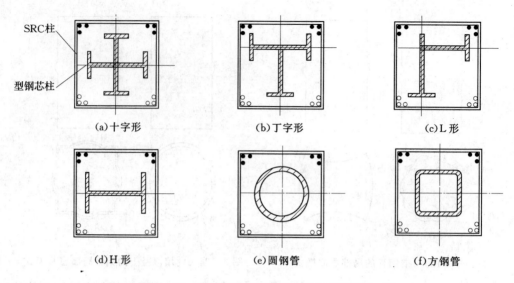

(a)十字形　　　　　　　　(b)丁字形　　　　　　　　(c)L形

(d)H形　　　　　　　　(e)圆钢管　　　　　　　　(f)方钢管

图 3.125　型钢混凝土柱的型钢芯柱截面形状

2) 型钢混凝土柱保护层厚度不宜小于 150mm，最小值为 100mm，主要是为了防止黏结劈裂破坏。

（3）纵向受力钢筋的要求：

1) 型钢混凝土柱中的纵向受力钢筋宜采用 HRB355、HRB400 热轧钢筋。

2) 纵向钢筋的直径不应小于 16mm，净距不宜小于 60mm，钢筋与型钢之间的净间距不应小于 40mm，以便混凝土的浇灌。

3) 型钢混凝土柱中全部纵向受力钢筋的配筋率不宜小于 0.8%，以使型钢能在混凝土、纵向钢筋和箍筋的约束下发挥其强度和塑性性能。

4) 纵向钢筋一般设在柱的角部，但每个角上不宜多于 5 根。

（4）箍筋的要求：

1) 型钢混凝土框架柱中的箍筋配置应符合《高层建筑混凝土结构设计规程》（JGJ 3—2010）的规定。

2) 考虑地震作用组合的型钢混凝土框架柱，柱端加密区长度、箍筋最大间距和最小直径应按表 3.37 规定采用。

表 3.37　　　　　　　　　　　框架柱端箍筋加密区的构造要求

抗震等级	箍筋加密区长度	箍筋最大间距	箍筋最小直径
一级	取矩形截面长边尺寸（或圆形截面直径）、层间柱净高的 1/6 和 500mm 三者中的最大值	取纵向钢筋直径的 6 倍、100mm 两者中的较小值	$\phi 10$
二级		取纵向钢筋直径的 8 倍、100mm 两者中的较小值	$\phi 8$
三级		取纵向钢筋直径的 6 倍、150mm 两者中的较小值	$\phi 8$
四级			$\phi 6$

注　1. 二级抗震等级的框架柱中的箍筋最小直径不小于 $\phi 10$ 时，其箍筋最小间距可取 150mm。
　　2. 剪跨比不大于 2 的框架柱、框支柱和一级抗震等级角柱应沿全长加密箍筋，箍筋间距均不应大于 100mm。

3）柱端箍筋加密区箍筋最小体积配筋率应符合表 3.38 的要求。

表 3.38　　　　　　　柱端箍筋加密区箍筋最小体积配筋率

抗震等级	箍筋形式	轴 压 比		
一级	复合箍筋	<0.4	0.4～0.5	>0.5
二级	复合箍筋	0.8	1.0	1.2
三级	复合箍筋	0.6～0.8	0.8～1.0	1.0～1.2
四级	复合箍筋	0.4～0.6	0.6～0.8	0.8～1.0

注　1. 混凝土强度等级高于 C50 或需要提高柱变形能力或Ⅳ类场地上较高的高层建筑，柱中箍筋的最小体积配筋百分率应取表中相应项的较大值。

2. 当配置螺旋箍筋时，体积配筋率可减少 0.2%，但不应小于 0.4%。

3. 一、二级抗震等级且剪跨比不大于 2 的框架柱的箍筋体积配筋率不应小于 0.8%。

4. 当采用 HPB335 钢筋作箍筋时，表中数值可乘以折减系数 0.85，但不应小于 0.4%。

矩形箍筋的体积配筋率按下式计算：

$$\rho_V = \frac{A_{sv}l_{sv}}{A_{cor}S}$$

式中　A_{sv}——矩形箍筋截面面积；

l_{sv}——矩形箍筋周长，计算中应扣除重叠部分；

A_{cor}——箍筋内表面以内范围的核心混凝土截面面积；

S——箍筋间距。

4）柱箍筋加密区长度以外的箍筋，箍筋的体积配筋率不宜小于加密区配筋率的一半，并且要求一、二级抗震等级，箍筋间距不应大于 $10d$；三级抗震等级不宜大于 $15d$，d 为纵向钢筋直径。

5）框架节点核心区的箍筋最小体积配筋率：对于抗震等级为一级时，不宜小于 0.6%；对于抗震等级为二级时，不宜小于 0.5%；对于抗震等级为三级时，不宜小于 0.4%。

（5）混凝土强度等级及截面形状和尺寸：

1）型钢混凝土柱的混凝土强度等级不应低于 C30。

2）对于抗震设防烈度为Ⅸ度、Ⅷ度、Ⅶ度和Ⅵ度时，混凝土强度等级不宜超过 C60、C70、C80。

3）截面形状和尺寸：设防烈度为Ⅷ度或Ⅸ度的框架柱，宜采用正方形截面；型钢混凝土柱的长细比不宜大于 30，即柱的计算长度与截面短边之比不宜大于 30。

3.4.5.4　组合结构的施工

由于组合结构的构件承载力高，而且具有良好的塑性和韧性，其综合了钢材和混凝土构件的优点，故近些年来得到重视，并得到长足的发展。

组合结构在施工安装中，除了可以像在本学习项目中所介绍的单层钢结构、多层及高层钢结构的施工安装方法之外，组合网架结构可以采用本节所介绍的高空散装法、分条或分块法、高空滑移法、整体吊装法、整体提升法和整体顶升法。

3.4.5.5 组合结构构件的节点受力性能及节点构造

1. 钢管混凝土组合柱

（1）节点的分类。按受力性能特点不同，钢管混凝土梁、柱节点可主要分为以下几种类型：

1）铰接节点：梁只传递支座反力给混凝土柱。

2）半刚性节点：在受力过程中梁和钢管混凝土柱轴线的夹角发生改变，即两者之间有相对转角位移。

3）刚性节点：节点在受力过程中，梁和钢管混凝土柱轴线夹角保持不变，即无角位移。

（2）节点的形式及设计要求。节点的形式应构造简单、整体性好、传力明确、安全可靠、节约材料和便于施工。节点的设计应满足承载力、刚度、稳定性以及抗震设防要求，保证力的准确和可靠传递，使钢管和核心混凝土共同作用，使节点具有必要的延性，能保证焊接质量，并避免出现应力集中和过大约束力。

（3）梁、柱铰接节点受力性能及节点构造。

1）因为梁只传递支座反力（即梁端剪力）给钢管混凝土柱，因此，不管是钢梁、钢筋混凝土梁还是组合梁，只需要在钢管混凝土柱上设置牛腿传递剪力即可。

a）当剪力较小时：若为钢梁，可利用焊在钢管外壁的竖向连接钢板作为牛腿来传递剪力，竖向钢板与钢梁之间采用高强度螺栓连接，如图 3.126（a）所示。

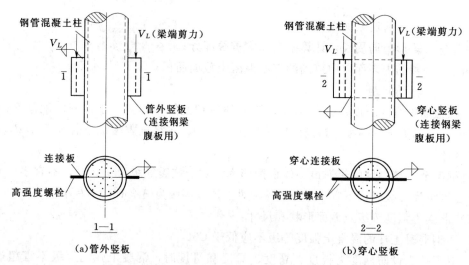

图 3.126　钢梁端部剪力传递

若为钢筋混凝土梁或组合梁，可采用焊接于柱钢管上的钢牛腿来传递剪力，根据使用的不同要求，钢牛腿可以设置成暗牛腿［图 3.127（a）］或明牛腿［图 3.127（b）］。

b）当剪力较大时：若为钢梁，竖向连接板宜穿过钢管中心，可预先在钢管壁上开设竖向槽口，将连接竖板插入后，用双面贴角钢焊缝焊上，如图 3.126（b）所示。

若为钢筋混凝土梁或组合梁，钢牛腿的腹板宜穿过钢管中心，可预先在钢管壁上开竖槽，将腹板插入后，用双面贴角钢焊缝焊上。

2）铰接节点构造。

a）若为钢梁，构造较为简单，采用焊接或螺栓连接，并且符合《钢结构设计规范》

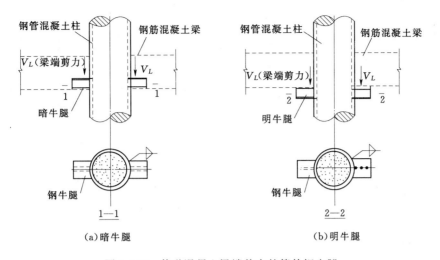

图 3.127 传递混凝土梁端剪力的管外钢牛腿

（GB 50017—2003）中的规定，如图 3.128 所示。

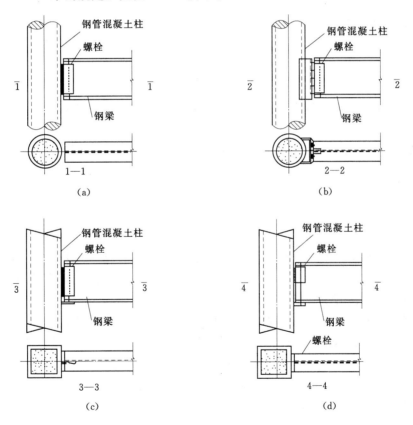

图 3.128 铰接节点的形式

b）若为钢筋混凝土梁或组合梁，当剪力较小时，可采用单 T 形钢牛腿，由顶板和腹板组成，用剖口焊与管壁焊接；当剪力较大时，可采用双 T 形钢牛腿，由顶板和两块腹板组成，必要时，可在牛腿下方增设底板，如图 3.129、图 3.130 所示。

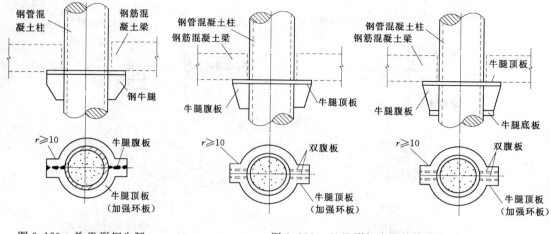

图 3.129　单 T 形钢牛腿　　　　　　图 3.130　双 T 形钢牛腿铰接节点
　　　　　铰接节点

c）为了提高梁、柱节点的刚度，保持钢管的刚度，可以在牛腿顶板标高处设置加劲环板（或称加强环板），把同标高的几个牛腿连为一体，如图 3.131、图 3.132 所示。

（4）梁、柱半刚性节点的受力性能及节点构造。对于半刚性梁、柱节点，由于受力过程中梁和钢管混凝土轴线夹角发生改变，会引起结构内力重分布，结构受力比较复杂，且变形较大。

目前在工程中采用的半刚性节点是钢管混凝土环梁和钢管组成的节点，如图 3.133 所示，其构造特点是：

1）在梁截面高度处围绕钢管混凝土柱设置一圈钢筋混凝土环梁，用以实现梁端弯矩的传递与平衡。

2）在环梁的中、下部，于钢管的外边面贴焊一圈或两圈环形钢筋，用以实现梁端剪力的传递。

3）框架梁的底面和顶面纵向钢筋弯折锚固于环梁内。

（5）梁、柱刚性节点的受力性能及节点构造。梁、柱刚性节点的形式在我国建筑工程中应用较广。在受力过程中，梁和钢管混凝土轴线夹角要始终保持不变，梁端的弯矩、轴力和剪力通过合理的构造措施来安全可靠地传给钢管混凝土柱。

要保证梁、柱刚性节点，根据设计和施工要求，可采用加强环板式、锚板式或穿心牛腿等节点形式。根据试验研究及工程实践，加强环板反式节点形式是较成熟、应用面较广的一种形式。

1）加强环板式节点的特点：

a）梁的内力（弯矩、剪力和轴力）能可靠地传递给管柱，节点安全有效。

b）钢管壁受力均匀，并能保证钢管的圆形不变。

c）加强环板能与管柱共同工作，增强了节点抗侧移刚度。

d）便于管内混凝土的浇灌。

2）加强环板的类型。圆钢管混凝土结构节点的加强环板类型一般有 4 种，如图 3.131 所示；方形和矩形钢管混凝土结构的加强环板类型一般有 3 种，如图 3.132 所示。

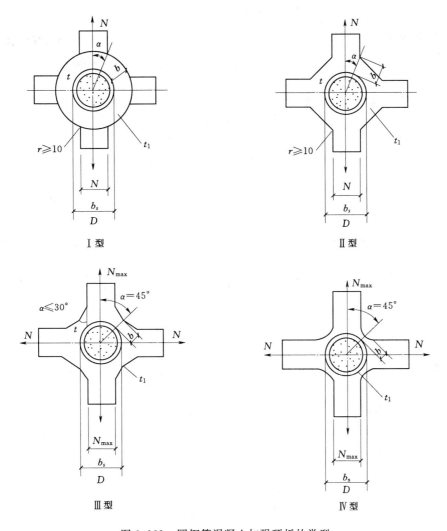

图 3.131 圆钢管混凝土加强环板的类型

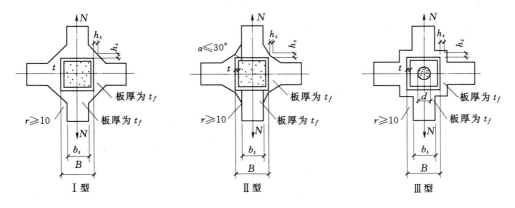

图 3.132 方钢管混凝土加强环板的类型

3）加强环板的构造：

a）$0.25 \leqslant b_s/D \leqslant 0.75$（圆钢管混凝土柱环板）；

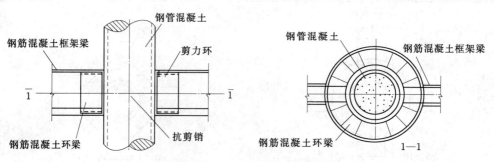

图 3.133　钢管混凝土柱—钢筋混凝土环梁节点

$0.25 \leqslant b_s/B \leqslant 0.75$（方形和矩形钢管混凝土柱环板）。

b）对于圆钢管混凝土柱：

$$0.1 \leqslant b/D \leqslant 0.35, b/t_1 \leqslant 10$$

对于方形和矩形钢管混凝土柱

$$t_1 \geqslant t_f$$

另外，对于 I 型加强环板

$$h_s/D \geqslant 0.5 t_f/t_1$$

对于 II 型加强环板

$$h_s/D \geqslant 0.1 t_f/t_1$$

以上各式中　t_f——和环板相连的翼缘厚度；

b_s、D、B、t_1、h_s、b，如图 3.131 所示。

（6）其他节点构造。

1）柱与柱的节点。在实际工程中，柱与柱的连接一般有 6 种形式，如图 3.134 所示。不管哪种形式的连接都必须保证对接件的轴线对中。6 种对接连接中，图 3.134（a）、图 3.134（b）节约钢材，外形好，适合工厂加工对接；图 3.134（c）、图 3.134（d）构件的对

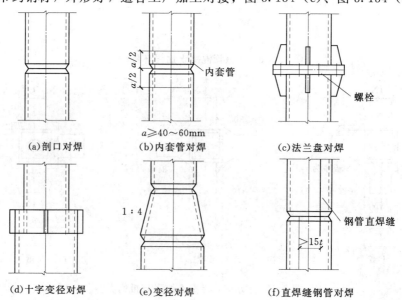

图 3.134　钢管混凝土柱与柱的连接形式

位相对容易，适合现场操作；图 3.134（e）无焊接，适合室外小直径架构柱肢或预制柱连接，但用钢材量较多；图 3.134（f）适合大直径直缝焊管连接。

2）柱与基础的节点。柱与基础的连接有两种形式：一是铰接，二是刚接。

对于钢管混凝土铰接柱脚，按照《钢结构设计规范》（GB 50017—2003）的要求进行设计。

钢管混凝土刚接柱脚又分为两种形式：一是柱脚为插入杯口式，二是柱脚为锚固式。

2. 型钢混凝土组合柱

梁、柱节点的核心区是结构受力的关键部位，应保证传力明确、安全可靠、施工方便。不允许有过大的局部变形。

梁、柱节点包括 3 种形式：型钢混凝土梁与型钢混凝土柱的连接，钢梁与型钢混凝土柱的连接，钢筋混凝土梁与型钢混凝土柱的连接。

（1）型钢混凝土柱与型钢混凝土梁、钢筋混凝土梁、钢梁的连接，柱内型钢的拼接构造应满足钢结构的连接要求。型钢柱沿高度方向，在对应于型钢梁的上、下翼缘处或钢筋混凝土梁的上下边缘处，应设置水平加劲肋，如图 3.135 所示。加劲肋的形式宜便于混凝土浇筑，水平加劲肋应与梁端型钢翼缘等厚，且厚度不小于 12mm。

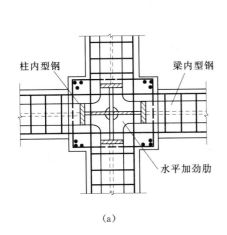

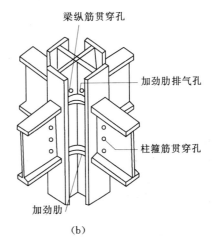

（a）　　　　　　　　　　　　　　（b）

图 3.135　型钢混凝土内型钢梁、柱节点及水平加劲肋

（2）型钢混凝土柱与钢筋混凝土梁或型钢混凝土梁、柱节点应采用刚性连接，梁的纵向钢筋应伸入柱节点，且满足钢筋锚固要求。柱内型钢的截面形式和纵向钢筋的配置，应便于梁纵向钢筋的贯穿，还应减少纵向钢筋穿过柱内型钢的数量，且不宜穿过型钢翼缘，也不应与柱内型钢直接焊接起来，如图 3.136 所示。

（3）梁、柱的连接也可在柱型钢上设置工字钢牛腿，钢牛腿的高度不宜小于 0.7 倍的梁高，梁纵向钢筋中的一部分钢筋可与钢牛腿焊接或搭接，如图 3.137 所示。

（4）型钢混凝土柱与型钢混凝土梁或钢梁连接时，其柱内型钢与梁内型钢或钢梁的连接应采用刚性连接，且梁

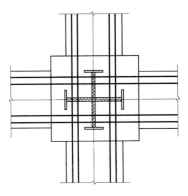

图 3.136　型钢混凝土梁、柱节点穿筋构造

内型钢翼缘与柱内型钢冀缘应采用全熔透焊接连接；梁腹板与柱宜采用摩擦型高强度螺栓连接；悬臂梁段与柱应采用全焊接连接，且连接构造应符合《钢结构设计规范》（GB 50017—2003）以及《高层民用建筑钢结构技术规程》（JGJ 99—1998）的要求，如图3.138所示。

（5）在跨度较大的框架结构中，当采用型钢混凝土梁和钢筋混凝土柱时，梁内的型钢应伸入柱内，且应采用可靠的支承和锚固措施，保证型钢混凝土梁端承受的内力向柱中传递，其连接构造宜经专门试验确定。

3. 型钢混凝土剪力墙

型钢（钢骨）混凝土剪力墙可用于高层建筑物中的抗侧力构件。依其截面形式不同，型钢混凝土剪力墙分为无边框型钢混凝土剪力墙和带边框的型钢混凝土剪力墙。

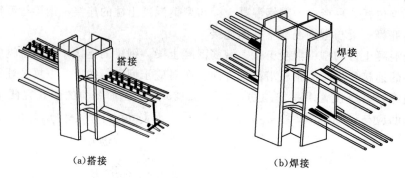

(a)搭接　　　　　　　　　　　　(b)焊接

图 3.137　型钢梁纵向钢筋与钢牛腿的连接

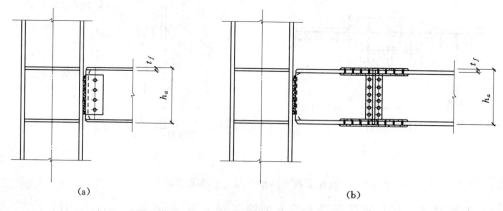

(a)　　　　　　　　　　　　(b)

图 3.138　型钢混凝土内型钢梁与柱连接构造

无边框型钢混凝土剪力墙是指墙体两端没有设置明柱的无翼缘或有翼缘的剪力墙，如图3.139（a）所示。

带有边框的型钢混凝土剪力墙是指剪力墙周边设置框架梁和型钢混凝土框架柱，且梁和柱与墙体同时浇筑为整体的剪力墙，如图3.139（b）所示，常用于框架—剪力墙结构中。

剪力墙端部均配置型钢，且周边还应配置纵向钢筋和箍筋。

型钢混凝土剪力墙的构造要求如下：

（1）型钢混凝土墙两端应配置实腹式型钢（如工字钢、槽钢等）。当水平剪力很大时，也可以在剪力墙腹板内增设型钢斜撑或型钢暗柱。

（2）带边框型钢混凝土剪力墙的边框柱，其型钢的形式、含钢率及边框柱内纵向钢筋的

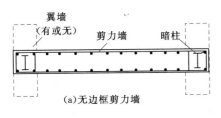
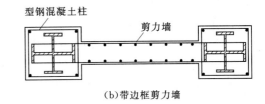

图 3.139　型钢混凝土剪力墙类型

构造要求以及混凝土保护层厚度的大小和构造要求与型钢混凝土柱的一样。

（3）不管是无边框剪力墙，还是带边框剪力墙的腹板，其水平和竖向的分布钢筋均应符合下列要求：

1）剪力墙，应根据墙厚配置多排钢筋网，各排钢筋网的横向间距不宜大于 300mm。当墙厚不大于 100mm 时，可采用双排钢筋网；当墙厚在 450～650mm 时，宜采用三排钢筋网；墙厚大于 650mm 时，钢筋网不宜少于 4 排。

2）非抗震设防结构，配筋率不小于 0.20%，双排配筋，直径不小于 $\phi 8$，间距不大于 300mm；抗震设防结构，配筋率不小于 0.25%，双排配筋，直径不小于 $\phi 8$，间距不大于 200mm。

3）腹板中水平钢筋应在型钢（钢骨）外绕过或与钢骨焊接。当设暗柱时，水平钢筋伸入暗柱部分锚固的长度应符合《混凝土结构设计规范》（GB 50010—2011）的规定。

（4）非抗震及Ⅳ度、Ⅶ度抗震设防的结构，剪力墙厚度不小于墙净高和净宽两者较小值的 1/25，且无边框剪力墙的厚度不小于 180mm，带有边框剪力墙的腹板部分的厚度不小于 160mm。Ⅷ度、Ⅸ度抗震设防结构，剪力墙厚度不小于墙净高和净宽两者较小值的 1/20，且无边框剪力墙厚度不小于 200mm，带有边框的剪力墙腹板部分厚度不小于 160mm。

（5）腹板的厚度还应能保证墙端部型钢暗柱的混凝土保护层厚度不小于 50mm。

（6）剪力墙的混凝土强度等级应与型钢混凝土柱的混凝土强度等级一致，且不宜低于 C30。

4. 型钢混凝土组合梁

型钢混凝土梁是在混凝土中主要配置轧制或焊接的型钢，其次配有适量的纵筋和箍筋。

型钢混凝土梁配置的型钢形式分为实腹式型钢和空腹式型钢两大类，如图 3.140 所示。本书主要介绍实腹式型钢梁。

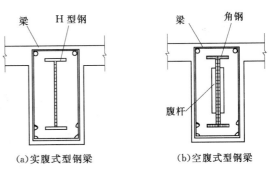

图 3.140　型钢混凝土梁

由于在混凝土中配置了型钢，型钢混凝土梁的承载力、刚度大大提高，因而大大减小了梁的截面尺寸，增加了房间净空，即降低了房屋的层高与总高度，使其能够更好地运用于大跨、高层、超高层建筑中。

型钢混凝土梁，不仅强度高、刚度大，而且有良好的延性和耗能性能，尤其适合抗震设防区。

型钢混凝土组合梁的构造要求如下：

（1）型钢。

1）含钢率：

a）含钢率是指型钢混凝土梁内的型钢截面面积与梁全截面面积的比值。

b）梁中的型钢含钢率宜大于 4%，较为合理的含钢率为 5%～8%。

2）型钢的级别、形式及保护层厚度。

a）型钢混凝土梁中的型钢宜采用 Q235 或 Q345 钢。

b）型钢混凝土梁中型钢的形式宜采用对称截面、充满型、宽翼缘的实腹式型钢。充满型是指型钢受压翼缘位于梁截面的受压区内，受拉翼缘位于梁截面的受拉翼缘内。

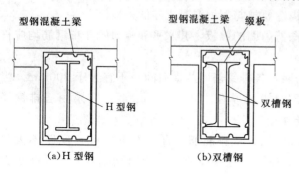

图 3.141 实腹式型钢混凝土梁

c）型钢可采用轧制的或由钢板焊成的工字型钢或 H 型钢，如图 3.141（a）所示；为了便于剪力墙竖向钢筋或管道的通过，也可采用双槽钢连接而成的截面形式，如图 3.141（b）所示。

d）实腹式型钢的翼缘和腹板宽厚比，如图 3.142 所示，且不应超过表 3.39 的限值。

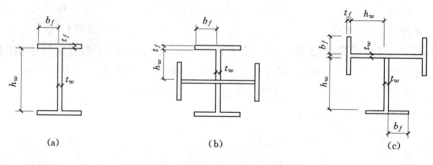

图 3.142 实腹式型钢板件的宽厚比

表 3.39　　　　　　　　　　　　　　型钢板件宽厚比限值

钢号	梁		柱	
	b_{af}/t_f	h_w/t_w	b_{af}/t_f	h_w/t_w
Q235	<23	<107	<23	<96
Q345	<19	<91	<19	<81

e）型钢混凝土梁内的型钢板件（钢板）厚度不宜小于 6mm。

f）型钢混凝土梁的保护层厚度不宜小于 100mm。

（2）栓钉。

1）型钢上设置的抗剪连接件，宜采用栓钉，不得采用短钢筋代替栓钉。

2）型钢混凝土梁中需要设置栓钉的部位，可按弹性方法来计算型钢翼缘外表面处的剪应力，相应于该剪应力的剪力，全部由栓钉承担。

　　3）栓钉应符合《电弧螺柱焊用圆柱头焊钉》（GB/T 10433—2002）的规定。

　　4）型钢上设置的抗剪栓钉直径规格，宜选用 19mm 或 22mm，其长度不宜小于 4 倍的栓钉直径。

　　5）栓钉的间距不宜小于 6 倍的栓钉直径。

　　（3）纵向受力钢筋。

　　1）型钢混凝土梁中的纵向受力钢筋宜采用 HRB335、HRB400 级热轧钢筋。

　　2）纵向受拉钢筋的配筋率宜大于 0.3%。

　　3）梁的受拉侧和受压侧的纵向钢筋配置均不宜超过两排，且第二排只能在梁的两侧设置钢筋，以免影响梁底部混凝土浇筑的密实性。

　　4）钢筋直径不宜小于 16mm，间距不应大于 200mm，纵筋以及与型钢骨架之间的净距不应小于 30mm 和 $1.5d$（d 为钢筋的最大直径）。

　　5）梁的截面高度 $h_w \geq 450mm$ 时，应在梁的两侧面，沿高度每隔 200mm 设置一根直径不小于 10mm 的纵向钢筋，且腰筋与型钢之间宜配置拉结钢筋，以增强钢筋骨架对混凝土的约束作用，并防止因混凝土收缩而引起的梁侧面裂缝。

　　（4）箍筋。

　　1）梁端的第一肢箍筋应设置在距柱边不大于 50mm 处，非加密区的箍筋最大间距不宜大于加密区箍筋间距的 2 倍。

　　2）在梁的箍筋加密区段内，宜配置复合箍筋，且符合《混凝土结构设计规范》（GB 50010—2010）的规定。

　　（5）截面尺寸：

　　1）型钢混凝土梁的截面宽度不应小于 300mm，主要是为了浇筑混凝土方便。

　　2）为了确保梁的抗扭和侧向稳定，梁截面高度不宜大于其截面宽度的 4 倍，且不宜大于梁净跨的 1/4。

　　（6）混凝土强度等级。型钢混凝土梁混凝土强度等级不宜低于 C30。

3.4.6　施工安装质量的控制及要求

3.4.6.1　钢网架结构

　　1. 一般要求

　　（1）安装前编制施工组织设计或拼装方案，保证钢结构安装质量，必须认真执行相关技术方案。

　　（2）安装过程所用计量器具如钢直尺、全站仪、经纬仪、水平仪等，应经计量检验合格，并在检验有效期内使用。土建、施工和监理单位使用钢直尺必须进行统一校正，方可使用。

　　（3）钢结构安装前，根据《钢结构工程施工质量验收规范》（GB 50205—2001）对管、球加工的质量进行成品验收，对超出允许偏差的零部件应进行处理。

　　（4）钢结构用高强度螺栓在连接时，应检查其出厂合格证、扭矩系数或紧固轴力（预拉力）的检验报告是否齐全，并按规定作紧固轴力或扭矩系数复验。

　　（5）钢结构安装前应对焊接材料的品种、规格、性能进行检查，各项指标应符合现行国家标准和设计要求，检查焊接材料的质量合格证明文件、检验报告及中文标志等。对重要钢结构采用的焊接材料应进行抽样复验。

2. 网架的拼装

网架的拼装应符合下列规定：

（1）网架结构应在专门的胎具上进行小拼。

（2）胎具在使用前必须进行尺寸检验，合格后再拼装。

（3）焊接球节点网架结构在拼装前应考虑焊接收缩，其收缩量可通过试验确定，试验时可参考下列数值：

1）钢管球节点加衬管时，每条焊缝的收缩量为 1.5～3.5mm。

2）钢管球节点不加衬管时，每条焊缝的收缩量为 2～3mm。

3）焊接钢板节点，每个节点收缩量为 2～3mm。

（4）小拼单元。

1）划分小拼单元时，应考虑网架结构的类型及施工方案等条件，小拼单元一般可分为平面桁架型和锥体型两种。

2）小拼单元应在专门的拼装架上焊接，以确保几何尺寸的准确性，小拼模架有平台型和转动型两种。

3）斜放四角锥网架小拼单元的划分。将其划分成平面桁架型小拼单元。则该桁架缺少上弦，需要加设临时上弦。

4）两向正交斜放网架小拼单元划分方案，考虑到总拼时标高控制方便，每行小拼单元的两端均在同一标高上。

（5）总的拼装顺序应保证网架在总拼过程中具有较少的焊接应力和保证整体尺寸的精度，合理的总拼顺序应该是从中间向两边或从中间向四周发展。拼装时不应形成封闭圈。

（6）小拼单元的允许偏差应符合表 3.40 的规定。

表 3.40   **小拼单元的允许偏差**   单位：mm

项　　目			允 许 偏 差
节点中心偏移			2.0
焊接球节点与钢管中心的偏移			1.0
杆件轴线的弯曲矢高			$l_1/1000$，且不应大于 5.0
锥体型小拼单元	弦杆长度		±2.0
	锥体高度		±2.0
	上弦杆对角线长度		±3.0
平面桁架型小拼单元	跨长	≤24m	+3.0 -7.0
		>24m	+5.0 -10.0
	跨中高度		±3.0
	跨中拱度	设计要求起拱	±l/5000
		设计未要求起拱	±10.0

注 1. l_1 为杆件长度。

    2. l 为跨长。

（7）中拼单元的允许偏差应符合表 3.41 的规定。

表 3.41　　　　　　　　　　中拼单元的允许偏差　　　　　　　　　　单位：mm

项　　目		允　许　偏　差
单元长度不大于 20m，拼接长度	单跨	±10.0
	多跨连续	±5.0
单元长度大于 20m，拼接长度	单跨	±20.0
	多跨连续	±10.0

（8）对建筑结构安全等级为一级，跨度 40m 及以上的公共建筑钢网架结构，且设计有要求时，应按下列项目进行节点承载力试验，其结果应符合以下规定：

1）焊接球节点应按设计指定规格的球及其匹配的钢管焊接成试件，进行轴心拉、压承载力试验，其试验破坏荷载值不小于 1.6 倍的设计承载力的为合格。

2）螺栓球节点应按设计指定规格的球的最大螺栓孔螺纹进行抗拉强度保证荷载试验，当达到螺栓的设计承载力时，螺孔、螺纹及封板仍完好无损的为合格。

（9）钢网架结构总拼完成后及屋面工程完成后应分别测量其挠度值，且所测的挠度值不应超过相应设计值的 1.15 倍。

跨度 24m 及以下的钢网架结构测量下弦中央一点；跨度 24m 以上的钢网架测量下弦中央点及各向下弦跨度的四等分点处各两点；对三向网架应测量每向跨度三个四等分点的挠度。

（10）钢网架结构安装完成后，其安装的允许偏差应符合表 3.42 的规定。

表 3.42　　　　　　　　　　钢网架结构安装的允许偏差　　　　　　　　　　单位：mm

项　　目	允　许　偏　差	检　验　方　法
纵向、横向长度	$l/2000$，且不应大于 30.0 $-l/2000$，且不应小于 -30.0	用钢直尺实测
支座中心偏移	$l/3000$，且不应大于 30.0	用钢直尺和经纬仪实测
周边支承网架相邻支座高差	$l/400$，且不应大于 15.0	用钢直尺和水准仪实测
支座最大高差	30.0	
多点支承网架相邻支座高差	$l_1/800$，且不应大于 30.0	

注　1. l 为纵向、横向长度。
　　2. l_1 为相邻支座间距。

3. 高空散装法

（1）高空散装法适用于空心球节点、螺栓球节点及螺栓连接的网架。在起重运输较困难的地区，也适用于将小拼单元用起重机吊至空中的设计位置，在支架上进行拼装的钢结构。

（2）当采用小拼单元或杆件直接在高空拼装时，其顺序应能保证拼装的精度，减少积累误差。悬挑法施工时，应先拼成可承受自重的结构体系，然后逐步扩展。

（3）网架在拼装过程中应随时检查基准轴线位置、标高及垂直偏差，并应及时纠正。

（4）搭设拼装支架时，支架上支撑点的位置应设在下弦节点处。支架应验算其承载力和稳定性，必要时可进行试压，以确保安全可靠。

（5）支架支柱下应采取措施，防止支座下沉。

（6）在拆除支架的过程中应防止个别支撑点集中受力，宜根据各支撑点的结构自重挠度值，采用分区分阶段按比例下降或用每步不大于 10mm 的等步下降法来拆除支撑点。

4. **分条或分块安装法**

（1）将网架分成条状单元或块状单元在高空连成整体时，网架单元应具有足够刚度并保证自身的几何不变性，否则应采取临时加固措施。

（2）为保证网架顺利拼装，在条与条或块与块合拢处，可采用安装螺栓等措施。

（3）合拢时可用千斤顶将网架单元顶到设计标高，然后连接。

（4）网架单元宜减少中间运输。如需运输时，应采取措施防止网架变形。

5. **高空滑移法**

（1）高空滑移可采用下列两种方法：上滑移法是利用柱顶之间的混凝土梁安装轨道；下滑移法则是利用地面安装轨道、滑移架子的方法。网架在架子上面拼装完成后，降落支座，将架子滑移到下一个单元继续拼装。

1）单条滑移法，分条的网架单元在事先设置的滑轨上单条滑移到设计位置后拼装。

2）逐条累积滑移法，分条的网架单元在滑轨上逐条积累拼接后滑移到设计位置。

（2）高空滑移法可利用已建结构物作为高空拼装平台。如无建筑物可供利用时，可在滑移开始端设置宽度约大于两个节间的拼装平台。有条件时，可以在地面拼成条状或块状单元再吊至拼装平台上进行拼装。

（3）滑轨放置在钢筋混凝土梁顶面的预埋件上，轨面标高应不低于网架支座设计标高。滑轨两侧应无障碍，摩擦表面应涂润滑油。

（4）当网架跨度较大时，宜在跨中增设滑轨；也可在第一滑移单元加设反梁或下弦杆加预应力索等（加设反梁的方法是利用最后拼装单元加在第一滑移单元上面以提高刚度，当全部完成后再将最后拼装单元安装到原位）。

（5）网架滑移可用手扳葫芦穿心式千斤顶或用液压千斤顶爬行钢轨的方法牵引。根据牵引力大小及网架支座之间的系杆承载力，可采用一点或多点牵引。

（6）在滑移和拼装过程中，对网架应进行下列验算：

1）当跨度中间无支点时，杆件内力和跨中挠度值。

2）当跨度中间有支点时，杆件内力、支点反力及挠度值。

3）当网架滑移单元由于增设中间滑轨而引起杆件内力变化时，应采取临时加固措施以防失稳。

（7）两点滑移前后不同步值应控制在 50mm 内。

6. **整体吊装法**

（1）网架整体吊装可采用单根或多根拔杆起吊，也可采用一台或多台起重机起吊就位。

1）当采用多根拔杆方案时，可利用每根拔杆两侧的起重机滑轮组中所产生的水平分力不等的原理来推动网架移动或转动进行就位。网架移动距离（或旋转角度）与网架下降高度之间的关系可用图解法或计算法确定。

2）当采用单根拔杆方案时，对矩形网架，可通过调整缆风绳使拔杆吊着网架进行平移就位；对正多边形或圆形网架可通过旋转拔杆使网架转动就位。

（2）在网架整体吊装时，应保证各吊点起升及下降的同步性。提升高差允许值（是指相邻两拔杆间或相邻两吊点组的合力点间的相对高差）可取吊点间距离的1/400，且不宜大于100mm，或通过验算确定。

（3）当采用多根拔杆或多台起重机吊装网架时，宜将额定负荷能力乘以折减系数0.80。

（4）在制定网架就位总拼方案时，应符合下列要求：

1）进行吊装工况模拟验算。

2）网架的任何部位与支承柱或拔杆的净距不应小于100mm。

3）如支承柱上设有凸出构造（如牛腿等），应防止网架在起升过程中被凸出物卡住。

4）由于网架错位需要，对个别杆件暂不组装时，应取得设计单位同意。

（5）拔杆、缆风绳、索具、地锚、基础及起重滑轮组的穿法等均应进行验算，必要时可进行试验检验。

（6）当采用多根拔杆吊装时，拔杆安装必须垂直，缆风绳的初始拉力值宜取吊装时缆风绳中拉力的60%。

（7）当采用单根拔杆吊装时，其底座应采用球形方向接头；当采用多根拔杆吊装时，在拔杆的起重平面内可采用单向铰接头。拔杆在最不利荷载组合作用下，其支承基础对地面的压力不应大于地基允许承载能力。

（8）当网架结构本身的承载能力许可时，可采用在网架上设置滑轮组将拔杆逐段拆除的方法。

7. 整体提升法

（1）网架的整体提升可通过在结构上安装提升设备的方法来提升网架，也可在进行柱子滑模施工的同时提升网架，此时的网架可作为操作平台，如图3.143所示。

（2）提升设备的施工负荷能力，应将额定负荷能力乘以折减系数，穿心式液压千斤顶可取0.5～0.6；其他设备通过试验确定。

（3）网架提升时应保证做到同步。相邻两提升点和最高与最低两个点的允许差值应通过验算确定。相邻两个提升点的允许偏差：当采用穿心式液压千斤顶时，应为相邻距离的1/250，且不应大于25mm；最高点与最低点允许偏差应为50mm。

（4）提升设备的合力点应对准吊点，允许偏移值应为10mm。

（5）整体提升时的支承柱应进行稳定性验算。

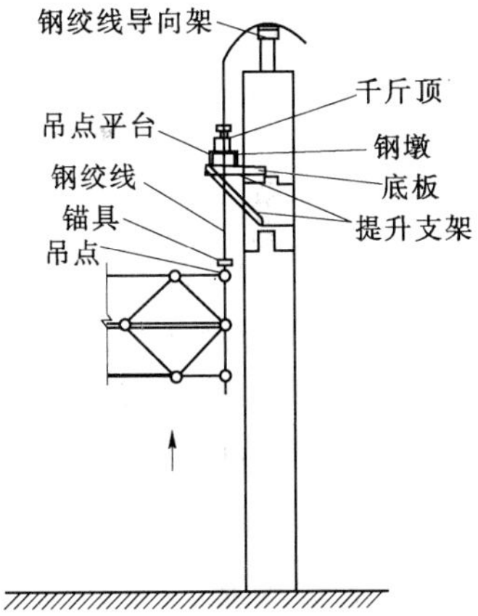

8. 整体顶升法

（1）当网架采用整体顶升法时，应尽量利用网架的支承柱作为顶升时的支承结构。也可在原支点处或其附近设置临时顶升支架。

（2）顶升用的支承柱或临时支架上的缀板间距，应为千斤顶使用行程的整倍数，其标高偏差不得大于5mm，否则应用薄钢板垫平。

图3.143 在结构上安装千斤顶提升网架

钢绞线导向架
千斤顶
吊点平台
钢墩
底板
钢绞线
提升支架
锚具
吊点

（3）顶升千斤顶可采用丝杠千斤顶或液压千斤顶，其使用负荷能力应将额定负荷能力乘以折减系数：丝杠千斤顶取 0.6～0.8；液压千斤顶取 0.4～0.6。各千斤顶的行程和升起速度必须一致，千斤顶及其液压系统必须经过现场检验合格后方可使用。

（4）顶升的各千斤顶的允许偏差应符合下列规定：

1）相邻两个顶升用的支承结构间距的 1/1000，且不应大于 30mm。

2）当一个顶升用的支承结构上有两个或两个以上千斤顶时，取千斤顶间距的 1/200，且不应大于 10mm。

（5）千斤顶或千斤顶合力的中心应与柱轴线对准，其允许偏移值应为 5mm；千斤顶应保持垂直。

（6）顶升前及顶升过程中的网架支座中心对柱基轴线的水平偏移值不得大于柱截面短边尺寸的 1/50 及柱高的 1/500。

（7）对顶升用的支承结构应进行稳定性验算，验算时除应考虑网架和支承结构自重、与网架同时顶升的其他静载和施工荷载外，还应考虑上述荷载偏心和风荷载所产生的影响。如稳定不足时，应首先采取施工措施予以解决。

（8）构件制作、安装的精度要高，顶升过程的相关保证措施必须到位，否则出现累积偏差，难以调整到位。

9. 组合网架结构

（1）预制钢筋混凝土板几何尺寸的允许偏差及混凝土质量标准应符合《混凝土结构工程施工质量验收规范》（GB 50204—2002）的有关规定。

（2）灌缝混凝土采用微膨胀性水泥拌制，并连续灌注。当灌缝混凝土强度达到混凝土强度等级的 75% 以上时，方可拆除拼装支架。

（3）组合网架结构的钢腹杆及下弦杆的制作、拼装几何尺寸的允许偏差及焊缝质量要求应符合相关规定。

（4）组合网架结构的安装方法可采用高空散装法、整体提升法、整体顶升法，也可采用分条（分块）法、高空滑移法。

（5）当组合网架结构分割成条（块）状单元时，必须单独进行承载力和刚度的验算，单元体的挠度不应大于形成整体结构后该处的挠度值。

（6）组合网架结构，在浇注混凝土板前，网架无上弦杆，属于不稳定结构，需加临时杆件固定。

10. 网架验收

（1）网架结构的制作、拼装和安装的每道工序均应进行检查，凡未经检查的不得进行下一工序的施工。安装完成后必须进行交工检查验收。

（2）零部件均有产品合格证书和规定的试验报告。

（3）交工验收时，应检查网架支承点间的距离偏差和高度偏差。距离偏差容许值应为该两点间距的 1/2000，且不应大于 30mm。高度偏差，当跨度不大于 60m 时不得超过设计标高±20mm，当跨度大于 60m 时不得超过设计标高±30mm。

（4）安装完成后，应测量控制点的竖向位移，所测得的竖向位移值应不大于相应荷载作用下设计值的 1.15 倍。

3.4.6.2　钢管混凝土结构

1. 钢管拼接组装

（1）钢管或钢管格构柱的长度，根据运输、吊装及混凝土灌注条件等来确定。

（2）钢管对接时应严格保持焊后管肢的平直，焊接时，除控制几何尺寸外，还应注意焊接变形对管肢的影响，焊接宜采用分段反向顺序，分段施焊应保持对称。肢管对接间隙宜放大 0.5～2.0mm，以抵消收缩变形，具体数据可根据试焊结构确定。

（3）为确保连接处的焊接质量，在管内接缝处设置附加衬管。

（4）格构柱的肢管和各种缀件的组装应遵照施工工艺设计的程序进行。肢管与缀件连接的尺寸和角度必须准确。

（5）钢管构件中各杆件的间隙，特别是缀件与肢管连接处的间隙应按钢筋展开图进行放样。焊接时，根据间隙大小选用合适的焊条直径。肢管与缀件焊接时，焊接次序应考虑对焊接变形的影响。

（6）格构柱组装后，应按吊装平面布置图就位，在节点处用垫木支平。吊点位置应有明显标记。

（7）所有钢管构件必须在焊缝检查后方能按设计要求进行防腐蚀处理。

2. 钢骨柱吊装

（1）钢管柱组装后，在吊装时应注意减少吊装荷载作用下的变形，吊点的位置应根据钢管柱本身的承载力和稳定性经验算后确定。必要时，应采取临时加固措施。

（2）吊装钢管柱时，应将其上口包封，防止异物落入管内。

（3）当采用预制钢管混凝土构件时，应待管内混凝土强度达到设计值的 50% 以后，方可进行吊装。

（4）钢管柱吊装就位后，应立即进行校正，并采取临时固定措施以保证构件的稳定性。

3.4.6.3　型钢混凝土结构

1. 结构类型

（1）型钢混凝土组合结构分为全部结构构件采用型钢混凝土的结构和部分结构构件采用型钢混凝土的结构（劲性混凝土结构）。此两类结构宜用于框架结构、框架—剪力墙结构、底部大空间剪力墙结构、框架—核心筒结构、筒中筒结构等结构体系。且抗震等级为一级时，框架柱的全部结构构件应采用型钢混凝土结构。

（2）型钢混凝土框架柱的型钢，宜采用实腹式宽翼缘的 H 形轧制型钢和各种截面形式的焊接型钢；非地震区或设防烈度为 Ⅵ 度地区的多、高层建筑，可采用带斜腹杆的格构式焊接型钢，如图 3.144 所示。

（3）型钢混凝土框架梁中的型钢，宜采用充满型实腹型钢。充满型实腹型钢的一侧翼缘宜位于受压区，另一侧翼缘位于受拉区；当梁截面高度较高时，可采用桁架式型钢混凝土梁。

（4）型钢混凝土剪力墙，宜在剪力墙的边缘构件中配置实腹型钢；当受力需要增强剪力墙抗侧力时，也可在剪力墙腹板内加设斜向钢支撑。

2. 型钢的安装

（1）型钢结构的安装应严格按图样规定的轴线方向和位置来定位，受力和孔位应正确；吊装过程中应使用经纬仪严格校准垂直度，并及时定位。安装的垂直度、现场吊装误差范围应符合《钢结构工程施工质量及验收规范》（GB 50205—2001）的规定。

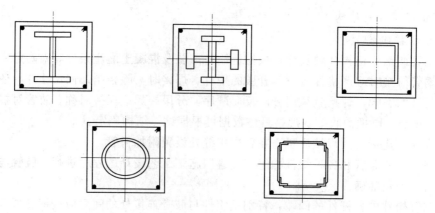

图 3.144　型钢混凝土柱的型钢截面配筋形式

（2）施工中应确保现场型钢柱拼接和梁柱节点连接的焊接质量，其焊接质量应符合一级焊缝质量等级要求。对一般部位的焊缝，应进行外观质量检查，并应达到二级焊缝质量等级要求。

学习情境 3.5　钢结构围护结构的安装

3.5.1　压型钢板的分类及品质、规格、性能

工业与民用建筑的围护结构（屋面、墙面）与组合楼板等工程钢结构围护结构，主要采用压型钢板、各种紧固件和各种防水配件组装而成。

3.5.1.1　压型钢板的分类

压型钢板以其结构特点来分可分为两类：彩钢压型板和彩钢保温材料夹芯板，如图3.145 所示。

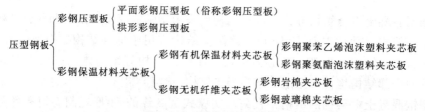

图 3.145　压型钢板的分类

（1）彩钢压型板。在彩钢压型板中，以平面彩钢压型板最为常见，常用作建筑的墙面、屋面的不具有保温隔热作用的围护材料。近年来，彩钢压型板作为模板而与钢筋混凝土构成组合结构，成为楼面或屋面。

拱形彩钢压型板大多用作跨度较大的屋面，例如大型仓库、机库、停车库等，由于其不具有保温作用，因而如欲使建筑物具有保温作用，通常的办法是在拱形屋顶安装完工后，于其室内一侧采用喷覆泡沫塑料保温层的办法来予以实现。

（2）彩钢保温材料压型板。彩钢保温材料压型板中最为常见的是彩钢 PVC 泡沫塑料夹芯板、彩钢聚氨酯泡沫塑料夹芯板和彩钢岩棉夹芯板，而彩钢玻璃棉夹芯板较为少见，故不予以介绍。

彩钢保温材料夹芯板由于其中间夹有保温材料，故其具有优异的保温隔热性能，常用作建筑的墙体或屋面，但在此应指出的是，彩钢有机保温材料夹芯板因其中间夹层为有机材料，故耐火性能差，一旦着火会释放出有毒气体，而彩钢无机纤维夹芯板则无此情况。

3.5.1.2　压型钢板的品种、规格和性能

1.平面彩钢压型板

建筑用压型钢板（简称压型钢板）是薄钢板（冷轧板、镀锌板、彩色涂层板）经辊压冷弯，其截面成 V 形、U 形、梯形或类似这几种形状的波形，在建筑上用作屋面板、楼板、墙板及装饰板，也可被选为作其他用途的钢板。其中以彩色涂层板为原板的则称之为彩色涂层钢压型板，简称彩钢压型板。

压型钢板应符合《建筑用压型钢板》（GB/T 12755—2008）的要求，波距的模数为 50mm、100mm、150mm、200mm、250mm、300mm。有效覆盖宽度的尺寸系列为：300mm、450mm、600mm、750mm、900mm、1000mm。

工厂生产的压型钢板应按需方指定的定尺长度供货，定尺长度范围为 1.5～12m。

压型钢板截面尺寸的允许偏差应符合表 3.43 的规定。

表 3.43　压型钢板截面尺寸的允许偏差　　　　　　单位：mm

项　目		公称尺寸	允许偏差
H（波高）	不使用固定支架	＜75	±1
		≥75	+2 −1
	使用固定支架	≥75～＜150	+3 0
		≥150～200	+4 0
B（有效覆盖宽度）		300～600	±5
		＞600～1000	±8
t（板厚）		0.35～1.6	平板部分的厚度允许偏差按所用原板材的相应标准规定

注　压型钢板的公称厚度按所用原板材的相应标准规定。

工地加工的压型钢板的长度允许偏差应符合表 3.44 的规定。

压型钢板的平直部分和搭接边的不平度每米不应大于 1.5mm。

工地加工的压型钢板的切斜在总宽度上应不大于 3mm，且应保证板长符合长度允许偏差的规定。

压型钢板因成型所造成的表面缺陷，其深度（高度）不得超过原板材标准所规定的厚度公差的一半。不允许有用 10 倍放大镜能观察到的裂纹存在。用镀锌钢板及彩色涂层钢板制成的压型钢板不得有镀层、涂层脱落以及影响使用性能的擦伤。

表 3.44　工地加工的压型钢板的长度允许偏差

单位：mm

公称长度	允许偏差
＜10000	+5 0
≥10000	+10 0

2. 拱形彩钢压型板

拱形彩钢压型板是采用冷轧带钢（厚度为0.7～0.9mm）为原料，经过表面的特殊化学处理之后，再涂覆高性能的优质涂料（2～3层），然后在施工现场采用车载专用滚轧机压制而成的具有直槽或斜槽的拱形板。

拱形彩钢压型板以其压制所形成的槽的形状来分，可分为两种：直槽和斜槽，如图3.146所示。

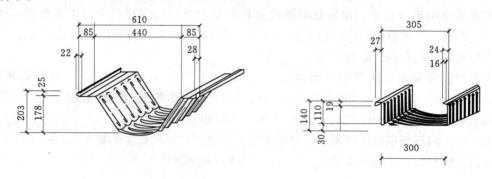

图3.146 拱形彩钢压型板的截面形状

拱形彩钢压型板的力学性能见表3.45。

表3.45　　　　　　　　　　拱形彩钢压型钢的力学性能

牌号及产地	屈服强度（MPa）	抗拉强度（MPa）	伸长率（%）
宝钢 Sr12～Sr14	210～280	270～240	28～38
武钢	305	395～420	35
美国"C级"	275	380	16

3. 彩钢泡沫塑料夹芯板

彩钢泡沫塑料夹芯板按其承重能力分为两种：普通板和承重板。

彩钢泡沫塑料夹芯板按其上、下两表面的覆面材料分为两种：双层彩色涂层饰面钢板的夹芯板和单层（另一层——下层为沥青纸板）彩色涂层饰面钢板的夹芯板。

彩钢泡沫塑料夹芯板的主板材的规格和截面形状，分别见表3.46、表3.47和如图3.147所示。

彩钢泡沫塑料夹芯板的尺寸偏差要求，见表3.48。

彩钢泡沫塑料夹芯板的黏结性能如下：

（1）彩钢泡沫塑料夹芯板的黏结强度应大于0.1MPa。

（2）彩钢泡沫塑料夹芯板在进行剥离试验时，黏结在面板上的聚苯乙烯泡沫塑料粒子应均匀分布，每个剥离面的黏结面积应不小于85%。

表3.46　　　　　　　　　　彩钢泡沫塑料夹芯板的规格尺寸（一）

项目	密度（kg/m³）	拉伸强度（MPa）	压缩强度（MPa）	冲击强度（kg/m²）	吸水率（%）	导热系数[W/(m·K)]	阻燃性	氧指数
指标	40～50	≥0.25	≥0.2	≥0.3	≤1.5	≤0.025	2s内熄灭	＞26

注　泡沫塑料表面再喷一层防火涂料则防火效果更好。

表 3.47　　　　　　　　　　彩钢泡沫塑料夹芯板的规格尺寸（二）　　　　　　　　单位：mm

名　称	型　号		面　层	厚度	宽度	长度	备　注
普通墙体、屋面板	TRDB - 40		上、下层均为彩色镀锌钢板 钢板厚度为 0.5mm	40	1000	1500～12000	
	TRDB - 60			60			
	TRDB - 80			80			
普通墙体、屋面板	TRQB - 40		上、下层均为彩色镀锌钢板 钢板厚度为 0.5mm	40	1000	1500～12000	
	TRQB - 60			60			
	TRQB - 80			80			
承重墙体、屋面板	TRCGS - 50		上、下层均为彩色镀锌钢板（或上层为沥青纸板）钢板厚度为 0.75～1mm	50	450	1500～12000	可参照天荣建筑板材有限公司的产品
	TRCBS - 50			50	600		
	TRCGS - 70			70	450		
	TRCBS - 70			70	600		
屋面板	TRDRB - 40		下层为彩色镀锌钢板，上层为沥青纸板钢板厚度为 0.5mm	40	1000	1500～12000	
	TRDRB - 60			60			
	TRDRB - 80			80			
	TRDRB - 100			80			
冷库板	TRLB - Ⅰ	100	上、下层均为彩色镀锌钢板 钢板厚度为 0.5mm	100	1000	1500～12000	
		120		120			
		140		140			
	TRLB - Ⅱ	160		160			
		180		180			
		200		200			

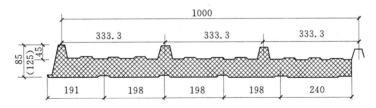

图 3.147　彩钢泡沫塑料夹芯板的截面形状（天荣建筑板材有限公司的产品）

表 3.48　　　　　　　　　　彩钢泡沫塑料夹芯板的尺寸偏差要求　　　　　　　　单位：mm

项　目	长　度		厚度	宽度	对角线差	
	≤3000	>3000			≤6000	>6000
允许偏差	±3	±5	±2	±2	≤4	≤6

彩钢泡沫塑料夹芯板的力学性能如下：

（1）抗弯能力。彩钢泡沫塑料夹芯板当活荷载标准值为 $0.5kN/m^2$ 时：

$$a \leqslant [a] = \frac{L_0}{250}$$

式中　a——实测挠度值，mm；

　　　$[a]$——标准规定允许挠度值，mm；

　　　L_0——支座间的距离，mm。

（2）彩钢泡沫塑料夹芯板作为承重构件使用时，应符合有关结构设计规范的规定。

（3）彩钢泡沫塑料夹芯板用于屋面时，其允许的最大跨距见表 3.49。

表 3.49　　　　　彩钢泡沫塑料夹芯板用于屋面的允许最大跨距　　　　　单位：m

| 荷载（Pa） | 板厚（mm） | | | | | | 备 注 |
	50	75	100	150	200	250	
500	3.5	4.2	4.8	6.0	7.0	7.5	可参照天荣建筑板材有限公司的产品
1000	2.6	3.2	3.6	4.5	5.3	6.0	
1500	1.8	2.6	2.8	3.6	4.2	4.8	
2000	1.3	2.0	2.5	3.0	3.5	4.0	

（4）彩钢泡沫塑料夹芯板用于墙体时，其允许垂直荷载见表 3.50。

彩钢泡沫塑料夹芯板的保温性能见表 3.51。

表 3.50　　　　　彩钢泡沫塑料夹芯板用于墙体的允许垂直荷载　　　　　单位：×10³N/m

| 板高（m） | 板厚（mm） | | | | | | 备 注 |
	50	75	100	150	200	250	
2.5	14	25	34	50	70	94	可参照天荣建筑板材有限公司的产品
3.5	11	20	27	47	68	88	
4.0	8	16	24	42	62	82	
5.0	7	14	21	38	58	76	
5.5	6	12	18	35	54	72	
6.0	5	10	16	33	50	68	

表 3.51　　　　　　　　彩钢泡沫塑料夹芯板的保温性能

板厚（mm）	50	75	100	150	200	250	备 注
传热系数［W/(m²·K)］	0.663	0.442	0.330	0.220	0.166	0.133	可参照天荣建筑板材有限公司的产品

4．彩钢无机纤维夹芯板

彩钢无机纤维夹芯板的夹芯层，目前大多采用岩棉、玻璃棉，其中以采用岩棉者最为常见，通常称之为彩钢岩棉夹芯板。

彩钢岩棉夹芯板主要有三大类：墙板类、顶棚类和防火门类。

3.5.2　压型钢板的施工安装

3.5.2.1　彩钢压型板的施工安装

由于彩钢压型板中的平面彩钢压型板与拱形彩钢压型板的外形不同，应用方式差异大，故施工安装分别予以介绍。

1．平面彩钢压型板的施工安装

采用平面彩钢压型板所构成的建筑的墙体或屋面，只需将其连续地连接成为墙体或屋面，而且要考虑到密封和防水的要求。

在施工中要采用一些配套材料，见表 3.52。

表 3.52　　　　　　　　　　　　　平面彩钢压型板的配套材料

名　称	结构形式	用　途	备　注
包边板	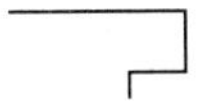	用于屋面与山墙部分的连接	压型板用于屋面时
包角板	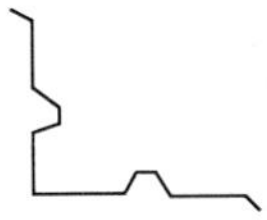	用于墙面拐角处的连接	压型板用于墙面时
脊板		用于屋面屋脊处	压型板用于屋面时
支架	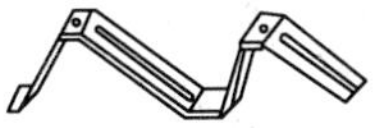	用于压型板与桁条的连接	压型板用于屋面或墙面
槽形螺栓	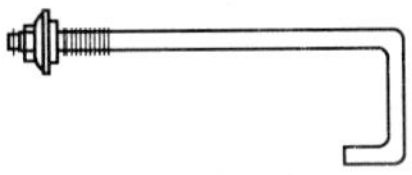	用于屋面与檩条的连接	屋面用
钩形螺栓	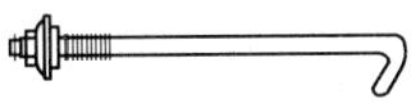	用于屋面与檩条的连接固定	屋面用
连接螺栓	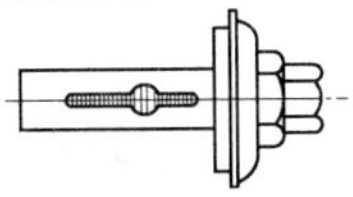	用于压型板与其他部件的连接	屋面用
固定螺栓	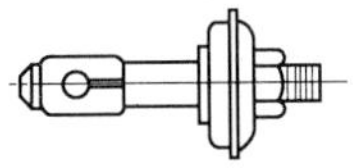	用于压型板与支架的连接固定	屋面用
拉铆钉	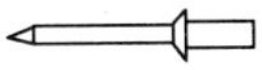	用于压型板相互搭接处的连接固定	墙面用
泡沫堵头		用于檐口处的堵头	压型板用于屋面时
密封条		密封用	缝隙较大时用
密封带		密封用	缝隙小时用

（1）施工安装要点。

1）墙体：

a）按设计的墙筋间距（一般间距为 900mm 左右）在墙面上画线，并在线条所在的位置按一定间距设置木砖，若是混凝土墙，则应预先埋入 $\phi8\sim10$mm 的钢筋套扣螺栓，或者采用铺板后使用冲击钻打孔，用膨胀螺栓来固定平面彩钢压型板的办法。

b）墙筋设置的方向应依压型板的铺设方向来确定。若压型板纵向铺设（即垂直于地面方向），则墙筋要横向设置；若压型板横向铺设，则墙筋要纵向设置。

c）在压型板的搭接处和起始处，均应设置墙筋。

d）如有搭接，则应将上面的压型板搭接在下面压型板的上面，以免渗入雨水。

e）墙筋及其他紧固件均应进行防腐、防锈处理。

f）在拐角、窗口等部位应设置墙筋，以避免压型板悬空。

g）在拐角、窗口等部位应注意使用异型板，以期得到简化施工、提高防水的效果，而且美观大方。

2) 屋面：

a) 按设计的檩距在已固定好檩条的屋架上画线，由于平面彩钢压型板用于屋面时，通常是纵向铺设的（即顺着屋面的坡度方向），所以，檩条均是水平方向设置的。

b) 若屋面需要设置保温层时，则在屋面铺置保温层的桁架上将保温层铺置完毕之后，再画线。保温层应铺置严密，不得有缝隙，以免造成冷桥。

c) 在压型板的搭接处和起始处，均应设置檩条。

d) 如有搭接，则应将靠近屋脊处的压型板搭接在下面压型板之上，以免渗入雨水。

e) 檩条及其他紧固件均应进行防腐、防锈处理。

f) 屋面应尽量避免开洞。若必须开洞时，则应尽量避开靠近屋脊处。

3) 压型板的连接固定：

a) 连接件的数量与间距应符合设计要求，在设计无明确规定时，按《压型金属板设计施工规程》（YBJ 216—1988）中的规定：屋面高波压型金属板用连接件与固定支架连接，每波设置一个，低波压型板用连接件直接与檩条或墙梁连接，每波或隔一波设置一个，但搭接波处必须设置连接件；高波压型金属板的侧向搭接部位必须设置连接件，间距为700~800mm。

有关防腐涂料的规定：除设计中应根据建筑环境的腐蚀作用选择相应涂料系列外，当采用压型铝板时，应在其与钢构件接触面上至少涂刷一道铬酸锌底漆或设置其他绝缘隔离层，在其与混凝土、砂浆、砖石、木材的接触面上至少涂刷一道沥青漆。

b) 压型钢板腹板与翼缘水平面之间的夹角，当用于屋面时应不小于 50°，用于墙面时应不小于 45°。

c) 压型钢板的横向连接方式有搭接、咬边和卡扣三种方式。搭接方式是把压型钢板搭接边重叠并用各种螺栓、铆钉或自攻螺钉等连成整体；咬边方式是在搭接部位通过机械锁边，使其咬合相连；卡扣方式是利用钢板弹性在向上或向左（向右）的力作用下形成左右相连。以上三种连接方式如图 3.148 所示。

d) 屋面压型钢板的纵向连接一般采用搭接，其搭接处应设在支承构件上，搭接区段的板间应设置防水密封带。

e) 压型钢板按波高分为高波板、中波板和低波板三种板型。屋面宜采用波高和波距较大的压型钢板；墙面宜选用波高和波距较小的压型钢板。

屋面高波压型钢板，可采用固定支架固定在檩条上；当屋面或墙面压型钢板波高小于70mm，可不设固定支架而直接用镀锌钩头螺栓或自攻螺钉等方法来固定。

屋面高波压型钢板，每波均应与连接件连接；对屋面中波或低波板可每波或隔波与支承构件相连。为保证防水可靠性，屋面板的连接应设置在波峰上。

f) 当采用压型钢板作墙板时，可通过以下方式与墙梁固定：

在压型钢板波峰处用直径为 6mm 的钩头螺栓与墙梁固定。每块墙板在同一水平处应有3 个螺栓与墙梁固定，相邻墙梁处的钩头螺栓位置应错开。

采用直径为 6mm 的自攻螺钉在压型钢板的波谷处与墙梁固定。每块墙板在同一水平处应有 3 个螺钉固定，相邻墙梁的螺钉应交错设置，在两块墙板搭接处另加设直径 5mm 的拉铆钉予以固定。

（2）特殊部位的构造。

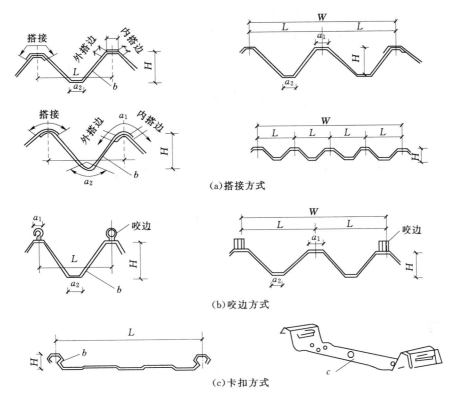

(a)搭接方式

(b)咬边方式

(c)卡扣方式

图 3.148 压型钢板横向连接

H—波高；L—波距；W—板宽；a_1—上翼缘宽；a_2—下翼缘宽；b—腹板；c—卡扣件

1) 屋面保温层的构造。屋面保温屋的构造如图 3.149 所示。

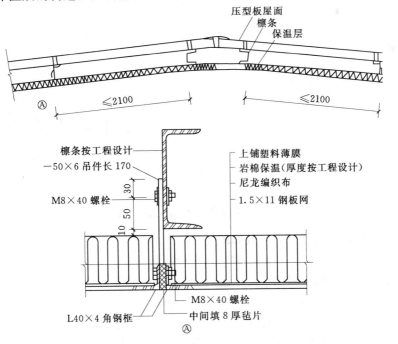

图 3.149 屋面保温层的构造（单位：mm）

2）屋脊处的构造。屋脊处的构造如图 3.150 所示。

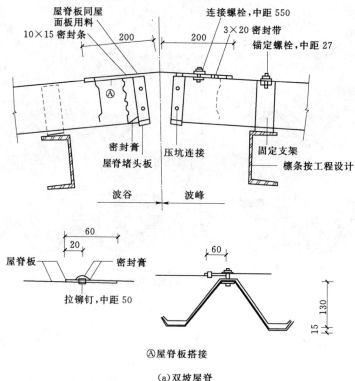

（a）双坡屋脊

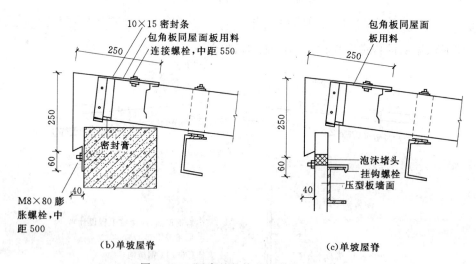

（b）单坡屋脊　　　　　　　　　　（c）单坡屋脊

图 3.150　屋脊处的构造（单位：mm）

3）山墙处的构造。山墙处的构造如图 3.151 所示。

4）檐沟、檐口处的构造。檐沟、檐口处的构造如图 3.152 所示。

5）屋面板的连接构造。屋面板的连接构造如图 3.153 所示。

6）变形缝的构造。变形缝的构造如图 3.154 所示。

7）压型板的搭接构造。压型板的搭接构造如图 3.155 所示。

8）窗口包角的构造。窗口包角的构造如图 3.156 所示。

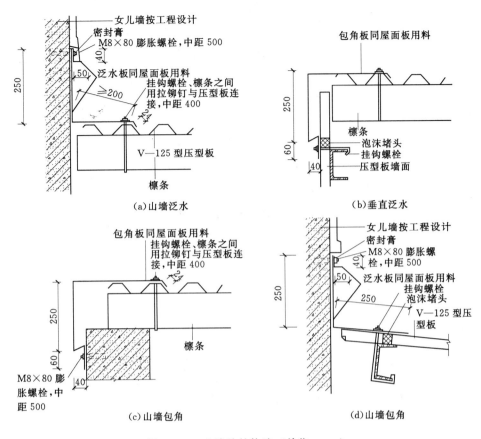

图 3.151　山墙处的构造（单位：mm）

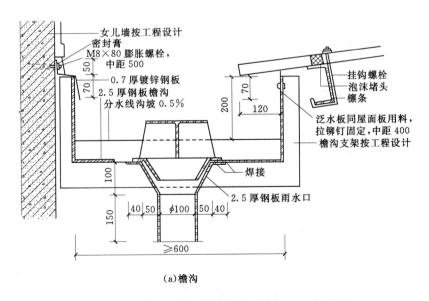

（a）檐沟

图 3.152　檐沟、檐口处的构造（单位：mm）（一）

243

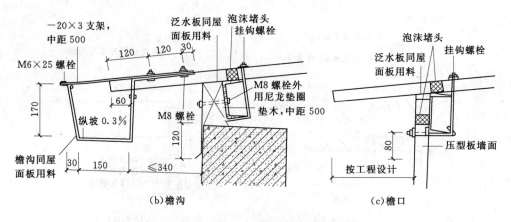

图 3.152 檐沟、檐口处的构造（单位：mm）（二）

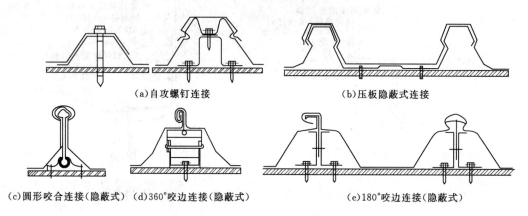

图 3.153 5 种屋面板的典型连接构造

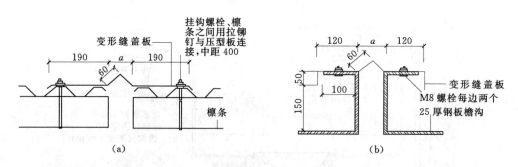

图 3.154 变形缝的构造（单位：mm）

[注：变形缝宽度按 （a） 工程设计确定]

（3）平面彩钢压型板的组合楼层的施工安装。高层钢结构建筑的楼面一般均为钢—混凝土组合结构，而且多数系用压型钢板与钢筋混凝土组成的组合楼层，其安装施工要求如下：

1）组合楼层的构造。高层组合楼层的构造形式为：压型板＋栓钉＋钢筋＋混凝土。通过这种构造形式，楼层结构由栓钉将钢筋混凝土压型钢板和钢梁组合成整体。

压型钢板系用 0.7mm 和 0.9mm 两种厚度的镀锌钢板压制而成，宽 640mm，板肋高 51mm。在施工期间同时起永久性模板的作用，可避免漏浆并减少支拆模工作，加快施工速

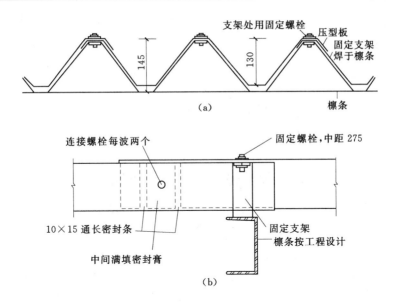

图 3.155 压型板的搭接构造（单位：mm）

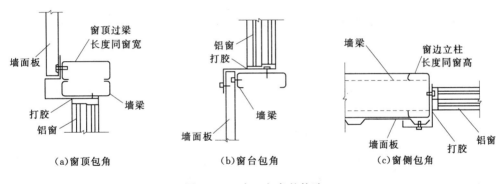

（a）窗顶包角　　　　（b）窗台包角　　　　（c）窗侧包角

图 3.156 窗口包角的构造

度。压型钢板在钢梁上的搁置情况，如图 3.157 所示。

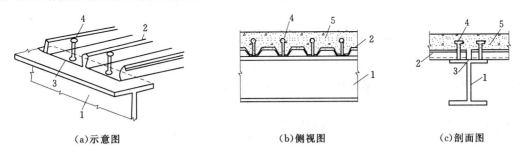

（a）示意图　　　　　（b）侧视图　　　　　（c）剖面图

图 3.157 压型钢板搁置在钢梁上

1—钢梁；2—压型板；3—点焊；4—剪力栓；5—楼板混凝土

2）组合楼层的施工。

（a）封撑的设置。因结构梁是由钢梁通过剪力栓与混凝土楼面结合而成的组合梁，在浇捣混凝土并达到一定强度前，抗剪强度和刚度较差，为解决钢梁和永久模板的抗剪强度不足，以支承施工期间楼面混凝土的自重，通常需设置简单钢管排架支撑或桁架支撑。

通常，采用连续四层楼面支撑的方法，使 4 个楼面的结构梁共同支撑楼面混凝土的自重，如图 3.158 所示。

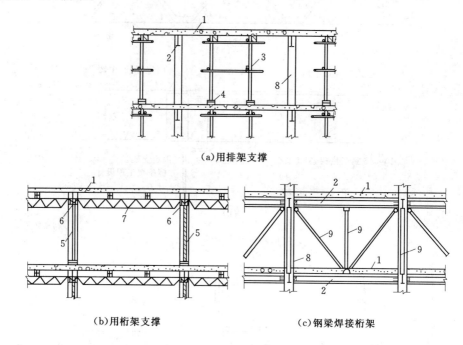

（a）用排架支撑

（b）用桁架支撑　　　　　　　　　（c）钢梁焊接桁架

图 3.158　楼面支撑压型板形式

1—楼板；2—钢梁；3—钢管排架；4—支点木；5—梁中顶撑；6—托撑；

7—钢桁架；8—钢柱；9—腹杆

（b）楼面施工的程序。楼面施工的程序是由下而上，逐层支撑，顺序浇筑。施工时，钢筋绑扎和模板支撑可同时交叉进行。混凝土宜采用泵送浇筑。

铺设至变截面梁处，一般从梁中向两端进行，至端部调整补缺；等截面梁处则可从一端开始，至另一端调整补缺。压型板铺设后，将两端点焊于钢梁上翼缘上，并用指定的焊枪进行剪力栓焊接。

（c）压型钢板的栓焊。

a）栓钉的规格。栓钉是组合楼层结构的剪力连接件，用以传递水平荷载到梁柱框架上，它的规格、数量按楼面与钢梁连接处的剪力大小确定。栓钉直径有 13mm、16mm、19mm、22mm 4 种。

栓钉的规格、焊接药座和焊接参数见表 3.53。

b）栓钉直径及间距：

Ⅰ.当栓钉焊于钢梁受拉翼缘时，其直径不得大于翼缘厚度的 1.5 倍；当栓钉焊于无拉应力部位时，其直径不得大于翼缘板厚度的 2.5 倍。

Ⅱ.栓钉沿梁轴线方向布置，其间距不得小于 5d（d 为栓钉的直径）；栓钉垂直于轴线布置，其间距不得小于 4d，边距不得小于 35mm。

Ⅲ.当栓钉穿透钢板焊于钢梁时，其直径不得小于 19mm，焊后栓钉高度应大于压型钢板波高加 30mm。

表 3.53　　　　　　　　　　　栓钉的规格、焊接药座和焊接参数

项　目		技　术　参　数			
栓钉	直径（mm）	13	16		19
	头部直径（mm）	25	29		32
	头部厚度（mm）	9	12		12
	标准长度（mm）	80	130		80
	长度为 130mm 时的质量（g）	159	254		345
	焊接母材的最小厚度（mm）	5	6		8
焊接药座	标准型	YN-13FS	YN-16FS	YN-19FS	YN-22FS
	药座直径（mm）	23	28.5	34	38
	药座高度（mm）	10	12.5	14.5	16.5
焊接参数	标准条件（向下焊接）焊接电流（A）	900～1100	1030～1270	1350～1650	1470～1800
	弧光时间（s）	0.7	0.9	1.1	1.4
	熔化量（mm）	2.0	2.5	3.0	3.5
	容量（kVA）	>90	>90	>100	>120

Ⅳ．栓钉顶面的混凝土保护层厚度不应小于 15mm。

Ⅴ．对穿透压型钢板跨度小于 3m 的板，栓钉直径宜为 13mm 或 16mm；跨度为 3～6m 时，栓钉直径宜为 16mm 或 19mm；跨度大于 6m 的板，栓钉直径宜为 19mm。

Ⅵ．对已焊好的栓钉，如有直径不一、间距位置不准的，应打掉重新按设计焊好。

c）栓钉焊接施工：

Ⅰ．栓焊工必须经过平焊、立焊、仰焊位置专业培训并取得合格证，才能做相应技术施焊。

Ⅱ．栓钉应采用自动定时的栓焊设备进行施焊，栓焊机必须连接在单独的电源上，电源变压器的容量应在 100～250kVA，容量应随焊钉直径的增大而增大，各项工作指数、灵敏度及精度要可靠。

Ⅲ．栓钉材质应合格，无锈蚀、氧化皮、油污、受潮；端部无涂漆、镀锌或镀镉等。

Ⅳ．焊钉焊接药座在施焊前必须严格检查，不得使用焊接药座破裂或缺损的栓钉。被焊母材必须清理表面的氧化皮、锈、受潮、油污等，被焊母材低于 −18℃或遇雨雪天气不得施焊，必须焊接时要采取有效的技术措施。

Ⅴ．对穿透压型钢板焊于母材上时，焊钉施焊前应认真检查压型钢板是否与母材点固焊牢，其间隙应控制在 1mm 以内。被焊压型钢板在栓钉位置有锈或镀锌层时应采用角向砂轮打磨干净。

瓷环几何尺寸要符合设计要求，破裂和缺损的瓷环不能用，如瓷环已受潮，要经过 250℃烘焙 1h 后再用。

Ⅵ．焊接时应保持焊枪与工件垂直，直至焊接金属凝固。焊接完成后，应进行外观

检验。

d）栓钉弯曲处理。栓钉焊接完成后，还需进行弯曲处理，其要求如下：

Ⅰ. 栓钉焊于工件上，经外观检查合格后，应在主要构件上逐批抽 1% 打弯 15°检验，若焊钉根部无裂纹则认为通过弯曲检验；否则抽 2% 检验，若其中有 1% 不合格，则对此批焊钉逐个检验，打弯栓钉可不调直。

Ⅱ. 对不合格焊钉打掉重焊，被打掉栓钉的底部不平处要磨平，母材损伤凹坑应补焊好。

Ⅲ. 如焊脚不足 360°，可用合适的焊条进行手工焊修，并做 30°弯曲试验。

e）焊型钢板栓钉焊接质量外观检查。焊型钢板栓钉焊接质量外观检查的判定标准及允许偏差见表 3.54。

表 3.54 焊型钢板栓钉焊接质量外观检查的判定标准、允许偏差和检验方法

序号	外观检验项目	判定标准与允许偏差	检验方法
1	焊肉形状	360°范围内，焊肉高大于 1mm，焊肉宽大于 0.5mm	目测
2	焊肉质量	无气泡和夹渣	目测
3	焊肉咬肉	咬肉深度小于 0.5mm 或咬肉深度不大于 0.5mm 并已打磨去掉咬肉处的锋锐部位	目测
4	焊钉焊后高度	焊后高度允许偏差±2mm	用钢直尺量测

（4）拱形彩钢压型板的施工安装。拱形彩钢压型板是一种独特的建筑材料，以其建造的拱形钢屋顶可以无梁、无檩，从而极大地节省了屋顶及屋面材料，而且施工极为简便，屋顶造型美观、密封性好、防水性好、耐冲击性好。如果欲使屋面具有保温隔热功能，则可在其室内一侧喷覆泡沫塑料。

拱形彩钢压型板屋面（顶）的构造形式比较灵活、多样，可以是单跨、双跨或多跨，但总体来看不外乎图 3.159 所示的 4 种形式。

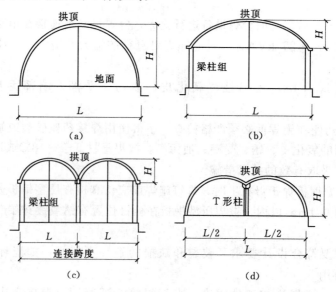

图 3.159 拱形彩钢压型板屋面（顶）的基本构造形式

对于图 3.159 中的 4 种基本构造形式，其跨度 L 和拱内矢高 H 的确定也有所不同：形式一 [图 3.159 (a)]，$L=8\sim36m$，$H=(0.3\sim0.5)L$；形式二 [图 3.159 (b)]，$L=8\sim36m$，$H=(0.2\sim0.3)L$；形式三 [图 3.159 (c)]，$L>8m$，$H=(0.2\sim0.5)L$；形式四 [图 3.159 (d)]，$L>16m$，$H=(0.2\sim0.5)L$。

1）施工安装要点。拱形彩钢压型板是一种仅用于屋面的建筑材料，一般在现场使用车载的移动式辊压机将彩钢板连续轧制成拱形板，经现场组合后安装就位于建筑圈梁的预埋件上，如图 3.160 所示。

(a)车载建筑机械设备　　　　　　　　　　(b)辊压拱形板

(c)吊装拱形板　　　　　　　　　　(d)拱形板屋顶封口

图 3.160　彩色涂层钢拱形板的生产安装图例

拱形彩钢压型板的施工安装，一般由生产厂家采用专用设备在现场制作，现场安装，故在此不予详细介绍。

2）特殊部位的构造：

a）拱形板与基础、支承连接的构造。拱形板与基础、支承连接的构造如图 3.161 所示。

b）拱形板与山墙连接的构造。拱形板与山墙连接的构造如图 3.162 所示。

c）窗户处的构造。窗户处的构造如图 3.163 所示。

d）天窗处的构造。天窗处的构造如图 3.164 所示。

e）与通风设备连接的构造。与通风设备连接的构造如图 3.165 所示。

2. 彩钢保温材料夹芯板的施工安装

彩钢保温材料夹芯板可以构成建筑的墙体或屋面。对于小型建筑、活动房屋等，一般只需将夹芯板与数量较少的钢龙骨屋架相连接固定，以保证房屋的整体性和使用功能。

对于大型建筑，一般则需要使用钢（或混凝土）结构来作为建筑的骨架，以此来保证建筑的稳定性和防震等性能方面的要求。对于建筑的钢结构，则要严格参照钢结构施工验收标

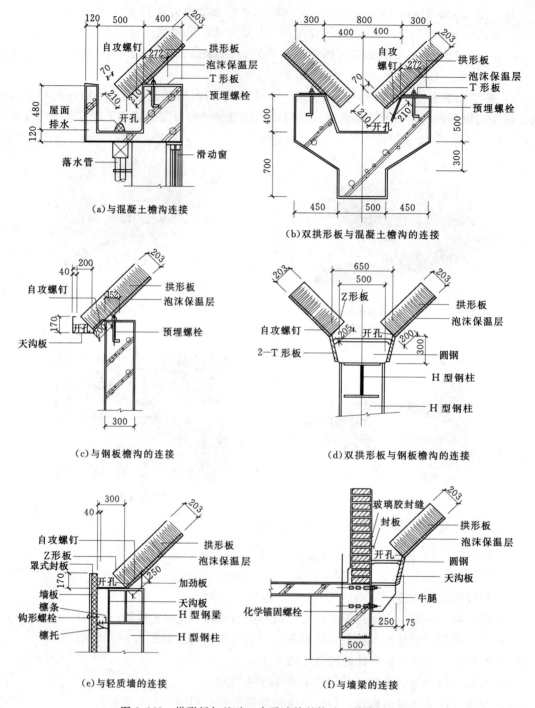

图 3.161 拱形板与基础、支承连接的构造（单位：mm）

准执行。夹芯板则与钢（或混凝土）结构、钢龙骨（或檩条）采用特制专用螺钉连接固定。

由于彩钢保温材料夹芯板中的保温材料无论是有机保温材料中的聚苯乙烯泡沫塑料或是聚氨酯泡沫塑料，还是无机保温材料中的岩棉或玻璃棉，只不过是对板材的性能有所影响，但对于施工安装来说，则没有区别。故在此仅以彩钢泡沫塑料夹芯板为例来介绍其施工安装

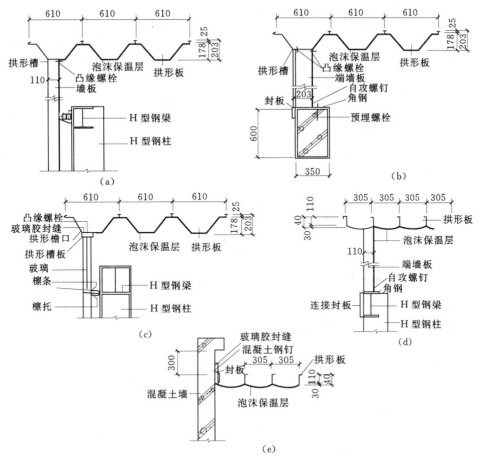

图 3.162　拱形板与山墙连接的构造（单位：mm）

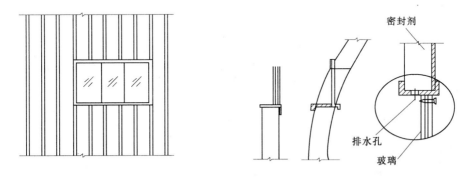

图 3.163　窗户处的构造

的相关内容。

（1）施工安装要点。

1）墙体。

a）对于小型建筑，夹芯板可通过连接其上、下两端与房屋的钢龙骨架来完成墙体的施工。夹芯板的上、下两端固定点间的距离一般在 3m 左右，或根据具体的设计而定。

大型建筑则由于稳定性和防震等性能的需要，采用钢（或混凝土）结构的建筑骨架，并

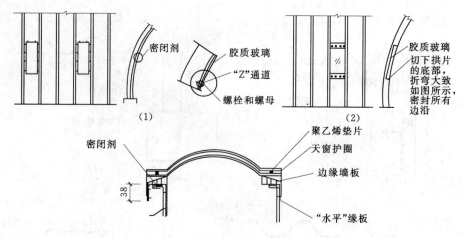

图 3.164 天窗处的构造（单位：mm）

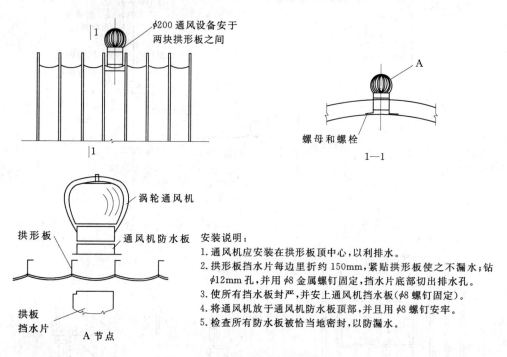

安装说明：
1. 通风机应安装在拱形板顶中心，以利排水。
2. 拱形板挡水片每边里折约150mm，紧贴拱形板使之不漏水；钻 ϕ12mm孔，并用 ϕ8 金属螺钉固定，挡水片底部切出排水孔。
3. 使所有挡水板封严，并安上通风机挡水板（ϕ8 螺钉固定）。
4. 将通风机放于通风机防水板顶部，并且用 ϕ8 螺钉安牢。
5. 检查所有防水板被恰当地密封，以防漏水。

图 3.165 与通风设备连接的构造

在适当位置设置檩条以固定夹芯板，间距一般应不大于 3m。

b）夹芯板墙面若需搭接时，则应向下压槎。搭接长度应不小于 60mm，并用拉铆钉连接固定，钉距应不大于 300mm。

c）门口两侧应设置通天槽钢龙骨，门框与槽钢龙骨应连接牢固；窗框四周应预设槽形连接件，待窗口找正后，用拉铆钉将槽形连接件与夹芯板连接固定，门窗框口两侧用角铝包角。

d）夹芯板所有搭接均应采取可靠的密封措施（详见下面介绍的"特殊部位的构造"）。

2）屋面。

a）采用夹芯板的屋面坡度一般应为 1/20～1/6，在腐蚀环境中的屋面坡度应不小于

1/12。

b）对于小型建筑，夹芯板可通过连接其前、后两端与房屋的钢龙骨架来完成屋面的施工，或根据具体设计而定。

大型建筑则由于夹芯板应用于墙体的同样原因，采取相应的解决办法。

c）夹芯板顺屋面坡长方向搭接时，上、下两块板均应与钢檩条连接固定，搭接长度：当屋面坡度不大于 1/10 时，搭接长度为 300mm；屋面坡度不小于 1/10 时，搭接长度为 200mm。搭接的彩色涂层钢板部分用拉铆钉连接，搭接缝要采取密封措施。

d）包角板、包边板、泛水板的搭接应尽可能顺常年的主导风雨方向，以利于接缝处的防水。搭接长度应大于等于 60mm，并用拉铆钉连接，钉距应不大于 500mm。

e）夹芯板的屋面应避免开洞，若必须开洞时，应尽量靠近屋脊部位。

f）紧固件（螺栓、抽芯铆钉）应设置在夹芯板的凸肋上。

g）所有搭接部位均应采取密封防水措施（如涂覆防水密封膏或防水密封胶），螺栓、抽芯铆钉头等外露部分均应涂覆防水密封膏。

h）避雷针应与主体结构连接，不得以夹芯板作为接地。

（2）特殊部位的构造。

1）墙体与基础连接的构造。墙体与基础连接的构造如图 3.166 所示。

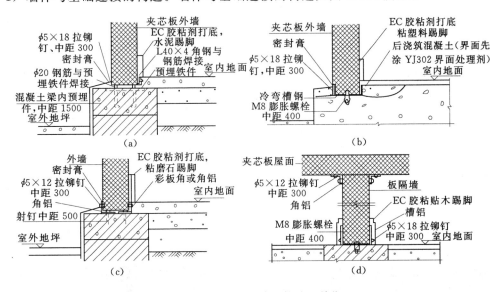

图 3.166 墙体与基础连接的构造（单位：mm）

2）墙体与门窗框处的构造。墙体与门窗框处的构造如图 3.167 所示。

3）墙体变形缝的构造。墙体变形缝的构造如图 3.168 所示。

4）墙板连接的构造。墙板连接的构造如图 3.169 所示。

5）屋面的构造。屋面的构造如图 3.170 所示。

6）女儿墙及泛水的构造。女儿墙及泛水的构造如图 3.171 所示。

7）天窗及排气孔的构造。天窗及排气孔的构造如图 3.172 所示。

8）檐口的构造檐口的构造如图 3.173 所示。

9）天沟的构造。天沟的构造如图 3.174 所示。

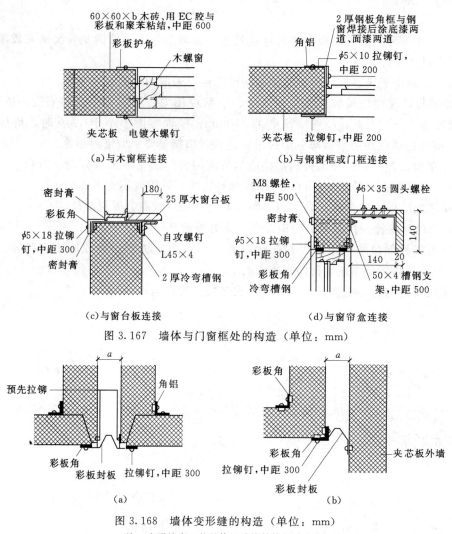

(a) 与木窗框连接 （b) 与钢窗框或门框连接

(c) 与窗台板连接 （d) 与窗帘盒连接

图 3.167 墙体与门窗框处的构造 （单位：mm）

图 3.168 墙体变形缝的构造 （单位：mm）

（注：变形缝宽 a 的具体尺寸按结构设计来定）

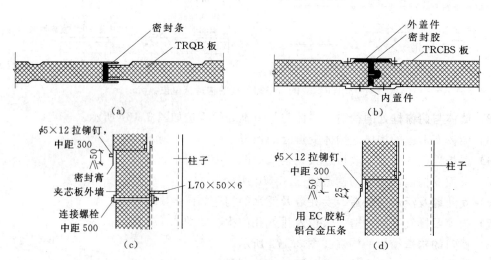

图 3.169 墙板连接的构造 （单位：mm）（一）

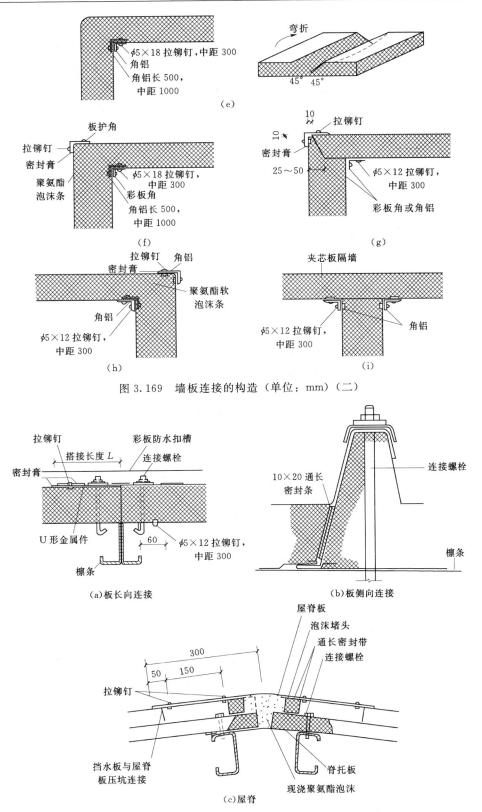

图 3.169　墙板连接的构造（单位：mm）（二）

图 3.170　屋面的构造

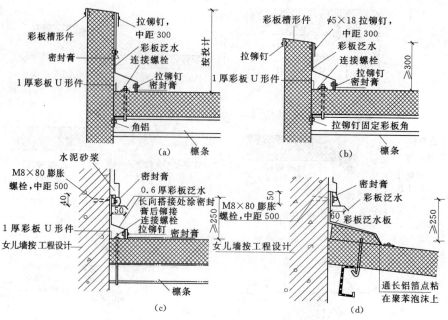

图 3.171 女儿墙及泛水的构造（单位：mm）

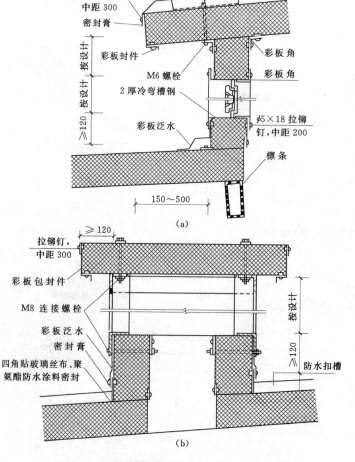

图 3.172 天窗及排气孔的构造（单位：mm）

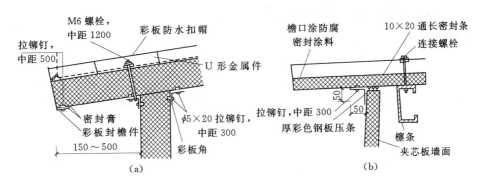

图 3.173　檐口的构造（单位：mm）

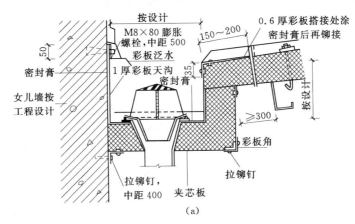

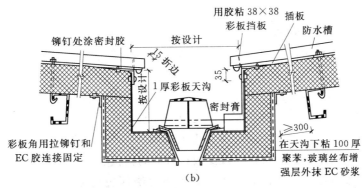

图 3.174　天沟的构造（单位：mm）

10）屋面板连接的构造。夹芯屋面板螺栓连接的构造如图 3.175 所示。

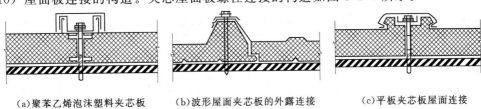

（a）聚苯乙烯泡沫塑料夹芯板　　（b）波形屋面夹芯板的外露连接　　（c）平板夹芯板屋面连接
　　用作屋面板时的连接

图 3.175　夹芯屋面板螺栓连接

11）屋面变形缝的构造。屋面变形缝的构造如图 3.176 所示。

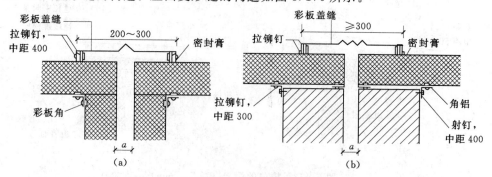

图 3.176　屋面变形缝的构造（单位：mm）

（注：缝宽 a 的具体尺寸按结构设计）

3．施工安装质量的控制及要求

（1）压型钢板的加工。

1）单层彩色压型钢板的加工一般在工厂内进行，也可在施工现场加工，现场加工必须保证加工场地的平整度。复合夹芯板以及组合楼板用压型钢板的加工应在加工厂内进行。

a）压板机调整好后应经过试压，达到要求后才能成批生产。

b）压型设备宜首先选择先成型后剪切的设备，以减少压型板的首末端喇叭口的现象。

c）钢板卷装入开卷架时要用专用工具，以保证钢卷不被破坏。开卷架应与压型机辊道中心线垂直。

d）压型钢板成型后，其基板不应有裂纹，涂层、镀层不应有肉眼可见的裂纹、剥落和擦痕等缺陷。

e）压型钢板成型后，表面应干净，不应有明显凹凸和皱褶。

2）压型彩色钢板宜选用贴膜的彩色钢板以保证彩板的表面在压型、堆放、运输、安装时不受损伤。

3）复合夹芯板芯材的类型及性能指标应符合相应国家及行业标准规定。

a）复合夹芯板成型后，板材厚度应满足设计要求。

b）复合夹芯板成型后，芯材应饱满，无大块剥落。

c）压型钢板宜采用长尺板材，以减少板长方向的搭接。

d）通过成型设备压制成型的弧形槽板，其下翼缘两边角曲线的长度差不得大于 5mm。2m 长的曲率靠尺与弧形槽板的间隙不得大于 5mm。弧形槽板上的小波纹应均匀、光顺。

e）压型钢板的尺寸允许偏差应符合表 3.55 的规定。

表 3.55　　　　　　　　　　　　压型钢板的尺寸允许偏差　　　　　　　　　　　　　单位：mm

项　目			允许偏差
波　距			±2.0
波高	压型钢板	截面高度不大于 70	±1.5
		截面高度大于 70	±2.0
侧向弯曲	在测量长度 l_1 的范围内		20.0

注　l_1 为测量长度，指板长扣除两端各 0.5m 后的实际长度（小于 10m）或扣除后任选的 10m 长度。

f) 压型钢板施工现场制作的允许偏差应符合表 3.56 的规定。

表 3.56 　　　　　　　　　　压型钢板施工现场制作的允许偏差 　　　　　　　　　单位：mm

项　　目		允许偏差
波　　距		±2.0
波高	截面高度不大于 70	±1.5
	截面高度大于 70	±2.0
侧向弯曲	在测量长度 l_1 的范围内	20.0
压型板的覆盖宽度	截面高度不大于 70	+10.0，-2.0
	截面高度大于 70	+6.0，-2.0
板长	$L \leqslant 15000$	+10.0 0
	$L > 15000$	+20.0 0
横向剪切偏差		6.0
泛水板、包角板尺寸	板长	±6.0
	折弯曲宽度	±3.0
	折弯曲夹角	2°

注 　1. l_1 为测量长度，指板长扣除两端各 0.5m 后的实际长度（小于 10m）或扣除后任选的 10m 长度。
　　 2. L 为压型板长度。
　　 3. 板长的允许偏差系根据多个工程的实际经验确定。

（2）配件及连接件。

1）压型钢板配件种类繁多，应根据结构要求确定配件规格。部分配件需根据实际安装尺寸进行加工，并应符合下列规定：

a）配件原材料的下料均应采用剪板机，不宜采用手提电动工具切割。

b）配件每个弯折面的宽度偏差控制，在同一批配件不宜同时出现正负偏差。自检时应对配件做预搭接试验，以便调正加工的精度。

c）彩板配件应采用箱装运输。

2）连接件由专业厂家提供，应有出厂合格证、材质单和技术性能书等。结构连接件的使用寿命应与彩板建材的使用寿命相匹配；结构连接件上的密封垫圈应有良好的密封性能和耐老化性能。

3）压型钢板防水密封材料应为中性，对钢板和涂层无腐蚀作用，且有良好的黏结性能和耐老化性能。

（3）压型钢板的安装。

1）压型钢板的安装应根据排板设计确定的排板起始线的位置，排板连线应与支撑梁垂直，且在板宽度方向每隔几块板继续标注一次，以限制和检查板的宽度安装累计偏差。

2）压型钢板在铺设前应清除钢梁顶面的杂物，板与钢梁顶面的最小间隙控制在 1mm以下，以保证焊接及连接质量。

3）组合楼板的安装应符合下列规定：

a）组合楼板中的压型钢板端部应设置栓钉锚固件。栓钉应设置在端支座的压型钢板凹肋处，穿透压型钢板并将栓钉、钢板均焊牢于钢梁上。

b）组合楼板中的压型钢板在钢梁上的支承长度，不应小于 50mm。在砌体上的支承长度不应小于 75mm。

c) 组合楼板中的压型钢板之间的连接可采用角焊缝和塞焊，以防止相互移动。焊缝间距为 300mm 左右，焊缝长度在 20～30mm 为宜。压型钢板连续布置通过钢梁时。可直接采用栓钉穿透压型钢板，焊于钢梁上。

d) 组合楼板中的压型钢板应根据施工图来设置临时支撑，待混凝土浇筑完毕并达到设计强度等级后，方可拆除临时支撑。

4）彩色钢板安装应符合下列规定：

a) 板材的搭接方向应顺风向搭接，避免迎风向搭接而产生下雨时呛水的现象。

b) 彩色钢板连接时，应采用带有防水密封胶垫的自攻螺钉，在紧固自攻螺钉时应掌握紧固程度，不可过紧或过松。

c) 彩色钢板的屋面板宜选用隐藏式板型，其连接采用专用连接件，在板面下部，可有效避免屋面渗水现象。

d) 彩色钢板搭接时，非隐藏式屋面板搭接连接的自攻螺钉应设置在波峰上，墙面可设置在波峰或波谷上。搭接长度应符合设计要求，且不应小于表 3.57 的规定。

表 3.57 　　　　　　压型钢板在支承构件上的搭接长度 　　　　　单位：mm

项　　目		搭接长度
截面高度大于 70		375
截面高度不大于 70	屋面坡度小于 1/10	250
	屋面坡度不小于 1/10	200
墙面		120

e) 彩色钢板板面在切割和钻孔的过程中所产生的铁屑必须及时清除，以防划伤板面及产生锈蚀。

5）拱形波纹屋面板的安装应符合下列规定：

a) 单元板的数量应根据单元板宽度和吊装能力确定，且不宜少于 3 块。

b) 拱形波纹屋面板安装时，单元板之间和吊装就位后的组合单元板之间，应采用专门机械咬合锁缝。锁缝必须牢固平滑，不得出现局部翘曲现象。

6）压型钢板安装的允许偏差应符合表 3.58 的规定。

表 3.58 　　　　　　　　压型钢板安装允许偏整 　　　　　　　　单位：mm

项　　目		允许偏差
屋面	檐口与屋脊的平行度	12.0
	压型钢板波纹线对屋脊的垂直度	$L/800$，且不应大于 25.0
	檐口相邻两块压型钢板端部错位	6.0
	压型钢板卷边板件最大波浪高	4.0
	纵向、横向长度	$a/800$，且不大于 40.0
墙面	墙板波纹线的垂直度	$H/800$，且不应大于 25.0
	墙板包角板的垂直度	$H/800$，且不应大于 25.0
	相邻两块压型钢板的下端错位	6.0
	纵向、横向长度	$a/800$，且不大于 40.0

注 　1. L 为屋面半坡或单坡长度。

　　　2. a 为屋面或墙面纵向及横向长度。

　　　3. H 为墙面高度。

项 目 小 结

1. 钢结构安装的常用吊装机具和设备

（1）钢结构安装时，常用的吊装机械有各种自行式起重机、轨道塔式起重机、自制桅杆式起重机和小型吊装机械等。各种起重吊装机械的构造、性能、应用和选择条件是本项目的知识点。

（2）简易起重设备（千斤顶、卷扬机、滑轮及滑轮组、葫芦）、索具（棕绳、钢丝绳）以及其他设备（卡环、花篮螺栓、铁扁担或横吊梁）的构造、性能、应用和选择条件也是本项目的知识点。

（3）通过掌握以上这些知识点，能够在施工中正确选用这些机械设备。

2. 钢结构施工组织设计

（1）钢结构施工组织设计一般以单位工程为对象，简单概括钢结构施工组织设计编制的原则，即钢结构施工组织设计应根据初步设计或施工设计图纸和设计技术文件，有关标准规定、其他相关资料、施工现场的实际条件和工程的总施工组织设计等进行编制。

（2）钢结构施工组织设计的内容包括：工程概况、施工特点和施工难点分析，施工部署和对业主、监理单位、设计单位、其他施工单位的协调和配合，施工总平面布置、能源、道路及临时建筑设施等的规划，施工方案，主要吊装机械的布置和吊装方案，构件的运输方法、堆放及场地管理，施工进度计划，施工资源总用量计划，施工准备工作计划，质量、环境和职业健康安全管理，现场文明施工的策划和保证措施，雨期和冬期、台风和大风常发期的施工技术安全保证措施，施工工期的保证措施等。

（3）了解钢结构季节性施工及其他特殊状况下所采用的施工措施，掌握其施工要点。

2. 主体钢结构安装

（1）钢结构安装前的准备工作包括技术准备、安装用机具设备的准备、材料准备、拼装平台等。

（2）单层钢结构安装主要有钢柱安装、吊车梁安装、钢屋架安装等。安装顺序一般为先安装竖向的构件，后安装平面构件，这样既能保证体系纵列形成排架，稳定性好，又能提高生产效率。

（3）高层及超高层钢结构安装同样包括钢柱安装、吊车梁安装、钢屋架安装等。在高层及超高层钢结构现场施工中，合理划分流水作业区段，选择适当的构件的安装顺序和吊装机具、吊装方案、测量监控方案、焊接方案是保证工程顺利进行的关键。

（4）大型网架的安装方法有高空散装法、分条或分块安装法、高空滑移法、整体吊装法、整体提升法、整体顶升法。安装方法根据网架受力情况、结构选型、网架刚度、外形特点、支撑形式、支座构造等，在保证质量、安全、进度和经济效益的要求下，结合施工现场实际条件、技术和装备水平综合选择。

3. 钢结构围护结构的安装

（1）围护结构常用的材料有各种压型金属板，紧固件和泛水配件等。

（2）围护结构的构造重点是连接、檐口、屋脊、山墙和屋面、高低跨处、外墙底部、外墙转角及门窗洞门处等的构造。

（3）掌握围护结构构造、连接件和泛水配件的安装要点。

习　题

1. 常用的吊装机械有哪些？分别说明其应用范围。
2. 钢结构施工组织设计的编制，具体包括哪些内容？
3. 简述一般单层钢结构安装的流程。
4. 大跨度空间网架结构有几种安装方法？分别说明其适用范围。
5. 简述围护结构的外墙构造要求。

学习项目 4 钢结构施工验收

学习目标：通过本项目的学习，初步掌握钢结构施工验收的步骤与方法。掌握钢结构隐蔽工程、分项工程验收，分部工程验收，单位工程验收的程序和要求，并掌握钢结构施工验收资料的整理、归档和移交的程序。

学习情境 4.1 隐 蔽 工 程 验 收

隐蔽工程是指在施工过程中上一工序的工作结束后被下一工序所掩盖，而无法进行复查的部位。隐蔽工程在下一工序施工以前，现场监理人员应按设计要求和施工规范，采用必要的检查工具，对其进行检查与验收。如果符合设计要求及施工规范规定，应及时签署隐蔽工程记录手续，以便施工单位继续下一工序施工，同时将隐蔽工程记录交施工单位归入技术资料档案。如不符合有关规定，应以书面形式通知施工单位令其处理。处理符合要求后，再进行隐蔽工程验收。

1. 基础工程

隐蔽验收的内容包括槽底打钎，槽底土质发生情况，地槽尺寸和地槽标高，槽底井、坑和橡皮土等的处理情况，地下水的排除情况，排水暗沟、暗管设置情况，土的更换情况，试桩和打桩记录等。

2. 地面工程

隐蔽验收内容包括已完成的地面下的地基，各种防护层以及经过防腐处理的结构或配件。如符合，可签"符合设计和规范要求"，否则不予签字。

3. 保温、隔热工程

（1）隐蔽验收内容包括将被覆盖的保温层和隔热层。

（2）检查保温、隔热材料是否满足设计对导热系数的要求及保温层的厚度是否达到设计要求，保温材料是否受潮。如符合，可签"符合设计和规范要求"。

4. 防水工程

（1）隐蔽验收内容包括将被土、水、砌体或其他结构所覆盖的防水部位及管道、设备穿过的防水层处。

（2）检查找平层的厚度、平整度、坡度及防水构造节点处理的质量情况。检查组成结构或各种防水层的原料、制品及配件是否符合质量标准，结构和各种防水层是否达到设计要求的抗渗性、强度和耐久性。如符合，可签"符合设计要求"。

5. 建筑采暖卫生与煤气工程

（1）隐蔽验收内容包括各种暗装、埋地和保温的管道、阀门、设备等。

（2）检查管道的管径、走向、坡度，各种接口、固定架、防腐保温质量情况及水压和灌水试验情况。如符合可签"符合施工验收规范和设计要求"。

6. 建筑电气安装工程

（1）隐蔽验收内容包括各种电气装置的接地及铺设在地下、墙内、混凝土内、顶棚内的照明、动力、弱电信号，高低压电缆和（重）型灯具及吊扇的预埋件、吊钩、线路在经过建筑物的伸缩缝及沉降缝处的补偿装置等。

（2）检查接地的规格、材质、埋设深度、防腐做法；垂直与水平的接地体的间距；接地体与建筑物的距离，接地干线与接地网的连接；检查各类暗设电线管路的规格、位置、标高、功能要求；接头焊接质量；检查直埋电缆的埋深、走向、坐标、起止点、电缆规格型号、接头位置、埋入方法；检查埋设件吊钩的材质、规格、锚固方法；补偿装置的规格、形状等。如符合，可签"符合施工验收规范和设计要求"。

7. 通风与空调工程

（1）隐蔽验收内容包括各类暗装和保温的管道、阀门、设备等。

（2）检查管道的规格、材质、位置、标高、走向、防腐保温，阀门的型号、规格、耐压强度和严密性试验结果、位置、进口方向等。如符合，可签"符合施工验收规范和设计要求"。

8. 电梯安装工程

隐蔽验收内容包括曳引机基础、导轨支架、承重梁、电气盘柜基础等。电气装置部分隐蔽验收内容与建筑电气安装工程相同。如符合，可签"符合施工验收规范和设计要求"。

9. 隐蔽工程验收的要求

（1）隐蔽工程验收时，应详细填写验收的分部分项工程名称，被验收部分轴线、规格和数量。如有必要，应画出简图或作出说明。

（2）每次检查验收的项目，一定要详细填写隐蔽验收内容，在检查意见栏内填上"符合设计要求"或"符合施工验收规范要求"或"符合施工验收规范和设计要求"，不得使用"基本符合"或"大部分符合"等不肯定用语，也不能无检查意见。

（3）如果在检查验收中，发现有不符合施工验收规范和设计要求之处，应立即进行纠正，并在纠正后，再进行验收，经验收仍不合格者，不得进行下道工序的施工。

学习情境 4.2　分项工程验收

对于分项工程，应按照工程合同的质量等级要求，根据该分项工程实际情况，参照质量评定标准进行验收。

4.2.1　焊接分项工程验收

1. 焊接材料进场

焊接材料的品种、规格、性能等应符合现行国家产品标准和设计要求。

焊接材料外观不应有药皮脱落、焊芯生锈等缺陷。焊剂不应受潮结块。

2. 焊接材料复验

重要钢结构采用的焊接材料应进行抽样复验，复验结果应符合现行国家产品标准和设计要求。

3. 材料匹配

焊条、焊丝、焊剂、电渣焊熔嘴等焊接材料与母材的匹配应符合设计要求及《建筑钢结构焊接技术规程》（JGJ 81—2002）的规定。焊条、焊剂、药芯、焊丝、熔嘴等在使用前，应按其产品说明书及焊接工艺文件的规定进行烘焙和存放。

4. 焊工证书

焊工必须经考试合格并取得合格证书。持证焊工必须在其考试合格项目及其认可范围内施焊。

5. 焊接工艺评定

施工单位对其首次采用的钢材、焊接材料、焊接方法、焊后热处理等，应进行焊接工艺评定，并应根据评定报告确定焊接工艺。

6. 内部缺陷

焊缝内部缺陷用无损探伤（超声波或 X 射线、γ 射线）确定。质量等级及缺陷分级应符合规范的规定。

7. 焊缝表面缺陷

焊缝表面不得有裂纹、焊瘤等缺陷。一级、二级焊缝不得有表面气孔、夹渣、弧坑、裂纹、电弧擦伤等缺陷。且一级焊缝不得有咬边、未焊满、根部收缩等缺陷。

8. 预热和后热处理

对于需要焊接前预热或焊后热处理的焊缝，其预热温度或后热温度应符合国家现行行业相关标准的规定或通过工艺实验确定。预热区在焊道两侧，每侧宽度均应不大于焊件厚度的1.5 倍以上，且不应小于 100mm；后热处理应在焊后立即进行，保温时间应根据板厚每25mm 为 1h 确定。

9. 焊缝外观质量

二级、三级焊缝外观质量标准应符合规范的规定。三级对接焊缝应按二级焊缝标准进行外观质量检验。

10. 焊缝尺寸偏差

焊缝尺寸允许偏差应符合规范的规定。

11. 凹形角焊缝

焊成凹形的角焊缝，焊缝金属与母材间距应平稳过渡；加工成凹形的角焊缝，不得在其表面留下切痕。

4.2.2 普通紧固件连接分项工程验收

1. 成品进场

普通螺栓、铆钉、自攻螺钉、拉铆钉、射钉、锚栓（膨胀型和化学试剂型）、地脚锚栓等紧固准件及螺母、垫圈等标准配件，其品种、规格、性能等符合现行国家产品标准和设计要求。

2. 螺栓实物复验

普通螺栓作为永久性连接螺栓使用时，当设计有要求或对其质量有疑义时，应进行螺栓实物最小拉力载荷复验，其结果应符合《紧固件机械性能螺栓、螺钉和螺柱》（GB 3098.1—2000）的规定。

3. 匹配及间距

连接薄钢板采用的自攻螺钉、拉铆钉、射钉等其规格尺寸应与被连接钢板相匹配，其间距、边距等应符合设计要求。

4. 螺栓紧固

永久性普通螺栓紧固应牢固、可靠，外露螺纹不应少于 2 道。

5. 外观质量

自攻螺钉、钢拉铆钉、射钉等与连接钢板应紧固密贴，外观排列整齐。

4.2.3　高强度螺栓连接分项工程验收

1. 成品进场

钢结构连接用高强度大六角头螺栓连接副、扭剪型高强度螺栓连接副，以及钢网架用高强度螺栓的品种、规格和性能等，符合现行国家产品标准和设计要求。

2. 扭矩系数和预拉力复验

应按规范的规定检验其扭矩系数，其检验结果应符合规范的规定。扭剪型高强度螺栓连接副应按规范的规定检验预拉力，其检验结果应符合规范的规定。

3. 抗滑移系数试验

钢结构的制作和安装单位，应按规范的规定分别进行高强度螺栓连接摩擦面的抗滑移系数试验和复验，现场处理的构件摩擦面应单独进行摩擦面抗滑移系数试验，其结果应符合规范的要求。

4. 终拧扭矩

高强度大六角头螺栓连接副终拧完成 1h 后，48h 内应进行终拧扭矩检查，检查结果应符合规范的规定。扭剪型高强度螺栓连接副终拧后，除因构造原因无法使用专用扳手终拧掉梅花头者外，未在终拧中拧掉梅花头的螺栓数不应大于该节点螺栓数的 5%。对所有梅花头未拧掉的扭剪型高强度螺栓连接副应采用扭矩法或转角法进行终拧并做标记，且按规范的规定进行终拧扭矩检查。

5. 成品包装

高强度螺栓连接副应按包装箱配套供货，包装箱上应标明批号、规格、数量及生产日期。螺栓、螺母、垫圈外观表面应涂油保护，不应出现生锈和沾染脏物，螺纹不应损伤。

6. 表面硬度试验

对建筑结构安全等级为一级，跨度 40m 及其以上的螺栓球节点钢网架结构，其连接高强度螺栓应进行表面硬度试验。

7. 初拧、复拧扭矩

高强度螺栓连接副的施拧顺序和初拧、复拧扭矩应符合设计要求和《钢结构高强度螺栓连接的设计、施工及验收规程》（JGJ 82—1991）的规定。

8. 连接外观质量

高强度螺栓连接副终拧后，螺栓螺纹外露应为 2～3 道，其中允许有 10% 的螺栓螺纹外露 1 道或 4 道。

9. 摩擦面外观

高强度螺栓连接摩擦面应保持干燥、整洁，不应有飞边、毛刺、焊接飞溅物、焊疤、氧化铁皮、污垢等，除设计要求外摩擦面不应涂漆。

10. 扩孔

高强度螺栓应自由穿入螺栓孔。高强度螺栓孔不应采用气割扩孔，扩孔数量应征得设计单位同意，扩孔后的孔径不应超过 $1.2d$（d 为螺栓直径）。

4.2.4 零件及部件加工分项工程验收

1. 材料进场

钢材、钢铸件的品种、规格、性能等应符合现行国家产品标准和设计要求。进口钢材产品的质量应符合设计和合同规定标准的要求。

2. 钢材复验

抽样复验结果应符合现行国家产品标准和设计要求。

3. 切面质量

钢材切割面或剪切面应无裂纹、夹渣、分层和大于 1mm 的缺棱。

4. 边缘加工

气割或机械剪切的零件，需要进行边缘加工时，其刨削量不应小于 2.0mm。

5. 螺栓球、焊接球加工

螺栓球成型后，不应有裂纹、褶皱、过烧。钢板压成半圆球后，表面不应有裂纹、褶皱；焊接球的对接坡口应采用机械加工，对接焊缝表面应打磨平整。

6. 制孔

A、B 级螺栓孔（I 类孔）应具有 H12 的精度，孔壁表面粗糙度 Ra 不应大于 $12.5\mu m$。其孔径的允许偏差应符合规范的规定。C 级螺栓孔（II 类孔），孔壁表面粗糙度 Ra 不应大于 $25\mu m$，其允许偏差应符合规范的规定。

7. 材料规格尺寸

钢板厚度及允许偏差应符合其产品标准的要求。型钢的规格尺寸及允许偏差应符合其产品标准的要求。

8. 钢材表面质量

钢材的表面外观质量除应符合国家现行有关标准的规定外，尚应符合规范的规定。

9. 切割精度

气割的允许偏差应符合规范的规定。机械剪切的允许偏差应符合规范的规定。

10. 矫正质量

矫正后的钢材表面，不应有明显的凹面或损伤，钢材矫正后的允许偏差，应符合规范的规定。

11. 边缘加工精度

边缘加工允许偏差应符合规范的规定。

12. 螺栓球、焊接球加工精度

螺栓球加工的允许偏差应符合规范的规定。焊接球加工的允许偏差应符合规范的规定。

13. 管件加工精度

钢网架（桁架）用钢管杆件加工的允许偏差应符合规范的规定。

14. 制孔精度

螺栓孔孔距的允许偏差应符合规范的规定。螺栓孔孔距的允许偏差超过规范规定的允许偏差时，应采用与母材材质相匹配的焊条补焊后重新制孔。

4.2.5 构件组装分项工程检验质量验收

1. 吊车梁（桁架）

吊车梁和吊车桁架不应下挠。

2. 端部铣平精度

端部铣平的允许偏差应符合规范的规定。

3. 外形尺寸

钢构件外形尺寸主控项目的允许偏差应符合规范规定。

4. 焊接 H 型钢的接缝

焊接 H 型钢的翼缘板拼接缝和腹板拼接缝的间距不应小于 200mm。翼缘板拼接宽度不应小于 300mm，长度不应小于 600mm。

5. 焊接 H 型钢精度

焊接 H 型钢的允许偏差应符合规范的规定。

6. 焊接组装精度

焊接组装的允许偏差应符合规范的规定。

7. 顶紧接触面

顶紧接触面应有 75％ 以上的面积紧贴。

8. 轴线交点错位

桁架结构杆件轴线交点错位的允许偏差不得大于 3.0mm。允许偏差应符合规范的规定。

9. 焊缝坡口精度

安装焊缝坡口的允许偏差应符合规范的规定。

10. 铣平面保护

外露铣平面应有防锈保护。

11. 外形尺寸

钢构件外形尺寸一般项目的允许偏差应符合规范的规定。

4.2.6　预拼装分项工程验收

1. 多层板叠螺栓孔

高强度螺栓和普通螺栓连接的多层板叠，应采用试孔器进行检查，并应符合规范规定。

2. 预拼装精度

预拼装的允许偏差应符合规范的规定。

4.2.7　单层结构安装分项工程验收

1. 基础验收

建筑物的定位轴线、基础轴线和标高、地脚螺栓的规格及其紧固应符合设计要求。基础顶面直接作为柱的支承面和基础顶面预埋钢板或支座作为柱支承面时，其支承面、地脚螺栓（锚栓）位置的允许偏差应符合规范的规定。采用坐浆垫板时，坐浆垫板的允许偏差应符合规范的规定。采用杯口基础时，杯口尺寸的允许偏差应符合规范的规定。

2. 构件验收

钢构件应符合设计要求和规范的规定。运输、堆放和吊装等造成的钢构件变形及涂层脱落应进行矫正和修补。

3. 顶紧接触面

设计要求顶紧的节点，接触面不应少于 70％ 紧贴，且边缘最大间隙不应大于 0.8mm。

4. 垂直度和侧弯曲

钢屋（托）架、桁架、梁的垂直度和侧向弯曲的允许偏差应符合规范的规定。

5．主体结构尺寸

主体结构的整体垂直度和整体平面弯曲的允许偏差应符合规范的规定。

6．地脚螺栓精度

地脚螺栓（锚栓）尺寸的偏差应符合规范的规定。地脚螺栓（锚栓）的螺纹应受到保护。

7．标记

钢柱等主要构件的中心线及标高基准点等标记应齐全。

8．桁架、梁安装精度

当钢桁架（或梁）安装在混凝土柱上时，其支座中心对定位轴线的偏差不应大 10mm；当采用大型混凝土屋面板时，钢桁架（或梁）间距的偏差不应大于 10mm。

9．钢柱安装精度

钢柱安装的允许偏差应符合规范的规定。

10．吊车梁安装精度

钢吊车梁或直接承受动力荷载的类似构件，其安装的允许偏差应符合规范的规定。

11．檩条等安装精度

檩条、墙架等次要构件安装的允许偏差应符合规范的规定。

12．平台等安装精度

钢平台、钢梯、栏杆安装等应符合《固定式钢直梯安全技术条件》（GB 4053.1—1993)、《固定式钢斜梯安全技术条件》（GB 4053.2—1993）、《固定式工业防护栏杆安全技术条件》（GB 4053.3—1993）和《固定式工业钢平台》（GB 4053.4—1993）的规定。钢平台、钢梯和防护栏杆安装的允许偏差应符合规范的规定。

13．现场焊缝组对精度

现场焊缝组对间隙的允许偏差应符合规范的规定。

14．结构表面

钢结构表面应干净，结构主要表面不应有疤痕、泥沙等污垢。

4.2.8 多层及高层结构安装分项工程验收

多层及高层结构安装分项工程验收内容及标准基本同单层结构安装分项工程的验收内容和标准。

4.2.9 网架结构安装分项工程验收

1．焊接球

焊接球及制造焊接球所采用的原材料，其品种、规格、性能等应符合现行国家产品标准和设计要求。焊接球焊缝应进行无损检验，其质量应符合设计要求，当设计无要求时应符合规范规定的二级质量标准。

2．螺栓球

螺栓球及制造螺栓球节点所采用的原材料，其品种、规格、性能等应符合现行国家产品标准和设计要求。螺栓球不得有过烧、裂纹及皱褶。

3．封板、锥头、套筒

封板、锥头和套筒及制造封板、锥头和套筒所采用的原材料，其品种、规格、性能等应符合现行国家产品标准和设计要求。封板、锥头、套筒外观不得有裂纹、过烧及氧化皮。

4．橡胶垫

钢结构用橡胶垫的品种、规格、性能等应符合现行国家产品标准和设计要求。

5．基础验收

钢网架结构支座定位轴线的位置、支座锚栓的规格应符合设计要求。支承面顶板的位置、标高、水平度及支座锚栓位置的允许偏差应符合规范的规定。

6．支座

支承垫块的种类、规格、摆放位置和朝向，必须符合设计要求和国家现行有关标准的规定。橡胶垫块与刚性垫块之间或不同类型刚性垫块之间不得互换使用。网架支座锚栓的紧固应符合设计要求。

7．拼装精度

小拼单元的允许偏差应符合规范的规定。中单元的允许偏差应符合规范的规定。

8．节点承载力试验

对建筑结构安全等级为一级，跨度40m及其以上的公共建筑钢网架结构，且设计有要求时，应进行节点承载力试验，其结果应符合规范的规定。

9．结构挠度

钢网架结构总拼完成后及屋面工程完成后应分别测量其挠度值，且所测的挠度值不应超过相应设计值的1.15倍。

10．焊接球精度

焊接球直径、圆度、壁厚减薄量等尺寸及允许偏差应符合规范的规定。焊接球表面应无明显波纹及局部凹凸不平不大于1.5mm。

11．螺栓球精度

螺栓球直径、圆度、相邻两螺栓孔中心线夹角等尺寸及允许偏差应符合规范的规定。

12．螺栓球螺纹精度

螺栓球螺纹尺寸应符合《普通螺纹基本尺寸》（GB/T 196—2003）中粗牙螺纹的规定，螺纹公差必须符合《普通螺纹公差与配合》（GB/T 197—2003）中6H级精度的规定。

13．锚栓精度

支座锚栓尺寸的偏差应符合规范的规定。支座锚栓的螺栓应受到保护。

14．结构表面

钢网架结构安装完成后，其节点及杆件表面应干净，不应有明显的疤痕、泥沙和污垢。螺栓球节点应将所有接缝用油腻子填嵌严密，并应将多余螺孔封口。

15．安装精度

钢网架结构安装完成后，其安装的允许偏差应符合规范的规定。

4.2.10 压型金属板安装分项工程验收

1．压型金属板进场

压型金属板及制造压型金属板所采用的原材料，其品种规格、性能等应符合现行国家产品标准和设计要求。压型金属泛水板、包角板和零配件的品种、规格以及防水密封材料的性能应符合现行国家产品标准和设计要求。

2. 基板裂纹

压型金属板成型后，其基板不应有裂纹。

3. 涂（镀）层缺陷

有涂层、镀层的压型金属板成型后，涂、镀层不应有肉眼可见的裂纹、剥落和擦痕等缺陷。

4. 现场安装

压型金属板、泛水板和包角板等应固定可靠、牢固，防腐涂料涂刷和密封材料敷设完好，连接件数量、间距应符合设计要求和国家现行有关标准规定。

5. 搭接

压型金属板应在支承构件上可靠搭接，搭接长度应符合设计要求且不应小于规范所规定的数值。

6. 端部锚固

组合楼板中压型钢板与主体结构（梁）的连接，其锚固支承长度应符合设计要求且不应小于 50mm，端部锚固件连接应可靠，设置位置应符合设计要求。

7. 压型金属板精度

压型金属板的规格尺寸及允许偏差、表面质量、涂层质量等应符合设计要求和规范的规定。

8. 轧制精度

压型金属板的尺寸允许偏差应符合规范的规定。压型金属板施工现场制作的允许偏差应符合规范的规定。

9. 表面质量

压型金属板成型后，表面应干净，不应有明显的凹凸和皱褶。

10. 安装质量

压型金属板安装应平整、顺直，板面不应有施工残留物和污物。檐口和墙面下端应呈直线，不应有未经处理的错钻孔洞。

11. 安装精度

压型金属板安装的允许偏差应符合规范的规定。

4.2.11 防腐涂料涂装分项工程验收

1. 产品进场

钢结构防腐涂料、稀释剂和固化剂等材料的品种、规格、性能等应符合现行国家产品标准和设计要求。

2. 表面处理

涂装前钢材表面除锈应符合设计要求和国家现行有关标准的规定。处理后的钢材表面不应有焊渣、焊疤、灰尘、油污、水和毛刺等。当设计无要求时，钢材表面除锈等级应符合规范的规定。

3. 涂层厚度

涂料、涂装遍数、涂层厚度均应符合设计要求。当设计对涂层厚度无要求时，涂层干漆膜总厚度：室外应为 $150\mu m$，室内应为 $125\mu m$，其允许偏差为 $-25\mu m$，每遍涂层干漆膜厚度的允许偏差为 $-5\mu m$。

4. 产品质量

防腐涂料的型号、名称、颜色及有效期应与其质量证明文件相符。开启后，不应存在结皮、结块、凝胶等现象。

5. 表面质量

构件表面不应误涂、漏涂，涂层不应有脱皮和返锈等。涂层应均匀，无明显皱皮、流坠、孔眼和气泡等。

6. 附着力测试

当钢结构处在有腐蚀介质环境或外露且设计有要求时，应进行涂层附着力测试，在检测范围内，当涂层完整程度达到 70% 以上时，涂层附着力达到合格质量标准的要求。

7. 标识

涂装完成后，构件的标识、标记和编号应清晰完整。

4.2.12 防火涂料涂装分项工程验收

1. 产品进场

钢结构防火涂料的品种和技术性能应符合设计要求，并应经过具有资质的检测机构的检测，符合国家现行有关标准的规定。

2. 涂装基层验收

防火涂料涂装前钢材表面除锈及防锈底漆涂装应符合设计要求和国家现行有关标准的规定。

3. 强度试验

钢结构防火涂料的黏结强度、抗压强度应符合《钢结构防火涂料应用技术规程》（CECS 24：90）标准的规定。检验方法应符合《建筑构件防火喷涂材料性能试验方法》（GA 110—1995）的规定。

4. 涂层厚度

薄涂型防火涂料的涂层厚度应符合有关耐火极限的设计要求。厚涂型防火涂料涂层厚度，80% 及其以上面积应符合有关耐火极限的设计要求，且最薄处厚度不应低于设计要求的 85%。

5. 表面裂纹

薄涂型防火涂料涂层表面裂纹宽度不应大于 0.5mm；厚涂型防火涂料涂层表面裂纹宽度不应大于 1mm。

6. 产品质量

防火涂料的型号、名称、颜色及有效期应与其质量证明文件相符。开启后，不应存在结皮、结块、凝胶等现象。

7. 基层表面

防火涂料涂装基层不应有油污、灰尘和泥沙等污垢。

8. 涂层表面质量

防火涂料不应有误涂、漏涂，涂层应闭合，无脱层、空鼓、明显凹陷、粉化松散和浮浆等外观缺陷，乳突已剔除。

4.2.13 分项工程质呈验收记录

钢结构分项工程质量验收记录见表 4.1。

表 4.1 钢结构分项工程质量验收记录

工程名称		结构类型	
施工单位		项目经理	
监理单位		总监理工程师	
分包工程		分包工程单位责任人	

序号	检验批部位、区段	验收评定结果	备注
1			
2			
3			
4			

施工单位验收结论	施工单位项目技术负责人：	年 月 日
监理单位验收结论	监理工程师： （建设单位项目工程师）	年 月 日

学习情境 4.3 分部（子分部）工程验收

钢结构分部（子分部）工程的验收，应在分部工程中所有分项工程验收合格的基础上，增加三项检查项目：质量控制资料和文件检查；有关安全及功能的检验和见证检测；有关观感质量检验。

根据《建筑工程施工质量验收统一标准》（GB 50300—2001）的规定，钢结构作为主体结构之一应按子分部工程竣工验收；当主体结构均为钢结构时应按分部工程竣工验收。大型钢结构工程可划分成若干个子分部工程进行竣工验收。

4.3.1 钢结构子分部工程合格质量标准应符合的规定

（1）各分项工程质量均应符合合格质量标准。

（2）质量控制资料和文件应完整。

（3）有关安全及功能的检验和见证检测结果应符合以上相应合格质量标准的要求。

（4）有关观感质量应符合以上相应合格质量标准的要求。

4.3.2 钢结构子分部工程竣工验收时，应提供的文件和记录

（1）钢结构工程竣工图纸及相关设计文件。

（2）施工现场质量管理检查记录。

（3）有关安全、功能的检验及见证检测项目检查记录。

（4）有关观感质量检验项目检查记录。

（5）分部工程所含各分项工程质量验收记录。

（6）分项工程所含各检验批质量验收记录。

（7）强制性条文检验项目检查记录及证明文件。

（8）隐蔽工程检验项目检查验收记录。

（9）原材料、成品质量合格证明文件、中文标志及性能检测报告。

（10）不合格项的处理记录及验收记录。

（11）重大质量、技术问题实施方案及验收记录。

（12）其他有关文件和记录。

4.3.3　钢结构工程质量验收记录应符合的规定

（1）施工现场质量管理检查记录可按《建筑工程施工质量验收统一标准》（GB 50300—2001）进行。

（2）分项工程检验批验收记录可按各分项工程检验批质量验收记录表记录。

（3）分项工程验收记录可按《建筑工程施工质量验收统一标准》（GB 50300—2001）进行。

（4）分部（子分部）工程验收记录可按《建筑工程施工质量验收统一标准》（GB 50300—2001）进行。

钢结构分部（子分部）工程施工质量验收记录，以及有关安全、功能检验和见证检测项目记录见表4.2。

表 4.2　　　　　　　钢结构分部（子分部）工程验收记录表

工程名称		结构类型	
施工单位		项目经理	
监理单位		总监理工程师	
设计单位		项目负责人	
项目技术负责人		项目质检员	

序号	分项工程名称	检验批数	检验评定意见	备注
1				
2				
3				
4				
5				
质量控制资料与文件				
安全和功能检验及见证检测				
观感质量检验				

验收意见	施工单位			
	项目经理：	年	月	日
	设计单位			
	项目负责人：	年	月	日
	监理（建设）单位			
	总监理工程师： （建设单位项目负责人）	年	月	日

学习情境 4.4　单位工程验收

4.4.1　单位工程验收标准

单位工程包括房屋建筑工程、设备安装工程和室外管线工程。其验收标准如下。

1. 房屋建筑工程

（1）交付竣工验收的工程，均按施工图的设计规定全部施工完毕，并经过施工单位预验和监理初验，已符合设计、施工及验收规范要求。

（2）建筑设备（室内上下水、采暖、通风、电气照明等管道、线路敷设工程）经过试验，均已达到设计和使用要求。

（3）建筑物室内外清洁，室外 2m 以内清理完毕，施工渣土已全部运出现场。

（4）应交付的竣工图和其他技术资料均已齐全。

2. 设备安装工程

（1）设备安装工程的设备基础、机座、支架、工作台和梯子等属于建筑工程部分已全部施工完毕，经检验符合设计和设备安装要求。

（2）需要的工艺设备、动力设备和仪表等已按设计和技术说明书要求安装完毕，经检验其质量符合施工及验收规范要求，并经试压、检测和单体或联动试车，符合质量要求，具备形成设计规定的生产能力。

（3）设备出厂合格证、技术性能和操作说明书，以及试车记录和其他技术资料齐全。

3. 室外管线工程

室外管线工程主要指室外管道安装工程和电气线路敷设工程。

（1）全部按设计要求施工完毕，经检验符合项目设计、施工及验收规范要求。

（2）室外管道安装工程已通过闭水试验、试压和检测合格。

（3）室外电气线路敷设工程已通过绝缘耐压材料检验，并已全部合格。

4.4.2　单项工程竣工验收标准

1. 工业单项工程

（1）初步设计规定的工程，包括建筑工程、设备安装工程、配套工程和附属工程等，均已全部施工完毕，经检验符合设计、施工及验收规范，符合设备技术说明书要求，并形成设计规定的生产能力。

（2）设备安装经过单体试车、无负荷联动试车和有负荷联动试车均合格，能够生产合格。

（3）项目生产准备已基本完成，能够连续生产。

2. 民用单项工程

（1）全部单项工程均已施工完毕，达到竣工验收标准，并能够交付使用。

（2）对住宅工程，除达到房屋建筑工程竣工验收标准外，还要求按设计文件规定，与住宅配套的室外给排水、供热及供燃气管道工程、电气线路敷设工程等全部施工完毕，而且连同住宅全部都具备了交付使用条件，并达到竣工验收标准。

4.4.3 工程文件归档、备案

1. 工程文件归档

钢结构分部工程竣工验收时，应提供以下文件和记录：

(1) 钢结构工程竣工图纸及相关设计文件。

(2) 施工现场质量管理检查记录。

(3) 有关安全及功能的检验和见证检测项目检查记录。

(4) 有关观感质量检验项目检查记录。

(5) 分部工程所含各分项工程质量验收记录。

(6) 分项工程所含各检验批质量验收记录。

(7) 强制性条文检验项目检查记录及证明文件。

(8) 隐蔽工程检验项目检查验收记录。

(9) 原材料、成品质量合格证明文件、中文标识及性能检测报告。

(10) 不合格项的处理记录及验收记录；重大质量、技术问题实施方案及验收记录；其他有关文件和记录。

2. 验收备案文件

建设单位应当自工程竣工验收合格之日起 15 日内，向工程所在地的县级以上地方人民政府建设行政主管部门的备案机关备案。

建设单位办理工程竣工验收备案应当提交下列文件：

(1) 工程竣工验收备案表。

(2) 工程竣工验收报告。竣工验收报告应当包括工程报建日期，施工许可证号，施工图设计文件审查意见，勘察、设计、施工、工程监理等单位分别签署的质量合格文件及验收人员签署的竣工验收原始文件，市政基础设施的有关质量检测和功能、性能试验资料及备案机关认为需要提供的有关资料。

(3) 法律、行政法规规定应当由规划、公安消防、环保等部门出具的认可文件或者准许使用文件。

(4) 施工单位签署的工程质量保修书。

(5) 法规、规章规定必须提供的其他文件。

此外，商品住宅还应当提交《住宅质量保证书》和《住宅使用说明书》。

3. 验收备案手续

备案部门收到建设单位报送的竣工验收备案文件和建设工程质量监督部门签发的"工程质量监督报告"后，验证文件齐全，应当在工程竣工验收备案表上签署文件收讫。

工程竣工验收备案表一式两份，一份由建设单位保存，一份在备案部门存档。

项 目 小 结

验收是施工中的最后一个环节，也是最后一道关卡，必须在各类建筑交付客户之前将所有问题解决。通过本学习项目的学习后，可以对施工验收中的各种问题有一个大概的了解，但要完全掌握这些内容必须结合实践，通过经验的积累将会对这一部分的内容有更深的理解。

(1) 隐蔽工程验收。常见的隐蔽工程有：基础工程，地面工程，保温、隔热工程，防水工程，建筑采暖卫生和煤气工程，建筑电气安装工程，通风与空调工程，电梯安装工程等。对于隐蔽工程施工时，现场监理人员必须在下一工序施工以前，按照相关的设计要求和施工规范。采用必要的检查工具，对其进行检查与验收。

（2）分项工程验收。钢结构常见的分项工程有：焊接、普通紧固件连接、高强度螺栓连接、零件及部件加工、构件组装、预拼装、单层结构安装、多层及高层结构安装、网架结构安装、压型金属板安装、防腐或防火涂料涂装。对每一分项工程，应按照工程合同的质量等级要求，根据该分项工程的实际情况，参照质量评定标准进行验收，并作验收记录。

（3）分部（子分部）工程验收。分部（子分部）工程的验收，应在分部工程中所有分项工程验收合格的基础上，增加三项检查项目：质量控制资料和文件检查；有关安全及功能的检验和见证检测；有关观感质量检验。

（4）单位工程验收。单位工程包括房屋建筑工程、设备安装工程和室外管线工程。

学习项目5 钢结构施工安全

学习目标：通过本项目的学习，掌握钢结构施工安全的要点、安全作业要求。能进行钢结构施工安全管理。

学习情境5.1 钢结构施工安全隐患

生产和安全共处于一体，哪里有生产，哪里就有安全问题存在，而建筑施工过程是各类安全隐患和事故的多发场所之一。保护职工在生产过程中的安全和健康，是我国的一项重要国策，是建筑施工企业不可缺少和忽视的重要工作，是各级领导的不可推卸的神圣职责，同时也是广大职工的切身需要和要求。认真贯彻"安全第一、预防为主"的安全生产方针，及时消除安全隐患和避免安全意外事故发生，有赖于不断地健全与完善安全管理工作，进一步发展安全技术和提高广大职管人员安全工作素质。

在施工中能够引发安全意外事件和伤亡事故的现存问题称为"安全隐患"。

5.1.1 安全隐患的构成

在安全意外事故的5个基本要素中，"致害物"和"伤害方式"只有在事故发生时才能表现出来。因此，有不安全状态、不安全行为和起因物的存在时，就构成了安全的隐患。其构成方式有3种情况，见表5.1。

表5.1 安全隐患的构成方式

类别	安全隐患的构成方式
第一种	不安全状态＋起因物
第二种	不安全行为＋起因物
第三种	不安全状态＋不安全行为＋起因物

5.1.2 安全隐患的分类

国家有关安全主管部门还未对安全隐患的分类做出明确的规定和解释，但在一些相关文件中提到了"重大安全隐患"。因此，可以把安全隐患大致分为以下三级：重大安全隐患、严重安全隐患和一般安全隐患，见表5.2。

表5.2 安全隐患的分类

分类	解释
重大安全隐患	可能导致重大伤亡事故发生的隐患，包括在工程建设中可能导致发生二级以上工程建设重大事故的安全隐患
严重安全隐患	可能导致死亡事故发生的安全隐患，包括在工程建设中可能导致发生四级至二级工程建设重大事故的安全隐患
一般安全隐患	可能导致发生重伤以下事故的安全隐患，包括未列入工程建设重大事故的各类安全意外事故

钢结构的缺陷有先天性的材质缺陷和后天性设计、加工制作、安装和使用缺陷。无论工作怎样精益求精，缺陷也是在所难免的。但缺陷有大小之分，当缺陷超过了有关规范的要求时，缺陷将对钢结构的各项性能构成有害影响，成为事故的潜在隐患，因此必须对缺陷进行

处理和预防。

学习情境 5.2　钢结构施工安全要点

钢结构建筑施工,安全问题十分突出,应该采用有力措施保证安全施工,现将要点列于下面:

(1) 在柱、梁安装后而未设置浇筑楼板用的压型钢板时,为便于柱子螺栓施工的方便,需在钢梁上铺设适当数量的走道板。

(2) 在钢结构吊装时,为防止人员、物料和工具坠落或飞出造成安全事故,需铺设安全、平网和竖网。

安全平网设置在梁面以上 2m 处,当楼层高度小于 4.5 m 时,安全平网可隔层设置。安全平网要求在建筑平面范围内满铺。

安全竖网铺设在建筑物外围,防止人和物飞出造成安全事故。竖网铺设的高度一般为两节柱高。

(3) 为便于接柱施工,在接柱处要设操作平台。平台固定在下节柱的顶部。

(4) 钢结构施工需要许多设备,如电焊机、空压机、氧气瓶、乙炔瓶等,这些设备需随着结构安装而逐渐升高。为此,需在刚安装的钢梁上设置存放设备用的平台。设置平台的钢梁,不能只投入少量临时螺栓,而需将紧固螺栓全部投入并加以拧紧。

(5) 为便于施工登高,吊装柱子前要先将登高钢梯固定在钢柱上。为便于进行柱梁节点紧固高强螺栓和焊接,需在柱梁节点下方安装挂篮脚手。

(6) 施工用的电动机械和设备均须接地,绝对不允许使用破损的导线和电缆,严防设备漏电。施工用电器设备和机械的电缆,须集中在一起,并随楼层的施工而逐节升高。每层楼面须分别设置配电箱,供每层楼面施工用电需要。

(7) 高空施工,当风速为 10m/s 时,如未采取措施吊装工作应该停止。当风速达到 15m/s 时,所有工作均须停止。

(8) 施工时还应该注意防火,提供必要的灭火设备和消防人员。

学习情境 5.3　钢结构安全作业要求

实施安全的施工作业和操作的基本要求是规范和实施安全行为,避免发生不安全行为,以减少安全意外事故发生的可能。

5.3.1　钢结构安全作业要求

1. 防止落物、掷物伤害

在交叉作业,特别是多层垂直交叉作业的情况下,由于操作者行为上的不慎,极易发生因落物或掷物造成的伤害,因此,应特别注意做好以下几点:

(1) 防止工具和零件掉落。作业工人应使用工具袋或手提的工具盒(箱),将工具和小零件等放入工具袋(盒、箱)中,随用随取,避免在架上乱放。

(2) 防止架上材料物品掉落。作业层面上的材料应堆放整齐和稳固,易发生散落的材料,可视其情况采用捆扎或使用专用夹具、盛器,使其不会发生掉落。此外,作业层满铺脚手板并在其外侧加设挡板，是防止材料物品掉落的另一有效措施。

（3）防止施工中的废弃物（块）料掉落。可在作业层上铺设胶合板、铁皮、油毡等接住施工中掉落的砖块、灰浆、混凝土等，然后将施工废弃料收入袋中或容器中吊运。

（4）禁止抛掷物料。往架上供应材料物品或是由架上清走材料物品，都应当采用安全的传递和运输方式，禁止上下抛掷。

2．防止碰撞伤害

在交叉施工中，由于人员多、作业杂，极易在搬运材料和施工操作之中出现各种形式的碰撞伤害或损害，包括碰撞人、脚手架、支撑架、设备和正在施工中的工程。为了避免发生碰撞伤（损）害，应注意以下几点：

（1）施工中所用的较大、较重和较长的材料物品，宜安排在施工间歇期间或在场人员较少时进行。在运输的方式和人力、机械的安排上应能保证运输的安全，避免出现把持不住、晃动、拖带等易导致发生碰撞的现象出现。

（2）供应工作应有条不紊、避免匆忙混乱。在施工中常会发生因待料或紧急需要而提出的急供要求，此时供料者会只顾尽快地运上去而忽视发生碰撞的情况，因此要求越急越要沉着稳重，才能避免忙中出事。

（3）在运输材料时，应注意及时请在场人员配合，必要时可设专门指挥、开路人员。

3．防止作业伤害

这里是指作业者在操作时对别人造成的意外伤害，例如焊工突然引弧电焊，使在近处和通过的人员受电弧光伤害，木工用力撬拆模板和支撑时撞到别的人员，挥动长的工具脱手时伤及别人等，此类情况常以各种形式发生，因此，应当注意以下几点：

（1）在进行作业操作时，应先环顾周围人员情况，必要时，可请别人暂时躲避一下，以免发生误伤事故。

（2）采取必要的防护措施，例如设置电焊作业时的挡弧光围挡等。

（3）安全地进行作业操作

5.3.2 钢结构机械设备安全作业要求

在钢结构施工生产中将会较多地使用机械设备。工程施工中需要解决的任何技术课题和要求，最终都将化为对工艺、材料和机械这三方面的要求。因此，建筑施工机械设备安全使用是安全施工和管理的重要组成部分。

机械使用安全操作的基本要求为：

（1）解决满足机械安全使用要求的有关条件，这是使用机械的首要问题。其要求条件一般包括以下方面：

1）运行和工作场地。

2）基础和固定、停靠要求。

3）机械运（动）作范围内无障碍要求。

4）动力电源和照明条件要求。

5）辅助和配合作业要求。

6）对操作工人的要求。

7）配件和维修要求。

8）对停电和天气变化等事态出现时的要求。

9）指挥和协调要求。

由于施工工地的现有条件不一定都能满足上述各项要求，因此必须采取相应措施和办法加以解决。有时常会因此而出现一些困难甚至是较大的困难，但一定要解决，并且不能降低机械安全运行和使用的要求。否则，将极易引发事故、损坏机械，从而导致远远超过必要投入的经济损失。

（2）对进场的所有施工机械设备进行认真的检查和验收，这是确保机械设备安全运行的基础。其检查验收项目一般包括：

1）查验机械设备的产品生产许可证、合格证、保修证、使用和维修说明书、操作规程（定）、维修合格证、有主管部门验收合格证明以及有关图纸和其他资料。这些资料不仅是机械完好的证明材料，也是编制措施和安全使用的依据资料，要求齐全和真实有效。不属施工项目管理的租赁和分包单位的机械则由租赁和分包单位进行查验并负管理责任。

2）审验进场机械的安全装置和操作人员的资质证明，不合格的机械和人员不得进入施工现场。

3）大型的机械设备如塔吊、搅拌站、固定式混凝土输送设备等，在安装前，工程项目应根据设备提供的设置要求和资料数据进行基础及有关设施的设计与施工，经验收合格后，交有资质的设备安装单位进行安装和调试，调试合格后办理验收、移交和允许使用手续。所有的机械设备的产品、维修和验收资料应由企业或项目的机械管理部门（或人员）统一管理并交安全管理部门一份进行备案。

（3）了解和掌握施工生产对该机械设备作业的技术要求。

（4）严格按照机械设备的操作规程（定）规定的程序和操作要求进行操作。在运行中还应严格地执行定时检查和日常检查制度，以确保机械设备的正常运行。

（5）提高操作技术水平和处理作业中出现问题的能力。发现问题时，应立即停机（车、设备）进行检查和维修处理，避免机械带病运作，以致酿出事故。

施工中常用机械设施等安全使用和操作的要点可以从《建筑机械使用安全技术规程》（JGJ 33—2012）中查找。同时，应当注意主要安全使用和操作要求，在施工生产制订安全措施时，还应仔细学习上述规定并根据实际情况和需要进行必要的细化补充工作。

5.3.3　高处安全作业要求

（1）高处作业的安全技术措施及其所需料具，必须列入工程的施工组织设计。

（2）单位工程施工负责人应对工程的高处作业安全技术负责并建立相应的责任制。施工前，应逐级进行安全技术教育及交底，落实所有安全技术措施和人身防护用品，未经落实时不得进行施工。

（3）高处作业中的安全标志、工具、仪表、电气设施和各种设备，必须在施工前加以检查，确认其完好，方能投入使用。

（4）攀登和悬空高处作业人员以及搭设高处作业安全设施的人员，必须经过专业技术训练及专业考试合格，持证上岗，并必须定期进行体格检查。

（5）施工中对高处作业的安全技术设施，发现有缺陷和隐患时，必须及时解决；危及人身安全的，必须停止作业。

（6）施工作业场所所有可能坠落的物件，应一律先行撤除或加以固定。高处作业中所用的物料，均应堆放平稳，不妨碍通行和装卸。工具应随手放入工具袋；作业中的走道、通道板和登高用具，应随时清扫干净；拆卸下的物件及余料和废料均应及时清理运走，不得随意乱置或向下丢弃。传递物件禁止抛掷。

（7）雨天和雪天进行高处作业时，必须采取可靠的防滑、防寒和防冻措施。凡水、冰、霜均应及时清除。对进行高处作业的高耸建筑物，应事先设置避雷设施。遇有 6 级以上大风、浓雾等恶劣气候，不得进行露天攀登与悬空高处作业，暴风雪及台风暴雨后，应对高处作业安全设施逐一加以检查，发现有松动、变形、损坏或脱落等现象，应立即修理完善。

（8）因作业必需，临时拆除或变动安全防护设施时，必须经施工负责人同意，并采取相应的可靠措施，作业后应立即恢复。

（9）防护棚搭设与拆除时，应设警戒区，并应派专人监护。严禁上下同时拆除。

（10）高处作业安全设施的主要受力杆件，力学计算按一般结构力学公式，强度及挠度计算按现行有关规范进行，但钢受弯构件的强度计算不考虑塑性影响，构造上应符合现行相应规范的要求。

5.3.4 防止高处坠落、物体打击的基本安全要求

（1）高处作业人员必须着装整齐，严禁穿硬塑料底等易滑鞋、高跟鞋，工具应随手放入工具袋。

（2）高处作业人员严禁相互打闹，以免失足发生坠落危险。

（3）在进行攀登作业时，攀登用具结构必须牢固可靠，使用必须正确。

（4）手持机具使用前应检查，确保安全牢靠。洞口临边作业应防止物件坠落。

（5）人员应从规定的通道上下，不得攀爬脚手架、跨越阳台，在非规定通道进行攀登、行走。

（6）悬空作业时，应有牢靠的立足点并正确系挂安全带；现场应视具体情况配置防护栏网、栏杆或其他安全设施。

（7）作业时，所有物料应该堆放平稳，不可放置在临边或洞口附近，并不可妨碍通行。

（8）拆除作业时，对拆卸下的物料、建筑垃圾都要加以消理和及时运走，不得在走道上任意乱置或向下丢弃，保持作业走道畅通。

（9）作业时，不准往下或向上乱抛材料和工具等物。

（10）工作场所内，凡有坠落可能的任何物料，都应先行撤除或加以固定，拆卸作业要在设禁区、有人监护的条件下进行。

5.3.5 防止触电伤害的基本安全操作要求

（1）严禁拆接电气线路、插头、插座、电气设备、电灯等。

（2）使用电气设备前必须要检查线路、插头、插座、漏电保护装置是否完好。

（3）电气线路或机具发生故障时，应找电工处理，非电工不得自行修理或排除故障。

（4）使用振捣器等手持电动机械和其他电动机械从事湿作业时，要由电工接好电源，安装漏电保护器，操作者必须穿戴好绝缘鞋、绝缘手套再进行作业。

学习情境 5.4 钢结构安全管理

5.4.1 钢结构安全管理概述

1. 施工项目安全控制的对象

安全管理通常包括安全法规、安全技术、工业卫生。安全法规侧重于"劳动者"的管

理、约束，控制劳动者的不安全行为；安全技术侧重于"劳动对象和劳动手段"的管理，清除或减少物的不安全因素；工业卫生侧重于"环境"的管理，以形成良好的劳动条件。施工项目安全管理主要以施工活动中的人、物、环境构成的施工生产体系为对象，建立一个安全的生产体系，确保施工活动的顺利进行。施工项目安全控制的对象见表 5.3。

表 5.3　　　　　　　　　　　　　　施工项目安全控制对象

控制对象	措　　施	目　　的
劳动者	依法制定有关安全政策、法规、条例，给予劳动者的人身安全、健康以法律保障的措施	约束控制劳动者的不安全行为，消除或减少主观上的不安全隐患
劳动手段 劳动对象	改善施工工艺，以消除和控制生产过程中可能出现的危险因素，避免损失扩大的安全技术保证措施	规范物的状态，以消除和减轻其对劳动者的威胁和造成财产损失
劳动条件 劳动环境	防止和控制施工中高温、严寒、粉尘、噪声、振动、毒气、毒物等对劳动者安全与健康影响的医疗、保健、防护措施及对环境的保护措施	改善和创造良好的劳动条件，防止职业伤害，保护劳动者身体健康和生命安全

2. 施工安全管理目标及目标体系

（1）施工安全管理目标。施工安全管理目标是在施工过程中，安全工作所要达到的预期效果。工程项目实施施工总承包，总承包单位负责制定。

1）施工安全管理目标依据项目施工的规模、特点制定，具有先进性和可行性；应符合国家安全生产法律、行政法规和建筑行业安全规章、规程及对业主和社会要求的承诺。

2）施工安全管理目标应实现重大伤亡事故为零的目标，以及其他安全目标指标：控制伤亡事故的指标（死亡率、重伤率、千人负伤率、经济损失额等）、控制交通安全事故的指标（杜绝重大交通事故、百车次肇事率等）、尘毒治理要求达到的指标（粉尘合格率）、控制火灾发生的指标等。

（2）施工安全管理目标体系。

1）施工安全管理确定后，要按层次把安全目标分解到岗、落实到人，形成安全目标体系。即施工安全管理总目标，项目经理部下属各单位、各部门的安全指标，施工作业班组安全目标，个人安全目标等。

2）在安全目标体系中，总目标值是最基本的安全指标，而下一层的目标值应略高些，以保证上一层安全目标的实现。如项目安全控制总目标是实现重大伤亡事故为零，中层的安全目标就是除此之外还要求重伤事故为零，施工队一级的安全目标还应进一步要求轻伤事故为零，班组一级，要求险肇事故为零。

3）施工安全管理目标体系应成为全体员工所理解的文件，并保证实施。

3. 施工安全管理的程序

施工项目安全控制的程序主要有：确定施工安全目标，编制施工项目安全保证计划，施工项目安全保证计划实施，施工项目安全保证计划验证，持续改进，兑现合同承诺等。

5.4.2　钢结构安全管理计划与实施

1. 安全管理策划

针对工程项目的规模、结构、环境、技术含量、施工风险和资源配置等因素进行生产策划，策划的内容包括：

（1）配置必要的设施、装备和专业人员，确定控制和检查的手段、措施。

（2）确定整个施工过程中应执行的文件、规范，如脚手架工程、高空作业、机械作业、临时用电、动用明火、沉井、探挖基础施工和爆破工程等作业规定。

（3）确定冬期、雨期、雪天和夜间施工时的安全技术措施及夏季的防暑降温工作。

（4）确定危险部位和过程，对风险大和专业性强的工程项目进行安全论证。同时采取相适宜的安全技术措施，并得到有关部门的批准。

（5）因工程项目的特殊需求所补充的安全操作规定。

（6）制定施工各阶段具有针对性的安全技术交底文本。

（7）制定安全记录表格，确定收集、整理和记录各种安全活动的人员和职责。

2. 施工安全管理计划

主要内容是：

（1）项目经理部应根据项目施工安全目标的要求配置必要的资源，确保施工安全管理目标的实现。专业性较强的施工管理应编制专项安全施工组织设计并采取安全技术措施。

（2）施工安全管理计划应在项目开工前编制，经项目经理批准后实施。

（3）施工安全管理计划的内容主要包括：工程概况、控制程序、控制目标、组织结构、职责权限、规章制度、资源配置、安全措施、检查评价、奖惩制度等。

（4）施工平面图设计是安全管理计划的一部分，设计时应充分考虑安全、防火、防爆、防污染等因素，满足施工安全生产的要求。

（5）项目经理部应根据工程特点、施工方法、施工程序、安全法规和标准的要求，采取可靠的技术措施，消除安全隐患，保证施工安全和周围环境的保护。

（6）对结构复杂、施工难度大、专业性强的项目，除制定项目总体安全管理计划外，还须制定单位工程或分部、分项工程的安全施工措施。

（7）对高空作业、井下作业、水上作业、水下作业、深基础开挖、爆破作业、脚手架作业、有害有毒作业、特种机械作业等专业性强的施工作业，以及从事电气、压力容器、起重机、金属焊接、井下瓦斯检验、机动车和船舶驾驶等特殊工种的作业，应制订单项安全技术方案和措施，并应对管理人员和操作人员的安全作业资格和身体状况进行合格审查。

（8）安全技术措施是为防止工伤事故和职业病的危害，从技术上采取的措施，应包括：防火、防毒、防爆、防洪、防尘、防雷击、防触电、防坍塌、防物体打击、防机械伤害、防溜车、防高空坠落、防交通事故、防寒、防暑、防疫、防环境污染等方面的措施。

（9）实行分包项目安全计划应纳入总包项目安全计划，分包人应服从承包人的管理。

3. 施工安全管理计划的实施

施工安全计划实施前，应按要求上报，经项目业主或企业有关负责人确认审批后报上级主管部门备案。执行安全计划的项目经理部负责人也应参与确认。主要是确认安全计划的完整性和可行性，项目经理部满足安全保证的能力，各级安全生产岗位责任制与安全计划不一致的事宜是否解决等。

施工安全管理计划的实施主要包括项目经理部制定建立安全生产控制措施和组织系统、执行安全生产责任制、对全员有针对性地进行安全教育和培训、加强安全技术交底等工作。

学习情境 5.5 施工现场消防要点

施工现场一般包括办公室、宿舍、工人休息室，食堂、锅炉房及其他固定生产用火，临时变电所（配电箱）和场地照明，木工房、工棚、易燃物品仓库（如电石、油料、油漆等）、非燃烧材料仓库或堆场、可燃材料堆场，以及道路、消防设施等。施工现场消防安全形势十分严峻，必须严格管理，保证不出事故。

消防要点包括以下方面内容：

（1）在编制施工组织设计时，应将施工现场的平面布置图、施工方法和施工技术中的消防安全要求一并结合考虑。如施工现场的平面布局，暂设工程的搭建位置，用火用电和使用易燃物品的安全管理，各项防火安全规章制度的建立，消防设施和消防组织是否齐全等。

（2）在施工现场明确划分：用火作业区；易燃、可燃材料堆场，仓库区；易燃废品集中站和生活区等。注意将火灾危险性大的区域设置在其他区域的下风向。

（3）施工现场的道路，夜间应有照明设备；在高压架空电力线下面不要搭设临时性建筑物或堆放可燃材料。

（4）施工现场消防通道，必须保证在任何情况下都能通行无阻，其宽度应不小于 3.5m，当道路的宽度仅能供一辆消防车通过时，应在适当地点修建回车道。施工现场的消防水池，要筑有消防车能驶入的道路；如果不可能修筑出入通道时，应在水池一边铺砌消防车停靠和回车空地。

（5）施工现场要设有足够的消防水源（给水管道或水池），对有消防给水管道设计的工程，最好在建筑施工时，先敷设好室外消防给水管道与消火栓，使在建筑开始时就可以使用。

（6）临时性的建筑物、仓库以及正在修建的建筑物近旁，都应该配置适当种类和一定数量的灭火器，并布置在明显和便于取用的地点。在寒冷季节还应对消防水池、消火栓和灭火器等做好防冻工作。

（7）关于其他生产、生活用火以及用电管理，易燃、可燃材料和化学危险物品的管理等方面的防火要求，可参照《防火检查手册》有关章节。

（8）电、气焊作业应注意以下几点：

1）焊、割作业点与氧气瓶、电石桶、乙炔发生器的距离不小于 10m，与易燃易爆物品的距离不得小于 30m。

2）乙炔发生器与氧气瓶之间距离，在存放时不得小于 2m，在使用时不得小于 5m。

3）氧气瓶、乙炔发生器等焊、割设备上的安全附件应完整有效。

4）严格执行"十不烧"规定［见《建筑施工手册》（第四版）表 35～表 65］。

5）作业前应有书面的防火交底和作业者签字，作业时备有灭火器材，作业后清理热物和切断电源、气源。

（9）涂（喷）漆作业应注意以下几点：

1）作业场所应通风良好，防止空气形成爆炸浓度，采用防爆型电器设备，严禁火源带入。

2）禁止与焊割作业同时或同部位上下交叉进行。

3）接触涂料、稀释剂的工具应采用防火花型。

4）浸有涂料、稀释剂的破布、棉纱、手套和工作服等应及时清除，防止堆放生热自燃。

项 目 小 结

本项目主要讲述钢结构施工中的安全问题，通过本项目的学习，应掌握安全问题的一些基本要求和注意事项，同时必须结合实际来掌握这些要点，注意在以后工作中结合实际来看待安全问题。

习 题

1. 什么是安全隐患？在钢结构施工中有哪些安全隐患？哪些是主要方面？

2. 钢结构施工中有哪些要点？

3. 在钢结构施工中有哪些工种？各有哪些安全作业要求？

4. 安全管理主要有哪些方面？如何制定安全保障计划？

5. 施工现场有哪些地方在消防方面要加强管理？有哪些要点？

附　图

<table>
<tr><td colspan="6" align="center">图　纸　目　录</td></tr>
<tr><td rowspan="2" colspan="2" align="center">××××建筑设计院
建设部甲级××××号</td><td align="center">工程名称</td><td align="center">厂房</td><td align="center">工程编号</td><td></td></tr>
<tr><td align="center">项　目</td><td></td><td align="center">日　期</td><td></td></tr>
<tr><td align="center">序号</td><td align="center">图纸名称</td><td align="center">图号</td><td align="center">图幅</td><td colspan="2" align="center">备注</td></tr>
<tr><td align="center">1</td><td>图纸目录</td><td></td><td align="center">A4</td><td colspan="2"></td></tr>
<tr><td align="center">2</td><td>钢结构设计说明（一）</td><td align="center">结施 01</td><td align="center">A3</td><td colspan="2"></td></tr>
<tr><td align="center">3</td><td>钢结构设计说明（二）</td><td align="center">结施 02</td><td align="center">A3</td><td colspan="2"></td></tr>
<tr><td align="center">4</td><td>钢结构设计说明（三）</td><td align="center">结施 03</td><td align="center">A3</td><td colspan="2"></td></tr>
<tr><td align="center">5</td><td>基础平面布置图</td><td align="center">结施 04</td><td align="center">A2</td><td colspan="2"></td></tr>
<tr><td align="center">6</td><td>基础详图（一）</td><td align="center">结施 05</td><td align="center">A3</td><td colspan="2"></td></tr>
<tr><td align="center">7</td><td>基础详图（二）</td><td align="center">结施 06</td><td align="center">A3</td><td colspan="2"></td></tr>
<tr><td align="center">8</td><td>钢柱平面布置图</td><td align="center">结施 07</td><td align="center">A2</td><td colspan="2"></td></tr>
<tr><td align="center">9</td><td>柱脚和锚栓详图</td><td align="center">结施 08</td><td align="center">A3</td><td colspan="2"></td></tr>
<tr><td align="center">10</td><td>Ⓐ轴墙面檩条布置图</td><td align="center">结施 09</td><td align="center">A2</td><td colspan="2"></td></tr>
<tr><td align="center">11</td><td>Ⓔ轴墙面檩条布置图</td><td align="center">结施 10</td><td align="center">A2</td><td colspan="2"></td></tr>
<tr><td align="center">12</td><td>①、⑮轴墙面檩条布置图</td><td align="center">结施 11</td><td align="center">A3</td><td colspan="2"></td></tr>
<tr><td align="center">13</td><td>屋面支撑布置图</td><td align="center">结施 12</td><td align="center">A2</td><td colspan="2"></td></tr>
<tr><td align="center">14</td><td>屋面檩条布置图</td><td align="center">结施 13</td><td align="center">A2</td><td colspan="2"></td></tr>
<tr><td align="center">15</td><td>GJ－1 刚架详图</td><td align="center">结施 14</td><td align="center">A3</td><td colspan="2"></td></tr>
<tr><td align="center">16</td><td>GJ－2 刚架详图</td><td align="center">结施 15</td><td align="center">A3</td><td colspan="2"></td></tr>
<tr><td align="center">17</td><td>刚架节点详图</td><td align="center">结施 16</td><td align="center">A3</td><td colspan="2"></td></tr>
<tr><td align="center">18</td><td>次构件详图</td><td align="center">结施 17</td><td align="center">A3</td><td colspan="2"></td></tr>
<tr><td align="center">19</td><td></td><td></td><td></td><td colspan="2"></td></tr>
<tr><td align="center">20</td><td></td><td></td><td></td><td colspan="2"></td></tr>
<tr><td align="center">21</td><td></td><td></td><td></td><td colspan="2"></td></tr>
<tr><td colspan="3">校对：_____</td><td colspan="3">制表：_____</td></tr>
</table>

附图 1　图纸目录

钢结构设计说明（一）

一、设计依据

1.1 国家现行建筑结构设计规范、规程。

1.2 钢结构设计、制作、安装、验收应遵循下列规范、规程：

1.2.1 《碳素结构钢》（GB/T 700—88）

1.2.2 《低合金高强度结构钢》（GB 50018—2002）

1.2.3 《冷弯薄壁型钢结构技术规范》（GB 50017—2003）

1.2.4 《门式刚架轻型房屋钢结构技术规程》（CESS 102：2002）

1.2.5 《钢结构工程施工质量验收规范》（GB 50206—2001）

1.2.6 《建筑钢结构焊接技术规程》（JGJ 81—2002）

1.2.7 《钢结构高强度螺栓连接的设计、施工及验收规程》（JGJ 82—91）

二、本说明为本工程钢结构部分设计说明，基础及钢筋混凝土部分详见结施图中土建结构设计说明。

三、主要设计条件

3.1 按重要性分类：本工程安全等级为三级。

3.2 本工程主体结构使用年限为 50 年。

3.3 本工程建筑抗震设防类别为丙类，抗震设防烈度为 7 度，设计地震分组为第二组，设计基本地震加速度为 0.15g，场地类别为 Ⅱ 类

3.4 ××××地区基本风压为 0.70kN/m²，地面粗糙度为 B 类，刚架、檩条、墙梁及围护结构构件采用风荷载体型系数按《门式刚架轻型房屋钢结构技术规程》（CECS 102：2002）取值。

3.5 设计荷载标准值：

3.5.1 屋面恒荷载（不含刚架自重）：0.25kN/m²。

3.5.2 屋面活荷载：0.30kN/m²；

3.5.3 屋面施工荷载：1.0kN。

四、本工程±0.000 为室内地坪标高，相当于绝对标高建筑施

本工程所有结构施工图中标注的尺寸除高以 m 为单位外，其余尺寸均以 mm 为单位，图纸中所有尺寸均以标注为准，不得以比例尺量取图中尺寸。

五、结构概况

本工程为单层钢结构门式刚架厂房，跨度为 25m，柱距为 6.0m，檐高为 7m，轴线面积为 1800m²。

六、设计控制参数

6.1 刚架斜梁挠度限值（不设吊顶）：1/180。

6.2 屋面檩条挠度限值：1/150，墙面檩条挠度限值：1/100。

七、材料

7.1 本工程所选用材料的性能、质量应符合合下列规范：

7.1.1 《碳素结构钢》（GB/T 700—88）

7.1.2 《低合金高强度结构钢》（GB/T 1591—94）

7.1.3 《钢结构用扭剪型高强螺栓》（GB 3732—3733—83）

7.1.4 《融化焊用焊丝》（GB 4957—94）

7.1.5 《碳素钢埋弧焊用焊剂》（GB/T 5293—85）

7.1.6 《低合金钢埋弧焊用焊剂》（GB/T 2470—90）

7.1.7 《碳钢焊条》（GB/T 5117—95）

7.1.8 《碳低合金钢焊条》（GB/T 5118—95）

7.1.9 《钢结构防火涂料应用技术规范》（CECS 24：90）

7.2 本工程所采用的钢材除满足材料规范外，地震区尚应满足下列要求：

7.2.1 钢材的抗拉强度与屈服强度实测值的比值不小于 1.2。

7.2.2 钢材应具有明显的屈服台阶，且伸长率应大于 20%。

7.2.3 钢材应具有良好的可焊性和冲击韧性。

7.3 本工程钢架梁、柱采用Q345B，梁柱端头板、连接板采用Q345B加劲肋采用Q345B，吊车构件采用 Q235。

7.4 除屋面檩条墙檩采用Q235外，所有结构加劲板、连接板加劲板厚度均为6mm。

7.5 钢结构主结构连接除需采用 10.9 级摩擦型高强螺栓，要求摩擦面抗滑移系数≥0.45（对钢材为Q345）或 0.40（对钢材为Q235）。

7.6 檩条与檩托、檩撑以及网架斜梁等刚架斜梁次要连接采用普通螺栓，普通螺栓应符合现行国家标准《六角螺栓—C级》（GB 5780）的规定。基础锚栓采用 Q235。

7.7 檩条：

7.7.1 屋面采用C150×2.0 型镀锌檩条，墙面采用C150×2.0型镀锌檩条。

7.7.2 镀层处理：连续热浸镀锌檩条滚压成型，自动冲孔截切。

7.7.3 其标称镀锌量为 275g/m²，所具有原厂提供之材质证明，不得使用黑铁皮镀锌，避免变形侧曲。

×××× 建筑设计院 建设甲级××××		
院长	专业负责人	×××× 有限公司
审定	校对	工程名称
审核	设计	项目
工程负责人	制图	

工程编号、图别、图号、日期 2003.11

附图 2 钢结构设计说明（一）

288

钢结构设计说明（二）

7.8 压型钢板：

7.8.1 屋面采用彩色夹芯浪板，压型彩板厚度为 0.426mm，墙面采用 PU 型彩色浪板。

基材厚度为 0.426mm，总厚度为 0.48mm。

7.8.2 钢板镀层：冷轧钢板经连续热浸镀铝锌处理，其标称镀铝锌量为 150g/m²。

7.8.3 屋面天沟：采用厚度同屋面材质彩板的彩色板外天沟。

7.8.4 零配件：

7.8.4.1 固定屋面钢板自攻螺丝应经镀锌处理，螺丝之帽盖用尼龙头覆盖，且钻

尾能够自行钻孔固定在钢结构上。

7.8.4.2 止水胶泥：应使用中性之止水胶泥（硅胶）。

八、钢结构制作与加工

8.1 除地脚螺栓外，钢结构件钻孔直径均比螺栓直径大 1.5～2.0mm。

8.2 檩条及墙梁：

8.2.1 打孔处理，除图中特别注明外，打孔尺寸一律为（长圆孔）φ14mm×18mm，并

与 M12 螺栓配合使用，详见图 1。

8.2.2 固定方式，以 M12 螺栓将檩条固定于檩托板。

檩条规格	X	B	t
C150	50	55	6
Z200	100	55	6
Z250	150	55	6
Z300	200	55	8

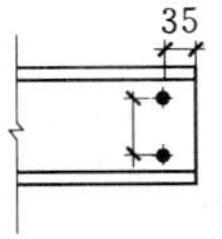

图 1　檩条冲孔标准尺寸图　图 2　标准檩托尺寸图

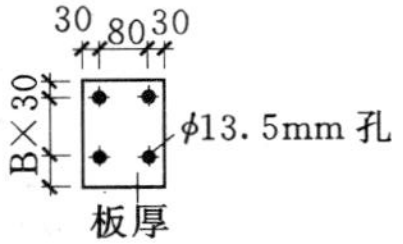

8.3 焊接：

8.3.1 焊接时应选择合理的焊接工艺及焊接顺序，以减

少钢结构中产生的焊接应力和焊接变形。

8.3.2 组合 H 型钢因焊接产生的变形应以机械或此火矫

矫正调直，具体做法应符合 GB 50205 的相关规定。

8.3.3 Q345 与 Q345 钢之间焊接应采用 E50 型焊条，

Q235 与 Q235 钢之间焊接应采用 E43 型焊条，Q345 与 Q235

钢之间焊接应采用 E43 型焊条。

8.3.4 焊缝质量等级：端板与柱、梁翼板和腹板的连接

焊缝为全熔透剖口焊，质量等级为二级，其余为三级。

8.3.5 构件角焊缝厚度范围详见图 3。

角焊缝焊件的厚度 较厚焊件的厚度 (mm)	角焊缝的最小焊脚尺寸 h_f				角焊缝的最大焊脚尺寸 h_f	
	手工焊接 (mm)	埋弧焊接 (mm)			较薄焊件的厚度 (mm)	最大焊脚尺寸 (mm)
≤4	4	3			4	5
5～7	4	3			5	6
8～11	5	4			6	7
12～16	6	5			8	10
17～21	7	6			10	12
22～26	8	7			12	14
27～36	9	8			14	17

图 3　焊脚尺寸

所有非施工图所示构件拼接应采用对接焊质量应

达到二级。图中未注明的焊脚尺寸均为 5mm。

九、钢结构的运输、检验、堆放

9.1 在运输及操作前应采用措施防止构件变形和损坏。

9.2 结构安装过程中应对构件进行全面检查；如构件孔之间的尺寸是否符合设计的要求等。

9.3 垂直度，安装接头处螺栓孔地应事先夯实，并做好四周排水。

9.4 构件堆放时，应先放置枕木垫平，不宜直接将构件放置于

地面上。

9.5 檩条卸货后，如因其他原因未及时覆盖，应采用防水布覆

盖，以防止檩条出现"白化"现象。

×××× 有限公司			
厂房		图别	结施
工程名称		图号	
项　目	钢结构设计说明（二）	日期	2003.11

×××× 建筑设计院

建设部甲级 ××××号

院长		专业负责人	
审定		校对	
审核		设计	
工程负责人		制图	

附图 3　钢结构设计说明（二）

钢结构设计说明（三）

十、钢结构安装

10.1 柱脚及基础锚栓的安装：

10.1.1 应先在混凝土短柱上用墨线及经纬仪将各中心线弹出，用水准仪将标高引测到锚栓上。

10.1.2 基础底板及锚栓尺寸经复验符合 GB 50205 要求且基础混凝土强度等级达到设计强度等级的 70%后方可进行钢柱安装。

10.1.3 钢柱脚地脚螺栓采用斜垫调整水平（每组垫片不应超过 5 块）。待结构形成空间单元且经检测、校核几何尺寸无误后、柱脚采用 C30 微膨胀自流性细石混凝土浇筑柱底空隙、可采用压力灌浆、应确保密实。

10.2 结构安装：

10.2.1 刚架安装顺序：应先安装靠近山墙的有柱间支撑的两榀刚架，后安装其他刚架。头两榀刚架安装完毕后，再调整两榀刚架间的水平系杆、檩条、柱间支撑及屋面水平支撑的垂直度及水平度。

10.2.2 待调整正确后方可锁定支撑，后安装其他刚架。

10.2.3 除头两榀刚架外，其余榀的檩条、墙架、隅撑的螺栓均应校准再进行拧紧。

10.2.4 钢柱吊装：钢柱吊至基础短柱顶面后，采用经纬仪进行校正。

10.2.5 刚架屋面斜梁组装：斜梁跨度较大，在地面组装时应尽量采用立拼，预防斜梁侧向变形。

10.2.6 檩条的安装应待刚架主结构调整定位后进行，檩条安装后应用拉杆调整平直度。

10.2.7 结构吊（安）装时应采取有效措施确保结构的稳定，并防止产生过大变形。

10.2.8 结构安装完成后，应详细检查运输、安装过程中涂层的擦伤，并补刷油漆，对所有的连接螺栓应逐一检查，以防漏拧或松动。

10.2.9 不得利用已安装就位的构件起吊其他重物，不得在构件上加焊非设计要求的其他构件。

10.3 高强螺栓施工：

10.3.1 钢构件加工时、在钢构$\frac{1}{2}$件高强螺栓结合部位表面除锈，喷砂后立即贴上胶带密封，待钢构件吊装拼装时用铲刀将胶带铲除干净，严禁在高强螺栓连接处摩擦面上做任何标记。

10.3.2 对在现场发现的因加工误差而无法进行施工的构件螺栓孔，严禁采用锤击螺栓强行穿入或用气割扩孔，应与设计及相关部门协商处理，高强螺栓不得作为临时安装螺栓。

10.3.3 高强螺栓施工顺序应由中间向两端逐步交错进行。

十一、钢结构涂装

11.1 除锈：除镀锌构件外，钢构件制作前表面均应进行喷砂（抛丸）除锈处理，不得手工除锈，除锈质量等级应达到国标 GB 8923 中 Sa2级标准。

11.2 涂漆：底漆为两道红丹底漆，再涂$\frac{1}{2}$两道面漆、其中最后一道面漆应在安装完成后工地涂制。

11.3 漆膜总厚度不小于 120μm（高强螺栓结合处的摩擦面不得涂漆）。

十二、钢结构防火工程

12.1 本工程耐火等级为三级，要求钢构件耐火极限为：钢柱 2.0h，钢梁 1.0h。

12.2 钢结构耐火防护做法：

12.2.1 防火等级依照建筑设计要求；

12.2.2 所选用的钢结构防火涂料应满足 CECE24 的要求且应与防锈蚀油漆（涂料）进行相溶性试验，试验合格后方可使用。

十三、钢结构维护

钢结构使用过程中，应根据使用情况（如涂装材料使用年限，结构使用环境条件等），定期对结构进行必要维护（如进行涂装、更换损坏构件等），以确保使用过程中的结构安全。

十四、其他

14.1 本设计未考虑雨季施工，雨季施工时应采取相应的施工技术措施。

14.2 未尽事宜应按照现行施工及验收规范、规程的有关规定进行施工。

××××建筑设计院 建设部甲级××××号				工程名称	××××有限公司	
				项　目	厂房	
院长		专业负责人		钢结构设计说明（三）	工程编号	
审定		校对			图别	结施
审核		设计			图号	
工程负责人		制图			日期	2003.11

附图 4 钢结构设计说明（三）

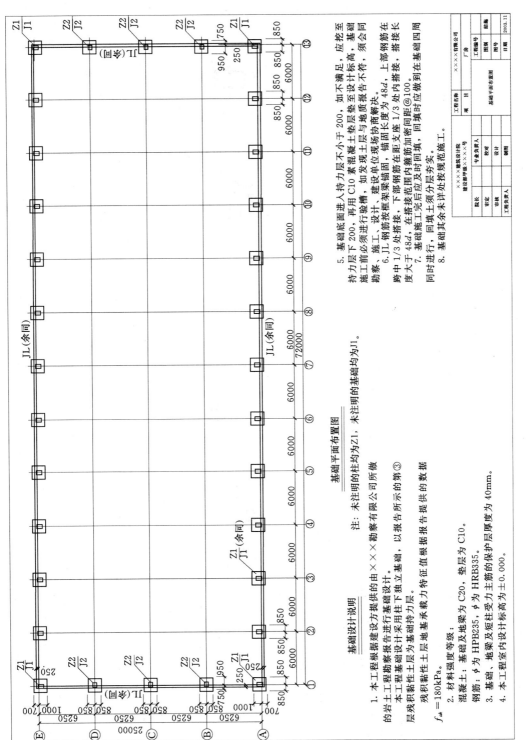

基础平面布置图

注：未注明的柱均为Z1，未注明的基础均为J1。

基础设计说明

1. 本工程根据建勘察方提供的由××××勘察有限公司所做的岩土工程勘察报告进行基础设计。本工程基础设计采用柱下独立基础。
本工程地层为基础持力层。层残积粘性土层地基承载力特征值根据据报告提供的数据$f_{ak}=180kPa$。
2. 材料强度等级：
混凝土：基础及地梁为C20，垫层为C10。
钢筋：ϕ 为HPB235，ϕ 为HRB335。
3. 基础、地梁及短柱受力主筋的保护层厚度为40mm。
4. 本工程室内设计标高为±0.000。

5. 基础底面进入持力层不小于200，如不满足，应挖至持力层下200，再用C10素混凝土垫层垫至设计标高，基础施工前必须进行验槽，如发现现场与地质报告不符，须会同勘察、设计、施工、建设单位现场协商解决。
6. JL钢筋搭接，下部钢筋在距支座1/3处内搭接，锚固长度为48d，上部钢筋在跨中1/3处搭接48d，在搭接范围内箍筋应加密间距@100。
7. 基础施工完后应及时回填，回填时应做到基础四周同时进行，回填土须分层夯实。
8. 基础其余未详处按规范施工。

×××建筑设计院建设部甲级××××号		
院长	专业负责人	
审定	校对	
审核	设计	
工程负责人	制图	

工程名称	×××有限公司	图别	结施
项　目		图号	
厂房			
基础平面布置图		日期	2003.11

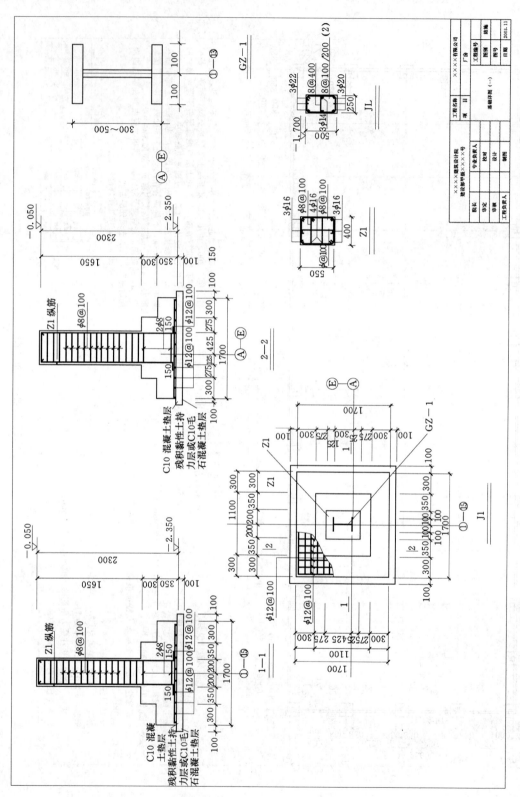

附图 6　基础详图（一）

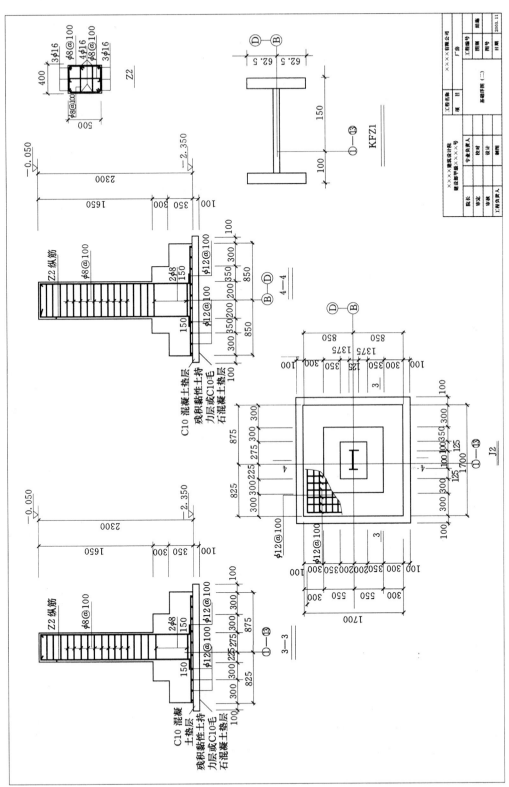

附图 7　基础详图（二）

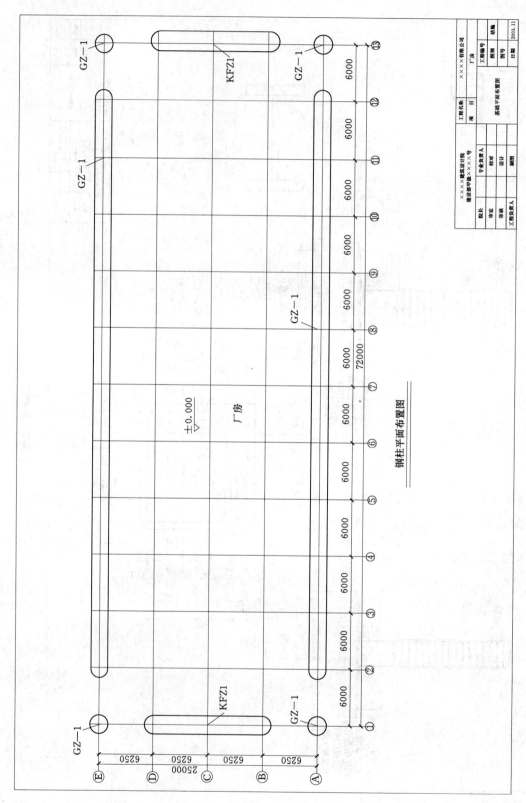

钢柱平面布置图

附图 8　钢柱平面布置图

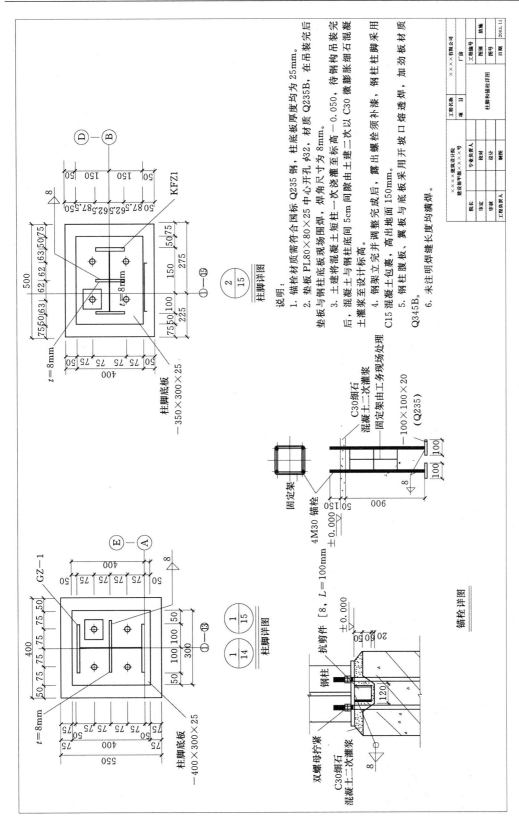

说明：

1. 锚栓材质需符合国标 Q235 钢，柱底板厚度均为 25mm。

2. 垫板与钢柱底板现场围焊，焊角尺寸为 8mm。

3. 土建将混凝土短柱一次浇灌至标高 −0.050，待钢构吊装完后，混凝土与钢柱底间 5cm 间隙由土建二次灌以 C30 微膨胀细石混凝土灌浆至设计标高。

4. 钢架立柱平调整完成后，露出螺栓须补漆，钢柱柱脚采用 C15 混凝土包裹，高出地面 150mm。

5. 钢柱腹板、翼板与底板采用开坡口熔透焊，加劲板材质采用 Q345B。

6. 未注明焊缝长度均为满焊。

附图 9　柱脚和锚栓详图

295

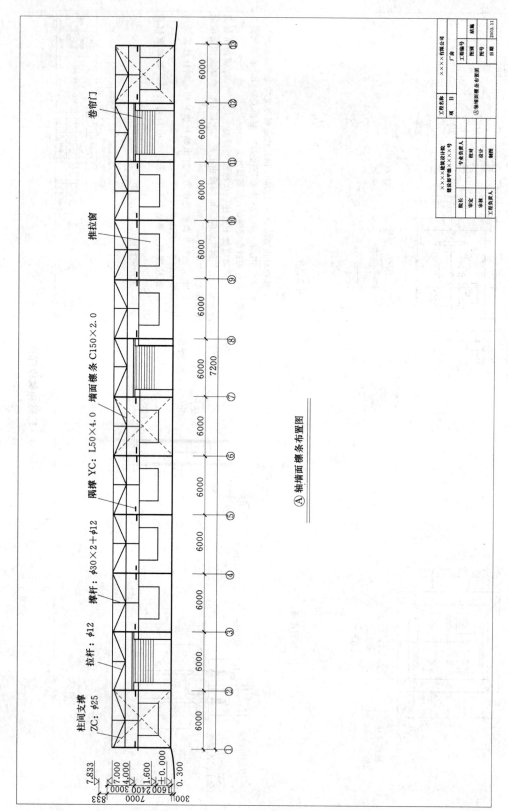

附图 10　Ⓐ轴墙面檩条布置图

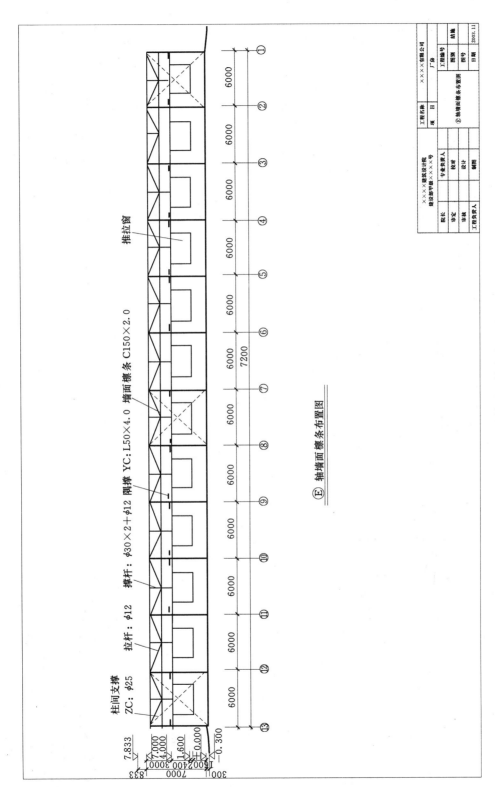

附图 11 Ⓔ轴墙面檩条布置图

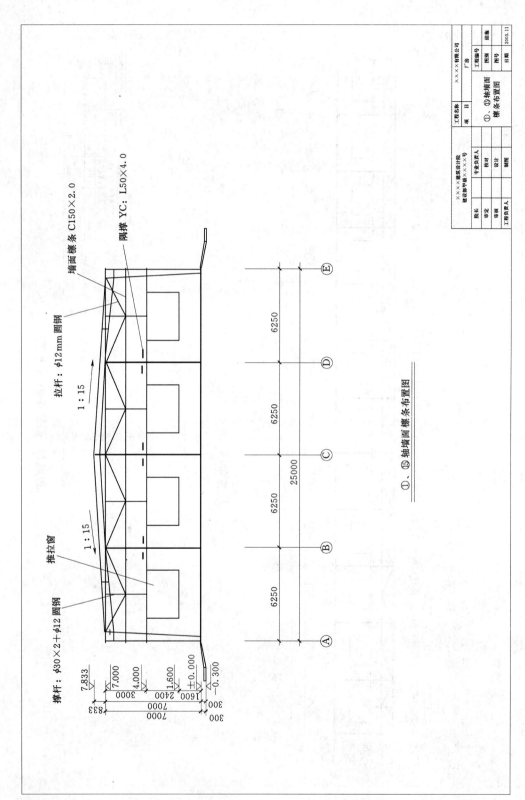

附图 12　①、⑮轴墙面檩条布置图

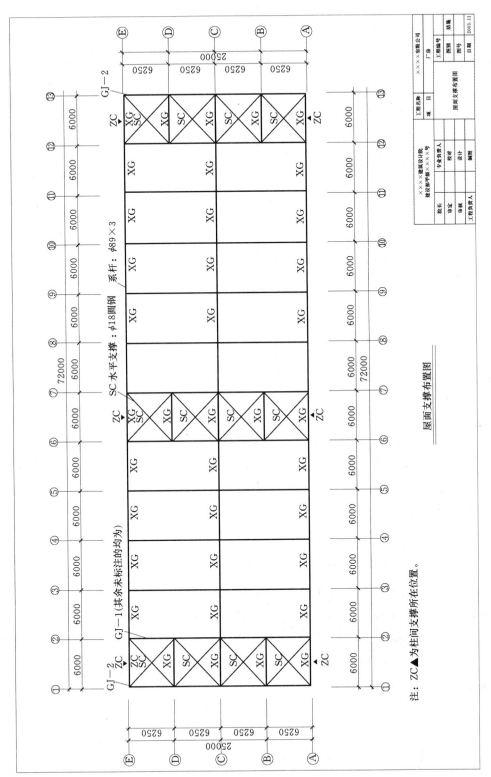

附图 13　屋面支撑布置图

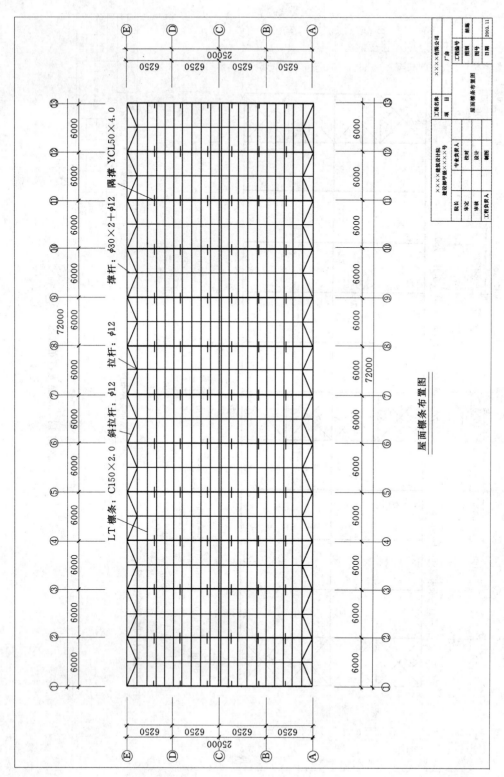

屋面檩条布置图

附图 14　屋面檩条布置图

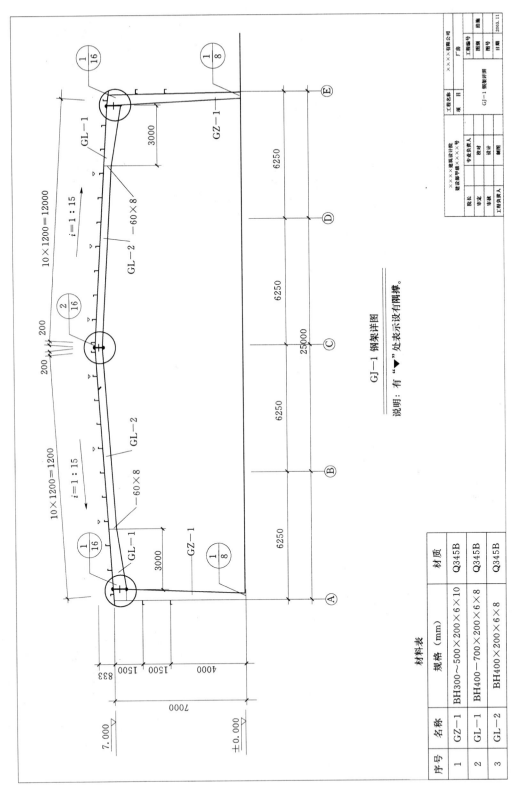

GJ—1 钢架详图

说明：有"▼"处表示设有隅撑。

材料表

序号	名称	规格（mm）	材质
1	GZ—1	BH300～500×200×6×10	Q345B
2	GL—1	BH400—700×200×6×8	Q345B
3	GL—2	BH400×200×6×8	Q345B

附图 15　GJ—1 刚架详图

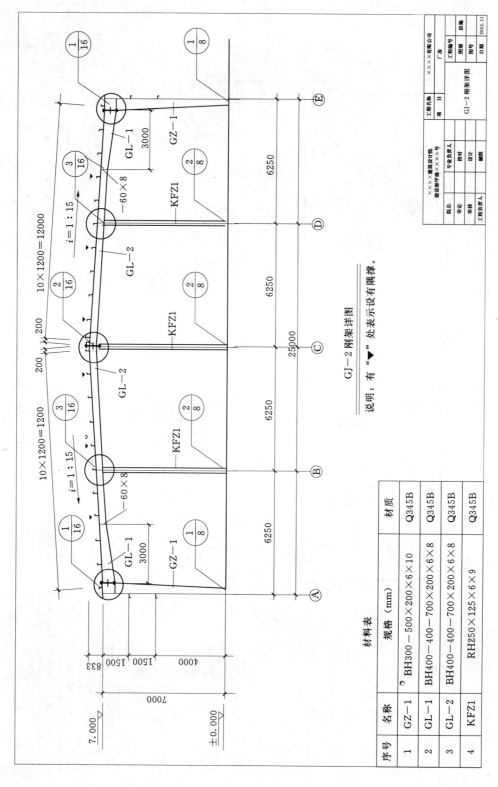

材料表

序号	名称	规格（mm）	材质
1	GZ—1	BH300－500×200×6×10	Q345B
2	GL—1	BH400－400－700×200×6×8	Q345B
3	GL—2	BH400－400－700×200×6×8	Q345B
4	KFZ1	RH250×125×6×9	Q345B

GJ—2 刚架详图

说明：有"▼"处表示设有隅撑。

附图 16　GJ—2 刚架详图

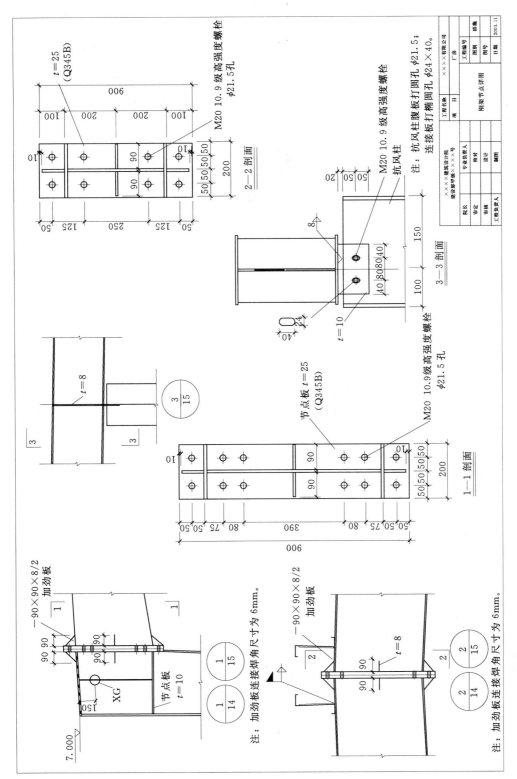

附图 17　刚架节点详图

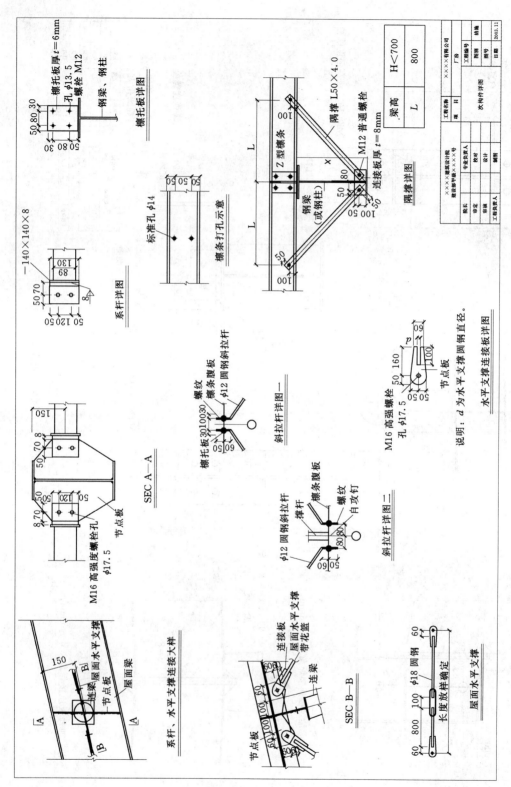

附图 18 次构件详图

附　表

　　　　　　　　　　　　　　　材料主控项目检验的要求和方法

项目	项次	项目内容	规范编号	验收要求	检验方法	检查数量
钢材	1	钢材、钢铸件品种、规格	第 4.2.1 条	钢材、钢铸件的品种、规格、性能等应符合现行国家产品标准和设计要求。进口钢材产品的质量应符合设计和合同规定标准的要求	检查质量合格证明文件、中文标志及检验报告等	全数检查
	2	钢材复验	第 4.2.2 条	对属于下列情况之一的钢材，应进行抽样复验，其复验结果应符合现行国家产品标准和设计要求。 （1）国外进口钢材； （2）钢材混批； （3）板厚不小于 40mm，且设计有 Z 向性能要求的厚板； （4）建筑结构安全等级为一级，大跨度钢结构中主要受力构件所采用的钢材； （5）设计有复验要求的钢材； （6）对质量有疑义的钢材	检查复验报告	全数检查
焊接材料	1	焊接材料品种、规格	第 4.3.1 条	焊接材料的品种、规格、性能等应符合现行国家产品标准和设计要求	检查焊接材料的质量合格证明文件、中文标志及检验报告等	全数检查
	2	焊接材料复验	第 4.3.2 条	重要钢结构采用的焊接材料应进行抽样复验，复验结果应符合现行国家产品标准和设计要求	检查复验报告	全数检查
连接用紧固标准件	1	成品进场	第 4.4.1 条	钢结构连接用高强度大六角头螺栓连接副、扭剪型高强度螺栓连接副、钢网架用高强度螺栓、普通螺栓、铆钉、自攻钉、拉铆钉、射钉、锚栓（机械型和化学试剂型）、地脚锚栓等紧固标准件及螺母、垫圈等标准配件，其品种、规格、性能等应符合现行国家产品标准和设计要求。高强度大六角头螺栓连接副和扭剪型高强度螺栓连接副出厂时应分别随箱带有扭矩系数和紧固轴力（预拉力）的检验报告	检查产品的质量合格证明文件、中文标志及检验报告等	全数检查

项目	项次	项目内容	规范编号	验收要求	检验方法	检查数量
连接用紧固标准件	2	扭矩系数	第4.4.2条	高强度大六角头螺栓连接副应按《钢结构工程施工质量验收规范》(GB 50205—2001)附录B的规定检验其扭矩系数，其检验结果应符合《钢结构工程施工质量验收规范》(GB 50205—2001)附录B的规定	检查复验报告	随机抽取，每批8套
	3	预拉力复验	第4.4.3条	扭剪型高强度螺栓连接副应按《钢结构工程施工质量验收规范》(GB 50205—2001)附录B的规定检验预拉力，其检验结果应符合《钢结构工程施工质量验收规范》(GB 50205—2001)附录B的规定	检查复验报告	随机抽取，每批8套
焊接球	1	材料品种、规格	第4.5.1条	焊接球及制造焊接球所采用的原材料，其品种、规格、性能等应符合现行国家产品标准和设计要求	检查产品的质量合格证明文件、中文标志及检验报告等	全数检查
	2	焊接球加工	第4.5.2条	焊接球焊缝应进行无损检验，其质量应符合设计要求，当设计无要求时应符合本规范中规定的二级质量标准	超声波探伤或检查检验报告	每一规格按数量抽查5%，且不应少于3个
螺栓球	1	材料品种、规格	第4.6.1条	螺栓球及制造螺栓球节点所采用的原材料，其品种、规格、性能等应符合现行国家产品标准和设计要求	检查产品的质量合格证明文件、中文标志及检验报告等	全数检查
	2	螺栓球加工	第4.6.2条	螺栓球不得有过烧、裂纹及褶皱	用10倍放大镜观察和表面探伤	每种规格抽查5%，且不应少于5只
封板、锥头和套筒	1	材料品种、规格	第4.7.1条	封板、锥头和套筒及制造封板、锥头和套筒所采用的原材料，其品种、规格、性能等应符合现行国家产品标准和设计要求	检查产品的质量合格证明文件、中文标志及检验报告等	全数检查
	2	外观检查	第4.7.2条	封板、锥头、套筒外观不得有裂纹、过烧及氧化皮	用放大镜观察检查和表面探伤	每种抽查5%，且不应少于10只
金属压型板	1	材料品种、规格	第4.8.1条	金属压型板及制造金属压型板所采用的原材料，其品种、规格、性能等应符合现行国家产品标准和设计要求	检查产品的质量合格证明文件、中文标志及检验报告等	全数检查
	2	成品品种、规格	第4.8.2条	压型金属泛水板、包角板和零配件的品种、规格以及防水密封材料的性能应符合现行国家产品标准和设计要求	检查产品的质量合格证明文件、中文标志及检验报告等	全数检查

项目	项次	项目内容	规范编号	验收要求	检验方法	检查数量
涂装材料	1	防腐涂料性能	第4.9.1条	钢结构防腐涂料、稀释剂和固化剂等材料的品种、规格、性能等应符合现行国家产品标准和设计要求	检查产品的质量合格证明文件、中文标志及检验报告等	全数检查
	2	防火涂料性能	第4.9.2条	钢结构防火涂料的品种和技术性能应符合设计要求，并应经过具有资质的检测机构检测符合国家现行有关标准的规定	检查产品的质量合格证明文件、中文标志及检验报告等	全数检查
其他材料	1	橡胶垫	第4.10.1条	钢结构用橡胶垫的品种、规格、性能等应符合现行国家产品标准和设计要求	检查产品的质量合格证明文件、中文标志及检验报告等	全数检查
	2	特殊材料	第4.10.2条	钢结构工程所涉及的其他特殊材料，其品种、规格、性能等应符合现行国家产品标准和设计要求	检查产品的质量合格证明文件、中文标志及检验报告等	全数检查

附表 2　　　　　　　　材料一般项目检验的要求和方法

项目	项次	项目内容	规范编号	验收要求	检验方法	检查数量
钢材	1	钢板厚度	第4.2.3条	钢板厚度及允许偏差应符合其产品标准的要求	用游标卡尺量测	每一品种、规格的钢板抽查5处
	2	型钢规格尺寸	第4.2.4条	型钢的规格尺寸及允许偏差符合其产品标准的要求	用钢尺和游标卡尺量测	每一品种、规格的型钢抽查5处
	3	钢材表面	第4.2.5条	钢材的表面外观质量除应符合国家现行有关标准的规定外，尚应符合下列规定： （1）当钢材的表面有锈蚀、麻点或划痕等缺陷时，其深度不得大于该钢材厚度负允许偏差值的1/2； （2）钢材表面的锈蚀等级应符合现行国家标准《涂装前钢材表面锈蚀等级和除锈等级》（GB 8923）规定的C级及C级以上； （3）钢材端边或断口处不应有分层、夹渣等缺陷	观察检查	全数检查
焊接材料	1	焊钉及焊接瓷环	第4.3.3条	焊钉及焊接瓷环的规格、尺寸及偏差应符合现行国家标准《圆柱头焊钉》（GB 10433）中的规定	用钢尺和游标卡尺量测	按量抽查1%，且不应少于10套
	2	焊条检查	第4.3.4条	焊条外观不应有药皮脱落、焊芯生锈等缺陷；焊剂不应受潮结块	观察检查	按量抽查1%，且不应少于10包

续表

项目	项次	项目内容	规范编号	验收要求	检验方法	检查数量
连接用紧固标准件	1	成品进场检验	第4.4.4条	高强度螺栓连接副，应按包装箱配套供货，包装箱上应标明批号、规格、数量及生产日期。螺栓、螺母、垫圈外观表面应涂油保护，不应出现生锈和沾染脏物，螺纹不应损伤	观察检查	按包装箱数抽查5%，且不应少于3箱
	2	表面硬度试验	第4.4.5条	对建筑结构安全等级为一级，跨度40m及以上的螺栓球节点钢网架结构，其连接高强度螺栓应进行表面硬度试验，对8.8级的高强度螺栓其硬度应为HRC21～29；10.9级高强度螺栓其硬度应为HRC32～36，且不得有裂纹或损伤	硬度计，10倍放大镜或磁粉探伤	按规格抽查8只
焊接球	1	焊接球尺寸	第4.5.3条	焊接球直径、圆度、壁厚减薄量等尺寸及允许偏差应符合《钢结构工程施工质量验收规范》（GB 50205—2001）的规定	用卡尺和测厚仪检查	每一规格按数量抽查5%，且不应少于3个
	2	焊接球表面	第4.5.4条	焊接球表面应无明显波纹及局部凹凸不平不大于1.5mm	用弧形套模、卡尺和观察检查	每一规格按数量抽查5%，且不应少于3个
螺栓球	1	螺栓球螺纹	第4.6.3条	螺栓球螺纹尺寸应符合现行国家标准《普通螺纹基本尺寸》（GB 196）中粗牙螺纹的规定，螺纹公差必须符合现行国家标准《普通螺纹公差与配合》（GB 197）中6H级精度的规定	用标准螺纹规	每种规格抽查5%，且不应少于5只
	2	螺栓球尺寸	第4.6.4条	螺栓球直径、圆度、相邻两螺栓孔中心线夹角等尺寸及允许偏差应符合《钢结构工程施工质量验收规范》（GB 50205—2001）的规定	用卡尺和分度头仪检查	每一规格按数量抽查5%，且不应少于3个
金属压型板	1	压型金属板规格尺寸	第4.8.3条	压型金属板的规格尺寸及允许偏差、表面质量、涂层质量等应符合设计要求和《钢结构工程施工质量验收规范》（GB 50205—2001）的规定	观察和用10倍放大镜检查及尺量	每种规格抽查5%，且不应少于3件
涂装材料	1	防腐涂料及防火涂料质量要求	第4.9.3条	防腐涂料和防火涂料的型号、名称、颜色及有效期应与其质量证明文件相符。开启后，不应存在结皮、结块、凝胶等现象	观察检查	按桶数抽查5%，且不应少于3桶

注　表中的规范指《钢结构工程施工质量验收规范》（GB 50205—2001）。

参 考 文 献

［1］ GB 50017—2003 钢结构设计规范［S］. 北京：中国计划出版社，2003.

［2］ JGJ 81—2002 建筑钢结构焊接技术规程［S］. 北京：中国建筑工业出版社，2002.

［3］ GB/T 50105—2010 建筑结构制图标准［S］. 北京：中国计划出版社，2002.

［4］ GB/T 50001—2010 房屋建筑制图统一标准［S］. 北京：人民出版社，2010.

［5］ JGJ 82—1991 钢结构高强度螺栓连接的设计、施工及验收规程［S］. 北京：中国建筑工业出版社，1993.

［6］ GB 50205—2001 钢结构工程施工质量验收规范［S］. 北京：中国计划出版社，2002.

［7］ JG 9—1999 钢桁架检验及验收标准［S］. 北京：中国标准出版社，1999.

［8］ JG 12—1999 钢网架检验及验收标准［S］. 北京：中国标准出版社，1999.

［9］ JGJ 81—2002 建筑钢结构焊接技术规程［S］. 北京：中国建筑工业出版社，2002.

［10］ JGJ 99—1998 高层民用建筑钢结构技术规程［S］. 北京：中国建筑工业出版社，1998.

［11］ YB 9254—1995 钢结构制作安装施工规程［S］. 北京：冶金工业出版社，1996.

［12］ JGJ 7—91 网架结构设计与施工规范［S］. 北京：中国建筑工业出版社，1992.

［13］ CECS 102：2002 门式刚架轻型房屋钢结构技术规程［S］. 北京：中国计划出版社，2003.

［14］ 建筑钢结构工程施工技术与质量控制［M］. 北京：机械工业出版社，2010.

［15］ 周绥平. 钢结构［M］. 武汉：武汉工业大学出版社，2000.

［16］ 魏明钟. 钢结构［M］. 武汉：武汉工业大学出版社，2002.

［17］ 董卫华. 钢结构［M］. 北京：高等教育出版社，2002.

［18］ 杜绍堂. 钢结构［M］. 重庆：重庆大学出版社，2004.

［19］ 杜绍堂. 钢结构施工［M］. 北京：高等教育出版社，2009.